机械电气自动控制

（第2版）

主　编　廖映华
副主编　杜柳青　黄　波

重庆大学出版社

内容提要

本书系统地介绍了典型的机械电气自动控制系统——接触器-继电器和PLC控制系统的设计,同时介绍了交、直流调速和步进电动机控制系统,采用了最新电气设计标准。全书共8章。第1章绪论,第2章机电传动系统的动力学基础,第3章电动机的工作原理及机械特性,第4章常用低压电器及其选择,第5章接触器-继电器控制系统,第6章可编程控制器(PLC)控制系统,第7章交、直流调速系统,第8章步进电动机控制系统。

本书是高等工科院校机械类专业系列教材之一,可作为机械电子工程、机械工程及自动化专业、机械设计制造及其自动化专业本科学生学习机械电气自动控制技术的专业基础教材,也可作为高职高专或中专、技校的教学人员及有关的工程技术人员的参考书。

图书在版编目(CIP)数据

机械电气自动控制/廖映华主编.--2版.--重庆:
重庆大学出版社,2019.7(2024.6重印)
机电一体化技术专业及专业群教材
ISBN 978-7-5624-7155-4

Ⅰ.①机… Ⅱ.①廖… Ⅲ.①机械设备—电气控制—
自动控制—高等学校—教材 Ⅳ.①TH-39

中国版本图书馆 CIP 数据核字(2019)第 142124 号

机械电气自动控制
(第2版)

主　编　廖映华
副主编　杜柳青　黄　波
策划编辑:周　立

责任编辑:李定群　高鸿宽　　版式设计:周　立
责任校对:贾　梅　　　　　　责任印制:张　策

*

重庆大学出版社出版发行
出版人:陈晓阳
社址:重庆市沙坪坝区大学城西路 21 号
邮编:401331
电话:(023)88617190　88617185(中小学)
传真:(023)88617186　88617166
网址:http://www.cqup.com.cn
邮箱:fxk@ cqup.com.cn(营销中心)
全国新华书店经销
重庆亘鑫印务有限公司印刷

*

开本:787mm×1092mm　1/16　印张:22　字数:549 千
2019 年 7 月第 2 版　　2024 年 6 月第 6 次印刷
印数:8 301—9 300
ISBN 978-7-5624-7155-4　定价:49.80 元

前　言

　　随着制造技术发展,对现代化生产机械的生产工艺不断提出了新的要求,要满足这些不断提高的新要求,除了依靠机械设备设计水平和制造质量之外,在很大程度上还取决于电气自动控制系统的完善功能和优良性能。由于一般的生产机械都是采用电动机作为原动机,因此机械电气自动控制主要研究解决与以电动机作为原动机的机械设备启动、制动、反向、调速、快速定位的电气自动控制相关的问题。其目的是使生产机械满足加工工艺过程要求,确保生产过程正常进行。按照控制系统处理的信号的不同,电动机自动控制方式大致可分为断续控制、连续控制和数字控制 3 种。本书主要介绍断续控制、连续控制的控制系统设计。本书的特色主要体现在以下 4 个方面:

　　1. 参考最新标准。电气设备图的绘制主要参考《工业机械电气设备电气图、图解和表的绘制》(JB/T 2740—2008)。图形符号主要按《工业机械电气图用图形符号》(JB/T 2739—2008)规定的符号使用或原则组合使用,对于超出 JB/T 2739—2008 的内容,参考 GB/T 4728中的符号。文字符号参考《电气技术中的文字符号制定通则》(GB/T 7159—1987)。

　　2. 内容组织逻辑性强,便于读者学习。在内容组织上,本书首先介绍控制对象(电动机)以及控制系统中常用的各类电器元件;然后介绍常用机械电气自动控制系统的设计;最后介绍交、直流调速及步进电动机控制。

　　3. 内容的实用性和系统性。以目前机械设备常用的接触器-继电器控制和 PLC 控制为主线,完整地介绍了两种控制系统的设计方法,增加了电气工艺设计方面的知识。

　　4. 注重与其他课程前后衔接,为后续课程的学习打下必要的基础。引入交、直流调速及步进电动机控制等内容,为后续"数控技术"课程中进一步深入学习伺服驱动系统打下基础。

　　本书是在重庆大学出版社的组织和指导下,由四川理工学院、重庆理工大学等院校合作编写的。参与本书编写的有四川理工学院廖映华、黄波、王春、赵献丹;重庆理工大学杜柳青。全书由廖映华负责统稿并担任主编,杜柳青、黄波担任副主编。

　　在本书的编写过程中,得到了重庆大学出版社、四川理工学院、重庆理工大学的有关同志的大力支持和热忱帮助,在此表示感谢。

　　编者虽然花了大量精力和时间编写,但书中仍难免有不妥之处,敬请广大读者批评指正。

编　者

2013 年 1 月

目　录

第 1 章　绪　论

1.1　机械电气自动控制的研究目的和研究任务

生产机械一般由工作机构、传动机构、原动机以及机械电气自动控制系统等部分组成。由于一般的生产机械都是采用电动机作为原动机,因此机械电气自动控制主要研究解决与以电动机作为原动机的机械设备启动、制动、反向、调速、快速定位的电气自动控制有关的问题。其目的是使生产机械满足加工工艺过程要求,确保生产过程能正常进行。电气自动控制系统根据生产机械的生产工艺过程的要求,设计合适的自动控制功能,以获得最优的技术经济指标。因此,它是整个生产机械中的重要组成部分之一。它的性能和质量在很大程度上影响到产品的质量、产量、生产成本及工人劳动条件。

随着制造技术发展,对现代化生产机械的生产工艺不断提出了新的要求,使得生产机械的功能从简单到复杂,而操作上则要求由复杂到简单,因而对生产机械的电气自动控制系统提出了越来越高的要求。例如,在大批大量生产中使用专用机械设备以及自动化生产线,既要求自动化程度和加工效率高,又要求加工质量好,同时自动化生产线还要求统一控制和管理;轧钢车间的可逆式轧机及其辅助机械,操作频繁,要求在极短的时间内完成正转到反转的过程,即要求能迅速启动、制动和反转;对电梯和升降机之类的载运机械设备,则要求其启动和制动平稳,并能准确地停靠在预定的位置;加工中心由于工序的集中,则要求控制系统能控制机床按不同的工序,自动选择和更换刀具,自动改变机床主轴转速、进给量和刀具相对工件的运动轨迹及其他辅助功能,依次完成工件几个面上多工序的加工。要满足诸如此类机械设备的要求,除了依靠机械设备设计水平和制造质量之外,在很大程度上还取决于电气自动控制系统的完善功能和优良性能。

1.2　机械电气自动控制系统的组成和分类

就硬件而言,生产机械的电气自动控制系统可以包括电动机、控制电器、检测元件、功率半导体器件、微电子器件及微型计算机等。一个复杂机械设备的电气自动控制系统可能需要采用多层微型计算机控制多台电动机,以满足设备的加工工艺要求。按照不同的分类方式,机械电气自动控制系统有如下分类:

1.2.1　断续控制、连续控制和数字控制系统

按照控制系统处理的信号的不同,电动机自动控制方式大致可分为断续控制、连续控制和数字控制 3 种。在断续控制方式中,控制系统处理的信号为断续变化的开关量,如异步电

动机的接触器-继电器控制系统。在连续控制方式中,控制系统处理的信号为连续变化的模拟量,如交流电动机变频调速系统和直流电动机调速系统。在数字控制方式中,控制系统处理的信号为离散的数字量,如机床的数控系统。

1.2.2 开环和闭环控制系统

按组成原理,机械电气自动控制系统可分为开环控制系统和闭环控制系统。

如图1.1所示为开环控制系统。这种系统输入的控制信号保持不变,但在某种扰动作用下,会使输出量偏离给定值,因此系统的抗干扰能力弱。

图 1.1 开环控制系统框图

如图1.2所示为闭环控制系统。当输出量的反馈值偏离给定输入值时,由于系统输出量信息反馈到系统输入端,使得作用到调节器的输入量发生变化,调节器根据这一信息产生控制信号,作用到变流器,确保系统输出量变化具有预期的特性。

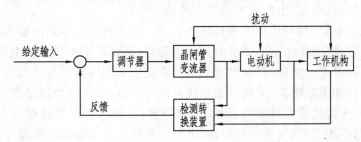

图 1.2 闭环控制系统框图

1.3 机械电气自动控制技术的发展

1.3.1 电力拖动技术的发展

电力拖动经历了成组拖动、单电机拖动和多电机拖动3个阶段。成组拖动是一台电动机拖动一个天轴,再由天轴通过带传动分别拖动多台生产机械;单电机拖动是一台电动机拖动一台生产机械;多电机拖动是一台生产机械的每个运动部件分别由一台专门的电动机拖动。现代化的生产机械基本上均采用这种拖动形式。

早期的电动机的输出为旋转运动,当电机拖动工作机构做直线往复运动时,必须通过一套传动机构将电动机的旋转运动转换为工作机构的直线往复运动。为了提高传动效率和速度,20世纪80年代发展了直线电动机,实现了直线往复运动的直接电力拖动。对于旋转运动机构的电力拖动,近年又推出了运动机构和电动机融为一体的电主轴直接拖动方式,这种拖动方式的运动机构的转速可高达60 000 r/min。

在电动机无级调速方面,20世纪30年代出现了直流发电机-直流电动机的直流调速系统。20 世纪 60 年代以后,随着电力电子元件的出现及其应用技术的发展,出现了采用大功率晶体管、晶闸管和大功率整流技术的直流调速系统,取代了直流发电机-直流电动机的直流调速系统。20 世纪 80 年代开始,发展了大功率半导体变流技术,使交流电动机调速技术取得突破性进展,以交流异步电动机为对象和以交流变频调速器为控制器的交流调速系统目前已经得到广泛的应用。由于脉宽调制技术和矢量控制技术的发展及其在交流调速系统中的应用,交流调速系统的性能已与直流调速系统相媲美,并有取代直流调速系统的趋势。

1.3.2 逻辑控制技术的发展

最早机械电气控制系统出现在 20 世纪 20 年代,最初采用按钮和开关进行手动控制,后来出现了接触器和继电器及其控制系统,实现了对控制对象的启动、停止、有级调速及自动工作循环控制。这种控制装置结构简单、直观易懂、维护方便、价格低廉,因此在机械设备控制上得到广泛的应用,而且一直应用至今。其缺点是,控制系统难以改变控制程序,采用机械触点实现开关控制,触点容易出现松动和电磨损,若控制系统稍为复杂一些,则可靠性较低。

20 世纪 60 年代中期,随着成组技术的出现,要求在同一台自动机床加工工艺相似而结构不同的零件,生产工艺及流程经常变化,接触器-继电器控制系统已经不能满足这种需要,于是出现了以逻辑门电路和继电器组成的顺序控制器。这种控制器利用二极管矩阵或二极管矩阵插销板编制程序,可方便地改变程序,同时这种控制系统克服了接触器-继电器控制系统寿命短、工作频率低、功能简单、可靠性差等缺点,是常用的顺序控制系统之一。

随着计算机技术和自动控制技术的飞速发展,20 世纪 60 年代末,出现了具有运算功能和功率输出能力的可编程逻辑控制器(PLC)。它是由大规模集成电路、电子开关、功率输出器件等组成的专用微型电子计算机,具有逻辑控制、定时、计数、算术运算、编程及存储功能,程序编制和修改容易,输入输出接线简单,通用灵活,抗干扰能力强,适用于工业环境,工作可靠性高,以及体积小等一系列优点。到 20 世纪 80 年代中期,PLC 已广泛地应用到各行各业的机械设备的自动控制上,成为工业自动化领域的主流控制器。目前,PLC 总的发展趋势是高集成度、小体积、大容量、高速度、易使用、高性能。

1.3.3 数字控制技术的发展

1952 年,美国的帕森斯与麻省理工学院合作研制出了世界上第一台三坐标直线插补数控铣床,并获得专利。1954 年底,美国本迪克斯公司在帕森斯专利基础上生产出了第一台工业用的数控机床。此时的数控机床的数控系统采用的电子管,其体积大、功耗高。到了 20 世纪 60 年代,晶体管技术应用于数控系统中,提高了数控系统的可靠性,而且价格降低,这一时期,点位控制的数控机床得到了很大的发展。到了 70 年代中期,随着微电子技术的发展,微处理机得以出现。美、日、德等国都迅速推出了以微处理器为核心的数控系统,数控系统的功能也从硬件数控进入了软件数控的新阶段,这种数控系统成为计算机数控系统(CNC)。80 年代以来,随着工业机器人的诞生,出现了数控机床、工业机器人、自动搬运车等,组成统一由中心计算机控制的机械加工自动线——柔性制造系统(FMS)。为了实现制造过程的高效率、高柔性和高质量,计算机集成生产系统(CIMS)成为数控技术发展的方向之一。

伺服驱动系统是数字控制系统的重要组成部分。它是以机床移动部件的位置和速度为控制量的自动控制系统,又称位置随动系统、驱动系统、伺服机构或伺服单元。伺服系统的性能在很大程度上决定了设备的性能,如数控设备的最高移动速度、跟踪精度、定位精度等重要指标均取决于伺服驱动系统的动态和静态特性。

伺服驱动系统按调节理论,可分为开环和闭环。开环伺服驱动系统的驱动元件是步进电动机,即步进电动机控制系统,其结构简单,易于控制,但是精度差,低速不平稳,高速扭矩小。它主要用于轻载、负载变化不大或经济型数控机床上。目前,高精度、硬特性的步进电动机及其驱动装置正在迅速发展中。闭环伺服驱动系统可分为直流和交流伺服系统。直流伺服驱动系统在 20 世纪七八十年代的设备中占据主导地位。20 世纪 80 年代以后,由于交流伺服电动机的材料结构、控制理论和方法均有突破性发展,促使交流伺服驱动系统发展迅速,大有逐步取代直流伺服驱动系统的趋势。

第2章 机电传动系统的动力学基础

原动机带动负载运转称为拖动;以电动机带动生产机械运转的拖动方式称为电力拖动,其中电动机为原动机,生产机械是负载。机电传动系统是一个由电动机拖动并通过传动机构带动生产机械运转的机电运动的动力学整体。尽管机电传动系统中所用的电动机种类繁多、特性各异,生产机械的负载性质也各不相同,但从动力学的角度看,它们都应服从动力学的统一规律。因此,在研究机电传动系统时,首先要分析机电传动系统的动力学问题,建立其运动方程式,进而分析机电传动系统稳定运行的条件。

2.1 机电传动系统的运动方程式

2.1.1 运动方程式

生产实践中,生产机械的结构和运动形式是多种多样的,其机电传动系统也有多种类型。最简单的系统是单台电动机直接与生产机械同轴联接,即单轴机电传动系统(简称单轴系统),如图 2.1 所示。但是在多数情况下,由于生产机械转速较低或者具有直线运动部件,因此电动机必须通过传动机构(如齿轮减速箱、蜗轮蜗杆等)多根转轴的传动才能带动生产机械运动,称为多轴机电传动系统(简称多轴系统),如图 2.2 和图 2.3 所示。在少数场合,还有两台或多台电动机来带动一个或多个工作机构,称为多电机拖动系统,简称多机系统。

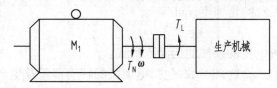

图 2.1 单轴机电传动系统

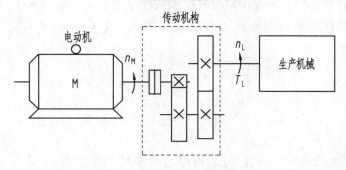

图 2.2 多轴机电传动系统

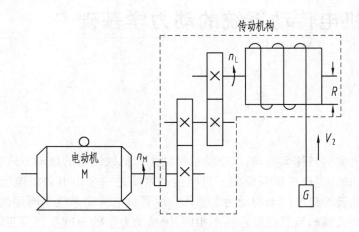

图 2.3　具有直线运动部件的多轴机电传动系统

如图 2.1 所示,由电动机 M 产生的转矩 T_M(称为电磁转矩),用来克服负载转矩 T_L,带动生产机械运动。电力拖动系统中,通常把空载转矩考虑在负载转矩 T_L 中,不再单独考虑。当 T_M 与 T_L 这两个转矩平衡时,传动系统维持恒速转动,转速 n 或角速度 ω 不变,加速度 dn/dt 或角加速度 $d\omega/dt$ 等于零,即 $T_M = T_L$ 时,n 为常数,$dn/dt = 0$,或 ω 为常数,$d\omega/dt = 0$。这种运动状态称为静态(相对静止状态)或稳态(稳定运转状态)。当 $T_M \neq T_L$ 时,速度 n 或角速度 ω 就要变化,产生加速或减速,速度变化的大小与传动系统的转动惯量 J 有关。把上述关系用方程式表示,即

$$T_M - T_L = J \frac{d\omega}{dt} \tag{2.1}$$

式中　T_M——电动机产生的转矩,N·m;

　　　T_L——单轴传动系统的负载转矩,N·m;

　　　J——单轴传动系统的转动惯量,kg·m²;

　　　ω——单轴传动系统的角速度,rad/s;

　　　t——时间,s。

式(2.1)就是单轴机电传动系统的运动方程式。

J 是衡量惯性作用的一个物理参数,包括电动机的转动惯量及生产机械的转动惯量。但在实际工程计算中,往往用转速 n 代替角速度 ω 来表示系统的转动速度,用飞轮惯量或称飞轮转矩 GD^2 代替转动惯量 J 来表示系统的机械惯性。由于 $J = m\rho^2 = mD^2/4$(其中 ρ 和 D 定义为惯性半径和惯性直径),而质量 m 和重力 G 的关系是 $G = mg$,g 为重力加速度,故 GD^2 和 J 的关系为

$$J = \frac{1}{4}mD^2 = \frac{1}{4}\frac{G}{g}D^2 = \frac{1}{4}\frac{(GD^2)}{g} \tag{2.2}$$

或　　　　　　　　　　　　　　$GD^2 = 4gJ$

且　　　　　　　　　　　　　　$\omega = \frac{2\pi}{60}n \tag{2.3}$

将式(2.2)和式(2.3)代入式(2.1),可得运动方程式的实用形式为

$$T_M - T_L = \frac{(GD^2)}{375} \frac{dn}{dt} \qquad (2.4)$$

式中,常数 375 包含着 $g = 9.8 \text{ m/s}^2$,故它有加速度的量纲。$GD^2(\text{N} \cdot \text{m}^2)$ 是个整体物理量,为电动机转子与生产机械转动部分的飞轮转矩之和。电动机和生产机械的 GD^2 可从产品样本和有关设计资料中查得,如果查到的飞轮转矩以 $(\text{kg} \cdot \text{m}^2)$ 为单位,则必须乘以 9.8。

运动方程式是研究机电传动系统最基本的方程式,它决定着系统运动的特征,是研究机电传动系统各种运动状态的理论基础。

①当 $T_M = T_L$ 时,加速度 $a = \frac{dn}{dt} = 0$,则 $n = $ 常数,系统处于稳定运行状态(包括静止状态)。为此,要使系统达到稳定,先决条件必须使 $T_M = T_L$。

②当 $T_M > T_L$ 时,加速度 $\frac{dn}{dt} > 0$,即转速在升高,系统处于加速过程中。由此可知,要使系统从静止状态启动运转,必须使启动时的电磁转矩(称为启动转矩)大于 $n = 0$ 时的负载转矩。

③当 $T_M < T_L$ 时,加速度 $\frac{dn}{dt} < 0$,转速在降低,系统处于减速过程中。故要使系统从运转状态停转(即制动),必须减小电磁转矩使之小于负载转矩,甚至改变 T_M 的方向。

系统处于加速或减速的运动状态,均称为动态。处于动态时,系统中必然存在一个动态转矩

$$T_d = \frac{(GD^2)}{375} \frac{dn}{dt} \qquad (2.5)$$

它使系统的运动状态发生变化。这样,运动方程式(2.1)或方程式(2.4)也可写为转矩平衡方程式,即

$$T_M - T_L = T_d$$

或
$$T_M = T_L + T_d \qquad (2.6)$$

即电动机所产生的转矩在任何情况下,总是由轴上的负载转矩(即静态转矩)和动态转矩之和所平衡。

当 $T_M = T_L$ 时,$T_d = 0$,表示没有动态转矩,系统恒速运转,即系统处于稳态。稳态时电动机发出转矩的大小,仅由电动机所带的负载(生产机械)所决定。

2.1.2 运动方程式中转矩方向的确定

在机电传动系统中,随着生产机械负载类型和工作状况的不同,电动机的运行状态将发生变化,即作用在电动机转轴上的电磁转矩 T_M 和负载转矩 T_L 的大小和方向都可能发生变化。因此,运动方程式(2.4)中的转矩 T_M 和 T_L 是带有正、负号的代数量。在应用运动方程式时,必须注意转矩的正、负号。因为电动机和生产机械以共同的转速旋转,故一般约定以转动方向为参考来确定转矩的正负:设电动机某一转动方向的转速 n 为正,则约定电动机转矩 T_M 与 n 一致的方向为正向,负载转矩 T_L 与 n 相反的方向为正向。

根据上述约定,则可从转矩与转速的符号上判定 T_M 与 T_L 的性质:若 T_M 与 n 符号相同(同为正或同为负),则表示 T_M 的作用方向与 n 相同,T_M 为拖动转矩;若 T_M 与 n 符号相反,则表示 T_M 的作用方向与 n 相反,T_M 为制动转矩。而若 T_L 与 n 符号相同,则表示 T_L 的作用

方向与 n 相反，T_L 为制动转矩；若 T_L 与 n 符号相反，则表示 T_L 的作用方向与 n 相同，T_L 为拖动转矩。

如图 2.4 所示，在提升重物过程中，试判定起重机启动和制动时电动机转矩 T_M 和负载转矩 T_L 的符号。设重物提升时电动机旋转方向为 n 的正方向。

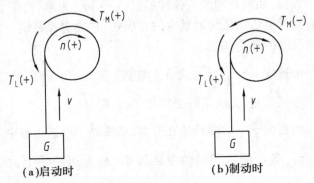

（a）启动时　　　　　　　　（b）制动时

图 2.4　T_M，T_L 符号的判定

启动时：如图 2.4（a）所示，电动机拖动重物上升，T_M 与 n 正方向一致，T_M 取正号；T_L 与 n 方向相反，T_L 也取正号。这时的运动方程式为

$$T_M - T_L = \frac{(GD^2)}{375} \frac{\mathrm{d}n}{\mathrm{d}t}$$

要能提升重物，必存在 $T_M > T_L$，即动态转矩 $T_d = T_M - T_L$ 和加速度 $a = \frac{\mathrm{d}n}{\mathrm{d}t}$ 均为正，系统加速运行。

制动时：如图 2.4（b）所示，仍是提升过程，n 为正，只是此时要电动机制止系统运动，因此，T_M 与 n 方向相反，T_M 取负号，而重物产生的转矩总是向下，与启动过程一样，T_L 仍取正号，这时的运动方程式为

$$-T_M - T_L = \frac{(GD^2)}{375} \frac{\mathrm{d}n}{\mathrm{d}t}$$

可见，此时动态转矩和加速度都是负值，它使重物减速上升，直到停止。制动过程中，系统中动能产生的动态转矩由电动机的制动转矩与负载转矩所平衡。

2.2　转矩、转动惯量、飞轮转矩的折算

实际的机电传动系统通常是多轴系统。因为生产机械多要求低速运转，而电动机一般具有较高的额定转速。这种情况下，电动机与生产机械之间就得装设减速机构，如齿轮减速箱或蜗轮蜗杆、皮带等减速装置。对于多轴机电传动系统，如果用单轴系统运动方程式研究其运行状态，则需对每根轴分别写出运动方程，再列出各轴间相互关系的方程，消去中间变量，联立求解，这显然是非常烦琐的。就多轴传动系统而言，一般不需研究每根轴上的问题，通常只需将电动机轴作为研究对象。

因此，对一个实际的多轴机电系统常采用折算的办法等效为一个单轴系统，即把传动机构和工作机构等效为电动机轴上的一个负载来分析。为了列出这个系统的运动方程，必须

先将各转动部分的转矩和转动惯量或直线运动部分的质量都折算到电动机轴上,即折算为如图 2.1 所示的单轴机电传动系统。

折算时的基本原则是折算前的多轴系统和折算后的单轴系统,在能量关系上或功率关系上保持不变。下面简单地介绍折算方法。

2.2.1 负载转矩的折算

负载转矩是静态转矩,对于多轴机电传动系统,如果不考虑传动机构的损耗,可根据静态时功率守恒原则进行折算。

(1)工作机构为旋转运动

图 2.5(a)、(b)分别是工作机构为旋转运动形式的实际多轴机电传动系统与折算后的等效单轴传动系统示意图。图中,n_M 为电动机的转速,其角速度为 ω_M;n_g 为工作机构转速,其角速度为 ω_g。j_1,j_2 为各对齿轮的转速比,有

$$n_g = \frac{n_M}{j_1 j_2} = \frac{n_M}{j}$$

式中 $j = j_1 j_2 = n_M / n_g$——传动机构的总转速比或总传动比。一般 $n_g < n_M$,$j > 1$,传动机构往往是减速的。

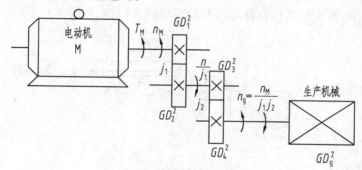

(a)多轴机电传动系统

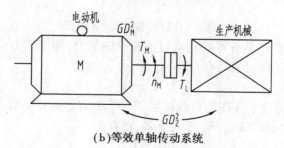

(b)等效单轴传动系统

图 2.5 多轴机电传动系统等效成单轴系统示意图

图 2.5 中,T_{Lg} 为工作机构轴上的负载转矩,T_L 为折算到电动机轴上的负载转矩。若为多级传动,传动机构的效率 η_c 应为各级效率的乘积,即

$$\eta_c = \eta_{c1} \eta_{c2} \eta_{c3} \cdots$$

由于传动机构要消耗一部分功率,故 $\eta_c < 1$。正常的电动运行状态下,不同种类的传动机构旋转时,功率由电动机传给负载,传动机构损耗由电动机承担,即

$$T_L \omega_M \eta_c = T_{Lg} \omega_g$$

故 $$T_L = \frac{T_{Lg} \omega_g}{\omega_M \eta_c} = \frac{T_{Lg}}{\eta_c j} \qquad (2.7)$$

式中 $j = \omega_M / \omega_g = n_M / n_g$——电动机轴与工作机构轴的转速比。

从负载转矩折算式(2.7)可知,由低速轴折算到高速轴时,$j > 1$,等效负载转矩变小;由高速轴折算到低速轴时,$j < 1$,等效负载转矩变大。

若电机工作在制动状态,如提升机构下放重物时,为使下放速度不至于过快且保持均匀,电动机必须运行于制动状态,使电动机轴上产生一个与下放速度方向相反的转矩,与负载转矩平衡。此时是重物带动电动机轴旋转,功率传递方向是从负载传向电动机,传动机构的功率损耗应由负载承担,即

$$T_L \omega_M = T_{Lg} \omega_g \eta_c$$

故 $$T_L = \frac{T_{Lg} \omega_g}{\omega_M} \eta_c = \frac{T_{Lg}}{(\omega_M / \omega_g)} \eta_c = \frac{T_{Lg}}{j} \eta_c \qquad (2.8)$$

(2)工作机构为直线运动

某些生产机械具有直线运动的工作机构,如龙门刨床的工作台和起重机的提升装置。

1)工作机构为平移运动

在生产实际中,刨床的工作台就是典型的平移运动机构,如图2.6所示。

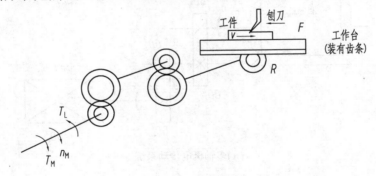

图2.6 刨床电力拖动示意图

图2.6中,F 为工作机构作平移运动时所克服的阻力,即切削力;v 为工作机构的平移速度,则工作机构的功率(即切削功率)为

$$P = Fv$$

切削力反映到电机轴上表现为负载转矩 T_L,T_L 应满足折算前后功率不变的原则。若不计传动机构的损耗,将 $\omega = 2\pi n_M / 60$ 代入上式,则有

$$Fv = T_L \omega_M$$

$$Fv = T_L \frac{2\pi n_M}{60}$$

故 $$T_L = \frac{Fv}{2\pi n_M / 60} = 9.55 \frac{Fv}{n_M}$$

若考虑传动机构的损耗由电动机负担,则有

$$T_L = 9.55 \frac{Fv}{n_M \eta} \qquad (2.9)$$

2）工作机构为升降运动

生产实际中,典型的升降运动机构是电梯、起重机等。如图 2.7 所示为一起重机电力拖动示意图。电动机 M 通过减速装置拖动卷筒,绕在卷筒上的钢丝绳悬挂一质量为 G 的重物。显然,重物升降运动的转矩折算与功率传递的方向有密切关系,现分别讨论如下：

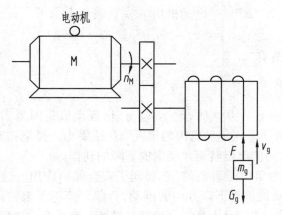

图 2.7　起重机电力拖动示意图

①提升运动

电动机带动提升负载,功率传递的方向由电动机到负载,则减速机构的损耗应当由电动机负担。设提升时传动机构效率为 $\eta^{\uparrow}$,电动机转速为 n_M,重物提升和下放时速度相等,均为 v_g,重物对钢丝绳的拉力为 F,依据折算前后系统传送功率不变的原则,有

$$\frac{Fv_g}{\eta^{\uparrow}} = T_L \omega$$

故

$$T_L = \frac{Fv_g}{\eta^{\uparrow} \omega} = 9.55 \frac{Fv_g}{\eta^{\uparrow} n_M} \tag{2.10}$$

②下降运动

当起重器带着重物下降时,运行状态是重物拖着电动机反转,负载是帮助运动的,而电动机的电磁转矩反而是阻碍运动的。此时,功率传递的方向是由负载到电动机,减速机构的损耗应由负载来负担。设下降时传动机构的效率为 $\eta^{\downarrow}$,则有

$$T_L \omega_M = Fv_g \eta^{\downarrow}$$

故

$$T_L = \frac{Fv_g}{\omega_M} \eta^{\downarrow} = 9.55 \frac{Fv_g}{n_M} \eta^{\downarrow} \tag{2.11}$$

比较式（2.10）和式（2.11）可知,同一重物对钢丝绳产生的直线作用力 F,在提升和下降时折算到电动机轴上得等效转矩 T_L 是不相同的,下降时折算的等效转矩小于提升时折算的等效转矩。此外,在提升与下降时,若传动机构的损耗相等,则提升传动效率 $\eta^{\uparrow}$ 和下降传动效率 $\eta^{\downarrow}$ 二者之间的大小关系为

$$\eta^{\downarrow} = 2 - \frac{1}{\eta^{\uparrow}} \tag{2.12}$$

式（2.11）可以这样证明：设传动机构损耗为 ΔP：

提升时

$$\Delta P^{\uparrow} = 电动机功率 - 负载功率$$

$$= \frac{Fv_g}{\eta^{\uparrow}} - Fv_g = Fv_g \left(\frac{1}{\eta^{\uparrow}} - 1 \right)$$

下降时

$$\Delta P^{\uparrow} = 电动机功率 - 负载功率$$

$$= Fv_g - Fv_g \eta^{\downarrow} = Fv_g (1 - \eta^{\downarrow})$$

因为 $\Delta P^{\uparrow} = \Delta P^{\downarrow}$,故有

$$\eta^{\downarrow} = 2 - \frac{1}{\eta^{\uparrow}}$$

由式(2.12)可知,当 $\eta^{\uparrow} < 0.5$ 时,$\eta^{\downarrow} < 0$。$\eta^{\downarrow}$ 出现负值是因为当重物很轻或者仅有吊钩,由之产生的负载功率 Fv_g 比传动机构的损耗 ΔP 还要小。要空钩或者轻负载下降,电动机必须产生一个下降方向的电磁转矩才能完成下降的动作。

在生产实际中,$\eta^{\downarrow}$ 为负值是有益的,它起到了安全保护作用。这样的提升系统在轻载的情况下,如果没有电动机负责下降方向的推动,负载是掉不下来的,这称为提升机构的自锁作用。它对于像电梯这类涉及人身安全的提升机械尤为重要。要使 $\eta^{\downarrow}$ 为负,必须采用高损耗的传动机构,如蜗轮杆传动,其提升效率 $\eta^{\uparrow}$ 仅为 0.3~0.5。

2.2.2 转动惯量和飞轮转矩的折算

在类似如图2.5(a)所示的多轴电力拖动系统中,将各级传动轴作为电动机负载的一部分,在等效如图2.5(b)所示的单轴系统中,必须将各级传动轴的飞轮转矩 $GD_1^2,GD_2^2,GD_3^2,GD_4^2$ 和负载的飞轮转矩 GD_g^2 折算到电动机轴上,用一个等效的飞轮转矩 GD_Z^2 来表示实际的多轴电力拖动系统中各个传动轴的飞轮矩对电动机轴的影响。

由于各级转动惯量或飞轮转矩的大小反映出运动中的各传动机构所储存的机械惯性的大小,即所储存动能的大小。因此,折算的原则应是折算前实际的多轴机电传动系统与折算后等效单轴系统所储存的动能相同。

(1)工作机构为旋转运动

旋转物体的动能为 $\frac{1}{2}J\omega^2$,故对如图2.5(a)和图2.5(b)所示转动惯量的折算关系应为

$$J_Z = J_M + J_1 + \frac{J_2 + J_3}{j_1^2} + \frac{J_4 + J_g}{j_1^2 j_2^2}$$

将 $GD^2 = 4gJ$ 变为 $J = GD^2/4g,\omega = 2\pi n/60$ 代入,可得

$$\frac{1}{2}J\omega^2 = \frac{1}{2}\frac{GD^2}{4g}\left(\frac{2\pi n}{60}\right)^2$$

故对图2.5(a)和图2.5(b)而言,飞轮转矩的折算关系则为

$$GD_Z^2 = GD_M^2 + GD_L^2$$

$$= GD_M^2 + GD_1 + \frac{GD_2^2 + GD_3^2}{j_1^2} + \frac{GD_4^2 + GD_g^2}{j_1^2 j_2^2} \tag{2.13}$$

式中 GD_M^2——电动机的飞轮转矩;

$GD_1^2 , GD_2^2 , GD_3^2 , GD_4^2$ ——各个齿轮的飞轮转矩;

GD_g^2 ——负载的飞轮转矩;

GD_L^2 ——除电机轴外的飞轮转矩。

由式(2.13)可知,每级的飞轮转矩折算到电动机轴上,应该除以电动机与该级转速比的平方。

实际上,当速比较大时,传动机构和负载转矩的折算值 GD_L^2 在总的飞轮矩 GD_Z^2 中所占比例较小,因此在实际工作中,为简化复杂的计算,常采用适当加大电动机飞轮转矩的方法来估算总的飞轮转矩,则有

$$GD_Z^2 = (1 + \delta) GD_M^2 \tag{2.14}$$

式中,δ 值范围为 $0.2 \sim 0.3$。如果电动机轴上还有其他大飞轮转矩的部件,如抱闸的闸轮,则 δ 的取值要适当加大。

(2)工作机构为直线运动

在如图 2.6 与图 2.7 所示的机电传动系统中,工作机构均做直线运动。若工作机构的质量为 m_g,直线运行速度为 v_g,则其所产生的动能为

$$\frac{1}{2} m_g v_g^2 = \frac{1}{2} \frac{G_g}{g} v_g^2$$

要将这部分由工作机构的质量所产生的动能折算到电动机轴上,需要在电动机轴上用一个转动惯量为 J_Z 的转动体与之等效。此转动体产生的动能为

$$\frac{1}{2} J_Z \omega_M^2 = \frac{1}{2} \frac{GD_Z^2}{4g} \left(\frac{2\pi n_M}{60} \right)^2$$

依据折算前后动能相等的原则,则有

$$\frac{1}{2} \frac{GD_Z^2}{4g} \left(\frac{2\pi n_M}{60} \right)^2 = \frac{1}{2} \frac{G_g}{g} v_g^2$$

整理后,可得

$$GD_Z^2 = 365 \frac{G_g v_g^2}{n_M^2}$$

2.3　生产机械的机械特性

从前面所讨论的运动方程式可知,系统运行状态取决于电动机和负载双方。在生产机械运行时,常用负载转矩表示负载的大小。因此,在运用运动方程式分析系统运行状态之前,必须了解电动机的电磁转矩 T 和负载转矩 T_L 与转速 n 之间的函数关系。将电动机的 T 与 n 的关系称为电动机的机械特性;将负载转矩 T_L 与 n 的关系称为生产机械的机械特性,也称负载特性。

不同类型的生产机械在运动中受阻力的性质不同,其机械特性曲线的形状也有所不同,大体上可归纳为以下 4 种典型的机械特性:

2.3.1　恒转矩型机械特性

此类机械特性的特点是负载转矩 T_L 与转速 n 无关,无论转速 n 如何变化,T_L 始终保持

为常数。属于这一类的生产机械有提升机构、提升机的行走机构、皮带运输机及金属切削机床等。

恒转矩负载可分为反抗型恒转矩负载和位能型恒转矩负载两种。

（1）反抗型恒转矩负载

反抗型转矩负载也称摩擦转矩负载，其特点是负载转矩作用的方向总是与运动方向相反，即总是阻碍运动的制动性质的转矩。当转速方向改变时，负载转矩大小不变，但作用方向随之改变，如机床加工过程中切削力所产生的负载转矩就是反抗性转矩。

按关于转矩正方向的约定可知，反抗型转矩恒与转速 n 取相同的符号，即 n 为正方向时 T_L 为正，特性曲线在第一象限；n 为反方向时 T_L 为负，特性曲线在第三象限，如图2.8所示。

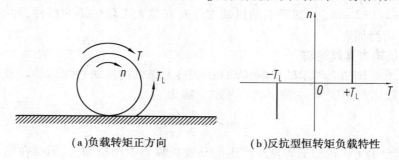

(a)负载转矩正方向　　　　　　(b)反抗型恒转矩负载特性

图2.8　反抗型恒转矩负载特性及其方向

（2）位能型恒转矩负载

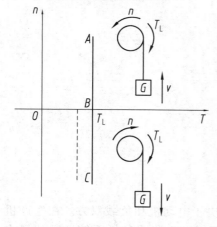

图2.9　位能型恒转矩负载特性

这类负载是由拖动系统中某些具有位能的部件（如起重类型负载中的重物）造成。其特点是，不仅负载转矩的大小恒定不变，而且负载转矩的方向也不变。例如，起重机无论是提升重物还是放下重物，由物体重力所产生的负载转矩的方向是不变的。因此，位能型恒转矩负载特性位于第一象限和第四象限内，如图2.9所示。

实际上，同一重物 G 下放时折算到电动机轴上的负载转矩 T_L 比提升时为小，如图2.9所示的虚线。只有在传动机构的损耗忽略不计，传动机构的总效率为100%时，提升和下放时折算到电动机轴上的 T_L 才相等。分析计算时为方便起见，位能型恒转矩负载特性都采用图2.9中 ABC 曲线所示的理想特性。

2.3.2　恒功率型机械特性

所谓恒功率负载，就是当转速 n 变化时，负载从电动机轴上吸收的功率 P 基本不变。因为 $P = T_L\omega$ 为常数，故

$$T_L = \frac{P}{\omega} = P \cdot \frac{60}{2\pi n}$$

由上式可知，负载转矩 T_L 与转速 n 成反比，转矩特性曲线是一条双曲线，如图2.10所示。

某些机床的切削加工就具有这种特点。例如,车床、刨床等,在进行粗加工时,切削量大,负载转矩较大,故要低速切削;而精加工时,切削量小,负载转矩小,故要高速切削。又如,轧钢机轧制钢板时,小工件需要高速度低转矩,大工件需要低速度高转矩。这些工艺要求都是恒功率负载特性。

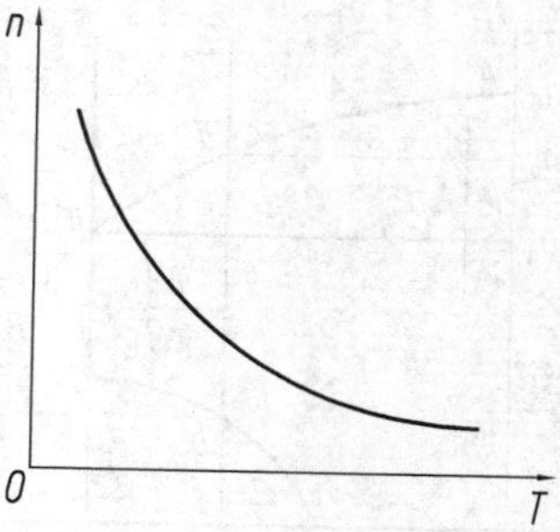

显然,从生产加工工艺要求的总体看是恒功率负载,但具体到每次加工,却还是恒转矩负载。

2.3.3 离心式通风机型机械特性

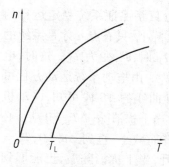

图 2.11 风机类负载特性

这一类型的负载是按离心力原理工作的,如离心式鼓风机、水泵、油泵、通风机及螺旋桨等都属于此类负载。其特点是负载转矩的大小基本上与转速的平方成正比,即

$$T_L = Kn^2$$

式中,K 为比例系数,转矩特性曲线如图 2.11 所示。

由于实际的通风机型负载都存在一定的摩擦转矩负载(设为 T_f),因此,实际的通风机型机械特性如图 2.11 所示的虚线,其表达式为

$$T_L = T_f + Kn^2$$

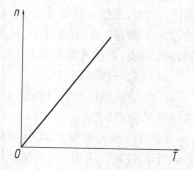

图 2.10 恒功率负载特性

2.3.4 直线型机械特性

这一类型负载的负载转矩 T_L 随 n 的增加成正比地增加,即 $T_L = Cn$,C 为常数,如图 2.12 所示。实验室中作模拟负载用的他励直流发电机,当励磁电流和电枢电阻固定不变时,其电磁转矩与转速即成正比。

除了上述几种类型的负载特性外,还有一些生产机械具有各自的负载特性,如带曲柄连杆机构的生产机械,它们的负载转矩 T_L 是随转角的变化而变化的;而球磨机、碎石机等生产机械,其负载转矩则随时间的变化作无规律的随机变化,等等。实际生产机械的负载特性可能是以某种典型特性为主,或者是几种典型特性的结合。例如,实际通风机除了主要具有通风机类负载特性外,由于其轴承上还有一定的摩擦转矩,因而实际通风机的负载特性如图 2.11 所示的虚线。

图 2.12 直线型负载特性

2.4 机电传动系统稳定运行的条件

在机电传动系统中,电动机与生产机械连成一体,为了使系统运行合理,电动机的机械特性与生产机械的负载特性应尽量相配合。特性配合好的最基本的要求是系统要能稳定运行。

机电传动系统的稳定运行包含两重含义:一是系统应能以一定速度匀速运行;二是系统受某种外部干扰作用(如电压波动、负载转矩波动等)而使运行速度稍有变化时,应保证系统

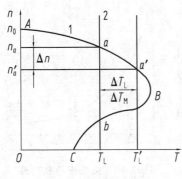

图 2.13　机电传动系统
稳定工作点的判别

在干扰消除后能恢复到原来的运行速度。

保证系统匀速运转的必要条件是电动机轴上的拖动转矩 T_M 与折算到电动机轴上的负载转矩 T_L 大小相等,方向相反,相互平衡。从 TOn 坐标平面上看,这意味着电动机的机械特性曲线 $n = f(T_M)$ 和生产机械的负载特性曲线 $n = f(T_L)$ 必须有交点,如图 2.13 所示。图中,曲线 1 表示异步电动机的机械特性,曲线 2 表示电动机拖动的生产机械的负载特性(恒转矩型),两特性曲线有交点 a 和 b。其交点通常称为拖动系统的平衡点。

但是,两特性曲线存在交点只是保证系统稳定运行的必要条件,还不是充分条件。实际上,只有点 a 才是系统的稳定平衡点,因为在系统出现干扰时,如负载转矩突然增加了 ΔT_L 时,T_L 变为 T'_L。这时,电动机来不及反应,仍工作在原来的点 a,其转矩为 T_M,于是 $T_M < T'_L$。由拖动系统运动方程可知,系统要减速,即 n 要下降到 $n'_a = n_a - \Delta n$。从电动机机械特性曲线的 AB 段可知,电动机转矩 T_M 将增大为 $T'_M = T_M + \Delta T_M$,电动机的工作点转移到点 a'。当干扰消除($\Delta T_L = 0$)后,必有 $T'_M > T_L$ 迫使电动机加速,转速 n 上升,而 T_M 又要随 n 的上升而减小,直到 $\Delta n = 0$,$T_M = T_L$,系统重新回到原来的运行点 a。反之,若 T_L 突然减小,n 上升,当干扰消除后,也能回到点 a 工作,故点 a 是系统的稳定平衡点。在点 b,若 T_L 突然增大,n 下降,从电动机机械特性曲线的 BC 段可知,T_M 要减小,当干扰消除后,则有 $T_M < T_L$,使得 n 又要下降,T_M 随着 n 的下降而进一步减小,使 n 进一步下降,一直到 $n = 0$,电动机停转;反之,若 T_L 突然减小,n 上升,使 T_M 增大,促使 n 进一步上升,直至越过点 B 进入 AB 段的点 a 工作。因此,点 b 不是系统的稳定平衡点。由上述可知,对于恒转矩负载,电动机的 n 增加时,必须具有向下倾斜的机械特性曲线,系统才能稳定运行,若特性曲线上翘,便不能稳定运行。

从以上分析可以总结出几点传动系统稳定运行的充分必要条件是:

①电动机的机械特性曲线 $n = f(T_M)$ 和生产机械的负载特性曲线 $n = f(T_L)$ 有交点(即传动系统的平衡点)。

②当转速大于平衡点所对应的转速时,$T_M < T_L$,即若干扰使转速上升,当干扰消除后应有 $T_M - T_L < 0$;而当转速小于平衡点所对应的转速时,$T_M > T_L$,即若干扰使转速下降,当干扰消除后应有 $T_M - T_L > 0$。

只有满足上述两个条件的平衡点,才是拖动系统的稳定平衡点,即只有这样的特性配合,系统在受到外界干扰后,才具有恢复到原平衡状态的能力而进入稳定运行状态。

例如,当异步电动机拖动直流他励发电机工作,具有如图 2.14 所示的特性时,点 b 便符合稳定运行条件,因此,在此情况下,点 b 是稳定平衡点。

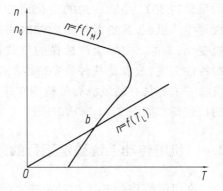

图 2.14　异步电动机拖动直流
他励发电机工作时的特性

习　题

2.1　从运动方程式怎么看系统是处于加速的、减速的、稳定的及静止的各种状态?

2.2　试列出如图 2.15 所示 6 种情况下系统的运动方程式,并说明系统的运行状态是加速、减速还是匀速(图中箭头方向表示转矩的实际作用方向)。

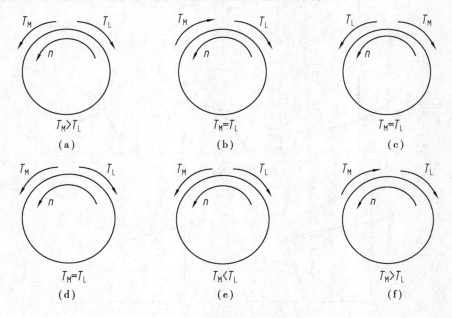

图 2.15

2.3　研究机电传动系统时,为什么要把一个多轴系统简化成一个单轴系统? 简化过程要进行哪些量的折算? 折算时各需遵循什么原则?

2.4　为什么机电传动系统中低速轴转矩大、高速轴转矩小?

2.5　为什么机电传动系统中低速轴的 GD^2 比高速轴的 GD^2 大得多?

2.6　一般生产机械按其运动受阻力的性质来分,有哪几种类型的负载?

2.7　电梯设计时,其传动机构的上升效率 $\eta < 0.5$,若上升时 $\eta = 0.4$,则下降时的效率是多少? 若上升时的负载转矩的折算值 $T_L = 15$ N·m,则下降时的负载转矩折算值为多少?

2.8　如图 2.16 所示,已知 $n_M/n_2 = 3$,$n_2/n_L = 2$,电动机轴(包含该轴所有物体)总的飞轮转矩 $GD_1^2 = 80$ N·m²,中间轴 $GD_2^2 = 250$ N·m²,生产机械手 $GD_3^2 = 750$ N·m²,$T'_L = 90$ N·m(反抗转矩),每对齿轮的传动效率均为 $\eta = 0.98$,求折算到电动机轴上的负载转矩和总飞轮转矩。

2.9　判断图 2.17 中哪些系统是稳定的? 哪些系统是不稳定的? 图中,曲线 1 为电动机的机械特性,曲线 2 为负载的机械特性。

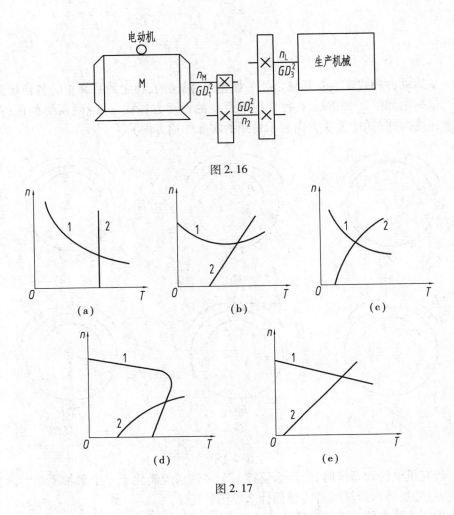

图 2.16

图 2.17

第3章 电动机的工作原理及机械特性

3.1 直流电动机的工作原理及机械特性

电动机分为直流电动机和交流电动机两大类。直流电动机虽不像交流电动机那样结构简单、制造容易、维护方便、运行可靠,但由于交流电动机的调速问题长期未能得到满意的解决,因此在过去一段时间内,直流电动机显示出交流电动机所不能比拟的良好的启动性能和调速性能。目前,虽然交流电动机的调速问题已经解决,但是,速度调节要求较高,正、反转和启、制动频繁或多单元同步协调运转的生产机械,仍采用直流电动机拖动。直流电机既可用作电动机(将电能转换为机械能),也可用作发电机(将机械能转换为电能)。直流发电机主要作为直流电源,如供给直流电动机、同步电机的励磁以及化工、冶金、采矿、交通运输等部门的直流电源。目前,由于晶闸管等整流设备的大量使用,直流发电机已逐步被取代。但从电源的质量与可靠性来说,直流发电机仍有其优点,现仍有一定的应用范围。

3.1.1 直流电机的基本结构

直流电机的结构包括定子和转子两部分。定子和转子之间由空气隙分开。定子的作用是产生主磁场和在机械上支撑电机。它的组成部分有主磁极、换向极、机座、端盖及轴承等,电刷用电刷座固定在定子上。转子的作用是产生感应电动势及产生机械转矩以实现能量的转换。它的组成部分有电枢铁芯、电枢绕组、换向器、轴、风扇等。如图 3.1 所示为直流电机结构图。如图 3.2 所示为二极直流电机的剖面图,现分别介绍如下:

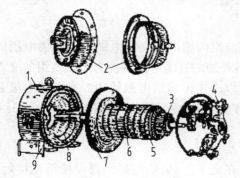

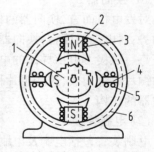

图 3.1 直流电机结构

1—机座;2—轴承端盖;3—换向器;4—摇环与刷握;
5—电枢绕组;6—电枢铁芯;7—风扇;8—励磁绕组;9—主磁极

图 3.2 二极直流电机的剖面图

1—电枢;2—主磁极;3—励磁绕组;
4—换向极;5—换向极绕组;6—机座

（1）主磁极

主磁极包括主磁极铁芯和套在上面的励磁绕组,其主要任务是产生主磁场。磁极下面扩大的部分称为极掌,它的作用是使通过空气隙中的磁通分布最为合适,并使励磁绕组能牢固地固定在铁芯上。磁极是磁路的一部分,采用 1.0～1.5 mm 的硅钢片叠压而成。励磁绕组用绝缘铜线绕成。

（2）换向极

换向极用来改善电枢电流的换向性能。它也是由铁芯和绕组构成,用螺杆固定在定子的两个主磁极的中间。

（3）机座

机座一方面用来固定主磁极、换向极和端盖等,并作为整个电机的支架,用地脚螺栓将电机固定在基础上;另一方面,它是电机磁路的一部分,故用铸钢或者是钢板压成。

（4）电枢铁芯

电枢铁芯是主磁通磁路的一部分,用硅钢片叠成,呈圆柱形,表面冲了槽,槽内嵌放电枢绕组,为了加强铁芯的冷却,电枢铁芯上有轴向通风孔,如图3.3所示。

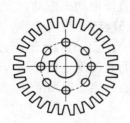
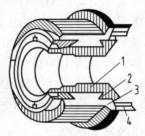

图 3.3　电枢铁芯钢片　　　　　图 3.4　换向器
1—V 形套筒;2—云母环;3—换向片;4—连接片

（5）电枢绕组

电枢绕组是直流电机产生感应电动势及电磁转矩以实现能量转换的关键部分。绕组一般由铜线绕成,包上绝缘层后嵌入电枢铁芯的槽中。为了防止离心力将绕组甩出槽外,用槽楔将绕组导体楔在槽内。

（6）换向器

对发电机而言,换向器的作用是将电枢绕组内感应的交流电动势转换成电刷间的直流电动势;对电动机而言,换向器的作用则是将外加的直流电流转换为电枢绕组的交流电流并保证每一磁极下电枢导体的电流方向不变,以产生恒定的电磁转矩。换向器由很多彼此绝缘的铜片组合而成,这些铜片称为换向片,每个换向片都和电枢绕组连接。如图3.4所示为换向器的结构。

（7）电刷装置

电刷装置包括电刷及电刷座,它们固定在定子上,电刷与换向器保持滑动接触,以便将电枢绕组和外电路接通。

3.1.2　直流电机的工作原理

任何电机的工作原理都是建立在电磁力和电磁感应这个基础上的,直流电机也是如此。

　　为了讨论直流电机的工作原理,可把复杂的直流电机简化为如图 3.5 和图 3.6 所示的简单结构。电机只有一对磁极,电枢绕组只有一个线圈,线圈两端分别连在两个换向片上,换向片上压着电刷 A 和电刷 B。

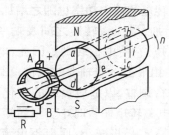
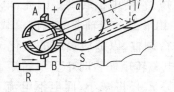

图 3.5　简化后的直流发电机结构　　　　图 3.6　简化后的直流电动机结构

　　直流电机作为发电机运行时(见图 3.5),电枢由原动机驱动在磁场中旋转,在电枢线圈的两根有效边(切割磁力线的导体部分)中便感应出电动势 e。显然,每一有效边中的电动势是交变的,即在 N 极下是一个方向,转到 S 极下时是另一个方向。但是由于与 N 极下的有效边相连的换向片总是同电刷 A 接触,而与 S 极下的有效边相连的换向片总是同电刷 B 接触,因此,在电刷间就出现一个极性不变的电动势或电压,因此,换向器的作用是将发电机电枢绕组内的交流电动势变换成电刷之间的极性不变的电动势。当电刷之间接有负载时,在电动势的作用下,电路中就产生一定方向的电流。

　　直流电机作为电动机运行时(见图 3.6),直流电源接在电刷之间,电流通入电枢线圈。电流方向是这样的:N 极下的有效边中的电流总是一个方向,S 极下的有效边中的电流总是另一个方向,这样才能使两个边上受到的电磁力的方向一致,电枢因此而转动。当线圈的有效边从 N(S)极下转到 S(N)极下时,其电流的方向必须同时改变,以使电磁力的方向不变,这必须通过换向器才得以实现。电动机电枢线圈通电后在磁场中受力而转动,这是问题的一个方面;另外,当电枢在磁场中转动时,线圈中也要产生感应电动势 e,这个电动势的方向(由右手定则确定)与电流或外加电压的方向总是相反,故称为反电动势,它与发电机中电动势的作用是不同的。

　　直流电机电刷间的电动势通常可表示为

$$E = K_e F n \tag{3.1}$$

式中　E——电动势,V;

　　　F——一对磁极的磁通,Wb;

　　　n——电枢转速,r/min;

　　　K_e——与电机结构有关的常数。

　　直流电机电枢绕组中的电流与磁通 F 相互作用,产生电磁力和电磁转矩。直流电机的电磁转矩通常可表示为

$$T = K_t F I \tag{3.2}$$

式中　T——电磁转矩,N·m;

　　　F——一对磁极的磁通,Wb;

　　　I——电枢电流,A;

　　　K_t——与电机结构有关的常数,$K_t = 9.55 K_e$。

直流发电机和直流电动机的电磁转矩的作用是不同的。发电机的电磁转矩是阻转矩，它与电枢转动的方向或原动机的驱动转矩的方向相反，这在图 3.5 中应用左手定则就可看出。因此，在匀速转动时，原动机的转矩 T_1 必须与发电机的电磁转矩 T 及空载损耗转矩 T_0 相平衡。当发电机的负载（即电枢电流）增加时，电磁转矩和输出功率也随之增加，这时原动机的驱动转矩 T_1 和所供给的机械功率也必须相应增加，以保持转矩之间及功率之间的平衡，而转速基本上不变。电动机的电磁转矩是驱动转矩，它使电枢转动。因此，电动机的电磁转矩 T 必须与机械负载转矩 T_L 及空载损耗转矩 T_0 相平衡。当轴上的机械负载发生变动时，电动机的转速、电动势、电流及电磁转矩将自动进行调整，以适应负载的变化，保持新的平衡。例如，当负载增加，即阻转矩增加时，电动机的电磁转矩便暂时小于阻转矩，故转速开始下降。随着转速的下降，当磁通 F 不变时，反电动势 E 必将减小，而电枢电流 $I_a = (U - E)/R_a$ 将增加，于是电磁转矩也随着增加，直到电磁转矩与阻转矩达到新的平衡后，转速不再下降。而电动机以较原先为低的转速稳定运行，这时的电枢电流已大于原先的数值，也就是说从电源输入的功率增加了（电源电压保持不变）。

从以上分析可知，直流电机作发电机运行和作电动机运行时，虽然都产生电动势 E 和电磁转矩 T，但二者的作用正好相反，如表 3.1 所示。

表 3.1　电机在不同运行方式下 E 和 T 的作用

电机运行方式	E 与 I_a 的方向	E 的作用	T 的性质	转矩之间的关系
发电机	相同	电源电动势	阻转矩	$T_1 = T + T_0$
电动机	相反	反电动势	驱动转矩	$T = T_L + T_0$

3.1.3　直流发电机

直流发电机通常按励磁方法来分类，可分为他励、并励、串励及复励发电机。如图 3.7 所示为它们的结构图。他励发电机的励磁绕组是由外电源供电的，励磁电流不受电枢端电压或电枢电流的影响，而其余 3 种发电机的励磁电流即为电枢电流或为电枢电流的一部分，故也称为自励发电机。

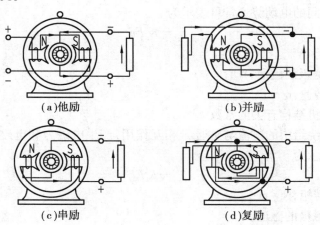

(a)他励　　　　　　　　　　(b)并励

(c)串励　　　　　　　　　　(d)复励

图 3.7　直流发电机的结构

并励绕组与电枢并联,它的导线较细而匝数较多,因而电阻较大,其中通过的电流较小;串励绕组与电枢串联,通过的电枢电流较大,它的导线较粗而匝数较少,电阻很小。此外,在某些特殊设备中的直流发电机也有用永久磁铁来产生所需磁场的,这种直流发电机称为永磁式发电机。

(1)他励发电机

他励发电机的原理电路如图3.8所示。图中,R是负载电阻,I是负载电流,R'_f是励磁调节电阻,R_a是电枢电阻,I_a是电枢电流。E和U分别为发电机的电动势和端电压。

他励发电机中,电压与电流间的关系可表示为

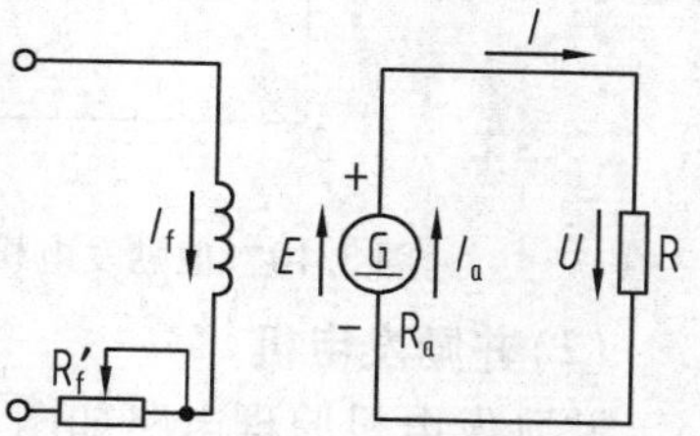

$$U = E - I_a R_a$$

即

$$I_a = \frac{E - U}{R_a} \tag{3.3}$$

图3.8 他励发电机的原理电路图

$$I_a = I \tag{3.4}$$

$$I = \frac{U}{R} \tag{3.5}$$

当发电机空载时,$I_a = 0$,发电机的电动势等于其空载端电压U_0,即

$$U_0 = E = K_e F n$$

磁通F的大小取决于励磁电流I_f,而I_f是可通过改变电阻R_f来调节的。

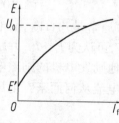

图3.9 他励发电机的空载特性

在发电机空载及额定转速的条件下,表示电动势E与励磁电流I_f之间关系的曲线称为空载特性曲线$E = f(I_f)$。因为E正比于F,而$F = f(I_f)$是一条磁化曲线,因此,空载特性曲线与磁化曲线相似(见图3.9)。由图3.9可知,空载特性曲线不是从坐标原点开始的,在$I_f = 0$时,已有一个数值不大的电动势E'(一般为额定电压的2% ~ 5%),它是由磁极的剩磁产生的。特性曲线的开始部分近乎一条直线,因为这时发电机磁路尚未饱和;而后逐渐向横轴方向弯曲,最后又较平坦,这是由于发电机磁路渐趋饱和的缘故。

空载特性是发电机的基本运行特性之一,它表明可利用改变励磁电流的方法来获得所需的电压。发电机的工作点通常都在空载特性曲线的中段弯曲部分。

保持发电机的转速n为额定值,调节励磁电流以获得所需的空载电压U_0,然后接上负载,当负载逐渐增加时,发电机的端电压也逐渐下降。在发电机的转速n和励磁电流I_f为常数的条件下,发电机端电压U与负载电流I之间关系的曲线称为外特性曲线$U = f(I)$,如图3.10所示。

由式(3.3)可知,当他励发电机的负载电流增加时,电枢电压降$I_a R_a$增加,端电压U下降。在图3.10中,U_N和I_N是发电机电压和电流的额定值。在他励发电机中,从空载到满载(额定负载)电压的变化率为

$$\Delta U = \frac{U_0 - U_N}{U_N} \times 100\% \tag{3.6}$$

一般为 5% ~ 10%,如欲保持端电压不变,必须相应增加励磁电流。

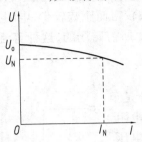

图 3.10 他励发电机的外特性

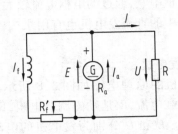

图 3.11 并励发电机原理电路

(2)并励发电机

并励发电机原理电路如图 3.11 所示,励磁绕组与电枢并联。并励发电机的电压与电流间的关系可表示为

$$U = E - I_a R_a$$

即

$$I_a = \frac{E - U}{R_a} \tag{3.7}$$

$$I_f = \frac{U}{R_f} \tag{3.8}$$

$$I = \frac{U}{R} \tag{3.9}$$

$$I_a = I + I_f \approx I \tag{3.10}$$

由于励磁电路的电阻 R_f 值(包括励磁绕组的电阻和励磁调节电阻)通常是几百欧,而电枢电路的电阻 R_a 值一般不到 1 Ω,因此,励磁电流 I_f 较电枢电流小得多,可认为 $I_a \approx I$。并励发电机与他励发电机的励磁方法不同,因此,二者电压的建立也不同。他励发电机的励磁电流由外电源供给,电压的建立是容易理解的。但在并励发电机中,励磁电流从何而来? 电压又是如何建立的呢?

并励发电机电压能建立的首要条件是发电机的磁极要有剩磁,发电机被原动机驱动而以恒定转速转动时,电枢绕组切割剩磁磁力线而在其中产生一个很小的电动势,于是,在此电动势的作用下,励磁电路中产生一个小小的起始励磁电流,这就是并(自)励发电机中励磁电流的由来。

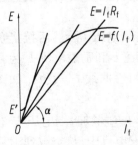

图 3.12 并励发电机
电压的建立

电压能建立的第二个条件是起始励磁电流所产生的磁场的方向与剩磁磁场的方向相同,这样,磁场才能加强,磁场的加强使电动势随之增大,电动势的增大使励磁电流增大,进而再使磁通及电动势增大,如此反复下去。电动势和励磁电流的反复增大不是没有止境的,由于磁饱和现象,它们最终会稳定下来。这从图 3.12 可知,图中的曲线 $E = f(I_f)$ 是并励发电机的空载特性曲线,它符合磁化规律。直线 $E = I_f R_f$ 是从励磁电路得出的(因 $R_a \ll R_f$),它符合欧姆定律。两条线的交点就决定了建立起来的电动势 E 和相应的励磁电流 I_f 的大小,因为只有这一交点,E 和 I_f 才能同时满足磁化和电路两方面的条件。

由图 3.12 还可知,交点的位置与电阻 R_f 值有关,R_f 增大时,直线斜率 $\tan \alpha$ 也增大,建立起来的电压要低些,当 R_f 过大时,电压就建立不起来。这是电压能否建立的第三个条件。

如果第一个条件没有满足,可将励磁绕组接到其他直流电源上去充磁;如果第二个条件没有满足,可将励磁绕组两端接线对调以改变励磁电流的方向;如果第三个条件没有满足,可将励磁调节电阻减小。

并励发电机与负载接通后,在转速 n 及励磁电路的电阻 R_f 为常数的条件下,表示发电机端电压 U 与负载电流 I 之间关系的 $U=f(I)$ 曲线称为外特性曲线,如图 3.13 所示。

并励发电机的外特性曲线与他励发电机的外特性曲线基本上是一样的。但由于前者励磁电路的电压就是电枢的端电压,其值随负载增大而减小,因此,励磁电流也随负载的增大而减小。这样,发电机的端电压将下降得更多一些。

*(3)复励发电机

如果在发电机磁极上除绕上并励绕组外,再绕一个与电枢串联的串励绕组,则它就成为一台复励发电机,其原理电路如图 3.14 所示。在复励发电机的这两个励磁绕组中通入电流后,它们产生的磁场的方向通常是相同的。

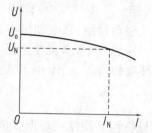

图 3.13　并励发电机的外特性　　　　图 3.14　复励发电机的原理电路

在并励发电机中,其端电压随着负载电流的增大而下降。但在复励发电机中,当负载电流增大时,串励绕组能自动增加磁通,以补偿端电压的下降。因此,在复励发电机的正常运行范围内,其端电压变化不大,这是它的优点。

3.1.4　直流他励电动机的机械特性

直流电动机也按励磁方法,可分为他励、并励、串励及复励 4 类,它们的运行特性也不尽相同。下面介绍在调速系统中用得最多的他励电动机的机械特性。

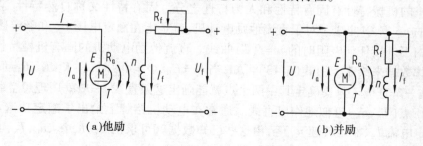

图 3.15　直流电动机原理电路

如图 3.15 所示为直流他励电动机与直流并励电动机的原理电路图,电枢回路中的电压平衡方程式为

$$U = E + I_a R_a \qquad\qquad (3.11)$$

以 $E = K_e \Phi n$ 代入式(3.11)并整理后,得

$$n = \frac{U}{K_e \Phi} - \frac{R_a}{K_e \Phi} I_a \qquad\qquad (3.12)$$

式(3.12)称为直流电动机的转速特性 $n = f(I_a)$,再以 $I_a = T/K_t \Phi$ 代入式(3.12),即可得直流电动机机械特性的一般表达式为

$$n = \frac{U}{K_e \Phi} - \frac{R_a}{K_e K_t \Phi^2} T = n_0 - \Delta n \qquad\qquad (3.13)$$

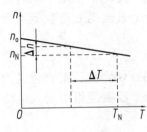

图 3.16　他励电动机的机械特性

由于电动机的励磁方式不同,磁通 F 随 I_a 和 T 变化的规律也不同,因此在不同励磁方式下,式(3.13)所表示的机械特性曲线则有差异。对他励与并励而言,当 U_f 与 U 同属一个电源,且不考虑供电电源的内阻时,这两种电动机励磁电流 I_f(或磁通 Φ)的大小均与电枢电流 I_a 无关,因此,它们的机械特性是一样的。他励电动机的机械特性如图 3.16 所示。

式(3.13)中,$T = 0$ 时的转速 $n_0 = U/(K_e \Phi)$ 称为理想空载转速。实际上,电动机总存在空载制动转矩,靠电动机本身的作用是不可能使其转速上升到 n_0 的,"理想"的含义就在这里。

为了衡量机械特性的平直程度,引进一个机械特性硬度的概念,记作 β,其定义为

$$\beta = \frac{\mathrm{d}T}{\mathrm{d}n} = \frac{\Delta T}{\Delta n} \times 100\% \qquad\qquad (3.14)$$

即转矩变化 $\mathrm{d}T$ 与所引起的转速变化 $\mathrm{d}n$ 的比值,称为机械特性的硬度。根据 β 值的不同,可将电动机机械特性分为以下 3 类:

①绝对硬特性($\beta \to \infty$),如交流同步电动机的机械特性。

②硬特性($\beta > 10$),如直流他励电动机的机械特性,交流异步电动机机械特性的上半部。

③软特性($\beta < 10$),如直流串励电动机和直流积复励电动机的机械特性。

在生产实际中,应根据生产机械和工艺过程的具体要求来决定选用何种特性的电动机。例如,一般金属切削机床、连续式冷轧机、造纸机等需选用硬特性的电动机,而起重机、电车等则需选用软特性的电动机。

(1)固有机械特性

电动机的机械特性有固有特性和人为特性之分。固有特性又称自然特性,它是指在额定条件下的 $n = f(T)$ 曲线。对于直流他励电动机,就是指在额定电压 U_N 和额定磁通 Φ_N 下,电枢电路内不外接任何电阻时的 $n = f(T)$ 曲线。直流他励电动机的固有机械特性可根据电动机的铭牌数据来绘制。由式(3.13)可知,当 $U = U_N$,$\Phi = \Phi_N$ 时,且 K_e,K_t,R_a 都为常数,故 $n = f(T)$ 是一条直线。只要确定其中两个点就能画出这条直线,一般就用理想空载点 $(0, n_0)$ 和额定运行点 (T_N, n_N) 近似地作出直线。通常在电动机铭牌上给出了额定功率 P_N、额定电压 U_N、额定电流 I_N、额定转速 n_N 等,由这些已知数据就可求出 R_a,$K_e \Phi_N$,n_0,T_N,其计算步骤如下:

①估算电枢电阻 R_a。电动机在额定负载下的铜耗。一般占总损耗 $\sum \Delta P_N$ 的 50% ~ 75%。因

$$\sum \Delta P_{\mathrm{N}} = 输入功率 - 输出功率$$

$$= U_{\mathrm{N}} I_{\mathrm{N}} - P_{\mathrm{N}} = U_{\mathrm{N}} I_{\mathrm{N}} - \eta_{\mathrm{N}} U_{\mathrm{N}} I_{\mathrm{N}}$$

$$= (1 - \eta_{\mathrm{N}}) U_{\mathrm{N}} I_{\mathrm{N}}$$

故

$$I_{\mathrm{a}}^2 R_{\mathrm{a}} = (0.50 \sim 0.75)(1 - \eta_{\mathrm{N}}) U_{\mathrm{N}} I_{\mathrm{N}}$$

式中　η_{N}——额定运行条件下电动机的效率，$\eta_{\mathrm{N}} = \dfrac{P_{\mathrm{N}}}{U_{\mathrm{N}} I_{\mathrm{N}}}$。

此时 $I_{\mathrm{a}} = I_{\mathrm{N}}$，故

$$R_{\mathrm{a}} = (0.5 \sim 0.75)\left(1 - \frac{P_{\mathrm{N}}}{U_{\mathrm{N}} I_{\mathrm{N}}}\right)\frac{U_{\mathrm{N}}}{I_{\mathrm{N}}} \tag{3.15}$$

②求 $K_{\mathrm{e}} \Phi n$。额定运行条件下的反电动势 $E_{\mathrm{N}} = K_{\mathrm{e}} \Phi_{\mathrm{N}} n_{\mathrm{N}} = U_{\mathrm{N}} - I_{\mathrm{N}} R_{\mathrm{a}}$，故

$$K_{\mathrm{e}} \Phi_{\mathrm{N}} = \frac{U_{\mathrm{N}} - I_{\mathrm{N}} R_{\mathrm{a}}}{n_{\mathrm{N}}} \tag{3.16}$$

③求理想空载转速，即

$$n_0 = \frac{U_{\mathrm{N}}}{K_{\mathrm{e}} \Phi_{\mathrm{N}}}$$

④求额定转矩，即

$$T_{\mathrm{N}} = \frac{P_{\mathrm{N}}}{\omega} = 9.55 \frac{P_{\mathrm{N}}}{n_{\mathrm{N}}} \tag{3.17}$$

根据 $(0, n_0)$ 和 $(T_{\mathrm{N}}, n_{\mathrm{N}})$ 两点，就可作出他励电动机近似的机械特性曲线 $n = f(T)$。前面讨论的是直流他励电动机正转时的机械特性，它的曲线在 TOn 直角坐标平面的第一象限内。实际上电动机既可正转，也可反转，若将式 (3.13) 两边乘以负号，即得电动机反转时的机械特性表示式。因为 n 和 T 均为负，故其特性曲线应在 TOn 直角坐标平面的第三象限中，如图 3.17 所示。

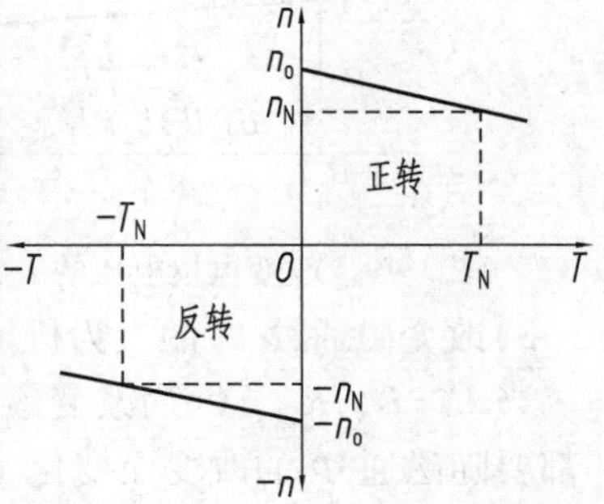

图 3.17　直流他励电动机正反转时的固有机械特性

（2）人为机械特性

人为机械特性就是指式 (3.13) 中供电电压 U 或主磁通 Φ 不是额定值，电枢电路中接有外加电阻 R_{ad} 时的机械特性，也称人为特性。下面分别介绍直流他励电动机的 3 种人为机械特性。

1）电枢回路中串接附加电阻时的人为机械特性

如图 3.18(a) 所示，当 $U = U_{\mathrm{N}}$，$\Phi = \Phi_{\mathrm{N}}$，电枢回路中串接附加电阻 R_{ad} 时，若以 $R_{\mathrm{ad}} + R_{\mathrm{a}}$ 代替式 (3.13) 中的 R_{a}，就可求得人为机械特性方程式，即

$$n = \frac{U_{\mathrm{N}}}{K_{\mathrm{e}} \Phi_{\mathrm{N}}} - \frac{R_{\mathrm{ad}} + R_{\mathrm{a}}}{K_{\mathrm{e}} K_{\mathrm{t}} \Phi_{\mathrm{N}}^2} T = n_0 - \Delta n \tag{3.18}$$

将式 (3.18) 与固有机械特性方程式 (3.13) 比较可知，当 U 和 Φ 都是额定值时，二者的理想空载转速 n_0 是相同的，而转速降 Δn 却变大了，即特性变软。R_{ad} 越大，特性越软，在不同的 R_{ad} 值时，可得一簇由同一点 $(0, n_0)$ 出发的人为机械特性曲线，如图 3.18(b) 所示。

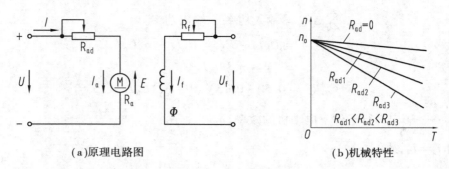

（a）原理电路图　　　　　　　　　（b）机械特性

图 3.18　电枢回路中串接附加电阻的他励电动机的原理电路图和机械特性

2）改变电枢电压 U 时的人为机械特性

当 $F = F_N$，$R_{ad} = 0$，而改变电枢电压 $U(U \neq U_N)$ 时，由式（3.13）可知，此时理想空载转速 $n_0 = U/K_e\Phi$ 要随 U 的变化而变化，但转速降 Δn 不变，因此，在不同的电枢电压 U 时，可得一簇平行于固有机械特性曲线的人为机械特性曲线，如图 3.19 所示。由于电动机绝缘耐压强度的限制，电枢电压只允许在其额定值以下调节，因此，不同 U 值时的人为机械特性曲线均在固有机械特性曲线之下。

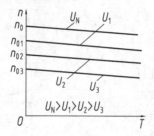

图 3.19　改变电枢电压的人为机械特性　　　图 3.20　改变磁通 F 的人为机械特性

3）改变磁通 Φ 时的人为机械特性

当 $U = U_N$，$R_{ad} = 0$，而改变磁通 Φ 时，由式（3.13）可知，此时，理想空载转速 $n_0 = U/K_e\Phi$ 和都要随磁通 Φ 的改变而变化。由于励磁线圈发热和电动机磁饱和的限制，电动机的励磁电流和它对应的磁通 Φ 只能在低于其额定值的范围内调节，因此，随着磁通 Φ 的降低，理想空载转速 n_0 和转速降 Δn 都要增大。又因为在 $n = 0$ 时，由电压平衡方程式 $U = E + I_a R_a$ 和 $E = K_e\Phi n$ 可知，启动电流 $I_{st} = U/R_a$ 为常数，故与其对应的电磁转矩 $T_{st} = K_t\Phi I_{st}$ 随 Φ 的降低而减小。根据以上所述，就可得不同磁通 Φ 值下的人为机械特性曲线簇，如图 3.20 所示。从图中可知，每条人为机械特性曲线均与固有机械特性曲线相交，交点左边的一段在固有机械特性曲线之上，右边的一段在固有机械特性曲线之下，而在额定运转条件（额定电压、额定电流、额定功率）下，电动机总是工作在交点的左边区域内。

必须注意的是，当磁通过分削弱后，如果负载转矩不变，电动机的电流将大大增加，从而产生严重过载现象。另外，当 $\Phi = 0$ 时，从理论上说，电动机转速将趋于无穷大，实际上励磁电流为零时，电动机尚有剩磁，这时转速虽不趋于无穷大，但会升到机械强度所不允许的数值，通常称为"飞车"。因此，直流他励电动机启动前必须先加励磁电流，在运转过程中，决不允许励磁电路断开或励磁电流为零，为此，直流他励电动机在使用中一般都设有"失磁"保护措施。

3.1.5　直流他励电动机的启动特性

电动机的启动就是施电压电动机,使电动机转子转动起来,达到所要求的转速后正常运转的过程。对直流电动机而言,由式(3.11)知,电动机在未启动之前 $n=0$, $E=0$,而 R_a 很小,因此,将电动机直接接入电网并施加额定电压时,启动电流 $I_{st}=U/R_a$ 将很大,一般情况下能达到其额定电流的 10~20 倍。这样大的启动电流会使电动机在换向过程中产生危险的火花,烧坏整流子。而且,过大的电枢电流将产生过大的电动应力,可能引起绕组的损坏,同时,还将产生与启动电流成正比的启动转矩,会在机械系统和传动机构中产生过大的动态转矩冲击,使机械传动部件损坏。对供电电网来说,过大的启动电流将使保护装置动作,切断电源造成事故,或者引起电网电压的下降,影响其他负载的正常运行。因此,直流电动机是不允许直接启动的,即在启动时必须设法限制电枢电流。例如,对于普通的 Z_2 型直流电动机,规定电枢的瞬时电流不得大于额定电流的 2 倍。

限制直流电动机的启动电流,一般有以下两种方法:

①降压启动。在启动瞬间,降低供电电源电压。随着转速 n 的升高,反电动势 E 增大,再逐步提高供电电压,最后达到额定电压 U_N 时,电动机达到所要求的转速。直流发电机—电动机组和晶闸管整流装置—电动机组等就是采用这种降压方式启动的。

②在电枢回路内串接外加电阻启动。此时启动电流 $I_{st}=U/(R_a+R_{st})$ 将受到外加启动电阻 R_{st} 的限制。随着电动机转速 n 的升高,反电动势 E 增大,再逐步切除外加电阻,直到全部切除,电动机达到所要求的转速。

生产机械对电动机启动的要求是有差异的。例如,市内无轨电车的直流电动机传动系统要求平稳慢速启动,启动过快会使乘客感到不舒适;而一般生产机械则要求有足够的启动转矩,以缩短启动时间,提高生产效率。从技术上来说,一般希望平均启动转矩大些,以缩短启动时间,这样启动电阻的段数就应多些;而从经济上来看,则要求启动设备简单、可靠,这样启动电阻的段数就应少些,如图 3.21(a)所示,图中只有一段启动电阻。若启动后将启动电阻一下全部切除,则启动特性如图 3.21(b)所示,此时由于电阻被切除,工作点将从特性曲线 1 切换到特性曲线 2 上。在切除电阻的瞬间,由于机械惯性的作用,电动机的转速不能突变,在此瞬间 n 维持不变,即从点 a 切换到点 b,此时冲击电流仍会很大。为了避免这种情况,通常采用逐级切除启动电阻的方法来启动。如图 3.22 所示为具有 3 段启动电阻的原理电路和启动特性,T_1,T_2 分别称为尖峰(最大)转矩和换接(最小)转矩,启动过程中,接触器 KM_1,KM_2,KM_3 依次将外接电阻 R_1,R_2,R_3 短接,其启动特性如图 3.22(a)所示,n 和 T 沿着箭头方向在各条特性曲线上变化。

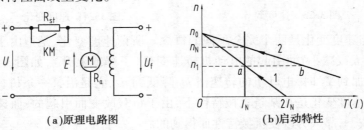

(a)原理电路图　　　　　　　(b)启动特性

图 3.21　具有一段启动电阻的他励电动机的原理电路图和启动特性

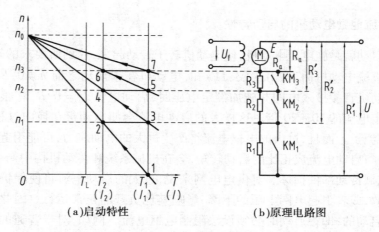

(a)启动特性　　　　　　　　(b)原理电路图

图 3.22　具有 3 段启动电阻的他励电动机的启动特性和原理电路图

可见,启动级数越多,T_1,T_2 与平均转矩 $T_{av} = (T_1 + T_2)/2$ 越接近,启动过程就越快越平稳,但所需的控制设备也就越多。我国生产的标准控制柜都是按快速启动原则设计的,一般启动电阻为 3 段或 4 段。

多级启动时,T_1,T_2 的数值需按照电动机的具体启动条件决定,一般原则是保持每一级的最大转矩 T_1(或最大电流 I_1)不超过电动机的允许值,而每次切换电阻时的 T_2(或 I_2)也基本相同,一般选择 $T_1 = (1.6 \sim 2)T_N$,$T_2 = (1.1 \sim 1.2)T_N$。

3.1.6　直流他励电动机的调速特性

电动机的调速就是在一定的负载条件下,人为地改变电动机的电路参数,以改变电动机稳定转速的一种技术。如图 3.23 所示的特性曲线 1 与特性曲线 2,在负载转矩一定时,电动机工作在特性曲线 1 上的点 A,以 n_A 转速稳定运行;若人为地增加电枢电路的电阻,则电动机将降速至特性曲线 2 上的点 B,以 n_B 转速稳定运行。这种转速的变化是人为改变(或调节)电枢电路的电阻所造成的,故称调速或速度调节。

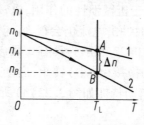

图 3.23　速度调节

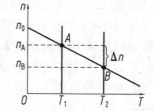

图 3.24　速度变化

速度调节与速度变化是两个完全不同的概念。所谓速度变化,是指由于电动机负载转矩发生变化(增大或减小)而引起的电动机转速变化(下降或上升),如图 3.24 所示。当负载转矩由 T_1 增加到 T_2 时,电动机的转速由 n_A 降低到 n_B,它是沿某一条机械特性发生的转速变化。总之,速度变化是在某条机械特性下,由于负载改变而引起的;而速度调节则是在某一特定的负载下,靠人为改变机械特性而得到的。

电动机的调速是生产机械所要求的。例如,金属切削机床,根据工件尺寸、材料性质、切削用量、刀具特性、加工精度等不同,需要选用不同的切削速度,以保证产品质量和提高生产效率;电梯或其他要求稳速运行或准确停止的生产机械,要求在启动和制动时速度要慢或停车前降低运转速度以实现准确停止。实现生产机械的调速可采用机械的、液压的或电气的方法。下面仅就他励直流电动机的调速方法作一般性的介绍。

从直流他励电动机机械特性方程式

$$n = \frac{U}{K_e \Phi} - \frac{R_a + R_{ad}}{K_e K_t \Phi^2} T \tag{3.19}$$

可知,改变串入电枢回路的电阻 R_{ad},电枢供电电压 U 或主磁通 Φ 都可得到不同的人为机械特性,从而在负载不变时可以改变电动机的转速,达到速度调节的要求,故直流电动机调速的方法有以下 3 种:

(1)改变电枢电路外串电阻 R_{ad}

前已介绍,直流电动机电枢电路串入电阻后,可得到人为机械特性(见图 3.18),并可用此法进行启动控制(见图 3.22)。同样用这个方法也可以进行调速。如图 3.25 所示为串电阻调速的特性,从图中可知,在一定的负载转矩 T_L 下,串入不同的电阻可得到不同的转速,如在电阻 R_a 值分别为 R_3', R_2', R_1' 的情况下,可以得到对应于点 A, C, D, E 的转速 n_A, n_C, n_D, n_E。在不考虑电枢电路的电感时,电动机调速时的机电过程(如降低转速)沿图中 A—B—C 的方向进行,即从稳定转速 n_A 调至新的稳定转速 n_C。这种调速方法存在不少的缺点,如机械特性较软,电阻越大特性越软,稳定度越低;在空载或轻载时,调速范围不大;实现无级调速困难;调速电阻要消耗大量电能等。值得特别注意的是,启动电阻不能当做调速电阻用,否则将烧坏。

这种调速方法目前已很少采用,仅在有些起重机、卷扬机等低速运转时间不长的传动系统中采用。

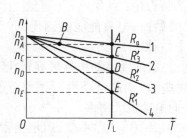

图 3.25　电枢电路串电阻调速的特性

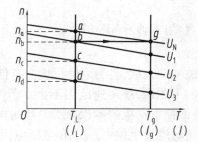

图 3.26　改变电枢电压调速的特性

(2)改变电动机电枢供电电压 U

改变电枢供电电压 U 可得到人为机械特性(见图 3.26),从图中可知,在一定负载转矩 T_L 下,加上不同的电压 U_N, U_1, U_2, U_3,可得到不同的转速 n_a, n_b, n_c, n_d,即改变电枢电压可达到调速的目的。现以电压由 U_1 突然升高至 U_N 为例,说明其升速的机电过程。电压为 U_1 时,电动机工作在 U_1 特性的点 b,稳定转速为 n_b,当电压突然上升为 U_N 的一瞬间,由于系统机械惯性的作用,转速 n 不能突变,相应的反电动势 $E = K_e \Phi n$ 也不能突变,仍为 n_b 和 E_b。在不考虑电枢电路的电感时,电枢电流将随 U 的突然上升由 $I_L = (U_1 - E_b)/R_a$ 将突然增至 $I_g = (U_N - E_b)/R_a$,则电动机的转矩也由 $T = T_L = K_t \Phi I_L$。突然增至 $T' = T_g = K_t \Phi I_g$,即在 U

突增的瞬间,电动机的工作点由 U_1 特性的 b 点过渡到 U_N 特性的 g 点(实际上平滑调节时,I_g 是不大的)。由于 $T_g > T_L$,故系统开始加速,反电动势 E 也随转速 n 的上升而增大,电枢电流则逐渐减小,电动机转矩也相应减小,电动机的工作点将沿 U_N 特性由 g 点向 a 点移动,直到 $n = n_a$ 时 T 又下降到 $T = T_L$,此时电动机已工作在一个新的稳定转速 n_a。

由于调压调速过程中 $F = F_N$ 为常数,因此,当 T_L 为常数时,稳定运行状态下的电枢电流 I_a 也是一个常数,而与电枢电压 U 的大小无关。

这种调速方法的特点是:

①当电源电压连续变化时,转速可平滑无级调节,一般只能在额定转速以下调节。

②调速特性与固有特性平行,机械特性硬度不变,调速的稳定度较高,调速范围较大。

③调速时,因电枢电流与电压 U 无关,且 $F = F_N$,故电动机转矩 $T = K_t F_N I_a$ 不变,属恒转矩调速,适合于对恒转矩型负载进行调速。

④可以靠调节电枢电压而不用启动设备来启动电动机。

过去调压电源是采用直流发电机组、电机放大机组、汞弧整流器、闸流管等,目前已普遍采用晶闸管整流装置,用晶体管等脉宽调制放大器供电的系统也已应用于工业生产中。

(3)改变电动机主磁通 F

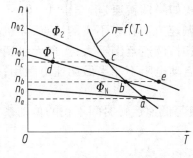

图 3.27　改变主磁通 F 调速的特性

改变电动机主磁通 F 的机械特性如图 3.27 所示。从特性可知,在一定的负载功率 P_L 下,不同的主磁通 F_N,F_1,F_2,可得到不同的转速 n_a,n_b,n_c,即改变主磁通 F 可达到调速的目的。

在不考虑励磁电路的电感时,电动机调速时的机电过程如图 3.27 所示。降速时沿 $c—d—b$ 进行,即从稳定转速 n_c 降至稳定转速 n_b;升速时沿 $b—e—c$ 进行,即从 n_b 升至 n_c。这种调速方法的特点是:

①可以平滑无级调速,但只能弱磁调速,即在额定转速以上调节。

②调速特性较软,且受电动机换向条件等的限制,普通他励电动机的最高转速不得超过额定转速的 1.2 倍,故调速范围不大。若使用特殊制造的"调速电动机",调速范围可以增加,但这种调速电动机的体积和所消耗的材料都比普通电动机大得多。

③调速时维持电枢电压 U 和电枢电流 I_a 不变,即功率 $P = UI_a$ 不变,属恒功率调速,因此,它适合于对恒功率型负载进行调速。在这种情况下电动机的转矩 $T = K_t F I_a$ 要随主磁通 F 的减小而减小。

弱磁调速范围不大,它往往是和调压调速配合使用,以扩大调速范围,即在额定转速以下,用降压调速,而在额定转速以上,则用弱磁调速。

3.1.7　直流他励电动机的制动特性

电动机的制动是与启动相对的一种工作状态,启动是从静止加速到某一稳定转速,而制动则是从某一稳定转速减速到停止或是限制位能负载下降速度的一种运转状态。注意,电动机的制动与自然停车是两个不同的概念,自然停车是电动机脱离电网,靠很小的摩擦阻转矩消耗机械能使转速慢慢下降,直到转速为零而停车。这种停车过程需时较长,不能满足生产机械的要求。为了提高生产效率,保证产品质量,需要加快停车过程,实现准确停车等,要求电动机运行在制动状态,这个过程常简称为电动机的制动。

就能量转换的观点而言,电动机有两种运转状态,即电动状态和制动状态。电动状态是电动机最基本的工作状态,其特点是电动机所发出的转矩 T 的方向与转速 n 的方向相同(见图3.28(a)),当起重机提升重物时,电动机将电源输入的电能转换成机械能,使重物以速度 v 上升。电动机发出的转矩 T 也可与转速 n 方向相反(见图3.28(b)),这就是电动机的制动状态。此时,重物稳速下降,电动机必须发出与转速方向相反的转矩,以吸收或消耗重物的位能,否则重物由于重力作用,下降速度将越来越快。如当生产机械要由高速运转迅速降到

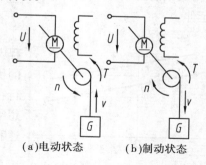

(a)电动状态　　(b)制动状态

图3.28　直流他励电动机的工作状态

低速运转或者生产机械要求迅速停车时,也需要电动机发出与旋转方向相反的转矩,以吸收或消耗机械能,使它迅速制动。

从上述分析可知,电动机的制动状态有以下两种形式:

①在卷扬机下放重物时,为限制位能负载的运动速度,电动机的转速不变,以保持重物的匀速下降,这属于稳定的制动状态。

②在降速或停车制动时,电动机的转速是变化的,这属于过渡的制动状态。

两种制动状态的区别在于转速是否变化。它们的共同点是,电动机发出的转矩 T 与转速 n 方向相反,电动机工作在发电机运行状态,电动机吸收或消耗机械能(位能或动能),并将其转化为电能反馈回电网或消耗在电枢电路的电阻中。

根据直流他励电动机处于制动状态时的外部条件和能量传递情况,它的制动状态可分为反馈制动、反接制动和能耗制动 3 种形式。

（1）反馈制动

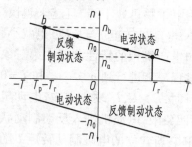

图3.29　直流他励电动机
反馈制动的机械特性

直流他励电动机的反馈制动的机械特性如图3.29所示。电动机为正常接法时,在外部条件作用下电动机的实际转速 n 大于其理想空载转速 n_0,此时,电动机运行于反馈制动状态。

如电车走平路时,电动机工作在电动状态,电磁转矩 T 克服摩擦性负载转矩 T_r,并以转速 n_a 稳定在 a 点工作。当电车下坡时,电车位能负载转矩 T_p 使电车加速,转速 n 增加,越过 n_0 继续加速,使 $n > n_0$,感应电动势 E 大于电源电压 U,故电枢中电流 I_a 的方向便与电动状态相反,转矩的方向也由于电流方向的改变而变得与电动状态相反,直到 $T_p = T + T_r$ 时,电动机以 n_b 的稳定转速控制电车下坡。实际上这时是电车的位能转矩带动电动机发电,把机械能转变成电能,向电源馈送,故称反馈制动,也称再生制动或发电制动。

在反馈制动状态下电动机的机械特性表达式仍是式(3.19),所不同的仅是 T 改变了符

号（即 T 为负值），而理想空载转速和特性的斜率均与电动状态下的一致。这说明电动机正转时，反馈制动状态下的机械特性是第一象限中电动状态下的机械特性曲线在第二象限内的延伸。

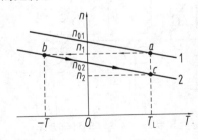

图 3.30 电枢电压突然降低时
反馈制动的机械特性

在电动机电枢电压突然降低使电动机转速降低的过程中，也会出现反馈制动状态。例如，原来电压为 U_1 相应的机械特性为图 3.30 中的曲线 1，在某一负载下以 n_1 运行在电动状态，当电枢电压由 U_1 突降为 U_2 时，对应的理想空载转速为 n_{02}，机械特性变为曲线 2。但由于电动机转速和由它所决定的电枢电动势不能突变，若不考虑电枢电感的作用，则电枢电流将由 $I_a = \dfrac{U_1 - E}{R_a + R_{ad}}$ 突然变为 $I_b = \dfrac{U_2 - E}{R_a + R_{ad}}$。

当 $n_{02} < n_1$，即 $U_2 < E$ 时，电流 I_b 为负值并产生制动转矩，即电压 U 突降的瞬时，系统的状态在第二象限中的 b 点。从 b 点到 n_{02} 这段特性上，电动机进行反馈制动，转速逐步降低，转速下降至 $n = n_{02}$ 时，$E = U_2$，电动机的制动电流和由它建立的制动转矩下降为零，反馈制动过程结束。此后，在负载转矩 T_L 的作用下转速进一步下降，电磁转矩又变为正值，电动机又重新运行于第一象限的电动状态，直至达到 c 点时 $T = T_L$，电动机又以 n_2 的转速在电动状态下稳定运行。

同样，电动机在弱磁状态用增加磁通 F 的方法来降速时，也能产生反馈制动过程，以实现迅速降速的目的。

卷扬机下放重物时，也能产生反馈制动过程，以保持重物匀速下降，制动状态下的原理和相应的机械特性如图 3.31 所示。设电动机正转时是提升重物，机械特性曲线在第一象限。若改变加在电枢上的电压极性，其理想空载转速为（$-n_0$），特性曲线在第三象限，电动机反转，在电磁转矩 T 与负载转矩（位能负载）T_L 的共同作用下重物迅速下降，且越来越快，使电枢电动势 $E = K_e Fn$ 增加，电枢电流 $I_a = (U - E)/R_a$ 减小，电动机转矩 $T = K_t FI_a$ 也减小，传动系统的状态沿其特性由 a 点向 b 点移动。由于电动机和生产机械的特性曲线在第三象限没有交点，系统不可能建立稳定平衡点，所以系统的加速过程一直进行到 $n = -n_0$ 和 $T = 0$ 时仍不会停止，而在重力作用下继续加速。当 $|n| > |-n_0|$ 时，$E > U$，I_a 改变方向，电动机转矩 T 变为正值，其方向与 T_L 相反，系统的特性曲线进入第四象限，电动机进入反馈制动状态。在 T_L 的作用下，状态由 b 点继续向 c 点移动，电枢电流和它所建立的电磁制动转矩 T 随转速的上升而增大，直到 $n = -n_c$，$T = T_L$ 时为止。此时系统的稳定平衡点在第四象限中的 c 点，电动机以 $n = -n_c$ 的转速在反馈制动状态下稳定运行，以保持重物匀速下降。若改变电枢电路中的附加电阻 R_{ad} 的大小，也可调节反馈制动状态下电动机的转速，但与电动状态下的情况相反。反馈制动状态下附加电阻越大，电动机转速越高（见图 3.31(b) 中的 c，d 点）。为使重物下降速度不致过快，串接的附加电阻不宜过大。但即使不串接任何电阻，重物下放过程中电动机的转速仍高于 n_0，如果下放的工件较重，采用这种制动方式运行是不太安全的。

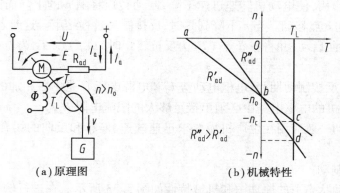

（a）原理图　　　　　　（b）机械特性

图 3.31　下放重物时反馈制动的原理图和机械特性

（2）反接制动

当他励电动机的电枢电压 U 或电枢电动势 E 中的任一个在外部条件作用下改变了方向，即二者由方向相反变为方向一致时，电动机都将运行于反接制动状态。把改变电枢电压 U 的方向所产生的反接制动称为电源反接制动，而把改变电枢电动势 E 的方向所产生的反接制动称为倒拉反接制动。下面分别讨论这两种反接制动。

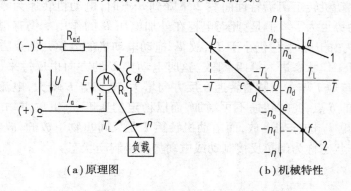

（a）原理图　　　　　　（b）机械特性

图 3.32　电源反接制动状态下的原理图和机械特性

1）电源反接制动

若电动机原运行在正向电动状态，则电动机电枢电压 U 的极性如图 3.32（a）所示的虚线，此时电动机稳速运行在第一象限中特性曲线 1 的点 a，转速为 n_a。若电枢电压 U 的极性突然反接，则 U 的极性如图 3.32（a）所示的实线，此时电动势平衡方程式为

$$E = -U - I_a(R_a + R_{ad}) \tag{3.20}$$

注意，电动势 E、电枢电流 I_a 的方向为电动状态下假定的正方向。以 $E = K_e\Phi n$，$I_a = T/(K_t\Phi)$ 代入式（3.20），便可得到电源反接制动状态的机械特性表达式为

$$n = \frac{-U}{K_e\Phi} - \frac{R_a + R_{ad}}{K_e K_t \Phi^2}T \tag{3.21}$$

可见，当理想空载转速 n_0 变为 $-n_0 = -U/(K_e\Phi)$ 时，电动机的机械特性曲线为图 3.32（b）中的曲线 2，其反接制动特性曲线在第二象限。由于在电源极性反接的瞬间，电动机的转速和它所决定的电枢电动势不能突变，若不考虑电枢电感的作用，此时系统的状态由曲线 1 的 a 点变到曲线 2 的 b 点，电动机发出与转速 n 方向相反的转矩 T（即 T 为负值），它

与负载转矩共同作用,使电动机转速迅速下降,制动转矩将随 n 的下降而减小,系统的状态沿直线 2 自 b 点向 c 点移动。当 n 下降到零时,反接制动过程结束。这时若电枢还不从电源断开,电动机将反向启动,并将在 d 点(T_L 为反抗转矩时)或 f 点(T_L 为位能转矩时)建立系统的稳定平衡点。

注意,由于在反接制动期间,电枢电动势 E 和电源电压 U 是串联相加的,因此,为了限制电枢电流 I_a,电动机的电枢电路中必须串接足够大的限流电阻 R_{ad}。

电源反接制动一般应用在生产机械要求迅速减速、停车和反向的场合以及要求经常正反转的机械上。

2)倒拉反接制动

倒拉反接制动状态下的原理图和机械特性如图 3.33 所示。在进行倒拉反接制动以前,设电动机处于正向电动状态,以转速 n_a 稳定运转,提升重物。若欲下放重物,则需在电枢电路内串入附加电阻 R_{ad},这时电动机的运行状态将由固有特性曲线 1 的 a 点过渡到人为特性曲线 2 的点 c,电动机转矩 T 远小于负载转矩 T_L,因此,传动系统转速下降(即提升重物上升的速度减慢),即沿着特性曲线 2 向下移动。由于转速下降,电动势 E 减小,电枢电流增大,故电动机转矩 T 相应增大,但仍比负载转矩 T_L 小,所以,系统速度继续下降,即重物提升速度越来越慢,当电动机转矩 T 沿特性曲线 2 下降到 d 点时,电动机转速为零,即重物停止上升,电动机反电动势也为零。但是,此时电枢在外加电压 U 的作用下仍有很大电流,此电流产生堵转转矩 T_{st},由于此时 T_{st} 仍小于 T_L,故 T_L 拖动电动机的电枢开始反方向旋转,即重物开始下降,电动机工作状态进入第四象限。这时电动势 E 的方向也反过来,E 和 U 同方向,所以,电流增大,转矩 T 增大。随着转速在反方向增大,电动势 E 增大,电流和转矩也增大,直到转矩 $T = T_L$ 的 b 点,此时转速不再增加,而以稳定的速度 n_b 下放重物。由于这时重物是靠位能负载转矩 T_L 的作用下放,而电动机转矩 T 是反对重物下放的,故电动机这时起制动作用,这种工作状态称为倒拉反接制动或电动势反接制动状态。

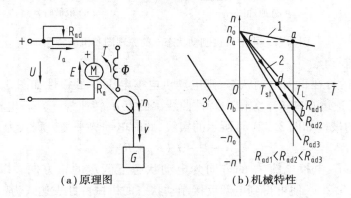

(a)原理图　　　　　(b)机械特性

图 3.33　倒拉反接制动状态下的原理图和机械特性

适当选择电枢电路中附加电阻 R_{ad} 的大小,即可得到不同的下降速度,且附加电阻越小,下降速度越低。这种下放重物的制动方式弥补了反馈制动的不足,它可得到极低的下降速度,从而保证了生产的安全。故倒拉反接制动常用在控制位能负载的下降速度,使之不致在重物作用下有越来越快的速度。其缺点是,若对 T_L 的大小估计不准,则本应下降的重物可能会上升。另外,其机械特性硬度小,因而较小的转矩波动就可能引起较大的转速波动,即速度的稳定性较差。

由于图 3.33(a)中,电压 U、电动势 E、电流 I_a 都是电动状态下假定的正方向,因此,倒拉反接制动状态下的电动势平衡方程式、机械特性在形式上均与电动状态下的相同,即分别为

$$E = U - I_a(R_a + R_{ad})$$ (3.22)

$$n = \frac{U}{K_e \Phi} - \frac{R_a + R_{ad}}{K_e K_t \Phi^2}T$$ (3.23)

因在倒拉反接制动状态下电枢反向旋转,故上式中的转速 n、电动势 E 应是负值。可知,倒拉反接制动状态下的机械特性曲线实际上是第一象限中电动状态下的机械特性曲线在第四象限中的延伸。若电动机反向运转在电动状态,则倒拉反接制动状态下的机械特性曲线就是第三象限中电动状态下的机械特性曲线在第二象限的延伸,如图 3.33(b)所示的曲线 3。

(3)能耗制动

电动机在电动状态运行时,若切断源电压 U 并在电枢回路中串接一个附加电阻 R_{ad},便能得到能耗制动状态,如图 3.34(a)所示。即制动时,接触器 KM 断电,其常开触点断开,常闭触点闭合。这时,由于机械惯性,电动机仍在旋转,磁通 F 和转速 n 的存在,使电枢绕组上继续有感应电动势 $E = K_e Fn$,其方向与电动状态方向相同。电动势 E 在电枢回路内产生电流 I_a,该电流方向与电动状态下由电源电压 U 所决定的电枢电流方向相反,而磁通 F 的方向未变,故电磁转矩 $T = K_t FI_a$ 反向,即 T 与 n 反向,T 变成制动转矩。这时由工作机械的机械能带动电动机发电,使传动系统储存的机械能转变成电能通过电阻(电枢电阻 R_a 和附加的制动电阻 R_{ad})转化成热量消耗掉,故称为"能耗"制动。

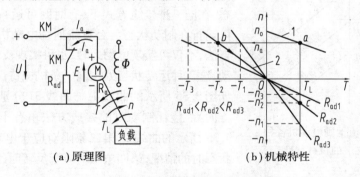

(a)原理图　　　　　　(b)机械特性

图 3.34　能耗制动状态下的原理图和机械特性

由图 3.34(a)可知,电压 $U = 0$,电动势 E、电流 I_a 仍为电动状态下假定的正方向,故能耗制动状态下的电动势平衡方程式为

$$E = -I_a(R_a + R_{ad})$$ (3.24)

因 $E = K_e Fn$,$I_a = T/(K_t F)$,故

$$n = -\frac{R_a + R_{ad}}{K_e K_t \Phi^2}T$$ (3.25)

其机械特性曲线为图 3.34(b)中的曲线 2,它是通过原点、且位于第二象限和第四象限的一条直线。如果电动机带动的是反抗性负载,它只具有惯性能量(动能),能耗制动的作用是消耗掉传动系统储存的动能,使电动机迅速停车,其制动过程如图 3.34(b)所示。设电动机原来运行在 a 点转速为 n_a,刚开始制动时 n_a 不变,但制动特性为曲线 2,工作点由 a 点转

到 b 点。这时电动机的转矩 T 为负值(因此时在电动势 E 的作用下,电枢电流 I_a 反向),是制动转矩,在制动转矩和负载转矩共同作用下,系统减速。电动机工作点沿特性曲线 2 上的箭头方向变化,随着转速 n 的下降,制动转矩也逐渐减小,直至 $n=0$ 时,电动机产生的制动转矩也下降到零,制动作用自行结束。这种制动方式的优点之一是不存在像电源反接制动那样电动机反向启动的危险。

如果是位能负载,则在制动到 $n=0$ 时,重物还将拖着电动机反转,使电动机向重物下降的方向加速,即电动机进入第四象限的能耗制动状态,随着转速的升高,电动势 E 增加,电流和制动转矩也增加,系统的状态由能耗制动特性曲线 2 的 o 点向 c 点移动,当 $T=T_L$ 时,系统进入稳定平衡状态。电动机以 $-n_2$ 转速使重物匀速下降。采用能耗制动下放重物的主要优点是,不会出现像倒拉反接制动那样因对 T_L 的大小估计错误而引起重物上升的事故。运行速度也较反接制动时稳定。

通常能耗制动应用于拖动系统需要迅速而准确地停车及卷扬机匀速下放重物的场合。改变制动电阻 R_{ad} 值的大小,可得到不同斜率的特性,如图 3.34(b)所示。在一定负载转矩 T_L 作用下,不同的 R_{ad},便有不同的稳定转速(如 $-n_1$、$-n_2$、$-n_3$);或者在一定转速 n_a 下,可使制动电流与制动转矩不同(如 $-T_1$、$-T_2$、$-T_3$)。R_{ad} 越小,制动特性曲线越平缓,即制动转矩越大,制动效果越强烈。但需注意,为避免电枢电流过大,R_{ad} 的最小值应该使制动电流不超过电动机允许的最大电流。

从以上分析可知,电动机有电动和制动两种运转状态,在同一种接线方式下,有时既可运行在电动状态,也可运行在制动状态。对直流他励电动机,用正常的接线方法,不仅可实现电动运转,也可实现反馈制动和反接制动,这 3 种运转状态处在同一条机械特性上的不同区域,如图 3.35 所示的曲线 1 与曲线 3(分别对应于正、反转方向)。能耗制动时的接线方法稍有不同,其特性如图 3.35 所示的曲线 2,第二象限对应于电动机原处于正转状态时的情况,第四象限对应于反转时的情况。

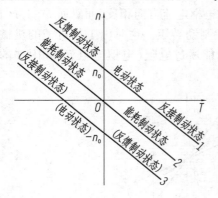

图 3.35　直流他励电动机各种运行状态下的机械特性

3.2　交流电动机的工作原理及机械特性

常用的交流电动机有三相异步电动机(或称感应电动机)和同步电动机(同步电机既可作发电机使用,也可作电动机使用)。异步电动机结构简单,维护容易,运行可靠,价格便宜,具有较好的稳态和动态特性,因此,它是工业中使用得最为广泛的一种电动机。本节主要介绍三相异步电动机的工作原理,启动、制动、调速的特性和方法。

3.2.1　三相异步电动机的结构和工作原理

(1)三相异步电动机的基本结构

三相异步电动机主要由定子和转子构成,定子是静止不动的部分,转子是旋转部分,在定子与转子之间有一定的气隙。如图 3.36 所示为其结构图。

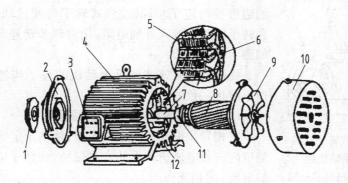

图 3.36　三相异步电动机的结构图

1—轴承盖;2—端盖;3—接线盒;4—散热片;5—定子铁芯;6—定子绕组;

7—转轴;8—转子;9—风扇;10—罩壳;11—轴承;12—机座

1)定子

定子由铁芯、绕组与机座 3 部分组成。定子铁芯是电动机磁路的一部分,它由 0.5 mm 厚的硅钢片叠压而成,片与片之间是绝缘的,以减少涡流损耗,定子铁芯的硅钢片的内圆冲有定子槽(见图 3.37),槽中安放绕组,硅钢片铁芯在叠压后成为一个整体,固定于机座上。定子绕组是电动机的电路部分,由许多线圈连接而成,每个线圈有两个有效边,分别放在两个槽里。三相对称绕组 AX,BY,CZ 可连接成星形或三角形。机座主要用于固定与支撑定子铁芯,中小型异步电动机一般采用铸铁机座,根据不同的冷却方式采用不同的机座形式。

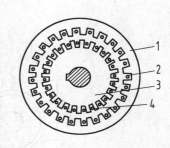

图 3.37　定子和转子的硅钢片

1—定子铁芯硅钢片;2—定子绕组;

3—转子铁芯硅钢片;4—转子绕组

2)转子

转子由铁芯与绕组组成。转子铁芯压装在转轴上,由硅钢片叠压而成,转子硅钢片冲片如图 3.37 所示,转子铁芯也是电动机磁路的一部分,转子铁芯、气隙与定子铁芯构成电动机的完整磁路。异步电动机转子绕组多采用鼠笼式,它是在转子铁芯槽里插入铜条,再将全部铜条两端焊在两个铜端环上而组成,如图 3.38(a)所示。小型鼠笼式转子绕组多用铝离心浇铸而成(见图 3.39),既降低了成本(以铝代铜),也便于制造。

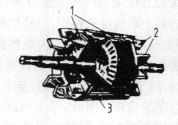

(a)鼠笼式绕组　　　(b)转子外形

图 3.38　鼠笼式转子　　　　　图 3.39　铝铸的鼠笼式转子

1—铸铝条;2—风扇;3—转子铁芯

异步电动机的转子绕组除了鼠笼式外的还有绕线式的。绕线式转子绕组与定子绕组一样,由线圈组成绕组放入转子铁芯槽里,转子绕组一般是连接成星形的三相绕组,转子绕组

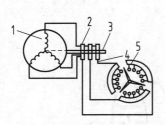

图 3.40 绕线式转子绕组
与外加变阻器的连接
1—转子绕组;2—滑环;3—轴;
4—电刷;5—变阻器

的磁极数与定子相同,绕线式转子可通过轴上的滑环和电刷在转子回路中接入外加电阻,用以调节转速与改善启动性能,如图 3.40 所示。

绕线式和鼠笼式两种电动机的转子构造虽然不同,但工作原理是一致的。

(2)三相异步电动机的工作原理

三相异步电动机的工作原理,是基于定子旋转磁场(定子绕组内三相电流所产生的合成磁场)和转子电流(转子绕组内的电流)的相互作用。

如图 3.41(a)所示,当定子的对称三相绕组接到三相电源上时,绕组内将通过对称三相电流,并在空间产生旋转磁场,该磁场沿定子内圆周方向旋转。如图 3.41(b)所示为具有一对磁极的旋转磁场,可以假想磁极位于定子铁芯内画有阴影的部分。

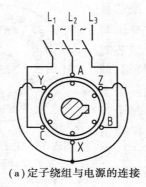

(a)定子绕组与电源的连接 　　　(b)工作原理

图 3.41 三相异步电动机

当磁场旋转时,转子绕组的导体切割磁通将产生感应电动势 e_2,假设旋转磁场向顺时针方向旋转,则相当于转子导体向逆时针方向旋转切割磁通,根据右手定则,在 N 极下的转子导体中感应电动势的方向由纸面指向读者,而在 S 极下的转子导体中感应电动势方向则由读者指向纸面。

由于电动势 e_2 的存在,转子绕组中将产生转子电流 i_2。根据安培电磁力定律,转子电流与旋转磁场相互作用将产生电磁力 F(其方向由左手定则决定,这里假设 i_2 和 e_2 同相),该力在转子的轴上形成电磁转矩,且转矩的作用方向与旋转磁场的旋转方向相同,转子受此转矩作用,便按旋转磁场的旋转方向旋转起来。但是,转子的旋转速度 n(即电动机的转速)恒小于旋转磁场的旋转速度 n_0(称为同步转速),因为如果两者转速相等,转子和旋转磁场没有相对运动,转子导体不切割磁通,便不能产生感应电动势 e_2 和电流 i_2,也就没有电磁转矩,转子将不会继续旋转。因此,转子和旋转磁场之间的转速差是保证转子旋转的主要因素。由于转子转速不等于同步转速,故将这种电动机称为异步电动机,而把转速差 $(n_0 - n)$ 与同步转速 n_0 的比值称为异步电动机的转差率,用 S 表示,即

$$S = \frac{n_0 - n}{n_0}$$

(3.26)

转差率 S 是分析异步电动机运行情况的主要参数。

当转子旋转时,如果在轴上加有机械负载,则电动机输出机械能。从物理本质上来分析,异步电动机的运行和变压器相似,即电能从电源输入定子绕组(原绕组),通过电磁感应的形式,以旋转磁场作媒介,传送到转子绕组(副绕组),而转子中的电能通过电磁力的作用变换成机械能输出。在这种电动机中,由于转子电流的产生和电能的传递是基于电磁感应现象的,故异步电动机又称为感应电动机。

通常,异步电动机在带额定负载时,n 接近于 n_0。转差率 S 很小,一般为 0.015 ~ 0.060。

(3)三相异步电动机的旋转磁场

要使异步电动机转动起来,必须有一个旋转磁场。异步电动机的旋转磁场是怎样产生的呢? 它的旋转方向和旋转速度是怎样确定的呢? 下面分别加以说明。

1)旋转磁场的产生

当电动机定子绕组通以三相电流时,各相绕组中的电流都将产生自己的磁场。由于电流随时间的变化而变化,它们产生的磁场也将随时间的变化而变化,而三相电流产生的总磁场(合成磁场)不仅随时间的变化而变化,而且是在空间旋转的,故称旋转磁场。

为简便起见,假设每相绕组只有一个线匝,分别嵌放在定子内圆周的 6 个凹槽之中(见图 3.42),图中 A,B,C 和 X,Y,Z 分别代表各相绕组的首端与末端。

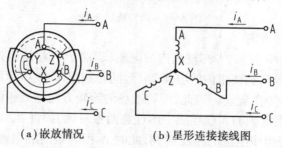

(a)嵌放情况　　　　　　(b)星形连接接线图

图 3.42　定子三相绕组图

定子各相绕组中流过电流的正方向规定为从各相绕组的首端到末端,并取流过 A 相绕组的电流 i_A 作为参考正弦量,即 i_A 的初相位为零,则各相电流的瞬时值可表示为(相序为 A—B—C)

$$i_A = I_m \sin \omega t \tag{3.27}$$

$$i_B = I_m \sin\left(\omega t - \frac{2\pi}{3}\right) \tag{3.28}$$

$$i_C = I_m \sin\left(\omega t - \frac{4\pi}{3}\right) \tag{3.29}$$

如图 3.43 所示为这些电流随时间的变化曲线。

下面分析不同时间的合成磁场。

在 $t = 0$ 时,$i_A = 0$;i_B 为负,B 相绕组电流的实际方向与正方向相反,即电流从 Y 端流到 B 端;i_C 为正,C 相绕组电流实际方向与正方向一致,即电流从 C 端流到 Z 端。

按右手螺旋法则确定三相电流产生的合成磁场,如图 3.44(a)所示的箭头。

在 $t = T/6$ 时,$\omega t = \omega T/6 = p/3$,$i_A$ 为正(电流从 A 端到 X 端);i_B 为负(电流从 Y 端流

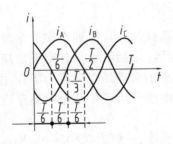

图 3.43 三相电流的波形图

到 B 端);$i_C = 0$。此时的合成磁场如图 3.44(b)所示,合成磁场已从 $t = 0$ 瞬间所在位置顺时针方向旋转了 $p/3$。

在 $t = T/3$ 时,$\omega t = \omega T/3 = 2p/3$,$i_A$ 为正,$i_B = 0$,i_C 为负。此时的合成磁场如图 3.44(c)所示,合成磁场已从 $t = 0$ 瞬间所在位置顺时针方向旋转了 $2p/3$。

在 $t = T/2$ 时,$\omega t = \omega T/2 = p$,$i_A = 0$,$i_B$ 为正,i_C 为负。此时的合成磁场如图 3.44(d)所示,合成磁场从 $t = 0$ 瞬间所在位置顺时针方向旋转了 p。

以上分析可以说明,当三相电流随时间不断变化时,合成磁场在空间也不断旋转,这样就产生了旋转磁场。

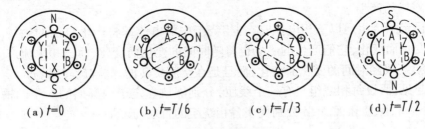

| (a)$t=0$ | (b)$t=T/6$ | (c)$t=T/3$ | (d)$t=T/2$ |

图 3.44 两极旋转磁场

2)旋转磁场的旋转方向

由图 3.42 和图 3.43 可知,A 相绕组内的电流,超前于 B 相绕组内的电流 $2p/3$,而 B 相绕组内的电流又超前于 C 相绕组内的电流 $2p/3$,同时如图 3.44 所示旋转磁场的旋转方向也是 A—B—C,即顺时针方向旋转。因此,旋转磁场的旋转方向与三相电流的相序一致。

如果将定子绕组接电源的 3 根导线中的任意两根对调,如将 B,C 两根线对调,如图3.45 所示,使 B 相与 C 相绕组中电流的相位对调,此时 A 相绕组内的电流超前于 C 相绕组内的电流 $2p/3$,因此,旋转磁场的旋转方向也将变为 A—C—B,即逆时针方向旋转(见图 3.46),与未对调前的旋转方向相反。

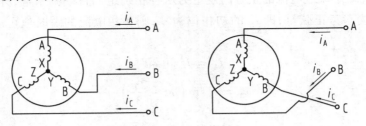

图 3.45 将 B,C 两根线对调,改变绕组中的电流相序

由此可知,要改变旋转磁场的旋转方向(即改变电动机的转向),只要把定子绕组接电源的 3 根导线中的任意两根对调即可。

3)旋转磁场的极数与旋转速度

以上讨论的旋转磁场,具有一对磁极(磁极对数用 p 表示),即 $p = 1$。从上述分析可知,电流变化一个周期(变化 360°电角度),旋转磁场在空间也旋转了一周(旋转了 360°机械角度)。若电流的频率为 f,旋转磁场每分钟将旋转 $60f$ 周,以 n_0 表示旋转磁场的转速,即

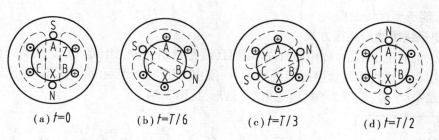

(a) $t=0$　　　(b) $t=T/6$　　　(c) $t=T/3$　　　(d) $t=T/2$

图 3.46　逆时针方向旋转的两极旋转磁场

$$n_0 = 60f$$

　　如果把定子铁芯的槽数增加 1 倍(12 个槽),制成如图 3.47 所示的三相绕组,其中,每相绕组由两个部分串联组成,再将这三相绕组接到对称三相电源使通过对称三相电流,便产生如图 3.48 所示的具有两对磁极的旋转磁场。从图 3.48 可知,对应于不同时刻,旋转磁场在空间转到不同位置,此情况下电流变化半个周期,旋转磁场在空间只转过 $p/2$,即 $1/4$ 转,电流变化一个周期,旋转磁场在空间只转了 $1/2$ 周。

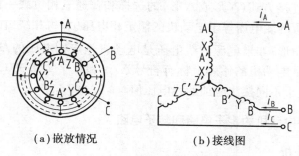

（a）嵌放情况　　　　　　　（b）接线图

图 3.47　产生四极旋转磁场的定子绕组

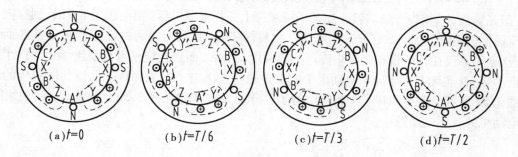

(a) $t=0$　　　(b) $t=T/6$　　　(c) $t=T/3$　　　(d) $t=T/2$

图 3.48　四极旋转磁场

　　由此可知,当旋转磁场具有两对磁极($p=2$)时,其旋转速度仅为一对磁极时的 $1/2$,即每分钟 $60f/2$ 周。依此类推,当有 p 对磁极时,其转速为

$$n_0 = \frac{60f}{p} \tag{3.30}$$

　　因此,旋转磁场的旋转速度(即同步转速) n_0 与电流的频率成正比而与磁极对数成反比。在我国,因为标准工业频率(即电流频率)为 50 Hz,故对应于 p 等于 1,2,3,4 时,同步转速分别为 3 000,1 500,1 000,750 r/min。

　　实际上,不只是三相电流可以产生旋转磁场,任何两相以上的多相电流,流过相应的多相绕组,都能产生旋转磁场。

（4）定子绕组线端连接方式

三相电机的定子绕组,每相都由许多线圈（或称绕组元件）组成。定子绕组的首端和末端通常都接在电动机接线盒内的接线柱上,一般按如图3.49所示的方式排列,这样可很方便地接成星形（丫形,见图3.50）或三角形（△形,见图3.51）。

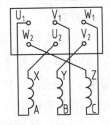 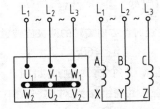 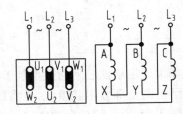

　　图3.49　出线端的排列　　　　图3.50　星形连接　　　　图3.51　三角形连接

我国电工专业标准规定,定子三相绕组出线端的首端是U_1,V_1,W_1,末端是U_2,V_2,W_2。

定子三相绕组的连接方式（丫形或△形）的选择和普通三相负载一样,需视电源的线电压而定。如果接入电源的线电压等于电动机的额定相电压（即每相绕组的额定电压）,那么,它的绕组应该接成三角形;如果电源的线电压是电动机额定相电压的$\sqrt{3}$倍,那么,它的绕组就应该接成星形。通常电动机的铭牌上标有符号△/丫和数字220/380,前者表示定子绕组的接法,后者表示对应于不同接法应加的线电压值。

3.2.2　三相异步电动机的定子电路和转子电路

（1）定子电路的分析

三相异步电动机与变压器的电磁关系类似,定子绕组相当于变压器的原绕组,转子绕组（一般是短接的）相当于副绕组。当定子绕组接上三相电源电压（相电压为u_1时）,则有三相电流通过（相电流为i_1）,定子三相电流产生旋转磁场,其磁力线通过定子和转子铁芯而闭合,这磁场不仅在转子每相绕组中要产生感应电动势e_2,而且在定子每相绕组中也要产生感应电动势e_1（实际上三相异步电动机中的旋转磁场是由定子电流和转子电流共同产生的）,如图3.52所示。定子和转子每相绕组的匝数分别为N_1和N_2,图3.53所示电路图是三相异步电动机的一相电路图。

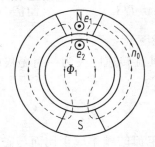 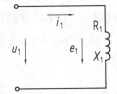 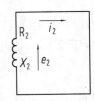

　　图3.52　定子和转子电路的感应电动势　　　图3.53　三相异步电动机的一相电路图

旋转磁场的磁感应强度沿定子与转子间空气隙的分布是近似按正弦规律分布的,因此,当其旋转时,通过定子每相绕组的磁通也是随时间按正弦规律变化的,即$\phi = F_m \sin \omega t$,其中, F_m 是通过每相绕组的磁通最大值,在数值上等于旋转磁场的每极磁通 F, 即空气隙中磁感应强度的平均值与每极面积的乘积。

定子每相绕组中产生的感应电动势为

$$e_1 = -N_1 \frac{d\phi}{dt}$$

它也是正弦量,其有效值为

$$E_1 = 4.44 Kf N_1 \Phi$$

绕组系数 $K \approx 1$, 常略去,故

$$E_1 = 4.44 f_1 N_1 \Phi \tag{3.31}$$

式中 f_1——e_1 的频率。

因为旋转磁场和定子间的相对转速为 n_0, 故

$$f = \frac{p n_0}{60} \tag{3.32}$$

它等于定子电流的频率,即 $f_1 = f$。

定子电流除产生旋转磁通(主磁通)外,还产生漏磁通 F_{L1}。该漏磁通只围绕某一相的定子绕组,而与其他相定子绕组及转子绕组不交链。因此,在定子每相绕组中还要产生漏磁电动势,即

$$e_{L1} = -L_{L1} \frac{di_1}{dt}$$

与变压器原绕组的情况一样,加在定子每相绕组上的电压也分成 3 个分量,即

$$u_1 = i_1 R_1 + (-e_{L1}) + (-e_1) = i_1 R_1 + L_{L1} \frac{di_1}{dt} + (-e_1) \tag{3.33}$$

如用复数表示,则为

$$\dot{U}_1 = \dot{I}_1 R_1 + (-\dot{E}_{L1}) + (-\dot{E}_1) = \dot{I}_1 R_1 + j\dot{I}_1 X_1 + (-\dot{E}_1) \tag{3.34}$$

式中 R_1——定子每相绕组的电阻;

X_1——定子每相绕组的漏磁感抗, $X = 2p f_1 L_{L1}$。

由于 R_1 和 X_1(或漏磁通 F_{L1})较小,其上电压降与电动势 E_1 比较起来常可忽略,于是

$$\dot{U}_1 \approx -\dot{E}_1 \tag{3.35a}$$

$$U_1 \approx -E_1 \tag{3.35b}$$

(2)转子电路的分析

如前所述,异步电动机之所以能转动,是因为定子接上电源后,在转子绕组中产生感应电动势,从而产生转子电流,转子电流与旋转磁场的磁通作用产生电磁转矩。因此,在讨论电动机的转矩之前,必须先弄清楚转子电路中的各个物理量——转子电动势 e_2、转子电流 i_2、转子电流频率 f_2、转子电路的功率因数 $\cos f_2$、转子绕组的感抗 X_2 以及它们之间的关系。

旋转磁场在转子每相绕组中感应出的电动势为

$$e_2 = -N_2 \frac{d\phi_1}{dt}$$

其有效值为

$$E_2 = 4.44 f_2 N_2 \Phi \qquad (3.36)$$

式中 f_2——转子电动势 e_2 或转子电流 i_2 的频率。

因为旋转磁场和转子间的相对转速为 $(n_0 - n)$,故

$$f_2 = \frac{p(n_0 - n)}{60} = \frac{n_0 - n}{n_0} \frac{pn_0}{60} = Sf_1 \qquad (3.37)$$

可见转子频率 f_2 与转差率 S 有关,也就是与转速 n 有关。

在 $n = 0$,即 $S = 1$(电动机开始启动瞬间)时,转子与旋转磁场间的相对转速最大,转子导体被旋转磁力线切割得最快,故这时 f_2 最高,即 $f_2 = f_1$。异步电动机在额定负载时,$S = 1.5\% \sim 6\%$,则

$$f_2 = (0.75 \sim 3) \, \text{Hz} (f_1 = 50 \, \text{Hz})$$

将式(3.37)代入式(3.36),得

$$E_2 = 4.44 Sf_1 N_2 \Phi \qquad (3.38)$$

在 $n = 0$,即 $S = 1$ 时,转子电动势为

$$E_{20} = 4.44 f_1 N_2 \Phi \qquad (3.39)$$

这时 $f_2 = f_1$,转子电动势最大。

由式(3.38)和式(3.39)可得

$$E_2 = SE_{20} \qquad (3.40)$$

可见转子电动势 E_2 与转差率 S 有关。

与定子电流一样,转子电流也要产生漏磁通 F_{L2},从而在转子每相绕组中还要产生漏磁电动势,即

$$e_{L2} = -L_{L2} \frac{\mathrm{d}i_2}{\mathrm{d}t}$$

因此,对于转子每相电路,有

$$e_2 = i_2 R_2 + (-e_{L2}) = i_2 R_2 + L_{L2} \frac{\mathrm{d}i_2}{\mathrm{d}t} \qquad (3.41)$$

如用复数表示,则

$$\dot{E}_2 = \dot{I}_2 R_2 + (-\dot{E}_{L2}) = \dot{I}_2 R_2 + j\dot{I}_2 X_2 \qquad (3.42)$$

式中 R_2, X_2——转子每相绕组的电阻、漏磁感抗。

X_2 与转子频率 f_2 有关,即

$$X_2 = 2\pi f_2 L_{L2} = 2\pi Sf_1 L_{L2} \qquad (3.43)$$

在 $n = 0$,即 $S = 1$ 时,转子感抗为

$$X_{20} = 2\pi f_1 L_{L2} \qquad (3.44)$$

这时 $f_2 = f_1$,转子感抗最大。

由式(3.43)和式(3.44)可得

$$X_2 = SX_{20} \qquad (3.45)$$

可见转子感抗 X_2 与转差率 S 有关。

转子每相电路的电流可由式(3.42)得出,即

$$I_2 = \frac{E_2}{\sqrt{R_2^2 + X_2^2}} = \frac{SE_{20}}{\sqrt{R_2^2 + (SX_{20})^2}} \qquad (3.46)$$

可见转子电流 I_2 也与转差率 S 有关。当 S 增大,即转速 n 降低时,转子与旋转磁场间的相对转速 $(n_0 - n)$ 增加,转子导体被磁力线切割的速度提高,于是 E_2 增加,I_2 也增加。I_2 随 S 的变化关系可用如图 3.54 所示的曲线表示。当 $S = 0$,即 $n_0 - n = 0$ 时,$I_2 = 0$;当 S 很小时,$R_2 \gg SX_{20}$,$I_2 \approx SE_{20}/R_2$,即与 S 近似地成正比;当 S 接近于 1 时,$SX_{20} \gg R_2$,$I_2 \approx E_{20}/X_{20}$ 为常数。

由于转子有漏磁通,相应的感抗为 X_2,因此,I_2 比 E_2 滞后 f_2 角,因而转子电路的功率因数为

$$\cos \varphi_2 = \frac{R_2}{\sqrt{R_2^2 + X_2^2}} = \frac{R_2}{\sqrt{R_2^2 + (SX_{20})^2}} \quad (3.47)$$

它也与转差率 S 有关。当 S 很小时,$R_2 \gg SX_{20}$,$\cos \varphi_2 \approx 1$;当 S 增大时,X_2 也增大,于是 $\cos \varphi_2$ 减小;当 S 接近于 1 时,$\cos \varphi_2 \approx R_2/X_{20}$。$\cos \varphi_2$ 与 S 的关系如图 3.54 所示。

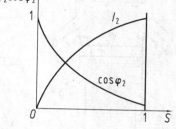

图 3.54　I_2 和 $\cos \varphi_2$ 与转差率 S 的关系

由上可知,转子电路的各个物理量(如电动势、电流、频率、感抗及功率因数等)都与转差率有关,也即与转速有关。

(3)三相异步电动机的额定值

电动机在制造工厂所拟定的情况下工作,称为电动机的额定运行。通常用额定值来表示其运行条件,这些数据大部分都标明在电动机的铭牌上。电动机的铭牌上通常标有下列数据:

①型号。

②额定功率 P_N。在额定运行情况下,电动机轴上输出的机械功率。

③额定电压 U_N。在额定运行情况下,定子绕组端应加的线电压值。如标有两种电压值(例如 220/380 V),则对应于定子绕组采用 △/Y 连接时应加的线电压值。一般规定电动机的外加电压不应高于或低于额定值的 5%。

④额定频率 f。在额定运行情况下,定子外加电压的频率 $(f = 50\text{ Hz})$。

⑤额定电流 I_N。在额定频率、额定电压和轴上输出额定功率时,定子的线电流值。如标有两种电流值(如 10.35/5.9 A),则对应于定子绕组为 △/Y 连接的线电流值。

⑥额定转速 n_N。在额定频率、额定电压和电动机轴上输出额定功率时,电动机的转速。与此转速相对应的转差率称为额定转差率 S_N。

⑦工作方式(定额)。

⑧温升(或绝缘等级)。

⑨电动机总重。

一般不标在电动机铭牌上的几个额定值如下:

①额定功率因数 $\cos \varphi_N$。在额定频率、额定电压和电动机轴上输出额定功率时,定子相电流与相电压之间相位差的余弦。

②额定效率 η_N。在额定频率、额定电压和电动机轴上输出额定功率时,电动机输出机械功率与输入电功率之比,其表达式为

$$\eta_N = \frac{P_N}{\sqrt{3} U_N I_N \cos \varphi_N} \times 100\%$$

③额定负载转矩 T_N。电动机在额定转速下输出额定功率时轴上的负载转矩。

④绕线式异步电动机转子静止时的滑环电压和转子的额定电流。

通常手册上给出的数据就是电动机的额定值。

（4）三相异步电动机的能流图

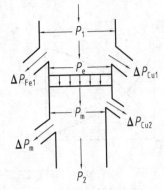

图 3.55　三相异步电动机
的能流图

三相异步电动机的功率和损耗可用如图 3.55 所示的能流图来说明。

从电源输送到定子电路的电功率为

$$P_1 = \sqrt{3} U_1 I_1 \cos \varphi_1$$

式中　U_1，I_1 和 $\cos \varphi_1$——定于绕组的线电压、线电流和功率因数。

P_1 为异步电动机的输入功率，其中，除去定子绕组的铜耗 ΔP_{Cu1} 芯的铁耗 ΔP_{Fe1}，剩下的这部分电功率 P_e 借助于旋转磁场从定子电路传递到转子电路，这部分功率称为电磁功率。

从电磁功率中减去转子绕组的铜耗 ΔP_{Cu2}（转子铁耗忽略不计，因为转子铁芯中交变磁化的频率 f_2 是很低的）后剩下的即转换为电动机的机械功率 P_m。

在机械功率中减去机械损失功率 ΔP_m 后，即为电动机的输出（机械）功率 P_2，异步电动机的铭牌上所标的就是 P_2 的额定值。

输出功率与输入功率的比值，称为电动机的效率，即

$$\eta = \frac{P_2}{P_1} = \frac{P_1 - \sum \Delta P}{P_1} \tag{3.48}$$

式中　$\sum \Delta P$——电动机的总功率损失。

电动机在轻载时效率很低，随着负载的增大，效率逐渐增高，通常在接近额定负载时，效率达到最高值。一般异步电动机在额定负载时的效率为 0.7~0.9。容量越大，其效率也越高。

若 ΔP_{Cu2} 和 ΔP_m 忽略不计，则

$$P_2 = T_2 \omega \approx P_e = T \omega$$

式中　T——电动机的电磁转矩；

T_2——电动机轴上的输出转矩，且

$$T_2 = \frac{P_2}{\omega} = 9.55 \frac{P}{n} \tag{3.49}$$

电动机的额定转矩则可由铭牌上所标的额定功率和额定转速根据式（3.49）求得。

3.2.3　三相异步电动机的转矩与机械特性

电磁转矩（以下简称转矩）是三相异步电动机最重要的物理量之一。它表征一台电动机拖动生产机械能力的大小。机械特性是它的主要待性。

（1）三相异步电动机的转矩

从三相异步电动机的工作原理可知，三相异步电动机的转矩是由旋转磁场的每极磁通

F 与转子电流 I_2 相互作用而产生的,它与 F 和 I_2 的乘积成正比。从转子电路分析可知,转子电路是一个交流电路,它不但有电阻,而且还有漏磁感抗存在,故转子电流 I_2 与转子感应电动势 E_2 之间有一相位差 f_2,转子电流 I_2 可分解为有功分量 $I_2\cos\varphi_2$ 和无功分量 $I_2\sin\varphi_2$ 两部分,只有转子电流的有功分量 $I_2\cos\varphi_2$ 才能与旋转磁场相互作用而产生电磁转矩。也就是说,电动机的电磁转矩实际上是与转子电流有功分量 $I_2\cos\varphi_2$ 成正比。综上所述,三相异步电动机的电磁转矩表达式为

$$T = K_t \Phi I_2 \cos\varphi_2 \tag{3.50}$$

式中 K_t——仅与电动机结构有关的常数。

将式(3.39)代入式(3.46),得

$$I_2 = \frac{S4.44f_1 N_2 \Phi}{\sqrt{R_2^2 + (SX_{20})^2}} \tag{3.51}$$

再将式(3.41)和式(3.46)代入式(3.50),并考虑到式(3.31)式(3.35),则得出转矩的另一个表示式,即

$$T = K \frac{SR_2 U_1^2}{R_2^2 + (SX_{20})^2} = K \frac{SR_2 U^2}{R_2^2 + (SX_{20})^2} \tag{3.52}$$

式中 K——与电动机结构参数、电源频率有关的一个常数,$K \propto 1/f_1$;

U_1, U——定子绕组相电压、电源相电压;

R_2——转子每相绕组的电阻;

X_{20}——电动机不动($n=0$)时转子每相绕组的感抗。

(2)三相异步电动机的机械特性

式(3.52)所表示的电磁转矩 T 与转差率 S 的关系 $T=f(S)$ 通常称为 $T\text{-}S$ 曲线。

在异步电动机中,转速 $n=(1-S)n_0$,为了符合习惯画法,可将 $T\text{-}S$ 曲线换成转速与转矩之间的关系 $n\text{-}T$ 曲线,即 $n=f(T)$ 称为异步电动机的机械特性。它有固有机械特性和人为机械特性之分。

1)固有机械特性

异步电动机在额定电压和额定频率下,用规定的接线方式,定子和转子电路中不串联任何电阻或电抗时的机械特性称为固有(自然)机械特性,根据式(3.52)和式(3.26)可得到三相异步电动机的固有机械特性曲线,如图3.56所示。从特性曲线上可知,其上有4个特殊点可以决定特性曲线的基本形状和异步电动机的运行性能。这4个特殊点是:

①$T=0$,$n=n_0$($S=0$),电动机处于理想空载工作点,此时电动机的转速为理想空载转速 n_0。

②$T=T_N$,$n=n_N$($S=S_N$),为电动机额定工作点,此时额定转矩和额定转差率分别为

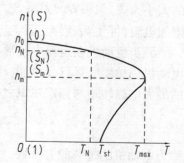

图3.56 异步电动机的固有机械特性

$$T_N = 9.55 \frac{P_N}{n_N} \tag{3.53}$$

$$S_N = \frac{n_0 - n_N}{n_0} \tag{3.54}$$

式中　　P_N——电动机的额定功率；

n_N——电动机的额定转速，一般 $n_N = (0.94 \sim 0.985)n_0$；

S_N——电动机的额定转差率，一般 $S_N = 0.015 \sim 0.06$；

T_N——电动机的额定转矩。

③$T = T_{st}$，$n = 0(S = 1)$，为电动机的启动工作点。

将 $S = 1$ 代入式(3.52)，可得

$$T_{st} = K \frac{R_2 U^2}{R_2^2 + X_{20}^2} \tag{3.55}$$

可见，异步电动机的启动转矩 T_{st} 与 U，R_2 及 X_{20} 有关，当施加在定子每相绕组上的电压 U 降低时，启动转矩会明显减小；当转子电阻适当增大时，启动转矩会增大；而转子电抗增大时，启动转矩则会大为减小，这是所不需要的。通常把固有机械特性上的启动转短与额定转矩之比 $\lambda_{st} = T_{st}/T_N$ 作为衡量异步电动机启动能力的一个重要数据，一般 $\lambda_{st} = 1.0 \sim 1.2$。

④$T = T_{max}$，$n = n_m(S = S_m)$，为电动机的临界工作点。欲求转矩的最大值，可由式(3.52)令 $dT/dS = 0$，而得临界转差率为

$$S_m = \frac{R_2}{X_{20}} \tag{3.56}$$

再将 S_m 代入式(3.52)，即可得

$$T_{max} = K \frac{U^2}{2X_{20}} \tag{3.57}$$

从式(3.57)和式(3.56)可知，最大转矩 T_{max} 的大小与定子每相绕组上所加电压 U 的二次方成正比，这说明异步电动机对电源电压的波动是很敏感的。电源电压过低，会使轴上输出转矩明显下降，甚至小于负载转矩，而造成电机停转，最大转矩 T_{max} 的大小与转子电阻 R_2 的大小无关，但临界转差率 S_m 却正比于 R_2，这对绕线式异步电动机而言，在转子电路中串接附加电阻，可使 S_m 增大，而 T_{max} 却不变。

异步电动机在运行中经常会遇到短时冲击负载，如果冲击负载转矩小于最大电磁转矩，电动机仍然能够运行，而且电动机短时过载也不会引起剧烈发热。通常把固有机械特性上的最大电磁转矩与额定转矩之比

$$\lambda_m = \frac{T_{max}}{T_N} \tag{3.58}$$

称为电动机的过载能力系数。它表征了电动机能够承受冲击负载的能力大小，是电动机的又一个重要运行参数。各种电动机的过载能力系数在国家标准中有规定，如普通的 Y 系列鼠笼式异步电动机的 $\lambda_m = 2.0 \sim 2.2$，供起重机械和冶金机械用的 YZ 和 YZR 型绕线式异步电动机的 $\lambda_m = 2.5 \sim 3.0$。

在实际应用中，用式(3.52)计算机械特性非常麻烦，如把它化成用 T_{max} 和 S_m 表示的形式，则方便多了。为此，用式(3.52)除以式(3.57)，并代入式(3.56)，经整理后则可得

$$T = \frac{2T_{max}}{\dfrac{S}{S_m} + \dfrac{S_m}{S}} \tag{3.59}$$

式(3.59)为转矩-转差率特性的实用表达式。

2)人为机械特性

由式(3.52)可知,异步电动机的机械特性与电动机的参数有关,也与外加电源电压、电源频率有关,将关系式中的参数人为地加以改变而获得的特性称为异步电动机的人为机械特性,即改变定子电压 U、定子电源频率 f、定子电路串入电阻或电抗、转子电路串入电阻或电抗等,都可得到异步电动机的人为机械特性。

①降低电动机电源电压时的人为机械特性

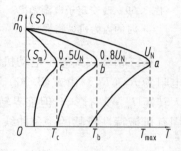

由式(3.30)、式(3.56)和式(3.57)可知,电压 U 的变化对理想空载转速 n_0 和临界转差率 S_m 不产生影响,但最大转矩 T_{max} 与 U^2 成正比,当降低定子电压时,n_0 和 S_m 不变,而 T_{max} 大大减小。在同一转差率情况下,人为机械特性与固有机械特性的转矩之比等于其电压的二次方之比。因此,在绘制降低电压的人为机械特性时,是以固有机械特性为基础,在不同的 S 处,取固有机械特性上对应的转矩乘以降低电压与额定电压比值的二次方,即可作出人为机械特性曲线,如图 3.57 所示。如 $U_a = U_N$ 时,$T_a = T_{max}$;当 $U_b = 0.8U_N$ 时,$T_b = 0.64\ T_{max}$;当 $U_c = 0.5U_N$ 时,$T_c = 0.25T_{max}$。可知,电压越低,人为机械特性曲线

图 3.57　改变电源电压时的
人为机械特性

越往左移。由于异步电动机对电网电压的波动非常敏感,运行时,如电压降低太多,它的过载能力与启动转矩会大大降低,电动机甚至会带不动负载或者根本不能启动。例如,电动机运行在额定负载 T_N 下,即使 $\lambda_m = 2$,若电网电压下降到 $0.7U_N$,则由于这时

$$T_{max} = \lambda_m T_N \left(\frac{U}{U_N}\right)^2 = 2 \times 0.7^2 T_N = 0.98T_N$$

电动机也会停转。此外,电网电压下降,在负载转矩不变的条件下,将使电动机转速下降,转差率 S 增大,电流增加,引起电动机发热甚至烧坏。

②定子电路接入电阻或电抗时的人为机械特性

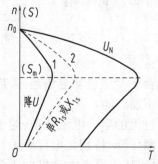

图 3.58　定子电路外接电阻或
电抗时的人为机械特性

在电动机定子电路中外串电阻或电抗后,电动机端电压为电源电压减去定子外串电阻上或电抗上的压降,致使定子绕组相电压降低,这种情况下的人为机械特性与降低电源电压时的相似,图 3.58 所示。图中,实线 1 为降低电源电压的人为机械特性,虚线 2 为定子电路串入电阻 R_{1s} 或电抗 X_{1s} 的人为机械特性。从图 3.58 可知,所不同的是定子串入 R_{1s} 或 X_{1s} 后的最大转矩要比直接降低电源电压时的最大转矩大一些,这是因为随着转速的上升和启动电流的减小,在 R_{1s} 或 X_{1s} 上的压降减小,加到电动机定子绕组上的端电压自动增大,致使最大转矩大些;而降低电源电压的人为机械特性在整个启动过程中,定子绕组的

端电压是恒定不变的。

③改变定子电源频率时的人为机械特性

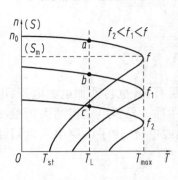

图 3.59 改变定子电源频率
时的人为机械特性

改变定子电源频率,对三相异步电动机机械特性的影响是比较复杂的,下面仅定性地分析 $n=f(T)$ 的近似关系。根据式(3.30)、式(3.65)—式(3.67),并注意到上列式中 $X_{20} \propto f$, $K \propto 1/f$ 且一般变频调速采用恒转矩调速,即希望最大转矩 T_{max} 保持为恒值,为此在改变频率 f 的同时,电源电压 U 也要作相应的变化,使 U/f 等于常数,这实质上是使电动机气隙磁通保持不变。在上述条件下就存在 $n_0 \propto f$, $S_m \propto 1/f$, $T_{st} \propto 1/f$ 和 T_{max} 不变的关系,即随着频率的降低,理想空载转速 n_0 要减小,临界转差率要增大,启动转矩要增大,而最大转矩基本维持不变,如图 3.59 所示。

④转子电路串入电阻时的人为机械特性

在三相绕线式异步电动机的转子电路中串入电阻 R_{2r}(见图 3.60(a))后,转子电路中的电阻为 $R_2 + R_{2r}$。由式(3.30)、式(3.56)和式(3.57)可知,R_2 的串入对理想空载转速 n_0、最大转矩 T_{max} 没有影响,但临界转差率 S_m 则随着 R_2 的增大而增大,此时的人为机械特性是比固有机械特性较软的一条曲线,如图 3.60(b)所示。

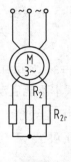

(a)原理接线图

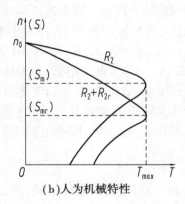

(b)人为机械特性

图 3.60 绕线式异步电动机转子电路串入电阻时的原理接线图和人为机械特性

3.2.4 三相异步电动机的启动特性

采用电动机拖动生产机械时,对电动机启动的主要要求如下:

①有足够大的启动转矩,保证生产机械能正常启动。一般场合下希望启动越快越好,以提高生产效率。电动机的启动转矩要大于负载转矩,否则电动机不能启动。

②在满足启动转矩要求的前提下,启动电流越小越好。因为过大的启动电流冲击,对于电网和电动机本身都是不利的。对电网而言,它会引起较大的线路压降,特别是电源容量较小时,电压下降太多,会影响接在同一电源上的其他负载,如影响到其他异步电动机的正常运行甚至停止转动;对电动机本身而言,过大的启动电流将在绕组中产生较大的损耗,引起绕组发热,加速电动机绕组绝缘老化,且在大电流冲击下,电动机绕组端部受电动力的作用,

有发生位移和变形的可能,容易造成短路事故。

③要求启动平滑,即要求启动时平滑加速,以减小对生产机械的冲击。

④启动设备安全可靠,力求结构简单,操作方便。

⑤启动过程中的功率损耗越小越好。

其中①和②两条是衡量电动机启动性能的主要技术指标。

异步电动机在接入电网启动的瞬时,由于转子处于静止状态,定子旋转磁场以最快的相对速度(即同步转速)切割转子导体,在转子绕组中感应出很大的转子电动势和转子电流,从而引起很大的定子电流,一般启动电流 I_{st} 可达额定电流 I_N 的 $5 \sim 7$ 倍。但因启动时转差率 $S_{st} = 1$,转子功率因数 $\cos f_2$ 很低,因而启动转矩 $T_{st} = K_t F I_{2st} \cos f_{2st}$ 却不大,一般 $T_{st} = (0.8 \sim 1.5) T_N$。异步电动机的固有启动特性如图 3.61 所示。

显然,异步电动机的这种启动性能和生产机械的要求是相矛盾的。为了解决这些矛盾,必须根据具体情况,采取不同的启动方法。

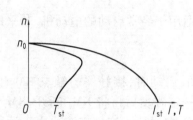
图 3.61　异步电动机的固有启动特性

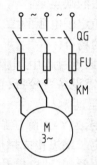
图 3.62　鼠笼式异步电动机的直接启动

在一定的条件下,鼠笼式异步电动机可以直接启动,在不允许直接启动时,则采用限制启动电流的降压启动。

1)直接启动(全压启动)

所谓直接启动,就是将电动机的定子绕组通过闸刀开关或接触器直接接入电源,在额定电压下进行启动,如图 3.62 所示。由于直接启动的启动电流很大,因此,在什么情况下才允许采用直接启动,有关供电、动力部门都有规定,主要取决于电动机的功率与供电变压器的容量之比值。一般在有独立变压器供电(即变压器供动力用电)的情况下,若电动机启动频繁,则电动机的功率小于变压器容量的 20% 时允许直接启动;若电动机不经常启动,则电动机功率小于变压器容量的 30% 时也允许直接启动。如果在没有独立的变压器供电(即与照明共用电源)的情况下,电动机启动比较频繁,则常按经验公式来估算,满足下列关系即可直接启动,即

$$\frac{启动 E}{额定 E} \leqslant \frac{3}{4} + \frac{电源总容量}{4 \times 电动机功率} \tag{3.60}$$

例 3.1　有一台要求经常启动的鼠笼式异步电动机,其 $P_N = 20 \text{ kW}$,$I_{st}/I_N = 6.5$,如果供电变压器(电源)容量为 560 kV·A,且有照明负载,问电动机可否直接启动? 同样的 I_{st}/I_N 比值,功率为多大的电动机不允许直接启动?

解　根据式(3.60)算出

$$\frac{3}{4} + \frac{560 \text{ kV} \cdot \text{A}}{4 \times 20 \text{ kW}} = 7.75, \frac{I_{st}}{I_N} = 6.5$$

满足式(3.60)的关系,故允许直接启动。由 $6.5 \leqslant \frac{3}{4} + \frac{560 \text{ kV} \cdot \text{A}}{4 \times P_N}$ 可算出,额定功率大于 24 kW 的电动机不允许直接启动。

直接启动因无须附加启动设备,且操作和控制简单、可靠,因此,在条件允许的情况下应尽量采用,考虑到目前在大中型厂矿企业中,变压器容量已足够大,因此,绝大多数中、小型鼠笼式异步电动机都可采用直接启动。

2)电阻或电抗器降压启动

如图 3.63 所示为异步电动机采用定子串入电阻或电抗器的降压启动原理接线图。启动时,接触器 KM_1 断开,KM 闭合,将启动电阻 R_{st} 串入定子电路,使启动电流减小;待转速上升到一定程度后再将 KM_1 闭合,R_{st} 被短接,电动机接上全部电压而趋于稳定运行。

这种启动方法的缺点是:

①启动转矩随定子电压的二次方关系下降,其机械特性如图 3.58 所示,故它只适用于空载或轻载启动的场合。

②不经济,在启动过程中,电阻器上耗能大,不适用于经常启动的电动机,若采用电抗器代替电阻器,则所需设备费较贵,且体积大。

3)丫-△降压启动

如图 3.64 所示为丫-△降压启动的原理接线图,启动时,接触器的触点 KM 和 KM_1 闭合,KM_2 断开,将定子绕组接成星形;待转速上升到一定程度后再将 KM_1 断开,KM_2 闭合,将定子绕组接成三角形,电动机启动过程完成而转入正常运行。这种方法适用于运行时定子绕组接成三角形的情况。

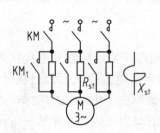 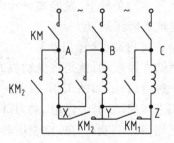

图 3.63 定子串入电阻或电抗的降压启动原理接线图　　图 3.64 丫-△降压启动的原理接线图

设 U_1 为电源线电压,I_{stY} 及 $I_{st\triangle}$ 为定子绕组分别接成星形及三角形的启动电流(线电流),Z 为电动机在启动时每相绕组的等效阻抗,则有

$$I_{stY} = \frac{U_1}{\sqrt{3} Z}$$

$$I_{st\triangle} = \frac{\sqrt{3} U_1}{Z}$$

故 $I_{stY} = I_{st\triangle}/3$,即定子绕组接成星形时的启动电流等于接成三角形时启动电流的1/3,而接成星形时的启动转矩 $T_{stY} \propto (U_1/\sqrt{3})^2 = U_1^2/3$,接成三角形时的启动转矩 $T_{st\triangle} \propto U_1^2$,所以 $T_{stY} =$

$T_{st\triangle}/3$,即星形连接降压启动时的启动转矩只有三角形连接直接启动时的 1/3。

Y-△降压启动除了可用接触器控制外,还有一种专用的手动式 Y-△启动器。其特点是体积小、质量轻、价格便宜、不易损坏、维修方便。这种启动方法的优点是设备简单、经济、启动电流小,缺点是启动转矩小,且启动电压不能按实际需要调节,故只适用于空载或轻载启动的场合,并只适用于正常运行时定子绕组三角形连接的异步电动机。由于这种方法应用广泛,我国规定 4 kW 及以上的三相异步电动机,其定子额定电压为 380 V,连接方法为三角形连接。当电源线电压为 380 V 时,它们就能采用 Y-△降压启动。

4)自耦变压器降压启动

如图 3.65(a)所示为自耦变压器降压启动的原理接线图。启动时 KM₁,KM₂ 闭合,KM 断开,三相自耦变压器 T 的 3 个绕组接成星形接三相电源,与自耦变压器副边相接的电动机降压启动,当转速上升到一定值后,KM₁,KM₂ 断开,自耦变压器 T 被切除,同时 KM 闭合,电动机接上全电压运行。

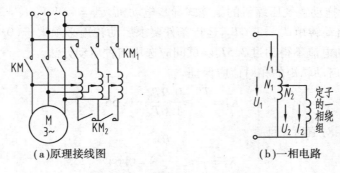

(a)原理接线图　　　　(b)一相电路

图 3.65　自耦变压器降压启动

如图 3.65(b)所示为自耦变压器启动时的一相电路。由变压器的工作原理知,此时,副边电压与原边电压之比为 $K = U_2/U_1 = N_2/N_1 < 1$,$U_2 = KU_1$,启动时加在电动机定子每相绕组的电压是全压启动时的 K 倍,因而电流 I_2 也是全压启动时的 K 倍,即 $I_2 = KI_{st}$(注意,I_2 为变压器副边电流,I_{st} 为全压启动时的启动电流);而变压器原边电流 $I_1 = KI_2 = K^2 I_{st}$,即此时从电网吸取的电流 I_1 是直接启动时电流 I_{st} 的 K^2 倍。这与 Y-△降压启动时的情况一样,只是在 Y-△降压启动时的 $K = 1/\sqrt{3}$ 为定值,而自耦变压器启动时的 K 是可调节的,这就是此种启动方法优于 Y-△降压启动方法之处,当然它的启动转矩也是全压启动时的 K^2 倍。这种启动方法的缺点是变压器的体积大、质量大、价格高、维修麻烦,且启动时自耦变压器运行于过电流(超过额定电流)状态下,因此,这种方法不适于启动频繁的电动机。故它在启动不太频繁、要求启动转矩较大、容量较大的异步电动机上应用较为广泛。通常把自耦变压器的输出端做成固定抽头(一般有 K 为 80%,65%,50% 这 3 种,可根据需要选择输出电压)、连同转换开关(见图 3.65 中的 KM,KM₁,KM₂)和保护用的继电器等组合成一个设备,称为启动补偿器。

为了便于根据实际要求选择合理的启动方法,现将上述几种常用启动方法的启动电压、启动电流和启动转矩的相对值列于表 3.2。

表 3.2　鼠笼式异步电动机几种常用启动方法的比较

启动方法	启动电压相对值 $K_U = \dfrac{U_{st}}{U_N}$	启动电流相对值 $K_I = \dfrac{I'_{st}}{I_{st}}$	启动转矩相对值 $K_T = \dfrac{T'_{st}}{T_{st}}$
直接(全压)启动	1	1	1
定子电路串电阻或 电抗器降压启动	0.8	0.8	0.64
	0.65	0.65	0.42
	0.5	0.5	0.25
Y-△降压启动	0.57	0.33	0.33
自耦变压器降压启动	0.8	0.64	0.64
	0.65	0.42	0.42
	0.5	0.25	0.25

例 3.2　一台拖动空气压缩机的鼠笼式异步电动机，$P_N = 40$ kW，$n_N = 1\ 465$ r/min，启动电流 $I_{st} = 5.5 I_N$，启动转矩 $T_{st} = 1.6 T_N$，运行条件要求启动转矩必须大于 $(0.9 \sim 1.0) T_N$，电网允许电动机的启动电流不得超过 $3.5 I_N$。试问应选用何种启动方法。

解　按要求，启动转矩的相对值应保证

$$K_T = \frac{T'_{st}}{T_{st}} \geqslant \frac{0.9 T_N}{1.6 T_N} = 0.56$$

启动电流的相对值应保证

$$K_I = \frac{I'_{st}}{I_{st}} \leqslant \frac{3.5 I_N}{5.5 I_N} = 0.64$$

由表 3.2 可知，只有当自耦变压器降压比为 0.8 时，才可满足 $K_T \geqslant 0.56$ 和 $K_I \leqslant 0.64$ 的条件。故选用自耦变压器降压启动方法，变压器的降压比为 0.8。

5)软启动器

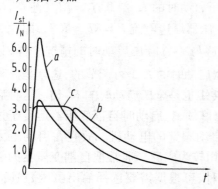

图 3.66　异步电动机的启动过程与电流冲击
a—直接启动；b—一级降压启动；c—软启动器

上述的几种常用启动方法都是有级(一级)降压启动，启动过程中有两次电流冲击，其幅值比直接启动时电流(见图 3.66 曲线 a)低，而启动过程时间略长(见图 3.66 曲线 b)。

现代带电流闭环的电子控制软启动器可以限制启动电流并保持恒值，直到转速升高后电流自动衰减下来(见图 3.66 曲线 c)，启动时间也短于一级降压启动。主电路采用晶闸管交流调压器，通过连续改变输出电压来保证恒流启动，稳定运行时可用接触器给晶闸管旁路，以免晶闸管不必要地长期工作。根据启动时所带负载的大小，启动电流可在 $(0.5 \sim 4) I_N$ 之间调整，以获得最佳的启动效果，但无论如何调整都不宜满载启动。负载略重或静摩擦转矩较大时，可在启动时突加短时的脉冲电流，以缩短启动时间。

软启动的功能同样也可以用于制动，以实现软停车。

随着现代电力电子技术和微电子技术的迅速发展,以及生产机械对三相笼型异步电动机启动性能和工作性能上的要求不断提高,采用高性能变频器对三相笼型异步电动机供电已日趋广泛。在这种情况下,三相笼型异步电动机的启动就变得相当容易:只要通过控制施加到电动机定子绕组上电压的频率和幅值,就可快速、平滑地启动。

3.2.5　线绕式异步电动机的启动方法

鼠笼式异步电动机的启动转矩小,启动电流大,因此不能满足某些生产机械高启动转矩、低启动电流的要求。而绕线式异步电动机由于能在转子电路中串入电阻,因此具有较大的启动转矩和较小的启动电流,即具有较好的启动特性。在转子电路中串入电阻的启动方法常用的有逐级切除启动电阻法和频敏变阻器启动法。

(1)逐级切除启动电阻法

逐级切除启动电阻的方法与 3.4 节中他励直流电动机逐级切除启动电阻的目的和启动过程相似,主要是为了使整个启动过程中电动机能保持较大的稍开关加速转矩。启动过程如下:如图 3.67(a)所示,启动开始时,触点 KM_1,KM_2,KM_3 均断开,启动电阻全部接入,KM 闭合,将电动机接入电网。电动机的机械特性如图 3.67(b)中曲线 III 所示,初始启动转矩为 T_A,加速转矩 $T_{a1} = T_A - T_L$,这里 T_L 为负载转矩。在加速转矩的作用下,转速沿曲线 III 上升,轴上输出转矩相应下降,当转矩下降至 T_B 时,加速转矩下降到 $T_{a2} = T_B - T_L$。这时,为了使系统保持较大的加速度,让 KM_3 闭合,R_{st3} 被短接(或切除),启动电阻由 R_3 减为 R_2,电动机的机械特性由曲线 III 变化到曲线 II。只要 R_2 的大小选择合适,并掌握好切除时间,就能保证在电阻刚被切除的瞬间电动机轴上输出转矩重新回升到 T_A,即使电动机重新获得最大的加速转矩。以后各段电阻的切除过程与上述相似,直到转子电阻全部切除,电动机稳定运行在固有机械特性曲线(曲线 IV)与负载转矩 T_L 对应的点上,启动过程结束。

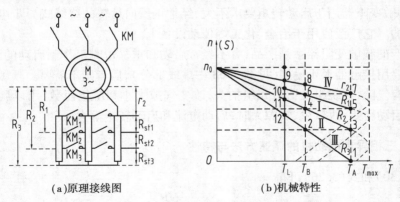

(a)原理接线图　　　(b)机械特性

图 3.67　逐级切除启动电阻启动的原理接线图和机械特性

(2)频敏变阻器启动法

采用逐级切除启动电阻法来启动绕线条式异步电动机时,可手动操作"启动变阻器"或"鼓形控制器"来切除电阻,也可以用接触器-继电器自动切换电阻。前者很难实现较理想的启动要求,且不利于提高劳动生产率、减轻劳动强度;后者则需要增加附加设备,维修较麻烦。因此,单从启动而言,逐级切除启动电阻的方法不是很好的方法。若采用频敏变阻器来启动绕线式异步电动机,则既可自动切除启动电阻,又不需要控制电器。频敏变阻器实质上

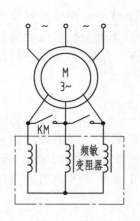

图 3.68　频敏变阻器接线图

是一个铁芯损耗很大的三相电抗器,铁芯由一定厚度的几块实心铁板或钢板叠成,一般做成三柱式,每柱上绕有一个线圈,三相线圈连成星形,然后接到绕线式异步电动机的转子电路中,如图 3.68 所示。

频敏变阻器为什么能取代启动电阻呢? 在频敏变阻器的线圈中通过转子电流,它在铁芯中产生交变磁通,在交变磁通的作用下,铁芯中就会产生涡流,涡流使铁芯发热。从电能损失的观点来看,这和电流通过电阻发热而损失电能一样,因此,可把涡流的存在看成是一个电阻 R。另外,铁芯中交变的磁通又在线圈中产生感应电动势,阻碍电流流通,因而有感抗 X(即电抗)存在。因此,频敏变阻器相当于电阻 R 和电抗 X 的并联。启动过程中频敏变阻器内的实际电磁过程如下:启动开始时,$n = 0$,$S = 1$,转子电流的频率高($f_2 = Sf$),铁耗大(铁耗与 f_2^2 成正比),相当于 R 大,且,故 $X \propto f_2$ 也很大,即等效阻抗大,从而限制了启动电流。另一方面由于启动时铁耗大,频敏变阻器从转子取出的有功电流也较大,从而提高了转子电路的功率因数,增大了启动转矩。随着转速的逐步上升,转子频率逐渐下降,从而使铁耗减小,感应电动势也减小,即由 R 和 X 组成的等效阻抗逐渐减小,这就相当于启动过程中逐渐自动切除电阻和电抗。当转速 $n = n_N$ 时,f_2 很小,R 和 X 近似为零,这相当于转子被短路,启动完毕,进入正常运行。这种电阻和电抗对频率的"敏感"特性,就是"频敏"变阻器名称的由来。

与逐级切除启动电阻的启动方法相比,频敏变阻器启动法的主要优点是:具有自动平滑调节启动电流和启动转矩的良好启动特性,且结构简单,运行可靠,无需经常维修。它的缺点是:功率因数低(一般为 0.3 ~ 0.8),因而启动转矩的增大受到限制,且不能用做调速电阻。因此,频敏变阻器用于启动转矩要求不大、经常正反向运转的绕线式异步电动机的启动是比较合适的。它广泛应用于冶金、化工等传动设备上。

我国生产的频敏变阻器系列产品,有不经常启动和重复短时工作制启动的两类,前者在启动完毕后要用接触器 KM 短接(见图 3.68 中虚线部分),后者则不需要。频敏变阻器的铁芯和铁轭间有气隙,在绕组上留有几组抽头,改变气隙大小和绕组匝数,用以调整电动机的启动电流和启动转矩,匝数少、气隙大时,启动电流和启动转矩都大。

3.2.6　三相异步电动机的调速方法与特性

由式(3.30)和式(3.26)可得

$$n = n_0(1 - s) = \frac{60f}{p}(1 - s) \tag{3.61}$$

交流调速
- 变极对数调速——改变鼠笼式异步电动机定子绕组的极对数
- 变转差率调速
  - 调压调速——改变定子电压
  - 转子电路串电阻调速——绕线式异步电动机转子电路串电阻
  - 串级调速——绕线式异步电动机转子电路串电动势
  - 电磁转差离合器调速——滑差电动机调速变频调速
- 变频调速——改变定子电源的频率

由式(3.61)可知,异步电动机在一定负载稳定运行的条件下,欲得到不同的转速,其调速方法有:改变极对数 p、改变转差率 S(即改变电动机机械特性的硬度)和改变电源频率 f 等。交流调速的分类如下:

在以上 3 种调速方法中,变极对数调速是有级的。变转差率调速不用调节同步转速,低速时电阻能耗大,效率较低;只有串级调速情况下,转差功率才得以利用,效率较高。变频调速要调节同步转速,从低速到高速都可保持很小的转差率,效率高,调速范围大,精度高,是交流电动机一种比较理想的调速方法。本节只介绍异步电动机几种调速方法的基本原理与特性。

(1)改变极对数调速

在生产中,大量的生产机械并不需要连续平滑调速,只需要几种特定的转速就可以了,而且对启动性能也没有高的要求,一般只在空载或轻载下启动。在这种情况下采用变极对数调速的多速鼠笼式异步电动机是合理的。

根据式(3.30),同步转速 n_0 与极对数 p 成反比,故改变极对数 p 即可改变电动机的转速。

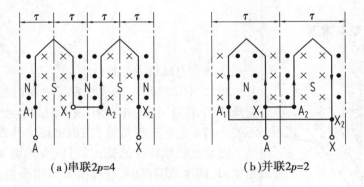

（a）串联 $2p=4$　　　　（b）并联 $2p=2$

图 3.69　改变极对数调速的原理

下面以单绕组双速电动机为例,对改变极对数调速的原理进行分析。如图 5.73 所示,为简便起见,将一个线圈组集中起来用一个线圈代表。单绕组双速电动机的定子每相绕组由两个相等圈数的"半绕组"组成。如图 3.69(a)所示,两个"半绕组"串联,其电流方向相同;如图 3.69(b)所示,两个"半绕组"并联,其电流方向相反。它们分别代表两种极对数,即 $2p=4$ 与 $2p=2$。可知,改变极对数的关键在于使每相定子绕组中一半绕组的电流改变方向,即可用改变定子绕组的接线方式来实现。若在定子上装两套独立绕组,各自具有所需的极对数,两套独立绕组中每套又可以有不同的连接,这样就可以分别得到双速、三速或四速等电动机,通称为多速电动机。

注意,多速电动机的调速性质也与连接方式有关,如将定子绕组由 Y 连接改成 YY 连接(见图 3.70(a)),即每相绕组由串联改成并联,则极对数减少了一半,故 $n_{YY}=2n_Y$。可以证明,此时转矩维持不变,而功率增加了 1 倍,即属于恒转矩调速;而当定子绕组由 △ 连接改成 YY 连接(见图 3.70(b))时,极对数也减少了一半,即 $n_{YY}=2n_\triangle$。也可以证明,此时功率基本维持不变,而转矩约减小了一半,即属于恒功率调速。

另外,极对数的改变,不仅使转速发生了改变,而且使三相定子绕组中电流的相序也改变了。为了使极对数改变后仍能维持原来的转向不变,必须在改变极对数的同时,改变三相绕组接线的相序,如图 3.70 所示,将 B 相和 C 相对换一下。这是设计变极对数调速电动机控制线路时应注意的一个问题。

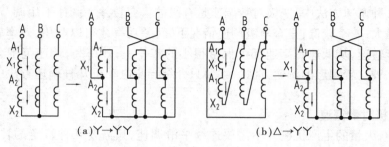

(a)Y→YY   (b)△→YY

图 3.70　单绕组双速电动机的极对数变换

多速电动机启动时宜先接成低速,然后再换接为高速,这样可获得较大的启动转矩。

多速电动机虽体积稍大,价格稍高,只能有级调速,但结构简单,效率高,特性好,且调速时所需附加设备少,因此,广泛用于机电联合调速的场合,特别是在中、小型机床上用得较多。

（2）改变转差率调速

1）调压调速

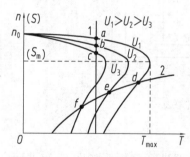

图 3.71　异步电动机调压时的机械特性

①异步电动机调压特性

将如图 3.57 所示的改变定子电压时的人为机械特性重画在图 3.71 中可知,电压改变时,$T_{\max}$ 变化,而 n_0 和 S_m 不变。对于恒转矩性负载 T_L,由机械特性曲线 1 与不同电压下电动机机械特性的交点,可以得到点 a,b,c 所决定的速度,其调速范围很小,没有多大实用价值;若电动机拖动离心式通风机型负载,曲线 2 与不同电压下机械特性的交点为 d,e,f,则可知,调速范围稍大。这种调速方法能够无级调速,但当降低电压时,转矩按电压的二次方比例减小,因此,调速范围不大。值得注意的是,这种软特性的电动机除运行效率较低外,在低速运行时工作点还不易稳定。要提高调压调速时的机械特性硬度,需采用速度闭环控制系统。

②异步电动机调压调速时的损耗及容量限制

根据异步电动机的运行原理,当电动机定子接入三相电源后,定子绕组中建立的旋转磁场在转子绕组中感应出电流,二者相互作用产生转矩 T。这个转矩将转子加速直到最后稳定运转在低于同步转速 n_0 的某一速度 n 为止。由于旋转磁场和转子具有不同的速度,因此,传到转子上的电磁功率

$$P_e = \frac{Tn_0}{9\,550}$$

与转子轴上产生的机械功率

$$P_m = \frac{Tn}{9\,550}$$

之间存在功率差

$$P_s = P_e - P_m = T\frac{n_0 - n}{9\,550} = SP_e \tag{3.62}$$

这个功率称为转差功率,它将通过转子导体发热而消耗掉。由式(3.62)也可知,在较低转速时,转差功率将很大,因此,这种调速方法不太适合于长期工作在低速的工作机械。如仍要用于这种机械,电动机容量就要选择适当大一些的。

另外,如果负载具有转矩随转速降低而减小的特性(如通风机类型的工作机械),则向低速方向调速时转矩减小,电磁功率及输入功率也减小,从而转差功率较恒转矩负载时小得多。因此,定子调压调速的方法特别适合于通风机及泵类等机械。

2)转子电路串电阻调速

转子电路串电阻调速的原理接线图和机械特性与如图 3.67 所示的相同。由图可知,绕线式异步电动机转子电路串联不同的电阻时,n_0 和 T_{max} 不变,但 S_m 随外加电阻的增大而增大。对于恒转矩负载 T_L,由负载特性曲线与不同外加电阻下电动机机械特性的交点(点 9,10,11,12 等)可知,随着外加电阻的增大,电动机的转速降低。

当然,这种调速方法只适用于绕线式异步电动机,其启动电阻可兼作调速电阻用,不过此时要考虑稳定运行时的发热,应适当增大电阻的容量。

转子电路串电阻时,调速简单可靠,但它是有级调速。转速降低,特性变软。转子电路电阻损耗与转差率成正比,低速时转差功率 SP_e 大,损耗大。因此,这种调速方法大多用在重复短期运转的生产机械中,如用在起重运输设备中。

3)串级调速

从能量观点看,当 T_L 一定时,绕线式异步电动机转子电路串电阻调速靠增加转子电路铜耗,使实际输出的机械功率 P_m 减小来降低转速。如果在转子电路中不是串电阻而是串接一个频率与转子频率 f_2 相同、相位与转子电动势相反的附加电动势来吸收转差功率,那么同样也能使实际输出的机械功率减小,达到 $T = T_L$ 条件下使转速降低的目的。此时转差功率被提供电动势的装置反馈给电网,起到节能的作用,从而提高调速的经济性。这种调速方式就是所谓的"串级调速",其基本的原理接线图即图 3.72(a),电动机的定子绕组仍接三相电网,而转子绕组电路串接另一个三相电源。

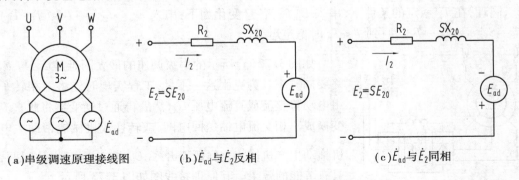

(a)串级调速原理接线图　　(b)$\dot{E}_{ad}$ 与 $\dot{E}_2$ 反相　　(c)$\dot{E}_{ad}$ 与 $\dot{E}_2$ 同相

图 3.72　串级调速的原理接线图与转子等值电路图

①串级调速的一般原理

异步电动机的串级调速,就是在异步电动机转子电路内引入附加电动势 $\dot{E}_{ad}$,以调节异步电动机的转速。引入电动势的方向,可与转子电动势 $\dot{E}_2$ 方向相同或相反,其频率则与转子频率相同。其转子等值电路如图 3.72(b)、(c)所示。

为什么在转子回路中改变 $\dot{E}_{ad}$ 的幅值大小和相位,就能调节电动机转速的高低呢?当转子电路中未引入附加电动势 $\dot{E}_{ad}$ 时,由式(3.46)知,转子电流为

$$I_2 = \frac{E_2}{\sqrt{R_2^2 + X_2^2}} = \frac{SE_{20}}{\sqrt{R_2^2 + S^2 X_{20}^2}}$$

由式(3.50)可知,电磁转矩为

$$T = K_t \Phi I_2 \cos \varphi_2$$

a. 当 $\dot{E}_{ad}$ 与 $\dot{E}_2$ 反相时,由图 3.72(b)可得

$$I_2 = \frac{SE_{20} - E_{ad}}{\sqrt{R_2^2 + S^2 X_{20}^2}} \tag{3.63}$$

如果电动机在负载 T_L 一定的条件下稳定运行,则串入附加电动势 E_{ad} 后,转子电流 I_2 必然减小,从而使电动机产生的转矩 T 也随之减小,T 小于负载转矩 T_L 时,电动机的转速不得不减下来。随着电动机转速减小(即转差率 S 增大),$SE_{20} - E_{ad}$ 的数值不断增大,转子电流 I_2 也将增大。当 I_2 增大到使电动机产生的转矩 T 又重新等于 T_L 后,电动机又稳速运行。但此时的转速已较原来的转速为低,这样就达到了调速的目的。串入的附加电动势 E_{ad} 越大转速降低越多,这就是向低于同步转速方向调速的原理。

就是说,在 T_L 一定的条件下,串入 E_{ad} 后,各量变化如下:串入 $E_{ad} \to I_2 \downarrow \to T \downarrow (T < T_L) \to n \downarrow \to S \uparrow \to I_2 \uparrow \to T \uparrow$,直到 $T = T_L$ 时稳定运行。

b. 当 $\dot{E}_{ad}$ 与 $\dot{E}_2$ 同相时,由图 3.72(c)得

$$I_2 = \frac{SE_{20} + E_{ad}}{\sqrt{R_2^2 + S^2 X_{20}^2}}$$

同理,在 T_L 一定的条件下,串入 E_{ad} 后,各量变化如下:串入 $E_{ad} \to I_2 \uparrow \to T \uparrow (T > T_L) \to n \uparrow \to S \downarrow \to I_2 \downarrow \to T \downarrow$,直到 $T = T_L$ 时稳定运行。

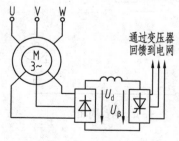

图 3.73　晶闸管串级调速系统的原理接线图

如图 3.72(a)所示的串级调速的最大困难是 $\dot{E}_{ad}$ 与 $\dot{E}_2$ 始终要同频率。为克服这一不足,工程实现时先将三相转子绕组电动势整流成直流电压 U_d,然后再通过逆变器将此直流电变换成三相交流电馈送回电网,或转换成机械能帮助主电动机拖动生产机械。这样既避开了 $\dot{E}_{ad}$ 与 $\dot{E}_2$ 同频率的问题,又具有节能的效果。其原理接线图如图 3.73 所示。

可知,串入 $\dot{E}_{ad}$ 后,如 $\dot{E}_{ad}$ 与 $\dot{E}_2$ 反相,则转速降低,即在同

步转速以下调速;如 $\dot{E}_{ad}$ 与 $\dot{E}_2$ 同相,则转速增高,即可在同步转速以上调速,又称超同步串级调速。如果能用某一装置使 E_{ad} 的大小平滑改变,则异步电动机的转速也就能平滑调节。串级调速具有调速范围宽,效率高等优点。目前通常采用的是低于同步转速的串级调速系统。

②串级调速时的机械特性

串入 E_{ad} 后,转子电流为

$$I_2 = \frac{SE_{20} \pm E_{ad}}{\sqrt{R_2^2 + S^2 X_{20}^2}}$$

电动机电磁转矩为

$$T = K_t \Phi I_2 \cos \varphi_2 = K_t \Phi \frac{SE_{20} \pm E_{ad}}{\sqrt{R_2^2 + (SX_{20})^2}} \frac{R_2}{\sqrt{R_2^2 + (SX_{20})^2}}$$

$$= K_t \Phi \frac{SR_2 E_{20}}{R_2^2 + (SX_{20})^2} \pm \frac{R_2 E_{ad}}{R_2^2 + (SX_{20})^2} = T_1 \pm T_2 \quad (3.64)$$

式中 T_1——附加电动势 $E_{ad} = 0$ 时的电磁转矩;

T_2——附加电动势 E_{ad} 引起的转矩,在 $S = 0$ 时有最大值。

根据电磁转矩方程,可画出相应的机械特性曲线,如图 3.74 所示。

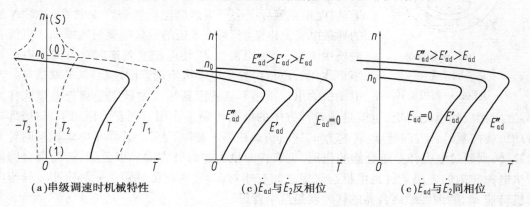

(a)串级调速时机械特性　　　(c) $\dot{E}_{ad}$ 与 $\dot{E}_2$ 反相位　　　(c) $\dot{E}_{ad}$ 与 $\dot{E}_2$ 同相位

图 3.74　三相绕线转子异步电动机串级调速的机械特性

串级调速的优点是运行效率高,缺点是设备体积随调速范围的扩大而增大,故造价较高。

4)电磁转差离合器调速

电磁转差离合器调速的特点是异步电动机和负载之间用电磁转差离合器连接。其原理如图 3.75 所示。

电磁转差离合器与一般的机械离合器的结构、原理以及作用都不同。

电磁转差离合器主要由电枢与磁极两个旋转部分组成。电枢部分与调速异步电动机连接,是主动部分;磁极部分与异步电动机所拖动的负载连接,是从动部分。

电磁转差离合器结构有多种形式,但原理都是相同的。图 3.75 中电枢部分可装鼠笼绕组,也可是整块铸钢。例如,为整块铸钢,则可看成是无限多根鼠笼条并联,其中流过的涡流便为鼠笼导条中的电流。磁极上装有励磁绕组,它由直流电流励磁,极数可多可少。

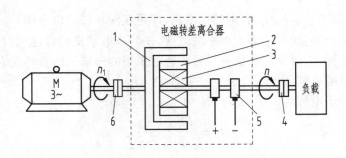

图 3.75　电磁转差离合器调速原理图

1—电枢;2—磁极;3—励磁绕组;4,6—联轴器;5—滑环

电磁转差离合器的电枢部分,在运行时随异步电动机转子同速旋转,转向设为顺时针方向,转速为 n_1,如图 3.76 所示。

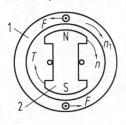

图 3.76　电磁转差
离合器示意图

1—电枢;2—磁极旋转

若励磁绕组通入的励磁电流 $I_f = 0$,则电枢与磁极之间既无电的联系也无磁的联系,磁极及所连接的负载不转动,这时负载相当于被"离开"。若励磁电流 $I_f \neq 0$,则磁极有了磁性,磁极与电枢之间就有了磁的联系。由于电枢与磁极之间有相对运动,电枢鼠笼导条会产生感应电动势并产生电流,对着 N 极的导条电流流出纸面,对着 S 极的导条电流流入纸面。电流在磁场中流过,产生电磁力 F,使电枢受到逆时针方向的电磁转矩 T 作用。电枢由异步电动机拖动着同速旋转,T 就是与异步电动机输出转矩相平衡的阻转矩。磁极则受到与电枢同样大小、方向相反的电磁转矩,也就是顺时针方向的电磁转矩 T 作用。在它的作用下,磁极部分带动负载按顺时针方向转动,转速为 n,这时负载相当于被"合上"。若异步电动机逆时针方向旋转,则通过电磁转差离合器的作用,负载转向也为逆时针方向。很显然,转差离合器能产生电磁转矩的先决条件是电枢与磁极之间有相对运动,因此负载转速 n 必定小于异步电动机转速 n_1,所谓转差离合器的转差就是这个意思。

从上面的初步分析可知,电磁转差离合器的工作原理与异步电动机很相似,机械特性也相似;但理想空载点的转速为异步电动机的转速 n_1,而不是异步电动机的同步转速 n_0。

电磁转差离合器调速系统的机械特性可近似地用经验公式表示为

$$n = n_1 - KT^2/I_f^4 \tag{3.65}$$

式中　n_1——离合器主动部分的转速;

　　　　T——离合器转矩;

　　　　I_f——励磁电流;

　　　　K——与离合器结构有关的参数。

转差离合器在不同励磁电流下的一组机械特性曲线如图 3.77 所示。由于转差离合器在原理上与异步电动机相似,因此,改变转差离合器的励磁电流(即磁场)时的调速特性与异步电动机改变定子电压的调速特性有很多相似的地方。励磁电流越大,磁场越强,电磁转矩也越大,转速也越高。励磁绕组上加的直流电压一般为 12～24 V。

电磁转差离合器连同它的异步电动机一起称为"滑差电动机"。

电磁转差离合器结构简单,运行可靠,维护较方便,能平滑调速;但低速时损耗大,效率低。它常引入速度负反馈组成闭环调速系统,采用闭环系统时可扩大调速范围,但需增加一套晶闸管整流装置。我国生产的滑差电动机有 JZT,JZT2 等系列,目前在一些生产机械上应用。

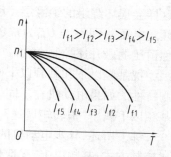

图 3.77　电磁转差离合器的机械特性

5)变频调速

由式(3.30)和图 3.59 可知,异步电动机的转速 n 正比于定子电源的频率 f_1,若连续地调节定子电源频率 f_1,即可实现连续地改变电动机的转速 n。变频调速是目前交流电动机调速的一种主要方法,它在许多方面已经取代了直流调速系统,交流调速技术已成为当前机电传动控制系统研究的主要内容之一。变频调速的方案现在已有很多,下面仅介绍变频调速的基本方法。

①变压变频调速

变压变频调速适合于基频(额定频率 f_{1N})以下调速。

在基频以下调速时,需要调节电源电压,否则电动机将不能正常运行,其理由如下。由式(3.34)可知,三相异步电动机每相定子绕组的电压方程(相量式)为

$$\dot{U}_1 = -\dot{E}_1 + \dot{I}_1 R_1 + j\dot{I}_1 X_1 = -\dot{E}_1 + \dot{I}_1(R_1 + jX_1) = -\dot{E}_1 + \dot{I}_1 \dot{Z}_1$$

式中　$\dot{I}_1 \dot{Z}_1$——定子电流在绕组阻抗上产生的电压降。

电动机在额定运行时,$I_1 Z_1 \ll U_1$,故有式(3.35),即

$$U_1 \approx E_1 = 4.44 f_1 N_1 \Phi_m \qquad (3.66)$$

由式(3.66)有

$$\Phi_m \approx \frac{1}{4.44 N_1} \frac{U_1}{f_1} = K \frac{U_1}{f_1} \qquad (3.67)$$

由于电源电压通常是恒定的,即 U_1 恒定,可知当电压频率变化时,磁极下的磁通也将发生变化。

在电动机设计时,为了充分利用铁芯通过磁通的能力,通常将铁芯额定磁通 F_{mN}(或额定磁感应强度 B)选在磁化曲线的弯曲点(选得较大,已接近饱和),以使电动机产生足够大的转矩(转矩 T 与磁通 F_m 成正比)。若减小频率,则磁通将会增加,使铁芯饱和;当铁芯饱和时,要使磁通再增加,则需要很大的励磁电流。这将导致电动机绕组的电流过大,会造成电动机绕组过热,甚至烧坏电动机,这是不允许的。因此,比较合理的方案是,当降低 f_1 时,为了防止磁路饱和,就应使 F_m 保持不变,于是要保持 E_1/f_1 等于常数。但因 E_1 难以直接控制,故近似地采用 U_1/f_1 等于常数。这表明,在基频以下变频调速时,要实现恒磁通调速,应使电压和频率按比例地配合调节,这相当于直流电动机的调压调速,也称恒压频比控制方式。

②恒压弱磁调速

恒压弱磁调速适合于基频(额定频率 f_N)以上调速。

在基频以上调速时,要按比例升高电压是很困难的。这是因为当频率调节到超过基频时,若仍保持 $F_m = F_{mN}$,则电压 U_1 将超过额定电压 U_{1N},而这在电动机的运行中是不允许的,

这样会损坏绕组的绝缘层。因此在基频以上,只好保持电压不变(不超过电动机绝缘要求的额定电压),即 $U_1 = U_{1N}$ 为常数,这时,f_1 越高,F_m 越弱,这相当于直流电动机的弱磁调速,也称恒压弱磁升速控制方式。

把基频以下和基频以上两种情况合起来,可得如图 3.78 所示的异步电动机变频调速控制特性。如果电动机在不同转速下都具有额定电流,则电动机都能在温升允许下长期运行。基频以下属于"恒转矩调速",而基频以上基本上属于"恒功率调速"。

综上所述,异步电动机的变压变频调速是进行分段控制的:基频以下,采取恒磁恒压频比控制方式;基频以上,采取恒压弱磁升速控制方式。

变频调速时的机械特性 $n = f(T)$ 如图 3.79 所示。

值得指出的是,上述在基频以下分析的依据 $F_m \approx K U_1 / f_1$,是在略去 $I_1 Z_1$ 的情况下得出的。事实上,在负载不变的情况下,随着 f_1 减小,U_1 将成比例地减小,$I_1 Z_1$ 的影响实质上就是 E_1 减小,也就是在 $F_m < F_{mN}$ 条件下,f_1 与 U_1 减小得越多,$I_1 Z_1$ 的影响就越大。为了补偿 $I_1 Z_1$ 对 E_1 的影响,在减小 f_1 时使 U_1 减小得少一些,也就是相当于用增加 U_1 来补偿 $I_1 Z_1$ 的影响,这样 U_1 / f_1 就不等于常数了。控制特性 U_1-f_1 曲线将为图 3.80 中 $f < f_{1N}$ 段的实直线。当然此时机械特性 $n = f(T)$ 也要做相应的改变。

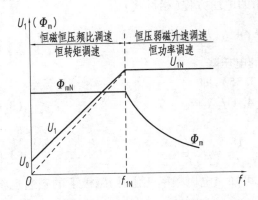

图 3.78　异步电动机变压变频调速控制特性

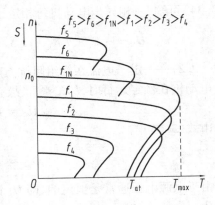

图 3.79　变频调速的机械特性

迄今为止,变频调速的性能指标已能和直流电动机的调速性能媲美,并具有极大的经济效益。其主要优点如下:

a. 调速范围广。通用变频器的最低工作频率为 0.5 Hz,如额定频率 f_{1N} = 50 Hz,则在额定转速以下,调速范围可达到 $D \approx 50 / 0.5 = 100$。D 实际是同步转速的调节范围,与实际转速的调节范围略有出入。档次较高的变频器的最低工作频率仅为 0.1 Hz,则额定转速以下的调速范围可达到 $D \approx 50 / 0.1 = 500$。

b. 调速平滑性好。在频率给定信号为模拟量时,其输出频率的分辨率大多为 0.05 Hz,以 4 极电动机($p = 2$)为例,每两挡之间的转速差为

$$\varepsilon_n \approx \frac{60 \times 0.05}{2} \text{r/min} = 1.5 \text{ r/min}$$

如频率给定信号为数字量,则输出频率的分辨率可达 0.002 Hz,每两挡间的转速差为

$$\varepsilon_n \approx \frac{60 \times 0.002}{2} \text{r/min} = 0.06 \text{ r/min}$$

c. 工作特性(静态特性与动态特性)都能做到和直流调速系统不相上下的程度。

d. 经济效益高。这里只举一个例子,带风机、水泵等离心式通风机型负载的三相交流异步电动机,每年要消耗电厂发电总量的 1/3 以上,如果改用变频调速,则全国每年可以节省几十吉瓦的电力。这也是变频调速技术发展得十分迅速的主要原因之一。为了便于根据实际情况选择适应不同要求的调速方法,现将异步电动机各种调速方法的调速性能进行比较,如表 3.3 所示。

表 3.3　异步电动机各种调速方法调速性能的比较

比较项目	调速方法					
	变极	变转差率				变频
		转子串电阻	调压调速	电磁转差离合器调速	串级调速	
是否改变同步转速	变	不变	不变	不变	基本不变	变
静差率	小(好)	大(差)	开环时大闭环时小	开环时大闭环时小	小(好)	小(好)
调速范围(满足一般静差率要求)	较小 $(D=2\sim4)$	小 $(D=2)$	闭环时较大 $(D\leqslant10)$	闭环时较大 $(D\leqslant10)$	较小 $(D=2\sim4)$	较大 $(D>10)$
调速平滑性(有级/无级)	差,有级调速	差,有级调速	好,无级调速	好,无级调速	好,无级调速	好,无级调速
设备投资	少	少	较少	较少	较多	多
能量损耗	小	大	大	大	较少	较少
适应负载类型	恒转矩,恒功率	恒转矩	通风机,恒转矩	通风机,恒转矩	通风机,恒转矩	恒转矩,恒功率
电动机类型	多速电动机(鼠笼式)	绕线式	鼠笼式	滑差电动机	绕线式	鼠笼式

3.2.7　三相异步电动机的制动特性

异步电动机和直流电动机一样,也有 3 种制动方式,即反馈制动、反接制动和能耗制动。

(1)反馈制动

当因某种原因导致异步电动机的运行速度高于它的同步转速,即 $n>n_0$, $S=(n_0-n)/n_0$ 时,异步电动机就进入发电状态。显然,这时转子导体切割旋转磁场的方向与电动状态时的方向相反,电流 I_2 改变了方向,电磁转矩 $T=K_m\Phi I_2\cos\varphi_2$ 也随之改变方向,即 T 与 n 的方向相反, T 起制动作用。反馈制动时,电动机从轴上吸收功率后,一部分转换为转子铜耗,大部分则通过空气隙进入定子,并在供给定子铜耗和铁耗后,反馈给电网,因此,反馈制动又称发电制动,这时异步电动机实际上是一台与电网并联运行的异步发电机。由于 T 为负, $S<0$,因此,反馈制动的机械特性曲线是电动状态机械特性曲线向第二象限的延伸,如图 3.80 所示。

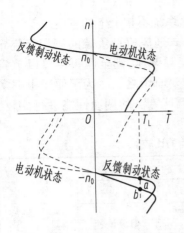

图 3.80 反馈制动状态异步
电动机的机械特性

异步电动机的反馈制动运行状态有以下两种情况：

①负载转矩为位能性转矩的起重机械在下放重物时的反馈制动运行状态，例如，桥式吊车，电动机反转（在第三象限）下放重物。开始在反转电动状态工作，电磁转矩和负载转矩方向相同，重物快速下降，直至 $|-n| > |-n_0|$，即电动机的实际转速超过同步转速后，电磁转矩成为制动转矩，当 $T = T_L$ 时，达到稳定状态，重物匀速下降，电动机运行在图 3.80 中的点 a。改变转子电路中串入的电阻，可调节重物下降时的稳定运行速度，电动机运行在图 3.80 中的点 b。转子电阻越大，电动机转速就越高，但为了不致因电动机转速太高而造成运行事故，转子附加电阻的值不允许太大。

②电动机在变极调速或变频调速过程中，极对数突然增多或供电频率突然降低，使同步转速 n_0 突然降低时的反馈

制动运行状态。例如，某生产机械采用双速电动机传动，高速运行时为 4 极（$2p = 4$），$n_{01} = \dfrac{60f}{p} = \dfrac{60 \times 50}{2} = 1\,500$ r/min；低速运行时为 8 极（$2p = 8$），$n_{02} = 750$ r/min。

如图 3.81 所示，当电动机由高速挡切换到低速挡时，由于转速不能突变，在降速开始一段时间内，电动机运行到 n_{02} 的机械特性的发电区域内（点 b），此时电枢所产生的电磁转矩为负，与负载转矩一起，迫使电动机降速。在降速过程中，电动机将运行系统中的动能转换成电能反馈到电网，当电动机在高速挡所储存的动能消耗完后，电动机就进入 $2p = 8$ 的电动状态，一直到电动机的电磁转矩又重新与负载转矩相平衡，电动机稳定运行在点 c。

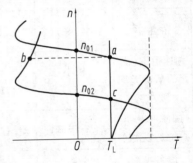

图 3.81 变极或变频调速时
反馈制动的机械特性

（2）反接制动

1）电源反接

如果正常运行时异步电动机三相电源的相序突然改变，即电源反接，则旋转磁场的方向就将改变，电动状态下的机械特性曲线就由图 3.82 第一象限的曲线 1 变成了第三象限的曲线 2。但由于机械惯性的原因，转速不能突变，系统运行点 a 只能平移至特性曲线 2 之点 b，电磁转矩由正变负，则转子将在电磁转矩和负载转矩的共同作用下迅速减速，在从点 b 到点 c 的整个第二象限内，电磁转矩 T 和转速 n 的方向都相反，电动机进入反接制动状态。待 $n = 0$（即点 c）时，应将电源切断，否则电动机将反向启动运行。

由于反接制动时电流很大，对于鼠笼式电动机，常在定子电路中串接电阻，对于绕线式电动机，则在转子电路中串接电阻。这时的人为机械特性如图 3.82 的曲线 3 所示，制动时工作点由点 a 转换到点 d，然后沿特性曲线 3 减速，至 $n = 0$（即点 e），切断电源。

2）倒拉制动

倒拉制动出现在位能负载转矩超过电磁转矩的时候，如起重机下放重物，为了使下降速度不致太快，就常用这种工作状态。如图 3.83 所示，若起重机提升重物时稳定运行在特性

曲线 1 的点 a，欲使重物下降，就需在转子电路内串入较大的附加电阻，此时系统运行点将从特性曲线 1 之点 a 移至特性曲线 2 之点 b，负载转矩 T_L 将大于电动机的电磁转矩 T，电动机减速到点 c（即 $n = 0$）。由于电磁转矩 T 仍小于负载转矩 T_L，重物将迫使电动机反向旋转，重物被下放，即电动机转速由正变负，$S > 1$，机械特性曲线由第一象限延伸到第四象限，电动机进入反接制动状态。随着下放速度的增加，S 增大，转子电流 I_2 和电磁转矩随之增大，直至 $T = T_L$，系统达到相对平衡状态，重物以 $-n_s$ 等速下放。可知，与电源反接的过渡制动状态不同，倒拉制动状态是一种能稳定运转的制动状态。在倒拉制动状态下，转子轴上输入的机械功率转变成电功率后，连同从定子输送来的电磁功率一起，消耗在转子电路的电阻上。

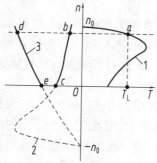

图 3.82　电源反接时反接制动的机械特性

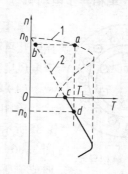

图 3.83　倒拉制动时的机械特性

（3）能耗制动

异步电动机的电源反接制动用于准确停车有一定的困难，因为它容易造成反转，而且电能损耗也比较大；反馈制动虽是比较经济的制动方法，但它只能在高于同步转速下使用；而能耗制动却是比较常用的准确停车的方法。

异步电动机能耗制动的原理如图 3.84（a）所示。进行能耗制动时，首先将定子绕组从三相交流电源断开（KM_1 打开），接着立即将一低压直流电源通入定子绕组（KM_2 闭合）。直流电流通过定子绕组后，在电动机内部建立一个固定不变的磁场，由于转子导体切割磁场，转子导体内就产生感应电动势和电流，该电流与恒定磁场相互作用产生作用方向与转子实际旋转方向相反的制动转矩。在它的作用下，电动机转速迅速下降，此时运动系统储存的机械能被电动机转换成电能后消耗在转子电路的电阻中。

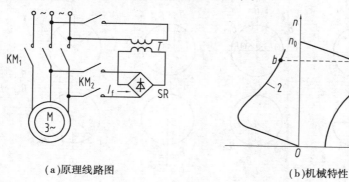

（a）原理线路图　　　　　　　（b）机械特性

图 3.84　能耗制动的原理线路图和机械特性

能耗制动时的机械特性如图 3.84（b）所示。制动时系统运行点从特性曲线 1 之点 a 平移至特性曲线 2 之点 b，在制动转矩和负载转矩的共同作用下沿特性曲线 2 迅速减速，直至 $n=0$ 为止，当 $n=0$ 时，$T=0$。因此，能耗制动能准确停车，不像电源反接制动那样，如不及时切断电源会使电动机反转。不过，当电动机停止后不应再接通直流电源，因为那样将会烧坏定子绕组。另外，制动的后阶段，随着转速的降低，能耗制动转矩也很快减小，所以制动较平稳，但制动效果比电源反接制动差。可以用改变定子励磁电流 I_f 或转子电路串入电阻（绕线式异步电动机）的大小来调节制动转矩，从而调节制动的强弱。由于制动时间很短，所以，通过定子的直流电流 I_f 可以大于电动机的定子额定电流，一般取 $I_f=(2\sim3)I_{1N}$。

3.2.8　单相异步电动机

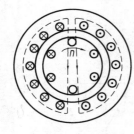

图 3.85　单相异步
电动机

单相异步电动机是一种由单相交流电源供电的电动机，容量从几瓦到几百瓦，具有结构简单，成本低廉，运行可靠等一系列优点，广泛用于电风扇、洗衣机、电冰箱、吸尘器、医疗器械及自动控制装置中。

（1）单相异步电动机的磁场

单相异步电动机的定子绕组为单相，转子一般为鼠笼式，如图 3.85 所示。当接入单相交流电源时，它在定、转子气隙中产生一个如图 3.86（a）所示的交变脉动磁场。此磁场在空间并不旋转，只是磁通或磁感应强度的大小随时间作正弦变化，即

$$B=B_m\sin\omega t \tag{3.68}$$

式中　B_m——磁感应强度的幅值；

　　　ω——交流电源角频率。

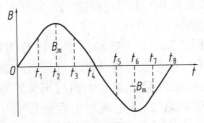

（a）交变脉动磁场

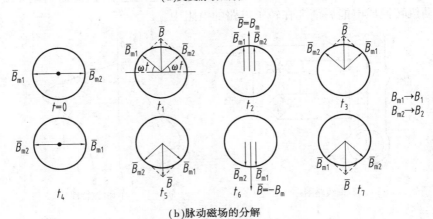

（b）脉动磁场的分解

图 3.86　脉动磁场分成两个转向相反的旋转磁场

如果仅有一个单相绕组,转子在通电前是静止的,则通电后转子仍将静止不动。若此时用手拨动它,转子便会顺着拨动方向转动起来,最后达到稳定运行状态。可见这种结构的电动机没有启动能力,但一经推动后,它却能转动起来。这是为什么? 可以证明,一个空间轴线固定而大小按正弦规律变化的脉动磁场(用磁感应强度 B 表示),可以分解成两个转速相等而方向相反的旋转磁场 $\bar{B}_{m1}$ 和 $\bar{B}_{m2}$,如图 5.86(b)所示,磁感应强度的大小为

$$B_{m1} = B_{m2} \frac{B_m}{2}$$

当脉动磁场变化一个周期,对应的两个旋转磁场正好各转 1 周。若交流电源的频率为 f,定子绕组的磁极对数为 p,则两个旋转磁场的同步转速为

$$n_0 = \pm \frac{60f}{p} \tag{3.69}$$

与三相异步电动机的同步转速相同。

两个旋转磁场分别作用于鼠笼式转子而产生两个方向相反的转矩,如图 3.87 所示。图中,T^+ 为正向转矩,由旋转磁场 $\bar{B}_{m1}$ 产生;T^- 为反向转矩,由反向旋转磁场 $\bar{B}_{m2}$ 产生,而 T 为单相异步电动机的合成转矩,S 为转差率。

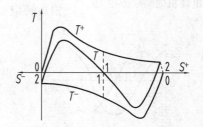

图 3.87 单相异步电动机
的 $T = f(S)$ 曲线

由曲线可知,在转子静止($S = 1$)时,由于两个电磁转矩大小相等方向相反,故其作用互相抵消,合成转矩为零,即 $T = 0$,因而转子不能自行启动。

如果外力拨动转子沿顺时针方向转动,则此时正向转矩 T^+ 大于反向转矩 T^-,其合成转矩 $T = T^+ - T^-$ 为正,使转子继续沿顺时针方向旋转,直至达到稳定运行状态。同理,如果沿反方向推一下,电动机就会反向旋转。

由此可得出如下结论:

①在脉动磁场作用下的单相异步电动机没有启动能力,即启动转矩为零。

②单相异步电动机一旦启动,它能自行加速到稳定运行状态,其转向取决于启动时的旋转方向。

因此,要解决单相异步电动机的应用问题,首先必须解决它的启动转矩问题。

(2)单相异步电动机的启动方法

单相异步电动机在启动时若能产生一个旋转磁场,就可以建立启动转矩而自行启动。下面介绍两种常见的单相异步电动机。

1)电容分相式异步电动机

如图 3.88 所示为电容分相式异步电动机的接线原理图。定子上有两个绕组 AX 和 BY,AX 为运行绕组(或工作绕组),BY 为启动绕组,它们都嵌入定子铁芯中,两绕组的轴线在空间互相垂直。在启动绕组 BY 电路中串有电容 C,适当选择参数使该绕组中的电流 i_B 在相

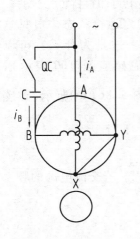

图 3.88　电容分相式异步
电动机的接线原理图

位上超前 AX 绕组中的电流 i_A 90°。其目的是:通电后能在定、转子气隙内产生一个旋转磁场,使其自行启动。可利用旋转磁场的分析方法来讨论电容分相式异步电动机的磁场。根据两个绕组的空间位置及如图 3.89(a)所示的两相电流之波形,画出 t 为 $T/8$,$T/4$,$T/2$ 时刻磁力线的分布,如图 3.89(b)所示。从该图可知,磁场是旋转的,且旋转磁场旋转方向的规律也和三相旋转磁场一样,是由 BY 到 AX,即由电流超前的绕组转向电流滞后的绕组。在此旋转磁场作用下,鼠笼转子将跟着旋转磁场一起旋转。若在启动绕组 BY 支路中接入一离心开关 QC,如图 3.88 所示,电动机启动后,当转速达到额定值附近时,借离心力的作用将 QC 打开,电动机就成为单相运行了。这种结构形式的电动机称为电容分相启动电动机。也可不用离心开关,即在运行时并不切断电容支路,这种结构形式的电动机称为电容分相运转电动机。

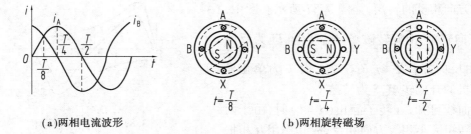

(a)两相电流波形　　　　(b)两相旋转磁场

图 3.89　电容分相式异步电动机旋转磁场的产生

值得指出的是,欲使电动机反转,不能像三相异步电动机那样掉换两根电源线来实现,必须通过掉换电容 C 的串联位置来实现,如图 3.90 所示,即改变 QB 的接通位置,就可改变旋转磁场的方向,从而实现电动机的反转(为什么?读者自行分析)。洗衣机中的电动机,就是靠定时器中的自动转换开关来实现这种切换的。

2)罩极式单相异步电动机

罩极式单向异步电动机的结构如图 3.91 所示,在磁极的一侧开一个小槽,用短路铜环罩住磁极的一部分。磁极的磁通 F 分为两部

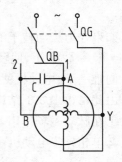

图 3.90　电容分相式异步电动机正反转接线原理图

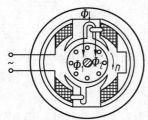

图 3.91　罩极式单相异步电动机的结构

分,即 F_1 与 F_2,当磁通变化时,由于电磁感应作用,在罩极线圈中产生感应电流,其作用是阻止通过罩极部分的磁通的变化,使罩极部分的磁通 F_2 在相位上滞后于未罩部分的磁通 F_1。这种在空间上相差一定角度,在时间上又有一定相位差的两部分磁通,合成效果与前面所述旋转磁场相似,即产生一个由未罩部分向罩极部分移动的磁场,从而在转子上产生一个启动转矩,使转子转动。

3.2.9 同步电动机

同步电动机也是一种三相交流电动机,它除了用于电力传动(特别是大容量的电力传动)外,还用于补偿电网功率因数。发电厂中的交流发电机,全部采用同步发电机。

本节主要讨论同步电动机的结构、基本运行原理及工作特性。

(1)同步电动机的基本结构

与异步电动机一样,同步电动机也分定子和转子两大基本部分。定子由铁芯、定子绕组(又称电枢绕组,通常是三相对称绕组,并通有对称三相交流电流)、机座以及端盖等主要部件组成。转子则包括主磁极、装在主磁极上的直流励磁绕组、特别设置的鼠笼式启动绕组、电刷以及集电环等主要部件。

同步电动机按转子主磁极的形状分为隐极式和凸极式两种,它们的结构如图 3.92 所示。隐极式转子的优点是转子圆周的气隙比较均匀,适用于高速电动机;凸极式转子呈圆柱形,转子有可见的磁极,气隙不均匀,但制造较简单,适用于低速(转速低于 1 000 r/min)运行。

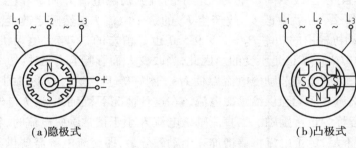

(a)隐极式　　　　　　　　　　　　(b)凸极式

图 3.92　同步电动机的结构

作为同步电动机旋转部分的转子只通以较小的直流励磁功率(一般为电动机额定功率的 0.3% ~2%),故特别适用于大功率高电压的场合。

(2)同步电动机的工作原理和运行特性

同步电动机的基本工作原理可用图 3.93 来说明。电枢绕组通以对称三相交流电流后,气隙中便产生一电枢旋转磁场,其旋转速度为同步转速,即

$$n_0 = \frac{60f}{p} \tag{3.70}$$

式中　f——三相交流电源的频率;

　　　p——定子旋转磁场的极对数。

在转子励磁绕组中通以直流电流后,同一空气隙中,又出现一个大小和极性固定、极对数与电枢旋转磁场相同的直流励磁磁场。这两个磁场的相互作用,使转子被电枢旋转磁场拖着以同步转速一起旋转,即 $n = n_0$。"同步"电动机由此而得名。

在电源频率 f 与电动机转子极对数 p 一定的情况下,转子的转速 $n = n_0$ 为一常数,因此同步电动机具有恒定转速的特性,它的运转速度是不随负载转矩而变化的。同步电动机的机械特性如图 3.94 所示。

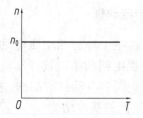

图 3.93　同步电动机工作原理　　　图 3.94　同步电动机的机械特性

因为异步电动机的转子没有直流电流励磁,它所需要的全部磁动势均由定子电流产生,故异步电动机必须从三相交流电源吸取滞后电流来建立电动机运行时所需要的旋转磁场。这样异步电动机的运行状态就相当于电源的感性负载了,它的功率因数总是小于 1 的。同步电动机与异步电动机则不相同,同步电动机所需要的磁动势是由定子与转子共同产生的。同步电动机转子励磁电流 I_f 产生磁通 F_f,而定子电流 I 产生磁通 F_0,总的磁通 F 为二者的合成。当外加三相交流电源的电压 U 一定时,总的磁通 F 也应该一定,这一点与感应电动机的情况是相似的。因此,当改变同步电动机转子的直流励磁电流 I_f 使 F_f 改变时,如果要保持总磁通 F 不变,那么,F_0 就要改变,故产生 F_0 的定子电流 I 必然随之改变。当负载转矩 T_L 不变时,同步电动机输出的功率 $P_2 = Tn/9\,550$ 也是恒定的,若略去电动机的内部损耗,则输入的功率 $P_1 = 3UI\cos f$ 也是不变的。因此,当改变 I_f 而影响 I 改变时,功率因数 $\cos f$ 是随之改变的。因此,可利用调节励磁电流 I_f 使 $\cos f$ 刚好等于 1,这时电动机的全部磁动势都是由直流产生的,交流方面无须供给励磁电流。在这种情况下,定子电流 I 与外加电压 U 同相,这时的励磁状态称为正常励磁。当直流励磁电流 I_f 小于正常励磁电流时,称为欠励。若直流励磁的磁动势不足,定子电流将要增加一个励磁分量,即交流电源需要供给电动机一部分励磁电流,以保证总磁通不变。当定子电流出现励磁分量时,定子电路便成为电感性电路了,输入电流滞后于电压,$\cos f$ 小于 1,定子电流比正常励磁时要增大一些。另一方面,当直流励磁电流 I_f 大于正常励磁电流时,称为过励。直流励磁过剩,在交流方面不仅不需电源供给励磁电流,而且还向电网发出电感性电流与电感性无功功率,正好补偿了电网附近电感性负载的需要,使整个电网的功率因数提高。过励的同步电动机与电容器有类似的作用,这时,同步电动机相当于从电源吸取电容性电流与电容性无功功率,成为电源的电容性负载,输入电流超前于电压,$\cos f$ 也小于 1,定子电流也要加大。

根据上面的分析可知,调节同步电动机转子的直流励磁电流 I_f 便能控制 $\cos f$ 的大小和性质(容性或感性),这是同步电动机最突出的优点。

同步电动机有时在过励下空载运行,在这种情况下电动机仅用以补偿电网滞后的功率因数,这种专用的同步电动机称为同步补偿机。

(3)同步电动机的启动

同步电动机虽具有功率因数可调节的优点,但长期以来却没有像异步电动机那样得到广泛应用,这不仅是由于它的结构复杂,价格高,而且由于它的启动困难。其原因如下:

如图 3.95 所示,当转子尚未转动时加以直流励磁,产生固定磁场 N-S;当定子接上三相电源,流过三相电流时,就产生了旋转磁场,并立即以同步转速 n_0 旋转。在如图(a)所示的情况下,二者相吸,定子旋转磁场欲吸着转子旋转,但由于转子的惯性,它还没有来得及转动,旋转磁场就已转到如图(b)所示的位置了,二者又相斥。这样转子忽被吸,忽被斥,平均转矩为零,不能启动。

就是说,在恒压恒频电源供电下,同步电动机的启动转矩为零。

为了启动同步电动机,以前常采用异步启动法,即在转子磁极的极掌上装有和鼠笼绕组相似的启动绕组,如图3.96所示。启动时先不加入直流磁场,只在定子上加上三相对称电压以产生旋转磁场,使鼠笼绕组内感生电动势,产生电流,从而使转子转动起来。等转速接近同步转速时,再在励磁绕组中通入直流励磁电流,产生固定极性的磁场,在定子旋转磁场与转子励磁磁场的相互作用下,便可把转子拉入同步。转子达到同步转速后,启动绕组与旋转磁场同步旋转,即无相对运动,这时,启动绕组中便不产生电动势与电流。

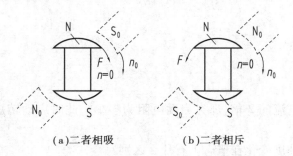

(a)二者相吸　　　　(b)二者相斥

图3.95　同步电动机的启动转矩为零

启动绕组

图3.96　同步电动机的启动绕组

采用变频调速方法后,同步电动机可在低频下直接启动,再由低频调到高频达到高速运行,从而克服了启动问题、重载时的失步和振荡问题。因此,同步电动机的变频调速现已得到广泛应用。由于同步电动机具有运行速度恒定、功率因数可调、运行效率高等特点,因此,除了在低速和大功率的场合,例如,大流量低水头的泵、面粉厂的主传动轴、橡胶磨和搅拌机、破碎机、切片机、造纸工业中的纸浆研磨机和匀浆机、压缩机、大型水泵、轧钢机等采用同步电动机传动外,同步电动机已同异步电动机一样成为最通用的调速电动机了。

习　题

3.1　为什么直流电机的转子要用表面有绝缘层的硅钢片叠压而成?

3.2　一台他励直流电动机所拖动的负载转矩 T_L 为常数,当电枢电压或电枢附加电阻改变时,能否改变其稳定运行状态下电枢电流的大小?为什么?这时拖动系统中哪些量必然发生变化?

3.3　一台他励直流电动机在稳态下运行时,电枢反电动势 $E = E_1$,如负载转矩 T_L 为常数,外加电压和电枢电路中的电阻均不变,问减弱励磁使转速上升到新的稳态值后,电枢反电动势将如何变化?是大于、小于还是等于 E_1?

3.4　一台直流发电机,其部分铭牌数据为:$P_N = 180 \text{ kW}$,$U_N = 230 \text{ V}$,$n_N = 1\ 450 \text{ r/min}$,$\eta_N = 89.5\%$,试求:

①该发电机的额定电流;

②电流保持为额定值而电压下降为100 V时原动机的输出功率(设此时 $\eta = \eta_N$)。

3.5 已知某他励直流电动机的铭牌数据为：$P_N = 7.5$ kW，$U_N = 220$ V，$n_N = 1\,500$ r/min，$\eta_N = 88.5\%$，试求该电动机的额定电流和额定转矩。

3.6 一台他励直流电动机的铭牌数据为：$P_N = 5.5$ kW，$U_N = 110$ V，$I_N = 62$ A，$n_N = 1\,000$ r/min，试绘出它的固有机械特性曲线。

3.7 为什么直流电动机直接启动时启动电流很大？

3.8 他励直流电动机启动过程中有哪些要求？如何实现？

3.9 一台直流他励电动机的技术数据为：$P_N = 2.2$ kW，$U_N = U_f = 110$ V，$n_N = 1\,500$ r/min，$\eta_N = 0.8$，$R_a = 0.40$，$R_f = 82.70$。试求：

① 额定电枢电流 I_{aN}；

② 额定励磁电流 I_{fN}；

③ 励磁功率 P_f；

④ 额定转矩 T_N；

⑤ 额定电流时的反电动势；

⑥ 直接启动时的启动电流；

⑦ 如果要使启动电流不超过额定电流的 2 倍，那么启动电阻为多少？此时启动转矩又为多少？

3.10 转速调节（调速）与固有的速度变化在概念上有什么区别？

3.11 他励直流电动机有哪些方法进行调速？它们的特点是什么？

3.12 直流电动机的电动与制动两种运转状态的根本区别何在？

3.13 他励直流电动机有哪几种制动方法？它们的机械特性如何？试比较各种制动方法的优缺点。

3.14 有一台 4 极三相异步电动机，电源电压的频率为 50 Hz，满载时电动机的转差率为 0.02，求电动机的同步转速、转子转速和转子电流频率。

3.15 有一台三相异步电动机，其 $n_N = 1\,470$ r/min，电源频率为 50 Hz。设在额定负载下运行，试求：

① 定子旋转磁场相对于定子的转速；

② 定子旋转磁场相对于转子的转速；

③ 转子旋转磁场相对于转子的转速；

④ 转子旋转磁场相对于定子的转速；

⑤ 转子旋转磁场相对于定子旋转磁场的转速。

3.16 三相异步电动机带动一定的负载运行时，若电源电压降低了，此时电动机的转矩、电流及转速有无变化？如何变化？

3.17 有一台三相异步电动机，其技术参数如表 3.4 所示，试求：

表 3.4 三相异步电动机技术参数

型 号	P_N/kW	U_N/V	满载时				$\dfrac{I_{st}}{I_N}$	$\dfrac{T_{st}}{T_N}$	$\dfrac{T_{max}}{T_N}$
			$n_N/(\text{r}\cdot\text{min}^{-1})$	I_N/A	η_N	f_N			
Y132S-6	3	220/380	960	12.8/7.2	0.83	0.75	6.5	2.0	2.0

①线电压为 380 V 时,三相定子绕组应如何接法?

②求 n_0, p, S_N, T_N, T_{st}, T_{max}, I_{st};

③额定负载时电动机的输入功率是多少?

3.18 三相异步电动机正在运行时,转子突然被卡住,这时电动机的电流会如何变化? 对电动机有何影响?

3.19 三相异步电动机在相同电源电压下,满载和空载启动时,启动电流是否相同? 启动转矩是否相同?

3.20 三相异步电动机为什么不能运行在 T_{max} 或接近 T_{max} 的情况下?

3.21 有一台三相异步电动机,其铭牌数据如表 3.5 所示。

表 3.5 三相异步电动机铭牌数据

P_N/kW	U_N/V	n_N/(r·min^{-1})	接法	η_N	$\cos f_N$	$\dfrac{I_{st}}{I_N}$	$\dfrac{T_{st}}{T_N}$	$\dfrac{T_{max}}{T_N}$
40	380	1 470	△	0.9	0.9	6.5	1.2	2.0

①当负载转矩为 250 N·m 时,在 $U = U_N$ 和 $U' = 0.8U_N$ 两种情况下电动机能否启动?

②欲采用 丫-△ 降压启动,当负载转矩为 $0.45T_N$ 和 $0.35T_N$ 两种情况时,电动机能否启动?

③若采用自耦变压器降压启动,设降压比为 0.64,求电源线路中通过的启动电流和电动机的启动转矩。

3.22 绕线式异步电动机采用转子串电阻启动时,所串电阻越大,启动转矩是否也越大?

3.23 为什么绕线式异步电动机在转子串电阻启动时,启动电流减小而启动转矩反而增大?

3.24 异步电动机变极调速的可能性和原理是什么? 其接线图是怎样的?

3.25 串级调速的基本原理是什么? 串级调速引入转子回路的电动势后,其频率有何特点?

3.26 串级调速系统电动机的机械特性与正常接线时电动机的固有机械特性有何不同之处?

3.27 试述电磁转差离合器的工作原理,其工作原理与鼠笼式异步电动机的工作原理有何异同? 为什么?

3.28 简述恒压频比控制方式。

3.29 简述异步电动机在下面 3 种不同的电压-频率协调控制时的机械特性并进行比较:

①恒压恒频正弦波供电时异步电动机的机械特性;

②基频以下电压-频率协调控制时异步电动机的机械特性;

③基频以上恒压变频控制时异步电动机的机械特性。

3.30 异步电动机有哪几种制动状态? 各有何特点?

3.31 同步电动机的工作原理与异步电动机的有何不同?

3.32 为什么可以利用同步电动机来提高电网的功率因数?

第4章　常用低压电器及其选择

电能在工农业生产、国防、交通及人们日常生活等各个领域起着十分重要的作用,而低压电的产生、输送、分配及应用均离不开低压电器。低压电器是指工作在交流 1 200 V、直流 1 500 V额定电压以下的电路中,能根据外界信号(机械力、电动力和其他物理量),自动或手动接通和断开电路的电器。其作用是实现对电路或非电对象的切换、控制、保护、检测及调节。

随着电子技术、自动控制技术和计算机技术的飞速发展,不少传统低压电器将被电子线路所取代。然而,即使是在以计算机为主的工业控制系统中,接触器-继电器控制技术仍占有相当重要的地位,不可能完全被替代。目前,低压电器正向高性能、高可靠性、多功能、小型化、使用方便等方向发展。

机电传动控制系统中常用低压电器的类型有:

①控制电器。用于各种控制电路和控制系统中实现开关量逻辑运算及延时、计数的电器。对这类电器的主要技术要求是有一定的通断能力,操作频率要高,电器的机械寿命要长,如接触器、继电器、启动器及各种控制器等。

②执行电器。用来操纵、带动生产机械和支撑与保持机械装置在固定位置上的一种执行元件,如电磁铁、电磁离合器等。

③保护电器。用于线路发生故障,或者设备的工作状态超过规定的范围时,能及时分断电路的电器,如熔断器、低压断路器、热继电器等。

④检测电器。检测设备或线路的运行数据如速度、位置、压力等,将电的或非电的模拟量转换为开关量的电器。

大多数电器既可作控制电器,也可作保护电器,没有明显的界限。例如,电流继电器既可按电流参量来控制电动机,作为检测电器和控制电器,又可用来保护电动机不致过载,起保护电器的作用。又如,行程开关既可用来控制工作台的加减速及行程长度,又可作为终端开关保护工作台不致闯到导轨外面去。

低压电器按使用场合,可分为一般工业用电器、特殊工矿用电器、安全电器、农用电器及牵引电器等;按操作方式,可分为手动电器和自动电器;按工作原理,可分为电磁式电器、非电量控制电器等。电磁式低压电器是采用电磁现象完成信号检测及工作状态转换的,是低压电器中应用最广泛、结构最典型的一类。

4.1　低压电器的电磁机构及执行机构

电磁式电器是指以电磁力为驱动力的电器,其在低压电器中占有十分重要的地位。各种类型的电磁式电器主要由电磁机构和执行机构组成,电磁机构按其电源种类可分为交流和直流两种,执行机构则可分为触头和灭弧装置两部分。

4.1.1 电磁机构

(1)常用的磁路结构

电磁机构的主要作用是将电磁能量转换成机械能量,将电磁机构中吸引线圈的电流转换成电磁力,带动触头动作,完成通断电路的控制作用。电磁机构通常采用电磁铁的形式,由吸引线圈、铁芯(也称静铁芯或磁轭)和衔铁(也称动铁芯)3部分组成。其作用原理是当线圈中有工作电流通过时,电磁吸力克服弹簧的反作用力,使得衔铁与铁芯闭合,由联接机构带动相应的触头动作。

从常用铁芯的衔铁运动形式上看,铁芯主要可分为拍合式和直动式两大类。图4.1(a)为衔铁沿棱角转动的拍合式铁芯,其铁芯材料由电工软铁制成,广泛用于直流电器中。图4.1(b)为衔铁沿轴转动的拍合式铁芯,铁芯形状有E形和U形两种,其铁芯材料由硅钢片叠成,多用于触头容量较大的交流电器中;图4.1(c)为衔铁直线运动的双E形直动式铁芯,它也是由硅钢片叠制而成,多用于触头为中、小容量的交流接触器和继电器中。

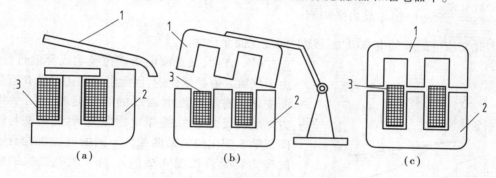

图4.1 常用的磁路结构
1—衔铁;2—铁芯;3—吸引线圈

吸引线圈的作用是将电能转换为磁场能,当线圈通过工作电流时产生足够的磁动势,从而在磁路中形成磁通,使衔铁获得足够的电磁力,克服反作用力而吸合。吸引线圈由漆包线绕制而成,按通入电流种类不同,可分为直流线圈和交流线圈。

对于直流电磁铁,因其铁芯不发热,只有线圈发热,因此直流电磁铁的吸引线圈一般做成无骨架、高而薄的瘦长型,使线圈与铁芯直接接触,以便散热。

对于交流电磁铁,由于其铁芯存在磁滞和涡流损耗,这样线圈和铁芯都发热。为了改善线圈和铁芯的散热条件,线圈设有骨架,使铁芯与线圈隔离,并将线圈制成短而厚的矮胖型。

另外,根据线圈在电路中的连接形式,可分为串联型和并联型。串联型主要用于电流检测类电磁式电器中,大多数电磁式低压电器线圈都按照并联接入方式设计。为了减少对电路的分压作用,串联线圈采用粗导线制造,匝数少,线圈的阻抗较小。并联型为了减少电路的分流作用,需要较大的阻抗,一般线圈的导线细,而匝数多。

(2)电磁吸力与吸力特性

电磁式电器采用交直流电磁铁的基本原理,电磁吸力是影响其可靠工作的一个重要参数。电磁铁的吸力可计算为

$$F_{at} = \frac{B^2 S \times 10^7}{8\pi} \tag{4.1}$$

式中　F_{at}——电磁吸力,N;

　　　B——气隙中磁感应强度,T;

　　　S——磁极截面积,m^2。

当固定铁芯与衔铁之间的气隙值 δ 及外加电压值一定时,对于直流电磁铁,电磁吸力是个恒定值,但对于交流电磁铁,由于外加正弦交流电压,其气隙磁感应强度也按正弦规律变化,即

$$B = B_m \sin \omega t \tag{4.2}$$

将式(4.2)代入式(4.1)整理得

$$F_{at} = \frac{F_{atm}}{2} - \frac{F_{atm}}{2}\cos 2\omega t = F_0 - F_0 \cos 2\omega t$$

式中　$F_{atm} = \dfrac{10^7}{8\pi}B_m^2 S$——电磁吸力最大值;

　　　$F_0 = \dfrac{F_{atm}}{2}$——电磁吸力平均值。

因此交流电磁铁的电磁吸力是随时间变化而变化的。

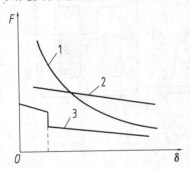

图 4.2　电磁铁的吸力特性
1—直流电磁铁吸力特性;2—交流电磁铁吸力特性;3—反力特性

另一方面,交直流电磁铁在吸动或释放过程中,由于气隙 δ 值是变化的,因此电磁吸力又随 δ 值变化而变化。通常交流电磁铁的吸力是指它的平均吸力。所谓吸力特性,是指电磁吸力 F_{at} 随衔铁与铁芯间气隙 δ 变化的关系曲线。不同的电磁机构有不同的吸力特性。如图 4.2 所示为一般电磁铁的吸力特性。

对于直流电磁铁,其励磁电流的大小与气隙无关,动作过程中为恒磁通势工作,其吸力随气隙的减小而增大,故吸力特性曲线比较陡峭。而交流电磁铁的励磁电流与气隙成正比,在动作过程中为近似恒磁通工作,其吸力随气隙的减小略有增大,故吸力特性比较平坦。

(3)反力特性和返回系数

所谓反力特性,是指反作用力 F_r 与气隙 δ 的关系曲线,如图 4.2 所示的曲线 3。

为了使电磁机构能正常工作,其吸力特性与反力特性配合必须得当。在衔铁吸合过程中,其吸力特性必须始终处于反力特性上方,即吸力要大于反力;反之,衔铁释放时,吸力特性必须位于反力特性下方,即反力要大于吸力(此时的吸力是由剩磁产生的)。在吸合过程中,还必须注意吸力特性位于反力特性上方不能太高,否则会因吸力过大而影响到电磁机构寿命。

返回系数是指释放电压 U_{re}(或电流 I_{re})与吸合电压 U_{at}(或电流 I_{at})的比值,用 β 表示,即

$$\beta_U = \frac{U_{re}}{U_{at}} \quad \text{或} \quad \beta_I = \frac{I_{re}}{I_{at}}$$

返回系数是反映电磁式电器动作灵敏度的一个参数,对电器工作的控制要求、保护特性和可靠性有一定影响。

(4)交流电磁机构上短路环的作用

根据交流电磁吸力公式可知,交流电磁机构的电磁吸力是一个2倍电源频率的周期性变量。它有两个分量:一个是恒定分量 F_0,其值为最大吸力值的 $1/2$;另一个是交变分量 $F_\sim$,$F_\sim = F_0 \cos 2\omega t$,其幅值为最大吸力值的 $1/2$,并以2倍电源频率变化。总的电磁吸力 F_{at} 在从0到 F_{atm} 的范围内变化,其吸力曲线如图4.3所示。

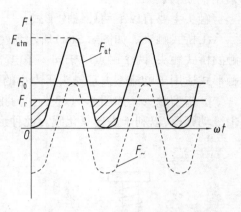

图4.3 交流电磁机构实际吸力曲线

电磁机构在工作中,衔铁始终受到反作用弹簧、触头弹簧等反作用力 F_r 的作用。尽管电磁吸力的平均值 F_0 大于 F_r,但在某些时候 F_{at} 仍将小于 F_r(见图4.3中画有斜剖线部分)。当 $F_{at} < F_r$ 时,衔铁开始释放;当 $F_{at} > F_r$ 时,衔铁又被吸合。如此周而复始,从而使衔铁产生振动,发出噪声。为此,必须采取有效措施,以消除振动和噪声。

具体办法是在铁芯端部开一个槽,槽内嵌入称为短路环(或称阻尼环)的铜环,如图4.4所示。短路环把铁芯中的磁通分为两部分,即不穿过短路环的 Φ_1 和穿过短路环的 Φ_2,且 Φ_2 滞后 Φ_1,使合成吸力始终大于反作用力,从而消除了振动和噪声。

短路环通常包围2/3的铁芯截面,一般用铜、康铜或镍铬合金等材料制成。

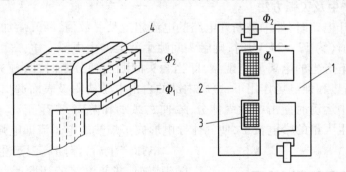

图4.4 交流电磁铁的短路环
1—衔铁;2—铁芯;3—线圈;4—短路环

4.1.2 执行机构

(1)电器的触头系统

触头是电路的执行部分,起接通和分断电路的作用。因此,要求触头导电、导热性能良好,通常用铜制成。但铜的表面容易氧化而生成一层氧化铜,将增大触头的接触电阻,使触头的损耗增大,温度上升。因此有些电器,如继电器和小容量的电器,其触头常采用银质材料,这不仅在于其导电和导热性能均优于铜质触头,更主要的是其氧化膜的电阻率与纯银相似(氧化铜则不然,其电阻率可达纯铜的10余倍以上),而且要在较高的温度下才会形成,同时又容易粉化。因此,银质触头具有较低和稳定的接触电阻。对于大中容量的低压电器,在结构设计上,触头采用滚动接触,可将氧化膜去掉。这种结构的触头,也常采用铜质材料。

触头主要有以下两种结构形式:

①桥式触头。如图4.5(a)所示为两个点接触的桥式触头,如图4.5(b)所示为两个面接触的桥式触头,两个触点串于同一条电路中,电路的接通与断开由两个触点共同完成。点接触形式适用于电流不大且触头压力小的场合;面接触形式适用于大电流的场合。

②指型触头。如图4.5(c)所示为指形触头,其接触区为一直线,触头接通或分断时产生滚动摩擦,以利于去掉氧化膜。此种形式适用于通电次数多、电流大的场合。

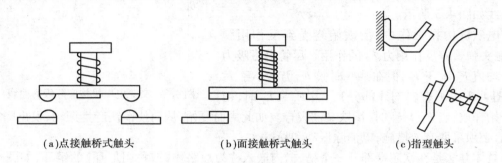

(a)点接触桥式触头   (b)面接触桥式触头   (c)指型触头

图4.5　触头的结构形式

为了使触头接触得更加紧密,以减小接触电阻,并消除开始接触时产生的振动,在触头上装有接触弹簧,在刚刚接触时产生初压力,并且随着触头闭合增大触头压力。

(2)电弧的产生及灭弧方法

在大气中断开电路时,如果被断开电路的电流超过某一数值,断开后加在触头间隙两端电压超过某一数值(为 12 ~ 24 V)时,则触头间隙中就会产生电弧。电弧实际上是触头间气体在强电场作用下产生的电离放电现象,即当触头间刚出现分断时,两触头间距离极小,电场强度极大,在高热和强电场作用下,金属内部的自由电子从阴极表面逸出,奔向阳极,这些自由电子在电场中运动时撞击中性气体分子,使之激励和游离,产生正离子和电子。因此,在触头间隙中产生大量的带电粒子,使气体导电形成了炽热的电子流即电弧。

电弧产生后,伴随高温产生并发出强光,将触头烧损,并使电路的切断时间延长,严重时还会引起火灾或其他事故。因此,在电器中应采取适当措施熄灭电弧。

常用的灭弧方法有以下 4 种:

①电动力灭弧。如图 4.6 所示为一种桥式结构双断口触头。当触头打开时,在断口中产生电弧,在电动力 F 的作用下,使电弧向外运动并拉长,加快冷却并熄灭。这种灭弧方法一般用于交流接触器等交流电器中。

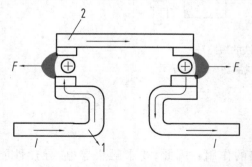

图4.6　双断口结构的电动力灭弧

1—静触头;2—动触头

②磁吹灭弧。其原理如图4.7所示。在触头电路中串入一个磁吹线圈,负载电流产生的磁场方向如图示。当触头开断产生电弧后,同样原理在电动力作用下,电弧被拉长并吹入

灭弧罩6中,使电弧冷却熄灭。

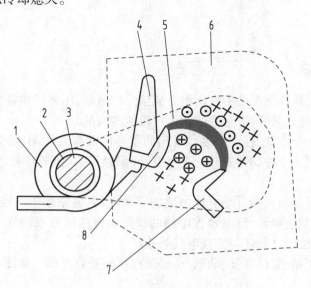

图4.7 磁吹灭弧示意图

1—磁吹线圈;2—绝缘套;3—铁芯;4—引弧角;

5—导磁夹板;6—灭弧罩;7—动触头;8—静触头

这种灭弧装置是利用电弧电流灭弧,电流越大,吹弧能力也越强。它广泛应用于直流接触器中。

③窄缝灭弧。这种灭弧方法是利用灭弧罩的窄缝来实现的。灭弧罩内只有一个纵缝,缝的下部宽些上部窄些,如图4.8所示。当触头断开时,电弧在电动力作用下进入缝内,窄缝可将电弧弧柱直径压缩,使电弧同缝壁紧密接触,加强冷却和消电离作用,使电弧熄灭加快。窄缝灭弧常用于交流和直流接触器上。

④栅片灭弧。如图4.9所示为栅片灭弧示意图。灭弧栅由多片镀铜薄钢片(称为栅片)组成,它们安放在电器触头上方的灭弧栅内,彼此之间互相绝缘。当电弧产生时,在电动力作用下,电弧被拉入灭弧栅而被分割成数段串联的短弧,增强消电离能力并使电弧迅速冷却而很快熄灭。

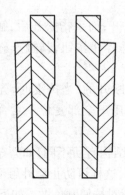

图4.8 窄缝灭弧装置

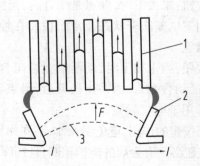

图4.9 栅片灭弧示意图

1—灭弧栅片;2—触头;3—电弧

4.2　控制电器

4.2.1　主令电器

主令电器是在自动控制系统中发出指令或信号的电器,用来控制接触器、继电器或其他电器线圈,使电路接通或断开,以达到控制生产机械的目的。

主令电器应用十分广泛,种类繁多。常用的主令电器按其作用,可分为控制按钮、行程开关、万能转换开关、主令控制器及其他主令电器(脚踏开关、钮子开关、紧急开关)等。

（1）**按钮**

按钮是一种短时接通或断开小电流电路的手动电器,通常用于在控制电路中发出启动或停止等指令,以控制接触器、继电器等电器的线圈电流的接通或断开,再由它们去接通或断开主电路。另外,按钮之间还可实现电气联锁。

按钮一般由按钮帽、复位弹簧、动触点、静触点及外壳等组成。如图4.10所示为按钮的结构与符号。

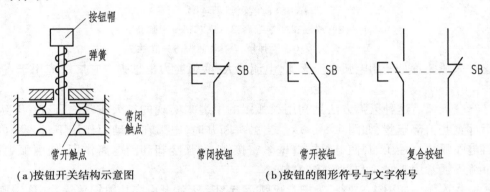

(a)按钮开关结构示意图　　　　(b)按钮的图形符号与文字符号

图4.10　按钮的结构与符号

常开按钮:未按下时,触点是断开的;当按下按钮帽时,触点被接通:而手指松开后,触点在复位弹簧的作用下返回原位而断开。常开按钮在控制电路中常用作启动按钮,其触点称为常开触点或动合触点。

常闭按钮:未按下时,触点是闭合的;当按下时,触点被断开;而手指松开后,触点在复位弹簧的作用下恢复闭合状态。常闭按钮在控制电路中常用作停止按钮,其触点称为常闭触点或动断触点。

复合按钮:当未按下时,动断触点是闭合的,动合触点是断开的;当按下时,先断开动断触点,后接通动合触点;而手指松开后,触点在复位弹簧的作用下全部复位。复合按钮在控制电路中常用于电气联锁。

为标明按钮的作用,避免误操作,不同作用的按钮其形状结构有所不同,如蘑菇形表示急停按钮。按钮必须有金属的防护挡圈,且挡圈必须高于按钮帽,这样可防止意外触动按钮帽时产生误动作。按钮常做成红、绿、黑、黄、蓝、白、灰等颜色。国标对按钮颜色做了如下规定:

①"停止"和"急停"按钮必须是红色,当按下红色按钮时,必须使设备停止工作或断电。

②"启动"按钮的颜色是绿色。

③"启动"与"停止"交替动作的按钮必须是黑白、白色或灰色,不得用红色和绿色。

④"点动"按钮必须是黑色。

⑤"复位"(如保护继电器的复位按钮)必须是蓝色。当复位按钮还有停止的作用时,则必须是红色。

按钮型号的表示方法及含义如下:

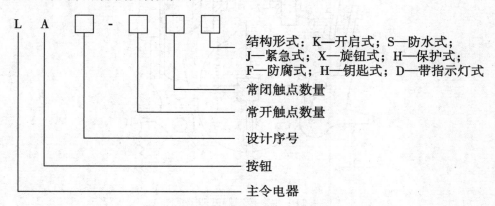

按钮的主要技术指标有规格、结构形式、触点对数及按钮颜色等,通常选用的规格为交流额定电压 500 V,允许持续电流 5 A。常用的按钮有 LA2,LA10,LA18,LA19,LA20,LA25 等系列。

表4.1 列出了不同结构按钮形式及应用场合。常见按钮的主要技术参数参见附录C。

表4.1 不同结构按钮形式及应用场合

形 式	应用场合	型 号
紧急式	钮帽突出,便于紧急操作	LA19-11J
旋钮式	用手旋动操作	LA18-12X
指示灯式	钮帽中装有信号灯,供信号显示	LA19-11D
钥匙式	利用钥匙方能操作	LA18-22Y
保护式	触点被外壳封闭,防止触电	LA10-2H

(2)主令控制器与万能转换开关

主令控制器与万能转换开关广泛应用在控制线路中,以满足需要多联锁的电力拖动系统的要求,实现转换线路的遥远控制。

主令控制器又名主令开关,它的主要部件是一套接触元件,其中的一组如图 4.11 所示,具有一定形状的凸轮 A 和凸轮 B 固定在方形轴上。与静触头相连的接线头上连接被控制器所控制的线圈导线。桥形动触头固定于能绕轴转动的支杆上。当转动凸轮 B 的轴时,其凸出部分推压小轮并带动杠杆,于是触头被打开。按照凸轮的不同形状,可获得触头闭合、打开的任意次序,从而达到控制多回路的要求。常用的主令控制器有 LK14,LK15 和 LK16 型。

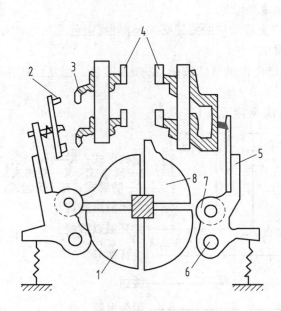

图 4.11　主令控制器原理示意图

1—凸轮 A;2—桥形动触点;3—静触点;4—接线头;

5—支杆;6—轴;7—小轮;8—凸轮 B

主令控制器的触头多,它最多有 12 个接触元件,能控制 12 条电路。为了更清楚地表示其触点分合状况,在电气传动系统图中除了用图形符号表示外,还常用触点合断表来表示触点的合断。如图 4.12 所示为一个具有 7 挡(每挡有 6 个触头)的主令控制器及其触点合断表。其中,符号"×"表示手柄转动在该位置下,触点闭合;空格代表断开。如手柄从位置 0 向左转动到位置Ⅰ后,触点 2,4 闭合;当手柄从位置 0 向右转动到位置Ⅰ后,触点 2,3 闭合。其他类推。

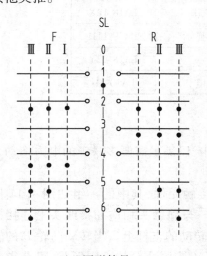

（a）图形符号

线路号	LK5/613						
	F			0	R		
	Ⅲ	Ⅱ	Ⅰ		Ⅰ	Ⅱ	Ⅲ
1				×			
2	×	×	×		×	×	×
3					×	×	×
4	×	×	×				
5	×	×				×	×
6	×						×

（b）触点合断表

图 4.12　主令控制器的图形符号和触点合断表

在电气传动系统图中主令控制器的文字符号是 SL。

万能转换开关是一个多段式能够控制多回路的电器,也可用于小型电动机的启动和调速。在电气传动系统图中,万能转换开关的图形符号和触头合断表与主令控制器类似。它的文字符号为 SO,常用的有 LW5,LW6 型。

另外,机床上有时用到十字形转换开关(如 LS1 型),这种开关也属主令电器,用在多电动机控制的机床上,以控制各台电动机的动作。如 C5341J1 立式车床就用到这种开关。十字形转换开关的安装应使其手柄动作的方向与所要引起的动作一致,以便于控制而减少误动作。

还有凸轮控制器和平面控制器,它们主要用于电气传动控制系统中,变换主回路或励磁回路的接法和电路中的电阻,以控制电动机的启动、换向、制动及调速。常用的凸轮控制器为 KT10,KT12 型,平面控制器为 KP5 型。

总体来说,选择主令电器首先应满足控制电路的电气要求。如额定工作电压、额定工作电流(含电流种类)、额定通断能力、额定限制短路电流等;其次应满足控制电路的控制功能要求,如触头类型(常开、常闭,是否延时等)、触头数目及其组合形式等。除此之外,还需要满足一系列特殊要求,这些要求随电器的动作原理、防护等级、功能执行元件类型和具体设计的不同而异。

对于人力操作控制按钮、开关,包括按钮、转换开关、脚踏开关及主令控制器等,除要满足控制电路电气要求外,主要是安全与防护等级的要求,主令电器必须有良好的绝缘和接地性能,应尽可能选用经过安全认证的产品,必要时宜采用低电压操作等措施;其次是选择按钮颜色标记、组合原则、开关的操作图等。防护等级的选择应视开关的具体工作环境而定。选用按钮时,应注意其颜色标记必须符合国标规定,不同功能的按钮之间的组合关系也应符合有关标准的规定。

4.2.2 非自动控制电器

(1)刀开关

刀开关又名闸刀开关,是一种结构简单,应用十分广泛的手控电器。用于不频繁地接通和分断交、直流低压(≤500 V)电路,或用于隔离电路与电源。在机床上,刀开关主要用作电源开关,它一般不用来开关电动机的工作电流。

一般刀开关结构如图 4.13 所示。转动手柄后,刀极即与刀夹座相接,从而接通电路。接线时,电源线接上端,负载接下端,不得倒装或平装。拉闸以后刀片与电源隔离,可防止意外事故的发生。

一般刀开关结构由于触头分断速度慢,灭弧困难,仅用于切断小电流电路。若用刀开关切断较大电流的电路,特别是切断直流电路时,为了使电弧迅速熄灭以保护开关,可采用带有快速断弧刀片的刀开关,如图 4.14 所示。图中,主刀极用弹簧与断弧刀片相连,在切断电路时,主刀极首先从刀夹座脱出,这时断弧刀片仍留在刀夹座内,电路尚未断开,无电弧产生。当主刀极拉到足够远时,在弹簧的作用下,断弧刀片与刀夹座迅速脱离,使电弧很快拉长而熄灭。

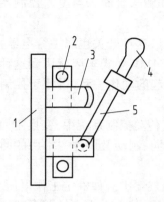
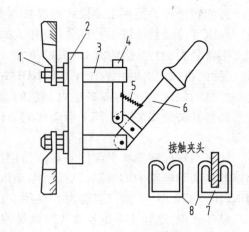

图 4.13　一般刀开关结构

1—绝缘底板;2—接线端子;3—刀夹座(静触头);
4—刀极支架和手柄;5—刀极(动触头)

图 4.14　具有断弧刀片的刀开关结构

1—接线端子;2—底座;3、8—刀夹座;
4—断弧刀片;5—快断刀极弹簧;6,7—主刀极

刀开关的主要类型有带灭弧装置的大容量刀开关、带熔断器的开启式负荷开关(胶盖开关)、带灭弧装置和熔断器的封闭式负荷开关(铁壳开关)等。负荷开关常用来控制小容量异步电动机的不频繁启动和停止。

常用的刀开关产品有 HD11—HD14 和 HS11—HS13 系列刀开关,HK1,HK2 系列胶盖开关,HH3,HH4 系列铁壳负荷开关,其型号含义为

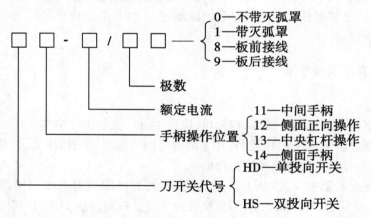

例如,HD13-400/31 为带灭弧罩中央杠杆操作的三极单投向刀开关,其额定电流为400 A。

刀开关的图形符号及文字符号如图 4.15 所示。

刀开关按照电源的种类、电压等级、断流容量、需要极数及使用场合来选用。当刀开关在照明、电热及作隔离开关使用时,其额定电流一般等于所控制电路中各个负载额定电流之和;作负荷开关使用时,由于触头要承受电动机启动电源,开关额定电流应为电动机额定电流的 2~3 倍。

常用刀开关技术参数参见附录 C。

图4.15 刀开关的图形符号及文字符号

（a）单极　　（b）双极　　（c）三极

（2）转换开关

转换开关（也称组合开关）也是一种刀开关，不过其刀片是转动式的，动触片和静触片装在封闭的绝缘件内，采用叠装式结构，其层数由动触片数量决定。动触片装在操作手柄的转轴上，随转轴旋转而改变各对触片的通断状态。转换开关的结构紧凑，占用面积小，操作时不是用手扳动而是用手拧转，故操作方便、省力。

转换开关不仅可用作不频繁地接通和分断电路、换接电源及负载，而且降低容量使用时，可直接启动和分断运转中的小容量异步电动机。

如图4.16所示为一种盒式转换开关结构示意图。其有许多对动触片，中间以绝缘材料隔开，装在胶木盒里。它由一个或数个单线旋转开关叠成，用公共轴的转动控制。转换开关可制成单极或多极的。多极装置的原理是当轴转动时，一部分动触片插入相应的静触片中，使对应的线路接通而另一部分断开，又起转换器的作用。在转换开关的上部装有定位机构，以使触点处在一定的位置上，并使之迅速地转换而与手柄转动的速度无关。

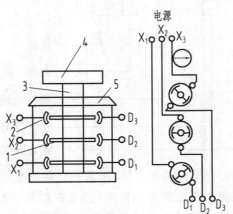

图4.16 盒式转换开关结构示意图
1—动触片；2—静触片；3—轴；4—转换手柄；5—定位机构

盒式转换开关除了作电源的引入开关外，还可用来控制启动次数不多（每小时开合次数不超过20次）、7.5 kW以下的三相鼠笼式感应电动机，有时也作控制线路及信号线路的转换开关。转换开关按不同形式配置动触头与静触头，以及绝缘座堆叠层数不同，可组合成几十种接线方式。

用来控制电动机正反转的转换开关也称倒顺开关，如图4.17（a）所示。电源线接到触点X_1，X_2，X_3上，电动机定子绕组的3根线接到触点D_1，D_2，D_3上。转换开关转到位置Ⅰ时，触点X_1，X_2，X_3相应地与D_1，D_2，D_3接通，电动机正转；转换开关转到位置Ⅱ时，触点X_1，X_2，

X_3 相应地与 D_1,D_3,D_2 接通,电动机反转。为了更清楚地表明触点闭合与断开情况,在电气传动系统图中还用图 4.17(b)来表示触点的合断。其中,"×"表示触点接通,空格表示断开。

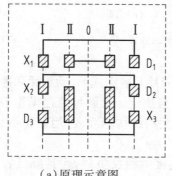

接触点	转换位置		
	I	0	II
	正转	停止	反转
X_1-D_1	×		×
X_2-D_2	×		
X_3-D_3	×		
X_2-D_3			×
X_3-D_2			×

（a）原理示意图　　　　　　　　　　　　（b）触点合断表

图 4.17　倒顺开关原理示意图和触点合断表

转换开关的图形符号,如用在主电路中则同刀开关,用在控制电路中则同万能转换开关。转换开关的文字符号用 QB 表示。

转换开关的主要技术参数有额定电压、额定电流、极数、可控制电机最大功率等,其中额定电流有 10,25,60 A 等级。全国统一设计的常用产品有 HZ5,HZ10,HZ15 等系列。其型号的表示方法及含义如下:

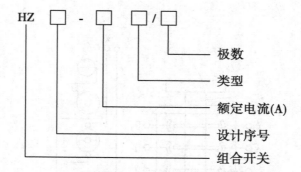

转换开关要按照电源的种类、电压的等级、所需触头数及电动机容量来选用。做配电开关时,其额定电流应等于或稍大于电路的实际电流;用做控制三相异步电动机时,考虑到电动机启动电流的影响,其规格也应降级使用。其技术参数如附录 C。

4.2.3　自动控制电器

手控电器不仅每小时开合的次数有限,操作较笨重,工作不太安全,而且保护性能差。例如,当电网电压突然消失时,因为这些开关不能自动复原,故它不能自动切断电动机的电源,如果不另加保护设备则可能发生意外。随着生产的发展,控制对象的容量、运动速度、动作频率等不断增大,运动部件不断增多,要求各运动部件间能实现联锁控制和远距离集中控制。显然,手控电器不能适应这些要求,因此就要用到自动控制电器,如接触器、反映各种信号的继电器和其他完成各种不同任务的控制电器。

（1）接触器

接触器是一种用来频繁（高达每小时1 500次）地接通或切断带有负载的交、直流主电路或大容量控制电路的自动切换电器。其主要控制对象是电动机，也可用于其他电力负载，如电热器、电焊机、电炉变压器、电容器组等。接触器还具有低电压释放保护性能、工作可靠、寿命长（机械寿命达2 000万次，电寿命达200万次）及体积小等优点。

接触器的运动部分（动铁芯、触头等），可借助于电磁力、压缩空气，液压力的作用来驱动。这里只介绍电磁力驱动的电磁式接触器。电磁式接触器主要由电磁机构、触头系统、灭弧装置等部分组成。

接触器不同于断路器，因接触器具有一定的过载能力，但却不能切断短路电流，也不具备过载保护能力。其工作原理如图4.18所示。当按钮按下时，线圈通电，静铁芯被磁化，并把动铁芯（衔铁）吸上，带动转轴使触头闭合，从而接通电路。当放开按钮时，过程与上述相反，使电路断开。

接触器的触点分为主触点及辅助触点。主触点用于接通或断开主电路或大电流电路，一般为3极。辅助触点用于控制电路，起控制其他元件接通或断开及电气联锁作用。主触点容量较大，辅助触点容量较小。辅助触点结构上通常常开和常闭是成对的。当线圈得电后，衔铁在电磁吸力的作用下吸向铁芯，同时带动动触点移动，使其与常闭触点的静触点分开，与常开触点的静触点接触，实现常闭触点断开，常开触点闭合。辅助触点不能用来断开主电路。主、辅触点一般采用桥式双断点结构。

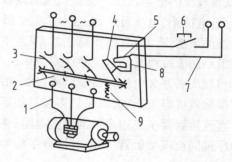

图4.18 接触器控制电路的工作原理

1—主电路；2—轴；3—触头；4—动铁芯；5—线圈；
6—按钮；7—控制电路；8—静铁芯；9—反作用弹簧

工作于大电流回路的接触器，其触头常采用滚动接触的形式。如图4.19所示，开始接通时，动触头在A点接触，最后滚动到B点，B点位于触头根部，是触头长期工作接触区域。断开时触头先从B点向上滚动，最后从A点处断开。这样断开和接通点均在A点，保证B点工作良好。同时，触头滚动的结果，还可去除表面的氧化膜。

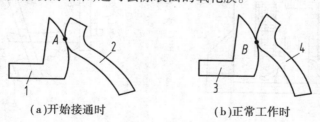

(a)开始接通时　　　　　　　(b)正常工作时

图4.19 触头滚动接触的位置

1,3—静触头；2,4—动触头

在电气传动系统图中，接触器的文字符号用KM表示。其图形符号如图4.20所示。接触器按其主触头通过的电流种类，可分为交流接触器和直流接触器两种。

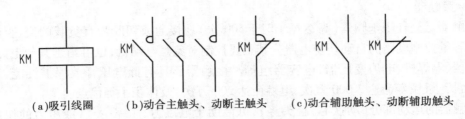

(a)吸引线圈　　　　(b)动合主触头、动断主触头　　　　(c)动合辅助触头、动断辅助触头

图 4.20　接触器的图形符号

交流接触器结构示意图如图 4.21 所示。为了减少涡流损耗,交流接触器的铁芯都用硅钢片叠铆而成,并在铁芯的端面上装有短路环,以便在铁芯间产生两个时间上不同相的磁通,使总磁通不经过零点,从而电磁吸力不经过零点,避免了衔铁的振动和噪声。

交流接触器的吸引线圈(工作线圈)一般做成有架式,形状较扁,以避免与铁芯直接接触,改善线圈的散热情况。交流线圈的匝数较少,纯电阻小,故在接通电路的瞬间,由于铁芯气隙大,电抗小,电流可达到工作电流的 15 倍。因此,交流接触器不适合在极频繁启动、停止的条件下工作。而且要特别注意,千万不要把交流接触器的线圈接在直流电源上,否则将因电阻小而流过很大的电流使线圈烧坏。

当触头断开大电流时,在动、静触头间产生强烈电弧,会烧坏触头,并使切断时间拉长,为使接触器可靠工作,交流接触器按其额定电压和额定电流不同装有各种灭弧装置。

直流接触器主要用来控制直流电路(主电路、控制电路和励磁电路等),它的组成部分与工作原理同交流接触器一样,其原理结构如图 4.22 所示。

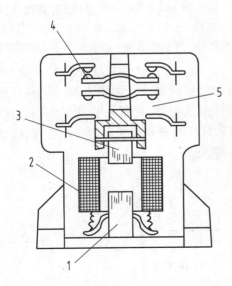

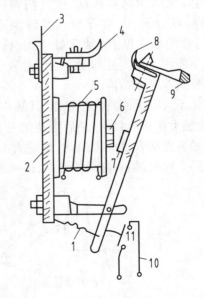

图 4.21　交流接触器结构示意图
1—静铁芯;2—吸引线圈;3—动铁芯;
4—常闭触头;5—常开触头

图 4.22　直流接触器的原理结构
1—反作用弹簧;2—底板;3,9,10—连接线端;
4—静主触头;5—线圈;6—铁芯;
7—衔铁;8—动主触头;11—辅助触头

直流接触器的铁芯与交流接触器不同,它没有涡流的存在,因此一般用软钢或工业纯铁

制成圆形。由于直流接触器的吸引线圈通以直流,因此,没有冲击的启动电流,也不会产生铁芯猛烈撞击现象,因而它的寿命长,适用于频繁启动、制动的场合。直流接触器常用磁吹和纵缝灭弧装置来灭弧。

目前,我国常用的交流接触器主要有 CJ10,CJ12,CJ20,CJX1,CJX2,CJ24 等系列;引进产品应用较多的有德国 BBC 公司的 B 系列、西门子公司的 3TB 和 3TF 系列、法国 TE 公司的 LC1 和 LC2 系列等;常用的直流接触器有 CZ18,CZ21,CZ22,CZ10,CZ2 等系列。

交流与直流接触器的型号意义一般表示如下:

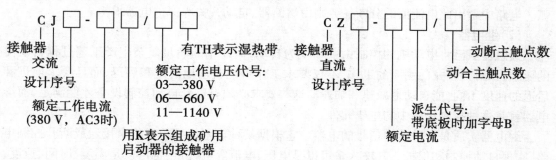

交流接触器的主要技术参数可参见附录 C。

接触器的选择需注意以下 6 条:

①接触器的类型与触点数量选择。根据接触器所控制负载的轻重和负载电流的类型,来选择交流接触器或直流接触器。选用时,一般交流负载用交流接触器,直流负载用直流接触器,但交流负载在频繁动作时,可采用直流线圈的交流接触器。

接触器的触点数量应根据主电路和控制电路的要求选择,如辅助触点的数量不能满足要求时,可通过增加中间继电器的方法解决。

②额定电压的选择。接触器铭牌上标注的额定电压是指主触点的额定电压。交流接触器常用的额定电压等级有 110,220,380,500 V 等;直流接触器常用的额定电压等级有 110,220,440 V。接触器的额定电压应大于或等于负载回路的电压。

③额定电流的选择。接触器铭牌上标注的额定电流是指主触点的额定电流,即允许长期通过的最大电流。交流接触器常用的额定电流等级有 5,10,20,40,60,100,150,250,400,600 A。

接触器的额定电流应大于或等于被控回路的额定电流。对于电动机负载可计算为

$$I_c = \frac{P_N \times 10^3}{K U_N} \tag{4.3}$$

式中　I_c——流过接触器主触点的电流,A;

　　　P_N——电动机的额定功率,kW;

　　　U_N——电动机的额定电压,V;

　　　K——经验系数,一般取 1~1.4。

选择接触器的额定电流应大于等于 I_c。接触器如使用在电动机频繁启动、制动或正反转的场合,一般将接触器的额定电流降一个等级来使用。

④吸引线圈的额定电压选择。交流接触器线圈常用的额定电压等级有 36,110,220,380 V;直流接触器线圈常用的额定电压等级有 24,48,220,440 V。

吸引线圈的额定电压应与所接控制电路的额定电压相一致。对简单控制电路可直接选用交流 380,220 V 电压,对复杂、使用电器较多者,应选用 110 V 或更低的控制电压。

⑤额定操作频率的选择。额定操作频率是指每小时的操作次数(次/h)。交流接触器最高为 600 次/h,而直流接触器最高为 1 200 次/h。操作频率直接影响到接触器的电寿命和灭弧罩的工作条件,对于交流接触器还影响到线圈的温升。

⑥接通和分断能力的选择。接通和分断能力是指主触点在规定条件下能可靠地接通和分断电流值。在此电流值下,接通时主触点不应发生熔焊;分断时主触点不应发生长时间燃弧。电路中超出此电流值的分断任务则由熔断器、自动开关等保护电器承担。

(2)继电器

接触器虽已将电动机的控制由手动变为自动,但还不能满足复杂生产工艺过程自动化的要求,如对大型龙门刨床的工作,不仅要求工作台能自动地前进和后退,而且要求前进和后退的速度不同,能自动地减速和加速。这些要求必须有整套自动控制设备才能满足,而继电器就是这种控制设备中的主要元件。

继电器实质是一种传递信号的电器。它根据某种输入信号的变化来接通或断开控制电路,实现自动控制和保护。其输入量可以是电压、电流等电气量,也可以是温度、时间、速度、压力等非电气量。

继电器种类很多,按其反映信号的种类,可分为电流、电压、速度、压力、热继电器等;按动作时间,可分为瞬时动作和延时动作继电器(后者常称时间继电器);按作用原理,可分为电磁式、感应式、电动式、电子式及机械式继电器,等等。由于电磁式继电器具有工作可靠、结构简单、制造方便、寿命长等一系列的优点。故在机床电气传动系统中应用得最为广泛,90% 以上的继电器是电磁式的。电磁式继电器有直流和交流之分,主要结构和工作原理与接触器基本相同。

继电器电流容量、触头、体积都很小,故一般用来接通和断开控制电路,只有当电动机的功率很小时,才可用某些中间继电器来直接接通和断开电动机的主电路。

1)继电器的继电特性

无论继电器的输入量是电气量或非电气量,其工作方式都是当输入量变化到某一定值时,继电器触点动作,接通或断开控制电路。从这一点来看,继电器与接触器是相同的,但它与接触器又有区别:首先,继电器主要用于小电流电路,触点容量较小(一般在 5 A 以下),且无灭弧装置,而接触器用于控制电动机等大功率、大电流电路及主电路;其次,继电器的输入信号可以是各种物理量,如电压、电流、时间、速度、压力等,而接触器的输入量只有电压。

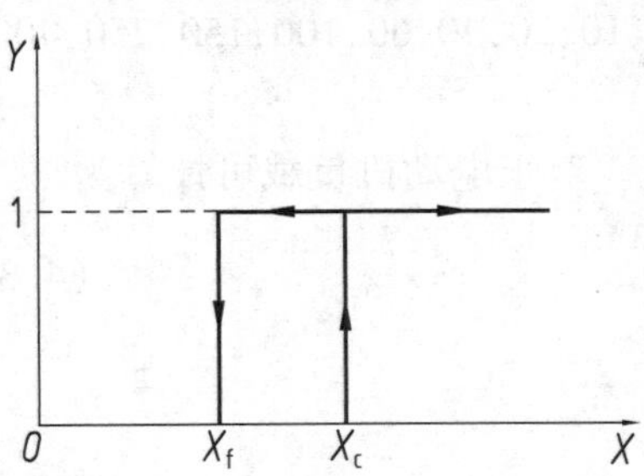

图 4.23　继电器特性曲线

尽管继电器的种类繁多,但它们都有一个共性,即继电特性。其特性曲线如图 4.23 所示。

当输入量 $X < X_c$ 时,衔铁不动作,其输出量 $Y = 0$;当 $X = X_c$ 时,衔铁吸合,输出量 Y 从"0"跃变为"1";再进一步增大输入量使 $X > X_c$,则输出量仍为 $Y = 1$。当输入量 X 从 X_c 开始减小的时候。在 $X > X_f$ 的过程中虽然吸力特性降低,但因衔铁在吸合状态下的吸力仍比反力大,故衔铁不会释放,输出量 $Y = 1$。当 $X = X_f$ 时,因吸力小于反力,衔铁释放,输出量由"1"突变为"0";再减小输入量,输出量仍为"0"。图中,X_c 称为继电器的动作值,X_f 称为继电器的复归值,它们均为继电器的动作参数。

继电器的动作参数可根据使用要求进行整定。为了反映继电器吸力特性与反力特性配合的紧密程度,引入了返回系数概念。将 $k = X_c/X_f$ 称为继电器的返回系数,是继电器的重要参数之一。不同场合要求不同的 k 值,k 值可根据不同的使用场合进行调节,调节方法随着继电器结构不同而有所差异。

2)电流继电器与电压继电器

根据输入(线圈)电流大小而动作的继电器称为电流继电器。按用途还可分为过电流继电器和欠电流继电器。过电流继电器的任务是当电路发生短路及过流时立即将电路切断,因此过流继电器线圈通过小于整定电流时继电器不动作,只有超过整定电流时,继电器才动作。过电流继电器的动作电流整定范围,交流过流继电器为$(110\% \sim 350\%)I_N$,直流过流继电器为$(70\% \sim 300\%)I_N$。

欠电流继电器的任务是当电路电流过低时立即将电路切断,因此欠电流继电器线圈通过的电流大于或等于整定电流时,继电器吸合,只有电流低于整定电流时,继电器才释放。欠电流继电器动作电流整定范围,吸合电流为$(30\% \sim 50\%)I_N$,释放电流为$(10\% \sim 20\%)I_N$,欠电流继电器一般是自动复位的。

与此类似,电压继电器是根据输入电压大小而动作的继电器。如果把电流继电器的线圈改用细线绕成,并增加匝数,就构成了电压继电器,它的线圈是与电源并联的。过电压继电器动作整定范围为$(105\% \sim 120\%)U_N$,欠电压继电器吸合电压调整范围为$(30\% \sim 50\%)U_N$,释放电压调整范围为$(7\% \sim 20\%)U_N$。

电流继电器型号含义如下:

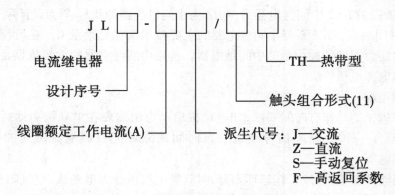

在电气传动系统中,用得较多的电流继电器的系列有 JL14,JL15,JL18,JT3,JT9,JT10等,主要根据电路内的电流种类和额定电流大小来选用。JL18 系列电流继电器技术参数见附录 C。常用电压继电器有 JT3,JT4 系列,主要根据线路电压的种类和大小来选用。

电流继电器及电压继电器的图形符号和文字符号如图 4.24 所示。

3)中间继电器

中间继电器本质上是电压继电器,但还具有触点多(多至 6 对或更多)、触点能承受的电流较大(额定电流 5 ~ 10 A)、动作灵敏(动作时间小于 0.05 s)等特点。其用途如下:

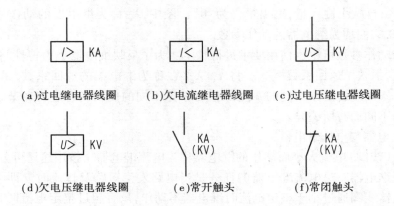

图 4.24　电流、电压继电器的图形符号和文字符号

①中间传递信号。当接触器线圈的额定电流超过电压或电流继电器触点所允许通过的电流时,可用中间继电器作为中间放大器再来控制接触器。

②同时控制多条线路。中间继电器的图形符号和文字符号如图 4.25 所示。

图 4.25　中间继电器的图形符号和文字符号

在机床电气传动系统中常用的中间继电器除了 JT3,JT4 系列外,目前用得最多的数 JZ7,JZ8 系列。以 JZ7-62 中间继电器为例,JZ 为中间继电器的代号,7 为设计序号,有 6 对常开触点、2 对常闭触点。JZ7 系列中间继电器的主要技术数据见附录 C。在可编程序控制器和仪器仪表中还会用到各种小型的中间继电器。选用中间继电器的主要依据是控制线路所需触点多少和电源电压等级。

4)时间继电器

某些生产机械的动作有时间要求,如电动机启动电阻需要在电动机启动后隔一定时间切除,这就出现了一种在输入信号经过一定时间间隔才能控制电流流通的自动控制电器——时间继电器。

时间继电器种类很多,按工作原理划分,时间继电器可分为电磁式、空气阻尼式、晶体管式及数字式等。延时方式有通电延时和断电延时两种。

空气阻尼式时间继电器是利用空气阻尼原理达到延时的目的。它由电磁机构、延时机构和触点组成。其中,电磁机构有交、直流两种。通电延时型和断电延时型的原理和结构基本相同,只是将其电磁机构翻转180°安装。当衔铁位于铁芯和延时机构之间时为通电延时型;当铁芯位于衔铁和延时机构之间时为断电延时型。

以空气式时间继电器为例,其型号意义如下:

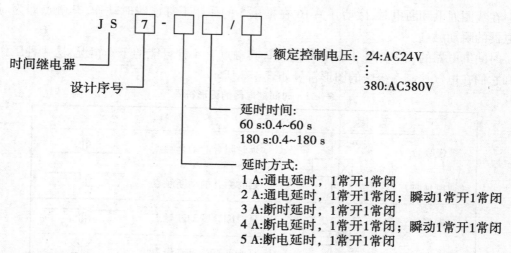

时间继电器 —— JS 7 - □ □ / □

设计序号 ——

额定控制电压：24:AC24V
          ⋮
          380:AC380V

延时时间：
60 s:0.4~60 s
180 s:0.4~180 s

延时方式：
1 A:通电延时，1常开1常闭
2 A:通电延时，1常开1常闭；瞬动1常开1常闭
3 A:断时延时，1常开1常闭
4 A:断电延时，1常开1常闭；瞬动1常开1常闭
5 A:断电延时，1常开1常闭

　　如图4.26所示为JS7-A型空气式时间继电器的工作原理图。其主要技术数据参见附录C。

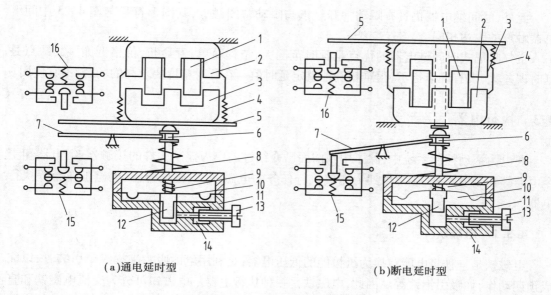

(a)通电延时型　　　　　　　　　　(b)断电延时型

图4.26　JS7-A系列时间继电器

1—线圈；2—铁芯；3—衔铁；4—反力弹簧；5—推板；6—活塞杆；7—杠杆；8—塔形弹簧；
9—弱弹簧；10—橡皮膜；11—空气室壁；12—活塞；13—调节螺钉；14—进气孔；15,16—微动开关

　　以通电延时型为例，当线圈1得电后，衔铁3吸合，活塞杆6在塔形弹簧8作用下带动活塞12及橡皮膜10向上移动，橡皮膜下方空气室内的空气变得稀薄，形成负压，活塞杆只能缓慢移动，其移动速度由进气孔气隙大小来决定。经一段延时后，活塞杆通过杠杆7压动微动开关15，使其触点动作，起到通电延时作用。

　　当线圈断电时，衔铁释放，橡皮膜下方空气室内的空气通过活塞肩部所形成的单向阀迅速排出，使活塞杆、杠杆、微动开关等迅速复位。由线圈得电至触点动作的一段时间即为时间继电器的延时时间，其大小可通过调节螺钉13调节进气孔气隙大小来改变。

在线圈通电和断电时,微动开关 16 在推板 5 的作用下都能瞬时动作,其触点即为时间继电器的瞬动触点。

时间继电器的文字符号一般用 KT 表示,其触点有 4 种可能的工作情况,这 4 种工作情况和它们在电气控制系统中的图形符号如表 4.2 所示。

表 4.2 时间继电器的图形符号

线　圈		触　点	
缓慢吸合 (通电延时)	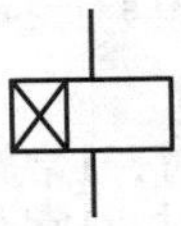	延时闭合的动合触点	
		延时断开的动断触点	
缓慢释放 (失电延时)	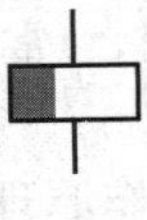	延时闭合的动断触点	
		延时断开的动合触点	

此外,时间继电器仍具有瞬动常开触点与瞬动常闭触点,其图形符号与图 4.25 中间继电器触点的表达相同。

空气阻尼式时间继电器的优点是延时范围大、结构简单、寿命长、价格低廉。其缺点是延时误差大,没有调节指示,很难精确地整定延时值。在延时精度要求高的场合,不宜使用。

4.3 执行电器

在电力拖动控制系统中,除了用到前面已介绍过的作为控制元件的接触器、继电器和主令电器等控制电器外,还常用到为完成执行任务的电磁铁、电磁离合器、电磁工作台等执行电器。

4.3.1 电磁铁

电磁铁是一种将电能转换为机械能的低压电器,是利用电磁吸力来操纵牵引装置,以完成预期动作,如吸引钢铁等。因此,电磁铁是一种执行电器。电磁铁可分为交流电磁铁和直流电磁铁两类。其工作原理与接触器相同,它只有铁芯和线圈。如图 4.27 所示为单相交流电磁铁的结构。

交流电磁铁在线圈通电,吸引衔铁而减小气隙时,由于磁阻减小,线圈内自感电动势和感抗增大,因此电流逐渐减小。但与此同时,气隙漏磁通减少,主磁通增加,其吸力将逐步增大,最后将达到初始吸力的 1.5 ~ 2 倍。电磁铁的工作特性如图 4.28 所示。图中, $I = f(x)$, $F = f(x)$,设 x 为气隙大小。

由图 4.28 可知,使用这种交流电磁铁时,必须注意不要使衔铁有卡住现象,否则衔铁不能完全吸上而留有一定的气隙,使线圈电流大增而严重发热甚至烧毁。交流电磁铁适用于操作不太频繁、行程较大和动作时间短的执行机构,常用的交流电磁铁有 MQ2 系列牵引电磁铁、MZD1 系列单相制动电磁铁和 MZS1 系列三相制动电磁铁。

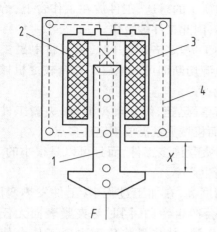

图 4.27 单相交流电磁铁的结构
1—动铁芯;2—短路环;3—线圈;4—静铁芯

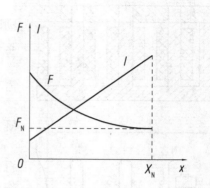

图 4.28 电磁铁的工作特性

一般地,牵引电磁铁的型号意义如下:

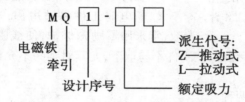

直流电磁铁的线圈电流与衔铁位置无关,但电磁吸力与气隙长度关系很大,因此,衔铁工作行程不能很大。由于线圈电感大,线圈断电时会产生过高的自感电动势,故使用时要采取措施消除自感电动势(常在线圈两端并联一个二极管或电阻)。

直流电磁铁的工作可靠性好,动作平稳,寿命比交流电磁铁长,适用于动作频繁或工作平稳可靠的执行机构。常用的直流电磁铁有 MZZ1A,MZZ2S 系列直流制动电磁铁和 MW1,MW2 系列起重电磁铁。

采用电磁铁制动电动机的机械制动方法常称为电磁抱闸制动,它在经常制动和惯性较大的机械系统中应用得非常广泛。

起重电磁铁可以提起各种钢铁、分散的钢砂等铁磁性物体,如 MW1-45 型直流起重电磁铁在提起钢板时起重力可达到 4.4×10^5 N。

选用电磁铁时,需根据机械负载的要求选择电磁铁的种类和结构,并结合机械所要求的牵引力、工作行程、通电持续率、操作频率以及控制系统的电压来选择,还应保证电磁铁的功率应不小于制动或牵引功率。部分电磁铁的技术参数见附录 C。

4.3.2 电磁夹具

电磁夹具在机床上的应用很多,尤其是电磁工作台(或电磁吸盘)在平面磨床上广为采用。

如图 4.29 所示为机床上常用的电磁工作台。在电磁工作台平面内嵌入铁芯极靴,并且用锡合金等绝磁材料与工作台相隔,线圈套在各铁芯柱上。当线圈中通有直流电流时就产

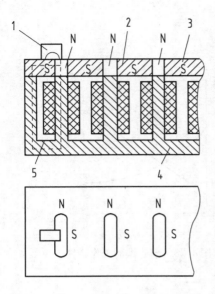

图 4.29　电磁工作台结构示意图
1—工件;2—绝磁材料;3—工作台;
4—铁芯;5—线圈

生如图中虚线所示的磁通,工件放在工作台上,恰使磁通成闭合回路,因此工件被吸住。

当工件加工完毕需要拉开时,只要将电磁工作台励磁线圈的电源切断即可。电磁工作台较之机械夹紧装置有如下优点:

①夹紧简单、迅速,缩短辅助时间,夹紧工件时只需动作一次,而机械夹紧需要固定许多点。

②能同时夹紧许多工件,而且可以是很小的工件,既方便又提高生产率。

③加工精度高,在加工过程中,工件发热变形,可自由伸缩,不会产生弯曲,同时对夹紧表面无任何损伤,但因工件发热,其热量将传到电磁工作台使它变形,从而影响加工精度。为了提高加工精度,还需用切削液冷却工件,从而降低工件温度。

电磁夹具的缺点是只能固定铁磁材料,且夹紧力不大,断电时工件易被甩出,造成事故。为了防止事故,常采用零励磁保护,使线圈断电时,工作台即停止工作。此外,工件加工后有剩磁,使工件不易取下,尤其对某些不允许有剩磁的工件如轴承,必须进行去磁。

去磁的方法常有以下两种:

①为了容易取下工件,常在线圈中通一反方向的去磁电流;

②为了比较彻底地除去工件的剩磁,需另用退磁器。

4.3.3　电磁离合器

电磁离合器也是一种执行电器,它利用表面摩擦或电磁感应在两个转动体间传递转矩,由于能实现远距离操纵,控制能量小,便于实现机床自动化,同时动作快,结构简单,也获得了广泛的应用。常用的电磁离合器有摩擦片式电磁离合器、电磁粉末离合器、电磁转差离合器等。

在机床上广泛采用多片式的摩擦片式电磁离合器,摩擦片做成如图 4.30 所示的特殊形状,摩擦片数为 2~12。多片式电磁离合器因在接合过程中必须有机械移动过程,故其制造工艺复杂,不能满足迅速动作的要求,这是其缺点。常用的电磁离合器有 DLM0,DLM2,DLM3 系列。

电磁粉末离合器的结构如图 4.31 所示。在铁芯气隙间安放铁粉,当线圈通电产生磁通后,铁粉就沿磁力线紧紧排列,因此主动轴和从动轴发生相对移动时,在铁粉层间就产生切应力。切应力是由已磁化的粉末彼此之间摩擦而产生的,这样就带动从动轴转动,传递转矩。其优点是动作快,因为没有摩擦片那样的机械位移过程,仅有铁粉沿磁力线的排列过程,而且制造简单,在工艺上没有特殊的严格要求。其缺点是工作性能不够稳定。

在电气传动系统中,电磁铁、电磁夹具、电磁离合器的文字符号分别用 YA,YH,YC 表示,它们的图形符号与接触器线圈的符号相同,仅是线条略粗一些。

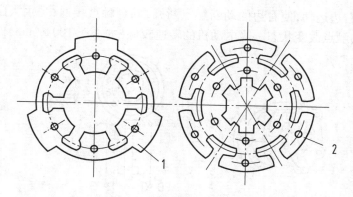

图 4.30 多片式电磁离合器的摩擦片
1—从动摩擦片;2—主动摩擦片

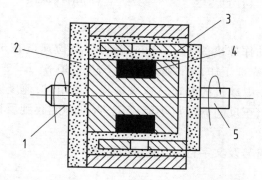

图 4.31 电磁粉末离合器结构
1—主动轴;2—绝缘层;3—铁粉;4—线圈;5—从动轴

4.4 检测电器

检测电器的作用是检测设备或线路的运行数据如速度、位置、电压、压力等,将电的或非电的模拟量转换为开关量的电器。由于大多数电器并没有明显的界限,因此,有的电器既可作控制电器,也可作检测电器,如行程开关。

4.4.1 速度继电器

速度继电器是一种转速达到规定值时动作的继电器,常用于需按速度来控制的电路,如电动机的反接制动。当反接制动的转速下降到接近零时,它能自动及时地切断电路。速度继电器由转子、定子和触点 3 部分组成。如图 4.32 所示为 JY1 型速度继电器的外形与结构原理。其工作原理与鼠笼式异步电动机相似。

速度继电器的转子是一块永久磁铁,与电动机或机械转轴联在一起随轴转动。其外边有一个可转动一定角度的外环,外环上装有鼠笼型绕组。当转轴带动永久磁铁旋转时,定子外环中的笼型绕组因切割磁力线而产生感应电动势和感应电流。该电流在转子磁场的作用下产生电磁转矩,使定子外环跟随转动一个角度。如果永久磁铁沿逆时针方向转动,则定子外环带着摆杆向右边运动,使右边的动断触点断开,动合触点接通;当永久磁铁沿顺时针方向旋转时,左边的触点改变状态。当电动机的转速较低(如小于 100 r/min)时,触点复位。

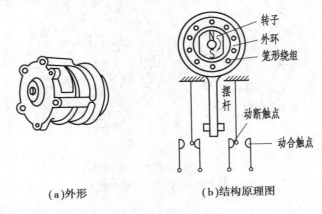

（a）外形　　　　　　　　　（b）结构原理图

图 4.32　速度继电器

一般速度继电器的动作速度为 120 r/min,触点的复位速度在 100 r/min 以下,转速在 3 000～3 600 r/min 能可靠地工作,允许操作频率不超过 30 次/h。

速度继电器主要根据电动机的额定转速来选择。使用时,速度继电器的转轴应与电动机同轴联接,安装接线时,正反向的触点不能接错,否则不能起到反接制动时接通和断开反向电源的作用。

速度继电器的图形符号及文字符号如图 4.33 所示。

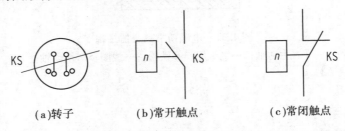

（a）转子　　　　　　　（b）常开触点　　　　　　　（c）常闭触点

图 4.33　速度继电器的图形符号与文字符号

4.4.2　行程开关

为满足生产工艺的要求,某些生产机械的工作部件要做移动或转动。例如,龙门刨床的工作台应根据工作台的行程位置自动地实现启动、停止、反转和调整的控制。为了实现这种控制,就要有测量位移的元件——行程开关。

行程开关也是一种主令电器,其利用机械运动部件的碰撞将运动位置信号变换为电信号。安装于运动极限位置的行程开关称为限位开关,可对设备起保护作用。

行程开关按运动形式可分为直动式和转动式,按结构可分为直动式、滚动式和微动式,按触点性质可分为有触点式和无触点式。行程开关的文字符号为 SQ,其图形符号如图 4.34 所示。

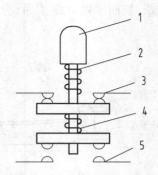

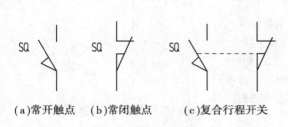

(a)常开触点 (b)常闭触点 (c)复合行程开关

图 4.34 行程开关的图形符号

图 4.35 直动式行程开关
1—顶杆;2—弹簧;3—常闭触点;
4—触点弹簧;5—常开触点

(1)直动式行程开关

直动式行程开关结构简单,价格便宜,其构造和动作原理与按钮相仿(见图4.35),但它不是用手按动,而是由运动部件上的挡块移动碰撞。直动式行程开关的触点分合速度取决于生产机械的移动速度,若移动速度太慢,触点不能瞬时切换线路,电弧在触点上停留的时间较长,易烧坏触点。

直动式行程开关常用的有 X2 系列,组合机床中常用的 JW2 系列组合行程开关(有5对触点)也属于此类。

(2)滑轮式行程开关

当移动速度低于 0.4 m/min 时,应采用有盘形弹簧机构瞬时动作的滑轮式行程开关,如图4.36所示。它是一种快速动作的行程开关。当行程开关的滑轮受挡块触动时,上转臂向左转动,由于盘形弹簧的作用,同时带动下转臂(杠杆)转动,在下转臂未推开爪钩时,横板不能转动。因此钢球压缩了下转臂弹簧,使之积储能量,直至下转臂转过中点推开爪钩后,横板受下转臂弹簧的作用,迅速转动使触点断开或闭合。滑轮式行程开关触点分合不受部件速度的影响,故常用于低速度的机床工作部件上。常用的有 LX19,JLXK1,LXK2 等系列。此类行程开关有自动复位和非自动位两种。自动复位时依靠图中之恢复弹簧复原,非自动复位的则没有恢复弹簧,但装有两个滑轮,当反向运动时,挡块撞及另一滑轮时将其复原。

(3)微动开关

当生产机械的行程比较小且作用力也很小时,可采用具有瞬时动作和微小动作的微动开关,如图4.37所示。当推杆被压下时,弹簧片发生变形,储存能量并产生位移。当达到预定的临界点时,弹簧片连同动触点产

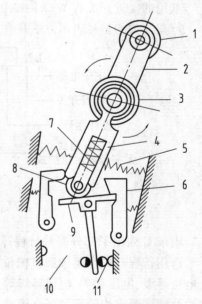

图 4.36 滑轮式行程开关结构
1—滑轮;2—上转臂;3—盘形弹簧;
4—下转臂;5—恢复弹簧;6—爪钩;
7—弹簧;8—钢球;9—横板;
10—动合触点;11—动断触点

生瞬时跳跃,从而导致电路接通、分断或转换。同样,减小操作力时,弹簧片会向相反方向跳跃。

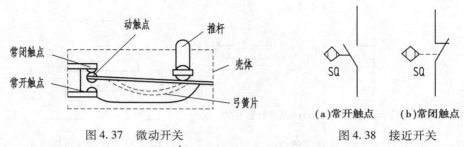

图 4.37　微动开关　　　　　　　　　图 4.38　接近开关

微动开关的体积小,动作灵敏,适合在小型机构中使用。常用的微动开关有 JW,JWL,JLXW,JXW,JLXS 等系列。

(4)接近开关

接近开关又称为无触点行程开关,当运动的物体与之接近到一定距离时,它就发出动作信号,从而进行相应的操作。接近开关是通过其感应头与被测物体间介质能量的变化来取得信号的,不像机械行程开关那样需要施加机械力。

接近开关的应用已远超出一般行程控制和限位保护的范畴,可用于高速计数、测速、液面检测、检测金属物体是否存在及其尺寸大小、加工程序的自动衔接和作为无触点按钮等。即使用作一般行程控制,其定位精度、操作频率、使用寿命及对恶劣环境的适应能力也比普通机械行程开关高。

常用的接近开关有 WLX1,LXU1 系列。接近开关的图形符号如图 4.38 所示。

行程开关的型号表示方法及含义如下:

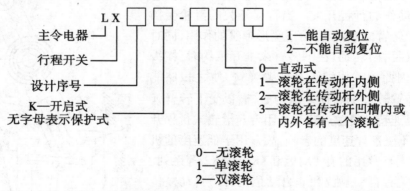

附录 C 列出了部分型号行程开关的主要技术参数。

选用行程开关主要按照机械位置对开关形式的要求和控制电路对触头数量的要求,以及电压等级、电压种类、电流等级等来确定。接近开关价格较行程开关较高,工作频率高、可靠性及精度要求均较高的场合可适当选用。

4.5　保护电器

保护电器的作用就是在线路发生故障或设备的工作状态超过一定的允许范围时,及时断开电路,保证人身安全,保护生产设备。前述的限位开关、电流/电压继电器、接触器等均有相应的保护作用。电气控制系统根据功能或要求不同,还需要相应保护电器实现过载保护、短路保护、欠电压保护或断相保护等。

4.5.1　熔断器

熔断器是一种结构简单、使用方便、价格低廉的保护电器。它主要用作配电系统或用电设备的短路保护,有时对严重过载也可起到保护作用。熔断器主要由熔体和绝缘底座组成。熔体材料基本上分为两类:一类为铅、锌、锡及锡铅合金等低熔点金属,主要用于小电流电路;另一类为银或铜等较高熔点的金属,用于大电流电路。

熔断器的图形符号和文字符号如图4.39所示。

图4.39　熔断器的符号

使用时熔断器串接在被保护的电路中,在正常情况下,它相当于一根导线,当流过它的电流超过规定值时,熔体产生的热量使自身熔化而切断电路。

熔断器的型号表示方法及含义如下:

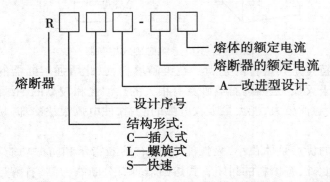

熔断器的种类很多,按用途分为一般工业用熔断器、半导体器件保护用快速熔断器和特殊熔断器(如具有两段保护特性的快慢动作熔断器、自复式熔断器)。按结构可分为半封闭瓷插式、螺旋式、无填料密封管式及有填料密封管式。常用的插入式熔断器有RC1A系列,螺旋式熔断器有RLS系列和RL1系列,无填料密封管式熔断器有RM10系列,有填料密封管式熔断器有RT0系列,快速熔断器有RS0系列和RS3系列。RS0系列可作为半导体整流元件的短路保护,RS3系列可作为晶闸管整流元件的短路保护。

如图4.40所示为RC1A无填料瓷插式熔断器的外形与结构。这是一种最常见的结构简单的熔断器,其熔体更换方便,价格低廉,一般用于交流50 Hz、额定电压为380 V、额定电流为200 A以下的线路中,作为电气设备的短路保护及一定程度上的过载保护。

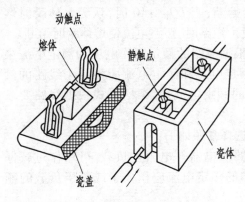

图4.40　RC1A系列瓷插式熔断器

如图4.41所示为RL1系列螺旋式熔断器的外

形与结构。它由瓷帽、熔断管、瓷套及瓷座等组成。熔断管是一个瓷管,内装熔体和石英砂,熔体的两端焊在熔断管两端的导电金属盖上,其上端盖中间有一熔断指示器,当熔体熔断时指示器弹出,通过瓷帽上的玻璃窗口可以看见。

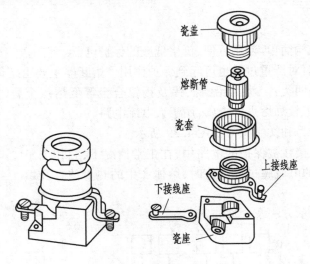

图 4.41　RL1 系列螺旋式熔断器

　　这种熔断器的特点是其熔管内充满了石英砂填料,以此增强熔断器的灭弧能力。石英砂填料之所以有助于灭弧,是因为石英砂具有很大的热惯性和较高的绝缘性能,并且因它为颗粒状,与电弧的接触面较大,能大量吸收电弧的能量,使电弧很快冷却,从而缩短电弧熄灭过程。

　　螺旋式熔断器的优点是体积小,灭弧能力强,有熔断指示和防振功能等,在配电及机电设备中大量使用。此外,有填料的封闭管式熔断器具有分断能力高、有醒目的熔断指示和使用安全等优点,广泛用于短路电流很大的电力网络和配电装置中。

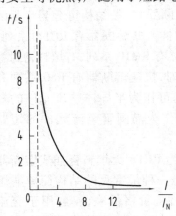

图 4.42　熔断器的熔断特性

　　熔断器的熔断时间与通过熔体的电流有关,它们之间的关系称为熔断器的熔断特性,如图 4.42 所示(电流用额定电流倍数表示)。从特性可知,当通过的电流 $I/I_N = 2$ 时,熔体在 30 ~ 40 s 内熔断;当 $I/I_N > 10$ 时,认为熔体瞬时熔断。因此,当电路发生短路时,短路电流使熔体瞬时熔断。

　　熔断器一般是根据线路的额定工作电压和额定电流来选择的,熔断器的额定电压和额定电流应不小于线路的额定电压和所装熔体的额定电流,其结构形式根据线路要求和安装条件而定。

　　熔体额定电流选择参照如下:

　　①对于电炉和照明电器等电阻性负载,可用作过载保护和短路保护,熔体的额定电流应稍大于或等于负载的额定电流。

　　②电动机的启动电流很大,熔体的额定电流要考虑启动时熔体不能熔断而选得较大,因此对电动机而言,熔断器只宜作短路保护而不能作过载保护。

对于单台电动机,熔体的额定电流(I_{fN})应不小于电动机额定电流(I_N)的$(1.5 \sim 2.5)$倍,即$I_{fN} \geq (1.5 \sim 2.5)I_N$。轻载启动或启动时间较短时,系数可取近1.5;带负载启动、启动时间较长或启动较频繁时,系数可取2.5。

对于多台电动机的短路保护,熔体的额定电流(I_{fN})应不小于额定电流最大的一台电动机的额定电流(I_{Nmax})的$1.5 \sim 2.5$倍,并加上同时使用的其他电动机额定电流之和($\sum I_N$),即

$$I_{fN} \geq (1.5 \sim 2.5)I_{Nmax} + \sum I_N$$

附录C可查询部分系列熔断器技术参数及其常用熔体参数。

4.5.2 热继电器

电动机在实际运行中常遇到过载情况。若电动机过载不大,时间较短,只要电动机绕组不超过允许温升,这种过载是允许的。但是长时间过载,绕组超过允许温升时,将会加剧绕组绝缘的老化,缩短电动机的使用年限,严重时会将电动机烧毁。

利用热继电器对连续运行的电动机实施过载及断相保护,可防止因过热而损坏电动机的绝缘材料。不同于过电流继电器和熔断器的是,热继电器中的发热元件有热惯性,在电路中不能作瞬时过载保护,更不能作短路保护。

热继电器按相数,可分为单相、两相和三相3种类型。每种类型按发热元件的额定电流又有不同的规格和型号。三相式热继电器常用于三相交流电动机的过载保护,按功能三相式热继电器可分为带断相保护和不带断相保护两种类型。

热继电器的图形符号与文字符号如图4.43所示。

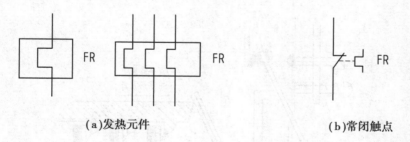

(a)发热元件　　　　　　　　　　　　(b)常闭触点

图4.43　热继电器的图形符号与文字符号

热继电器主要由热元件、双金属片和触点3部分组成。热继电器中产生热效应的发热元件,应串联在电动机绕组电路中,这样热继电器便能直接反映电动机的过载电流。其触点应串联在控制电路中,一般分为常开和常闭两种。作过载保护用时,常使用其常闭触点串联在控制电路中。

热继电器的敏感元件是双金属片。所谓双金属片,就是将两种线膨胀系数不同的金属片以机械辗压方式使之形成一体。线膨胀系数大的称为主动片,线膨胀系数小的称为被动片。双金属片受热后产生线膨胀,由于两层金属的线膨胀系数不同,且两层金属又紧紧地黏合在一起,因此使得双金属片向被动片一侧弯曲(见图4.44),由双金属片弯曲产生的机械力便带动触点动作。

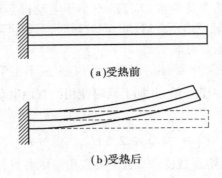

(a)受热前

(b)受热后

图 4.44　双金属片工作原理

　　如图 4.45 所示为热继电器的结构原理图。使用时发热元件 4 串接在电动机定子绕组中,电动机绕组电流即为流过发热元件的电流。当电动机正常运行时,发热元件产生的热量虽能使双金属片 2 弯曲,但还不足以使继电器动作;当电动机过载时,发热元件产生的热量增大,使双金属片弯曲位移增大,经过一定时间后,双金属片弯曲到推动导板 3,并通过补偿双金属片 5 与推杆 11 将触点 7 和触点 6 分开,触点 7 和触点 6 为热继电器串联于接触器线圈回路的常闭触点,断开后使接触器失电,接触器的常开触点断开电动机的电源以保护电动机。调节旋钮 14 是一个偏心轮,它与支撑件 12 构成一个杠杆,13 是一个压簧,转动偏心轮,改变它的半径即可改变补偿双金属片 5 与导板 3 的接触距离,达到调节整定动作电流的目的。此外,靠调节复位螺钉来改变常开触点的位置,使热继电器能工作在手动复位和自动复位两种工作状态。采用手动复位时,在故障排除后要按下复位按钮 10 才能使动触点恢复到与静触点相接触的位置。

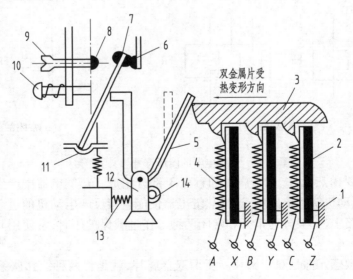

图 4.45　热继电器的结构原理

1—双金属片固定支点;2—双金属片;3—导板;4—发热元件;5—补偿双金属片;
6—常闭触点;7—动触点;8—常开触点;9—复位调节;10—复位按钮;11—推杆;
12—支撑;13—压簧;14—调节旋钮

热继电器的主要技术数据是整定电流。所谓整定电流,是指长期通过发热元件而不动作的最大电流。电流超过稳定电流的 20% 时,热继电器应当在 20 min 内动作,超过的数值越大,则发生动作的时间越短。整定电流的大小在一定范围内可通过旋转凸轮来调节。

热继电器具有热惯性,其电流与动作关系曲线如图 4.46 所示。

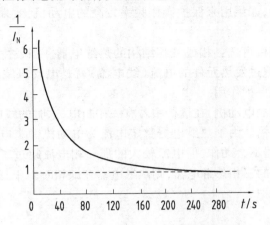

图 4.46 热继电器电流与动作关系曲线

热继电器型号含义如下:

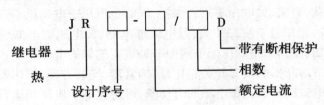

带有断相保护的热继电器是在普通热继电器的基础上增加了一个差动机构,对 3 个电流进行比较。

在三相交流电动机的过载保护中,应用较多的有 JR16 和 JR20 系列三相式热继电器。这两种系列的热继电器都有带断相保护和不带断相保护两种形式。JR16 系列热继电器的主要技术数据见附录 C。

热继电器的主要技术参数如下:

额定电压:热继电器能够正常工作的最高的电压值,一般为交流 220,380,600 V。

额定电流:热继电器的额定电流主要是指通过热继电器的电流。

额定频率:一般来说,其额定频率按照 45 ~ 62 Hz 设计。

整定电流范围:整定电流的范围由本身的特性来决定,它描述的是在一定的电流条件下热继电器的动作时间和电流的平方成正比。

热继电器的选用应综合考虑电动机形式、工作环境、启动情况及负荷情况等方面的因素:

①原则上热继电器的额定电流应按电动机的额定电流选择。对于过载能力较差的电动机,其配用的热继电器(主要是发热元件)的额定电流可适当小些。通常,选取热继电器的额定电流(实际上是选取发热元件的额定电流)为电动机的额定电流的 60% ~ 80%。

②在不需要频繁启动的场合,要保证热继电器在电动机的启动过程中不产生误动作。通常当电动机启动电流为其额定电流的 6 倍以及启动时间不超过 6 s 时,若很少连续启动,则可按电动机的额定电流选取热继电器。

③当电动机为重复短时工作时,首先要确定热继电器的允许操作频率。因为热继电器的操作频率是很有限的,如果用来保护操作频率较高的电动机,效果很不理想,有时甚至不起作用。

④星形连接的电动机可选二相或三相结构的热继电器。当发生一相断路时,另外一相或两相发生过载,由于流过发热元件的电流(线电流)就是电动机绕组的电流(相电流),故二相或三相结构都可起保护作用。

而对于三角形连接的电动机,在运行中若有一相断电,这时的线电流将近似等于电流较大的那一相电流的 1.5 倍。由于热继电器整定电流为电动机额定电流,若采用二相结构的热继电器,这时热继电器不会动作,但电流较大的那一相电流超过了额定值,就有过热的危险。若采用带缺相保护的三相热继电器,则热继电器在缺相时由于三相电流不平衡而动作,使电动机停转而得到保护。

4.5.3　低压断路器

低压断路器又称自动空气开关,除能完成手动或自动接通和分断电路外,也能对电路或电气设备发生的过载、短路、欠电压等进行保护,同时也可用于电动机不频繁地启停控制。

低压断路器的功能相当于闸刀开关、过电流继电器、欠电压继电器、热继电器及漏电保护器部分或全部的功能总和,是低压配电网中一种重要的保护电器。

低压断路器与带熔断器的闸刀开关相比,结构紧凑、安装方便、操作安全,而且在进行过载、短路保护时,用电磁脱扣器三相电源同时切断,可避免电动机缺相运行,且断路器的脱扣器可重复使用,不必更换。但低压断路器结构复杂、操作频率低、价格高,适用于要求较高的场合,如电源总配电盘。设计电路时,如无必要,可选用闸刀开关加熔断器的组合来代替。

低压断路器的结构原理如图 4.47 所示。

低压断路器的主触点是靠手动操作或电动合闸的。主触点闭合后,自由脱扣机构将主触点锁在合闸位置上,过电流脱扣器的线圈和热脱扣器的热元件与主电路串联,欠电压脱扣器的线圈和电源并联。当电路发生短路或严重过载时,过电流脱扣器的衔铁吸合,使自由脱扣机构动作,主触点断开主电路。当电路过载时,热脱扣器的热元件发热使双金属片向上弯曲,推动自由脱扣机构动作。当电路欠电压时,欠电压脱扣器的衔铁释放,也使自由脱扣机构动作。分励脱扣器则作为远距离控制用,在正常工作时,其线圈是断电的,在需要距离控制时,按下启动按钮,使线圈通电,衔铁带动自由脱扣机构动作,使主触点断开。

在一台低压断路器上同时装有两种或两种以上脱扣器时,则称这台低压断路器装有复式脱扣器。

低压断路器的图形符号和文字符号如图 4.48 所示。

低压断路器主要有以下 4 种类型:

①装置式低压断路器。它又称塑料外壳式低压断路器,用绝缘材料制成的封闭型外壳将所有构件组装在一起,用作配电网络的保护和电动机、照明电路及电热电器等的控制开关。它的主要型号有 DZ5,DZ10,DZ20 等系列。

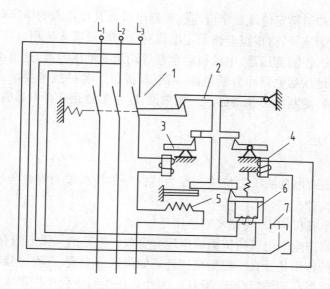

图4.47 低压断路器的结构原理

1—主触点;2—自由脱扣机构;3—过电流脱扣器;4—分励扣器脱;

5—热脱扣器;6—欠电压脱扣器;7—停止按钮

②万能式低压断路器。它又称敞开式低压断路器,具有绝缘衬底的框架结构底座,所有的构件组装在一起,用于配电网络的保护。它主要有 DW10 型和 DW15 型两个系列。

③限流断路器。它利用短路电流产生的巨大吸力,使触点迅速断开,能在交流短路电流尚未达到峰值之前就把故障电路切断,用于短路电流相当大(高达 70 kA)的电路中。它的主要型号有 DZX10 和 DWX15 两种系列。

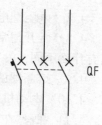

图4.48 低压断路器的符号

④快速断路器。它具有快速电磁铁和强有力的灭弧装置,最快动作可在 0.02 s 以内,用于半导体整流器件和整流装置的保护。它的主要型号有 DS 系列。

附录 C 为 DW15 和 DZX10 系列断路器的主要技术参数。

低压断路器的选用应根据具体使用条件选择使用类别、额定工作电压、额定电流、脱扣器整定电流和分励、欠压脱扣器的电压电流等,参照产品样本提供的保护特性曲线选用保护特性,并需对短路特性和灵敏系数进行校验。其选择原则如下:

①断路器的额定电压要大于或等于线路或设备的额定电压。

②断路器的额定电流要大于或等于负载工作电流。

③断路器额定短路接通分断(过电流脱扣器作用)能力等于或大于电路中可能出现的最大短路电流,一般按有效值计算。对于保护鼠笼型异步电动机的断路器,其数据为(8~15)倍电动机额定电流;对于保护绕现转子电动机的断路器,其数据为(3~6)倍电动机额定电流。

④断路器欠电压脱扣器额定电压等于电路额定电压。

⑤断路器分励脱扣器额定电压等于控制电源电压。

⑥断路器热脱扣器额定电流数字应与被控制电机或其他负载的额定电流一致。

⑦断路器类型的选择,应根据电路额定电流对保护的要求来选用。

此外,倒顺开关、控制变压器、电动机启动器等均属于低压电器,这里不再赘述。

为使电器可靠地接通电路和分断电路,对电器提出了各种技术要求,主要有使用类别、额定电压、额定电流、通断能力及寿命。一般来说,这些参数是选择电器的基本参数。

习 题

4.1 何谓电磁式电器的吸力特性和反力特性? 为什么吸力特性与反力特性的配合应使两者尽量靠近为宜?

4.2 在交流电磁机构中,短路环的作用是什么?

4.3 低压电器中熄灭电弧所依据的原理有哪些? 常见的灭弧方法有哪些?

4.4 接触器的作用是什么? 根据结构特征如何区分交流、直流接触器?

4.5 交流接触器在衔铁吸合前的瞬间,为什么在线圈中会产生很大的电流冲击? 直流接触器会不会出现这种现象? 为什么?

4.6 两个相同的 110 V 交流接触线圈能否串联接于 220 V 的交流电源上运行? 为什么?

4.7 电压继电器和电流继电器在电路中各起什么作用? 如何接入电路?

4.8 常开与常闭触点如何区分? 时间继电器的常开与常闭触点与普通常开与常闭触点有什么不同?

4.9 熔断器的额定电流、熔体的额定电流和熔体的极限分断电流三者有何区别?

4.10 电动机的启动电流很大,当电动机启动时,热继电器会不会动作? 为什么?

4.11 既然在电动机的主电路中装有熔断器,为什么还要装热继电器? 装有热继电器是否就可以不装熔断器? 为什么?

4.12 星形连接的三相异步电动机能否采用两相结构的热继电器作为断相和过载保护? 三角形三相电动机为什么要采用带有断相保护的热继电器?

4.13 是否可以用过电流继电器作电动机的过载保护? 为什么?

4.14 低压断路器在电路中的作用是什么?

4.15 当失压、过载及过电流时,脱扣器起什么作用?

4.16 为什么电动机要设有零电压保护和欠电压保护?

第5章 接触器-继电器控制系统

机械设备一般都是由电气自动控制系统通过某种自动控制方式来控制电动机,实现对电力拖动系统的启动、反向、制动及调速等运行性能的控制,以及对拖动系统的保护,从而满足生产加工自动化的生产要求。机械设备的接触器-继电器控制电路是由各种有触点的接触器、继电器、按钮、行程开关及电动机和其他电器组成的。在普通机床中,多数都由接触器-继电器控制方式来实现其控制的,尤其是由异步电动机拖动的交流拖动系统。因此,本章主要介绍由异步电动机拖动、接触器-继电器控制的电气自动控制系统基本控制电路、设计方法以及常见控制系统分析。

5.1 电气设备图的绘制及阅读方法

工业机械电气设备图包括电路图、接线图和安装图3类。《工业机械电气设备电气图、图解和表的绘制》(JB/T 2740—2008)规定了3类电气设备图的绘制方法。在电气设备图中采用图形符号来表示各种电气元件,用不同的文字符号来表示各电气项目的种类代号。图形符号应按 JB/T 2739—2008 规定的符号使用或原则组合使用,对于超出 JB/T 2739—2008的内容,可查阅及采用 GB/T 4728 中的符号;文字符号应按《电气技术中的文字符号制定通则》(GB/T 7159—1987)规定的符号使用。常用的图形符号和文字符号见附录 A 和附录 B。

5.1.1 电气设备电路图

工业机械电气设备电路图又称电气控制原理图,它是采用按功能排列的图形符号来表示各电气元件和它们之间的连接关系的电路图,它仅描述电气控制系统中各个电器元件的逻辑关系和电路的工作原理,并不表示各电器元件的物理结构、安装位置和实际连线。因此,电气控制原理图应能表明工业机械电气设备的工作原理及连接关系。必要时,还应增加附注、附表和附图进行补充说明;应能指导电气设备的调试和维修;应能为绘制其他电气原理图提供依据。绘制电气控制原理图时,一般要遵循如下原则:

①电气控制原理图中应将主电路和辅助电路分开绘制。主电路包括电源电路和受控装置电路;辅助电路包括施控电路(控制电路)、检测电路、指令电路及信号电路。电源电路绘成水平线,相序自上而下排列,中性线(N)和接地保护线(PE)依次放在相线下面;受控装置电路应垂直于电源电路画出;辅助电路应垂直画在上下两条或几条水平电源线之间。

②线圈、电磁阀、信号灯等备受控元件必须直接与下方接地的电源线连接。各控制触头、按钮等应接在电源线与受控元件之间,以避免出现故障时产生危险。

③在电气原理图中,表示导线交叉连接的点用实心圆点表示。可拆连接或测试点用空

心圆表示。无导线连接的交叉点不加任何符号。

④在电气控制系统中,用到与电气控制有关的机、液、气等信号转换电器时,如果没有相应的电器元件标准图形符号,在电气原理中应画出能反映控制特征的非标准图形符号。

⑤同一电气元件的各个部件按其在电路中所起的作用,它的图形符号可以不画在一起,但代表同一元件的文字符号必须相同,如图 5.1 所示的接触器 KM_1,KM_2 的线圈和触点。

⑥电气控制线路的全部触点都按"平常"状态绘出。"平常"状态对接触器、继电器等是指线圈未通电时的触点状态;对按钮、行程开关是指没有受到外力时的触点状态;对主令控制器是指手柄置于"零位"时的各触点状态,即机床开动前的状态。

⑦为便于检修线路和方便阅读,采用图幅分区法对图纸进行分区。图纸分区线画在图框线与边框线之间。每个分区内竖边方向用大写拉丁字母($A—Z$),横边方向用阿拉伯数字($1,2,3,\cdots$)分别编号。分区代号用该区域的字母和数字表示,字母在前,数字在后,如 B_3,$C5$。图纸中符号或元件在图上的位置用其所在分区代号表示,当继电器或接触器的线圈与触点分开绘制时,在触点文字符号下给出线圈的位置,在线圈文字符号的下面给出触点的位置。如图 5.1 所示,接触器 KM_1 主触点下面的 $C7$ 表示接触点线圈的位置。

⑧原理图中每个电路的功能用文字标明在上部的用途栏中。每个接触器线圈的文字符号下面由两条竖直线分成左(主触点)、中(常开触点)、右(常闭触点)3 栏,栏中写出受其控制而动作的触点所在分区代号。每个继电器的文字符号下面由一条竖直线分成左(常开触点)、右(常闭触点)两栏。对于备用触点用记号"×"标出。

如图 5.1 所示为按照遵循以上原则绘制出的某普通机床电气控制原理图。

5.1.2 电气设备接线图

工业机械电气设备接线文件包括接线图和接线表,用来一个装置或设备的各个项目(如元件、器件、组件和装置)之间实际连接的信息,用于装配、安装和维修。接线图包括接线图、单元接线图、互联接线图、端子接线图和电缆图等,相应的接线表包括接线表、单元接线表、互联接线表、端子接线表及电缆表等。

5.1.3 电气设备安装图

电气设备安装图用来表示各种电气设备在机械设备和电气控制柜中的实际安装位置和安装方法,以便工业机械电气设备的制造、安装及维修。各电气元件的安装位置和安装方法是由机械设备的结构和工作要求所决定的,如电动机要和被拖动的机械部件在一起,行程开关应放在要取得信号的地方,操纵元件应放在操纵方便的地方,一般电气元件应放在电气控制柜中。电气设备安装图有电器元件安装图和电气设备安装图两种形式。

绘制电器元件安装图时,将分散安装在设备上的各个项目(如控制电气、电磁阀、按钮开关等)的位置以简单图形(如方形)符号绘出,并在其旁标注相应的项目代号及安装所有的紧固件的型号、规格和数量。

绘制电气设备安装图时,应绘出现场安装电源电缆的推荐位置、类型和截面;应绘出电气设备电源电缆的过电流元器件的型号、特性、额定或整定电流的数据;有时还应标明用户需要在地基上开凿的电缆沟的尺寸或导线槽的尺寸、用途和位置;此外,如需要还应标明移动或维修电气设备所需要的空间。

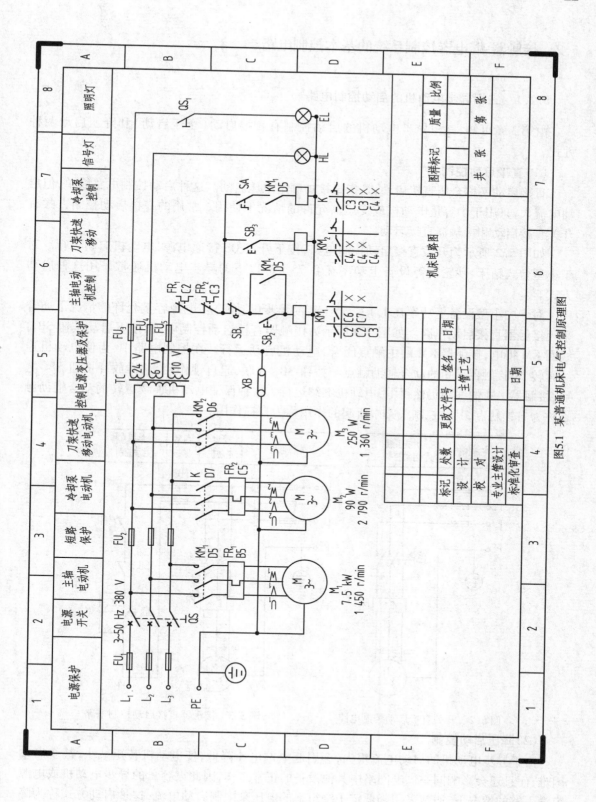

图5.1　某普通机床电气控制原理图

5.2 接触器-继电器控制系统的基本控制电路

5.2.1 三相异步电动机的启动控制电路

由第3章可知,三相异步电动机的启动控制有直接启动(全压启动)和降压启动两种方式。

(1)直接启动控制

直接启动又称全压直接启动,是指直接加额定电压启动。这种启动控制电路简单,但启动电流大,只用于小容量电动机或变压器允许的情况下使用。常用的直接启动控制方式有开关直接启动和接触器直接启动。

如图5.2所示为开关直接启动控制电路,按下开关 QS 接通电源,电动机启动运行。对于小型台式钻床、砂轮机等设备上功率在 0.75 kW 以下的异步电动机通常采用这种启动方式。

对于中小型设备上功率在 1.1 ~ 7.5 kW 的异步电动机,在电源容量允许的情况下通常采用接触器直接启动电路。如图5.3所示为接触器直接启动控制电路,按下启动按钮 SB$_2$,线圈 KM 得电,接触器 KM 的主触点闭合,电动机启动运行。在控制电路中,为使电动机连续运转,将接触器 KM 的动合辅助触点与按钮 SB$_2$ 并联,起自锁作用,这样放开按钮 SB$_2$ 之后,接触器 KM 的线圈仍然得电,电动机继续运行。这种保证电动机连续运转的动合辅助触点称为自锁触点,其在控制线路中所起的作用称为自锁作用。

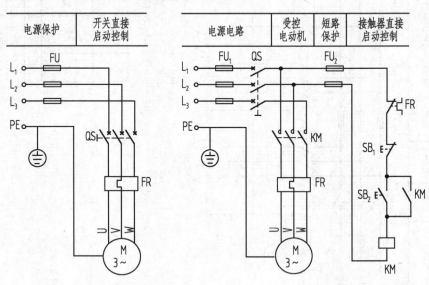

图 5.2　开关直接启动控制电路　　　　图 5.3　接触器直接启动控制电路

(2)降压启动控制

由于异步电动机的启动电流很大,会引起电网电压降低,使电动机转矩减小,甚至启动困难,而且还会影响同一供电网络中其他设备的正常工作,因此大容量的异步电动机或电源容量不够的情况下,通常采用降低定子绕组上的电压来限制启动电流,这种启动方式称为降压启动。在生产实践中,对于功率大于 11 kW 以上的异步电动机,均应采用降压启动。对于常用的笼型异步电动机常用的降压启动方式有丫形-△形降压启动、定子绕组串电阻降压启动、自耦变压器降压启动等;对于绕线型异步电动机还可采用转子串电阻分级启动,这种启动方式既可增加启动转矩,又可限制启动电流,可实现大中容量电动机启动。由于自耦变压器降压启动和转子串电阻分级启动控制电流在机械设备的控制中应用不多,故从略,具体可查阅相关资料。

　　1)丫形-△形(星形-三角形)降压启动控制

　　当电源电压相同时,电动机采用丫形连接时的启动电流和启动转矩是采用△形连接的 1/3,因此在启动时定子绕组接成丫形连接降压启动,启动完毕后,恢复△形连接正常运行,这种启动方式称为丫形-△形降压启动。由于启动转矩小,这种启动方式只适合于空载或轻载启动。

　　如图 5.4 所示为利用时间继电器完成丫形-△形连接转换的丫形-△形降压启动控制电路。由图 5.4 的受控电动机电路可知,当接触器 KM_1,KM_3 的线圈同时得电,接触器 KM_2 的线圈失电,则接触器 KM_1 和 KM_3 常开主触点闭合时,电动机的定子绕组丫形联接;同理,当接触器 KM_1,KM_2 的线圈同时得电,接触器 KM_3 的线圈失电,接触器 KM_1 和 KM_2 的线圈的常开主触点闭合时,电动机的定子绕组△形连接。

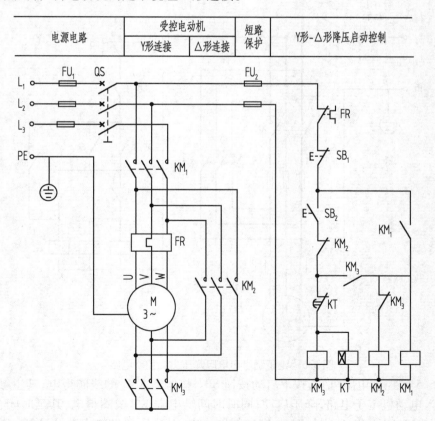

图 5.4　丫形-△形降压启动控制电路

由如图 5.4 所示的控制电路可知,按下启动按钮 SB_2,接触器 KM_1,KM_3 的线圈同时得电,使它们的主触点闭合,电动机"Y形降压启动";与此同时,时间继电器的线圈 KT 得电,其延时断开的动断触点延时一段时间后(延时时间由电动机的容量和启动时间等决定)断开,接触器 KM_3 和时间继电器 KT 的线圈失电,接触器 KM_2 的线圈得电,这样线圈 KM_1,KM_2 同时得电,电动机定子绕组由Y形连接自动转换成"△形连接全压运行"。

2)定子绕组串电阻降压启动控制

电动机启动时在三相定子电路中串接电阻,使电动机定子绕组电压降低,启动后再将电阻短路,电动机在正常电压下运行,这种启动方式称为定子绕组串电阻降压启动。由于不受电动机接线形式的限制,设备简单,因而这种启动方式在中小型机床中也有应用。机床中也常用这种串接电阻的方法限制点动调整时的启动电流。

图 5.5 为定子串电阻降压启动控制电路,由其受控电动机电路可知,接触器 KM_1 的主触点闭合,接触器 KM_2 的主触点断开时,电阻 R 接入定子电路,电动机降压启动;接触器 KM_1 的主触点断开,接触器 KM_2 的主触点闭合,电阻 R 被短接,电动机连续运转。

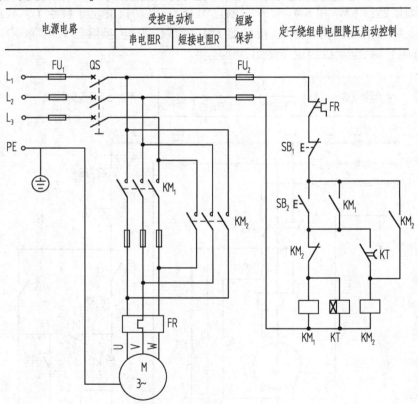

图 5.5　定子绕组串电阻降压启动控制电路

由图 5.5 的控制电路可知,按下启动按钮 SB_2,接触器 KM_1 的线圈得电,其主触点闭合,电阻 R 串入电动机定子电路,降压启动;同时时间继电器 KT 线圈得电,其延时闭合的动合触点延时一段时间闭合,使得接触器 KM_2 线圈得电,其常闭辅助触点断开,KM_1,KT 的线圈失电,其常开辅助触点闭合,电动机连续运转。

电路设计时,启动电阻 R 的阻值大小可近似计算为

$$R = 190 \times \frac{I_{st} - I'_{st}}{I_{st} \cdot I'_{st}} \quad \Omega \tag{5.1}$$

式中 I_{st}——不串电阻的启动电流,A,一般取 $I_{st} = (4 \sim 7)I_N$,I_N 为电动机的额定电流,A;

I'_{st}——串入电阻后的启动电流,A,一般取 $I'_{st} = (2 \sim 3)I_N$;

启动电阻的功率 P_{st} 可近似计算为

$$P_{st} = \left(\frac{1}{4} \sim \frac{1}{3}\right)I'^2_{st}R \quad W \tag{5.2}$$

注意:若是启动电阻 R 仅在电动机的两相定子绕组中串联时,选用的启动电阻的阻值应为上述计算值的 1.5 倍。

5.2.2 三相异步电动机的正反转控制电路

生产机械普遍需要对电动机进行正、反转控制,如机床工作台的前进与后退、主轴的正转与反转、起重机吊篮的提升与下降等,都是通过电动机的正、反转来实现的。由三相异步电动机的工作原理可知,将电动机三相电源连接线中的任意两相对调,即可使电动机反转。常用的正反转控制电路有手动正反转控制电路和自动往复循环控制电路。

(1)手动正反转控制电路

如图 5.6 所示为手动正反转控制电路。由图 5.6(a)的受控电动机电路可知,当接触器 KM₁ 的线圈得电,其主触点闭合,同时接触器 KM₂ 的线圈失电,其主触点断开时,电动机正转;同理,KM₂ 的主触点闭合,KM₁ 的主触点断开,电动机反转。特别值得注意的是,接触器 KM₁ 和 KM₂ 的线圈若同时得电,则它们的主触点一起闭合,将造成 L₁ 和 L₃ 两相电源短路,因此接触器 KM₁ 和 KM₂ 不能同时闭合。为此在控制电路中,分别把接触器 KM₁ 和 KM₂ 的动断辅助触点串联在对方的线圈支路中,以保证接触器 KM₁ 和 KM₂ 的线圈不能同时得电,在这里 KM₁ 和 KM₂ 的动断辅助触点在线路中所起在作用称为互锁作用,这两个动断触点称为互锁触点。

如图 5.6(a)所示的正反转控制电路,按下正转按钮 SB₂,接触器 KM₁ 的线圈得电,KM₁ 主触点闭合,电动机 M 正转启动,同时 KM₁ 的自锁触点闭合,保证电动机正转连续转动;互锁触点断开,保证接触器 KM₁ 和 KM₂ 的线圈不能同时得电。

反转时,必须先按停止按钮 SB₁,接触器 KM₁ 线圈失电,KM₁ 触点复位,电动机断电;然后按下反正按钮 SB₃,接触器 KM₂ 线圈得电,KM₂ 主触点闭合,电动机 M 反转,同时 KM₁ 自锁触点闭合,互锁触点断开。

因此,如图 5.6(a)所示的正反转控制线路的动作过程为"正转⇌停止⇌反转",其工作比较安全,在正反转换接过程不会发生电源短路,但要改变电动机转向,必须先按停止按钮,让电动机断电。

如图 5.6(b)所示的正反转控制电路称为直接正反转控制电路,由于采用复合按钮(SB₂,SB₃)实现正反转控制,反向启动时不必使用停止按钮过渡而直接进行正反转控制。但这种电路所用的接触器的动作灵敏度和触头超行程量应一致,否则反向切换时,很容易出现正转控制接触器的主触头尚未分断,反转控制接触器的主触头已闭合,其结果将会造成电源短路。这种电路即使不发生短路,换向时的电压冲击和机械冲击也很大,仅适用于电动机容量及其所拖动负载的惯量均很小的场合。

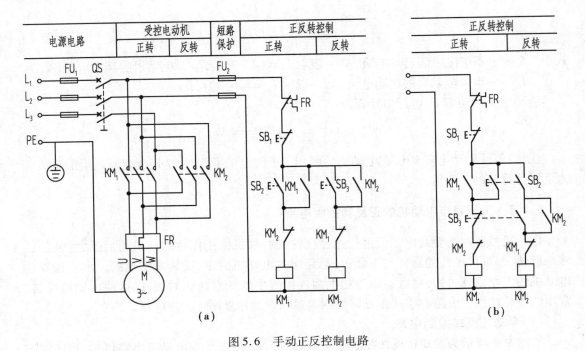

图 5.6　手动正反控制电路

（2）自动往复循环控制电路

如图 5.6 所示为利用行程开关来实现电动机正反转，并带动工作台左右往复循环运动的自动往复循环控制电路。组合机床、龙门刨床、铣床的工作台常用这种控制线路实现往复循环运动。

如图 5.6 所示，合上电源开关 QS，按下启动按钮 SB_2，接触器 KM_1 的线圈得电，其主触点闭合，电动机 M 正转启动，工作台向左运动；当工作台移动到一定位置时，挡块碰到行程开关 ST_1，使 ST_1 的动断触点断开，接触器 KM_1 的线圈失电，电动机 M 断电，与此同时，ST_1 的动合触点闭合，接触器 KM_2 的线圈得电，其主触点闭合，电动机 M 反转，工作台向右运动，行程开关 ST_1 复位；当工作台向右移动到一定位置时，挡块碰到行程开关 ST_2，使 ST_2 的动断触点断开，接触器 KM_2 的线圈断电，其主触点断开，电动机 M 断电，同时 ST_2 的动合触点闭合，接触器 KM_1 的线圈得电，其主触点闭合，电动机正转，工作台向左运动。如此周而复始，工作台在行程开关 ST_1 和 ST_2 限定的范围内自动往复运动。

如图 5.7 所示为开关 ST_3 和 ST_4 安装在工作台往复运动极限位置上，以防止行程开关 ST_1 和 ST_2 失灵，工作台继续运动不停止而造成事故。

5.2.3　三相异步电动机的制动控制电路

由于惯性，电动机从定子绕组断电到停转需要一段时间，对于要求精确停车定位或辅助时间较短的机械设备，必须采取制动措施。电动机常用的制动方法有机械制动和电气制动两种。机械制动是利用机械或液压制动装置来制动。电气制动是使电动机产生一个与原来旋转方向相反的电磁力矩来实现转速迅速减小而停转。常用电气制动方法有能耗制动和反接制动。

（1）反接制动控制电路

机械设备停车时，改变加入电动机定子绕组中的三相电源相序，使定子产生反向旋转磁

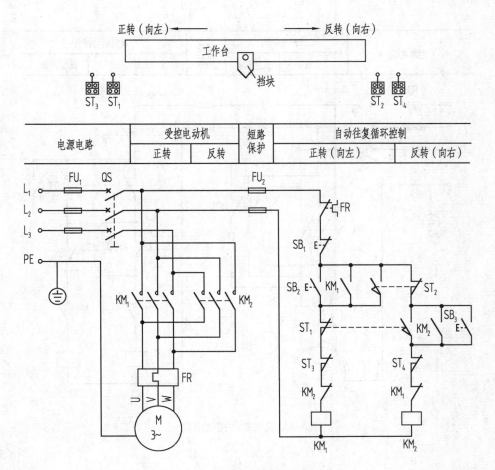

图 5.7 自动往复循环控制电路

场,从而对转子产生强力制动,使电动机转速迅速减小,当电动机转速接近于零时,将三相电源切断,这种电气制动方法称为反接制动。

反接制动控制电路如图 5.8 所示,其受控电动机电路与正反转控制电路基本相同,只是将速度继电器 BV 的转子与电动机 M 的主轴同轴安装在一起。

停车时,按下停止按钮 SB_1,SB_1 的动断触点断开,接触器 KM_1 线圈失电,其主触点断开,电动机三相电源切断;同时 SB_1 的动合触点闭合,由于转速 n 高,速度继电器 BV 的动合触点闭合,接触器 KM_2 的线圈得电,其主触点闭合,串入电阻 R 进行反接制动,电动机产生 1 个反向制动转矩,迫使电动机转速 n 迅速下降,当转速 n 降至 100 r/min 以下时,速度继电器 BV 的动合触点断开,接触器 KM_2 的线圈失电,电动机断电,防止了方向启动。

反接制动时,由于转子与旋转磁场的相对转速接近同步转速的 2 倍,因此定子绕组中流过的反接制动电流也相当于全压启动时电流的 2 倍。因此制动力矩大,制动迅速,但冲击大。它仅适用于不频繁启动及制动准确性要求不高的小容量电动机上。在 10 kW 以上的电动机采用反接制动时,应在反接制动电路中串接适当的限流电阻 R,以限制反接制动电流和减小机械冲击。

电路设计时,当电源电压为 380 V 时,若要限制反接制动电流 $I = 0.5I_{st}$ 时,则三相电路每相应串入的反接制动电阻 R 的阻值可估算为

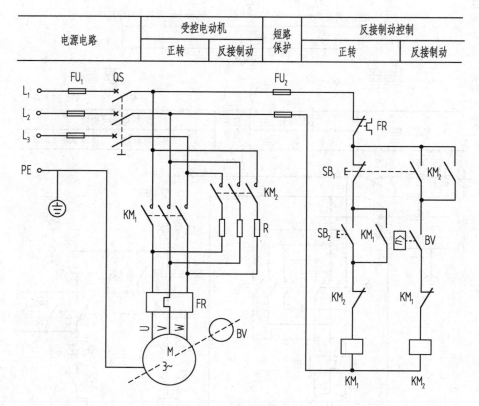

电源电路	受控电动机		短路保护	反接制动控制	
	正转	反接制动		正转	反接制动

图5.8　反接制动控制电路

$$R = 1.5 \times \frac{220}{I_{st}} \quad \Omega \tag{5.3}$$

若要限制反接制动电流 $I \leqslant I_{st}$ 时，每相制动电阻 R 的阻值可估算为

$$R = 0.13 \times \frac{220}{I_{st}} \quad \Omega \tag{5.4}$$

如果只在两相中串入电阻，则电阻值应取上述电阻值的 1.5 倍。反接制动电阻的功率 P_z 可估算为

$$P_z = \left(\frac{1}{4} \sim \frac{1}{3} \right) I_{st}^2 R \quad W \tag{5.5}$$

（2）能耗制动控制电路

能耗制动是在三相异步电动机停车切断三相电源之后，立即在定子绕组中通入直流电源，在定子中产生一个恒定磁场，转子由于惯性旋转切割恒定磁场的磁力线产生的感应电流形成电场与恒定磁场相互作用而产生制动力矩，使电动机迅速制动停转的电气制动方法。这种制动方法，实质上是把转子原来储存的机械能，转变成电能，又消耗在转子的制动上，故称能耗制动。

如图 5.9 所示为利用时间继电器 KT 来控制制动时间的能耗制动控制电路。控制电路的工作过程：

启动过程：按下启动按钮 SB_2，接触器 KM_1 线圈得电，其主触点闭合，电动机 M 启动运转。

电源电路	受控电动机	能耗制动用直流电源	短路保护	能耗制动控制		
				启动	制动	延时

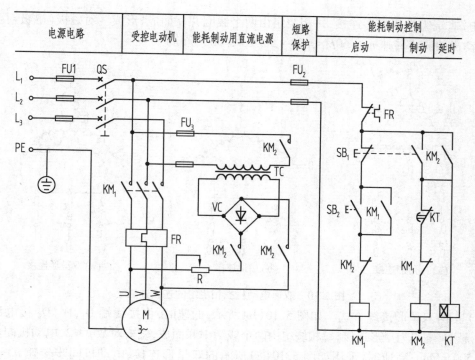

图 5.9　能耗制动控制电路

停车能耗制动:按下停止 SB$_1$,接触器 KM 线圈失电,KM$_1$ 主触点断开,电动机 M 断电惯性运转;同时接触器 KM$_2$ 和时间继电器 KT 的线圈得电,KM$_2$ 主触点闭合,电动机 M 定子绕组中接入直流电源进行能耗制动;时间继电器 KT 的延时动断触点延时断开,接触器 KM$_2$ 线圈失电,KM$_2$ 主触点断开直流电源,制动结束。

制动作用的强弱与通入直流电流的大小和电动机转速有关,在同样的转速下电流越大制动作用越强。能耗制动所需的直流电流 I_{DC} 和直流电压 U_{DC} 可确定为

$$I_{DC} = (3 \sim 4)I_0 \tag{5.6}$$
$$U_{DC} = I_0 \cdot R_0 \tag{5.7}$$

式中　I_0——电动机空载电流,A;

R_0——直流电压所加定子绕组两端的电阻,Ω。

5.2.4　双速电动机控制电路

在生产过程中,通常要求机械设备的主轴有多级输出速度,而且要结构紧凑、投资少,最简单的方法就是采用多速电动机的变磁极对数调速来实现,实际生产应用最多的是双速电动机。

(1)双速电动机的定子绕组的接线方式

1)三角形-双星形接线方式。

如图 5.10(a)所示,低速时,将接线端 D$_1$,D$_2$,D$_3$ 接电源,D$_4$,D$_5$,D$_6$ 悬空,绕组为三角形连接,每相绕组由两个线圈串联而成,形成两对磁极(磁极对数 $p = 2$),电动机的同步转速 $n_0 = 60f/p = 60 \times 50/2 = 1\,500$ r/min;如图 5.10(c)所示,高速时,将 D$_1$,D$_2$,D$_3$ 短接,D$_4$,D$_5$,

D_6 接电源,绕组为双星形连接,每相绕组由两个线圈并联而成,形成一对磁极(磁极对数 $p =$ 1),电动机的同步转速 $n_0 = 60f/p = 60 \times 50/1 = 3\ 000$ r/min。

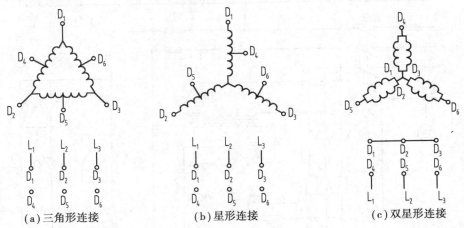

(a)三角形连接　　　　(b)星形连接　　　　(c)双星形连接

图 5.10　双速电动机三相绕组的连接方法

2)星形-双星形接线方式。如图 5.10(b)所示,低速时,将接线端 D_1,D_2,D_3 接电源,D_4,D_5,D_6 悬空,绕组为星形连接,每相绕组由两个线圈串联而成,磁极对数 $p = 2$,电动机同步转速 $n_0 = 1\ 500$ r/min;高速时,采用如图 5.10(c)所示的双星形连接,电动机同步转速 $n_0 = 3\ 000$ r/min。

(2)双速电动机控制线路

如图 5.11 所示为定子绕组采用三角形-双星形接线方式的双速电动机控制电路,可实现双速电动机高低速变换。

图 5.11(a)采用复合按钮实现高低速变换。控制电路的工作过程为:低速时,按下低速按钮 SB_2,其常闭触点断开使得接触器 KM_2,KM_3 的线圈均失电,同时 SB_2 常开触点闭合使得接触器 KM_1 的线圈得电,双速电动机定子绕组为三角形连接,电动机低速运转;高速时,按下高速按钮 SB_3,其常闭触点断开使得接触器 KM_1 的线圈失电,同时 SB_3 常开触点闭合,接触器 KM_2,KM_3 的线圈均得电,双速电动机定子绕组为双星形连接,电动机高速运转。

图 5.11(b)采用转换开关实现高低速转化,并用时间继电器 KT 作为三角形与双星形的转换控制。控制电路的工作过程为:低速时,将转换开关扳到在 1(低速)位置,接触器 KM_1 线圈得电,双速电动机定子绕组为三角形连接,电动机低速运转;高速时,将转换开关扳到在 2(高速)位置,接触器 KM_1 和时间继电器 KT 的线圈均得电,双速电动机定子绕组为三角形连接,电动机低速启动。延时一段时间后,时间继电器 KT 的延时断开动断触点断开,KM_1 失电,同时 KT 的延时闭合动合触点闭合,接触器 KM_2,KM_3 的线圈均得电,双速电动机定子绕组为双星形连接,电动机高速运转。容量较大的电动机常采用这种控制方式。

5.2.5　控制线路的其他基本环节

(1)点动和长动控制

按下启动按钮并立即松开,电动机保持连续运行的控制方式称长动控制,常用自锁环节来实现长动控制,前述控制电路均采用了自锁环节,因此均为长动控制电路。按下启动按钮

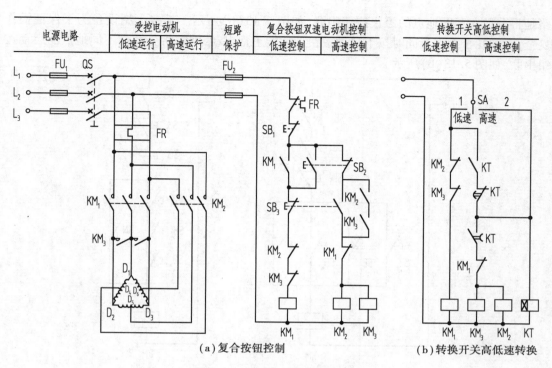

电源电路	受控电动机		短路保护	复合按钮双速电动机控制		转换开关高低控制	
	低速运行	高速运行		低速控制	高速控制	低速控制	高速控制

（a）复合按钮控制　　　　　　　（b）转换开关高低速转换

图 5.11　双速电动机控制电路

时电动机运转,松开按钮后电动机停止工作,这种控制方式称为点动控制。长动控制和点动控制的主要区别在于控制电路能否自锁,因此,实现点动控制的方法是取消自锁环节。点动控制常用于调整机械设备运动部件的行程和控制快速移动。如图 5.12 所示为典型的长动和点动控制电路,图中 SB_1 为停止按钮,SB_2 为长动按钮,SB_3 为点动按钮。

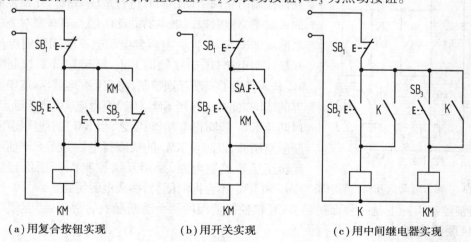

（a）用复合按钮实现　　　　　（b）用开关实现　　　　　（c）用中间继电器实现

图 5.12　长动和点动控制电路

（2）多点控制

在大型机床设备中,为了操作方便,通常要求能在多个地点进行电动机的启停控制。多点启动控制电路是将分散在不同地点的启动按钮并联,如图 5.13（a）所示;多点停止控制电路是将分散在不同地点的停止按钮串联,如图5.13(b)所示。某些大型设备为了保证操作安全,要求几个操作者同时按下启动按钮后才能正常启动,则需将分散在不同地点的启动按钮串联,如图5.13(b)所示。

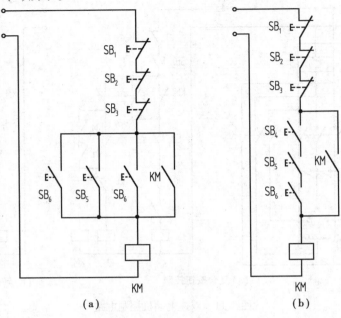

(a)　　　　　　　　　　(b)

图5.13　多点控制电路

(3)互锁控制

在生产实践中,通常要求两个动作是互斥的,这就采用互锁控制防止两个动作同时进行造成事故。互锁控制电路的关键是将接触器或继电器的动断触点串联到对方的线圈之前。如图5.14所示为两台电动机不能同时通电运转的互锁控制电路,图中接触器 KM_1 和 KM_2 分别控制电动机 M_1 和 M_2 ,为了实现互锁控制,将它们的动断触点串联到对方的线圈之前,这样当 KM_1 的线圈得电,其动断触点断开,以防止 KM_2 线圈得电动作;反之,当 KM_2 的线圈得电,其动断触点断开,以防止 KM_1 的线圈得电。如图5.6所示的电动机正反转控制电路,采用互锁控制保证正反转接触器 KM_1 和 KM_2 不会同时闭合,造成电源短路。

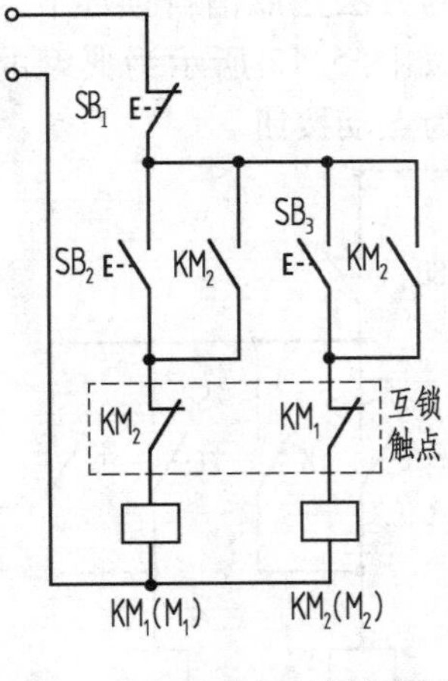

图5.14　两台电动机互锁控制电路

互锁控制实际上是一种保护环节,互锁控制使用的两个动断触点通常叫做"互锁"触点。

(4)联锁控制

如图5.1所示为某普通机床的控制电路,主轴电动机 M_1 启动用接触器 KM_1 的动合触点串联在刀架快速移动电动机 M_3 用接触器 KM_3 的线圈之前,这样必须先启动主轴电动机 M_1 ,刀架快速移动电动机 M_3 才能工作,这种用来实现一系列顺序动作(在此为电动机顺序启动)的控制环节称为联锁控制,或者说这一系列动作之间有联锁关系。如图5.15所示为电动机的联锁控制电路。图中,接触器 KM_1 , KM_2 分别控制主电动机 M_1 和油泵电动机 M_2 。

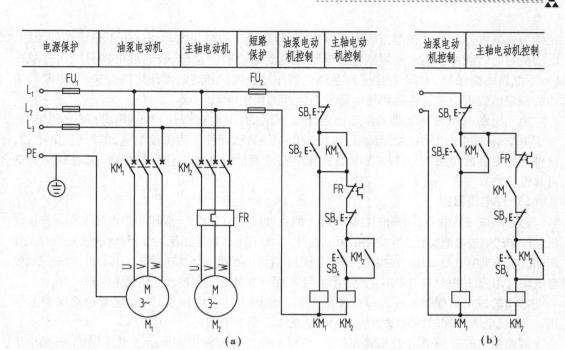

图 5.15 电动机的联锁控制电路

图 5.15(a)将油泵电动机 M_2 控制电路放在主电动机 M_1 的启动按钮 SB_2 之后,以实现电动机 M_1,M_2 的顺序控制;图 5.15(b)采用动合触点实现电动机 M_1,M_2 的顺序控制。如图 5.15(a)所示的联锁控制电路比如图 5.15(b)所示的联锁控制电路多用一个动合触点 KM。

5.2.6 电气控制系统保护

机械设备的电气控制系统除了满足设备工艺要求之外,还必须采取正确的保护措施,保证设备的电气控制系统在寿命周期内可靠、安全的运行,因此电气保护环节是电气控制系统必不可少的组成部分。只有正确设置电气保护环节,才能确保电动机、其他用电设备、电器元件及电网安全运行,并保证操作人员的安全。

(1)短路保护

在物理学中,电流不通过电器直接接通称为短路。发生短路时,由于短路电路的阻抗很小而产生很大的短路电流而引起机器损坏或火灾。为了在电路发生短路时,能迅速将电源切断,必须在电路中接入短路保护电气元件。常用的短路保护电气元件有熔断器和自动开关。

熔断器通常用于对动作准确度和自动化程度要求不高的电气控制系统中,如小容量的笼型电动机、普通的交流电源等。对于三相异步电动机,在发生短路时,可能发生一相熔断器熔断,造成电动机单相运行而损坏电动机。

自动开关保护在发生短路时,三相电源同时切断,但自动开关结构复杂,操作频率低,适合于控制要求较高的场合。

(2)过载保护

电动机运行时,当负载转矩长期超过电动机额定转矩时,电动机绕组的温度升高并超过其额定值,从而使绕组的绝缘层老化变脆,寿命降低,甚至使电动机损坏。常用的过载保护元件为热继电器。当过载电流较大时,热继电器在较短的时间内动作。由于热惯性的原因,电动机短时过载冲击电流或短路电流时热继电器不会瞬时动作,故热继电器只能作过载保护,不能做短路保护。当电路中采用热继电器作过载保护和熔断器作短路保护时,熔断器熔体的额定电流不应超过4倍热继电器发热元件的额定电流。

由于电动机和热继电器工作环境温度是不同的,因此过载保护的可靠性就受到影响。为了更准确地测量电动机绕组的温升,可采用一种热敏元件作为温度测量元件的热继电器,这种热继电器的将热敏元件嵌在电动机绕组直接测量电动机工作环境温度,其过载保护的可靠性高。

(3)过电流保护

过电流往往是由于不正确的启动和过大的负载转矩引起的,一般比短路电流要小。在电动机运行中产生过电流要比发生短路的可能性更大,尤其是在频繁正反转、启制动的重复短时工作制动的电动机中更是如此。过电流保护广泛用于直流电动机或绕线转子异步电动机,对于三相笼型电动机,由于其短时过电流不会产生严重后果,故不采用过流保护而采用短路保护。

常用的过电流保护元件为过电流继电器。它既可起过电流保护,也起着短路保护的作用,一般过电流动作时的强度值为启动电流的1.2倍左右。

需要指出的是,虽然上述短路保护、过载保护和过电流保护都属于过电流保护,但是由于故障电流、动作值以及保护特性不同,使用的保护元件也不同,因此它们之间不能相互取代。

(4)失压保护和欠压保护

当电动机正在运行时,如果电源电压过低或者在运行过程中非人为因素的突然断电,都可能造成生产机械损坏或者人身事故。因此,电动机控制电路必须设置失压、欠压保护。

1)失压保护

电动机在运行过程中,电源电压因某种原因消失,电动机停转;当电源电压恢复时,电动机就将自行启动,这就可能造成生产设备的损坏,甚至造成人身事故。因此,失压保护就是为防止电压恢复时,电动机自行启动而设置的保护。采用接触器-按钮控制电动机启停的电路,具有失压保护作用。如果电动机采用不能自动复位的手动开关、行程开关等控制电动机启停,那么必须在控制电路上设置专门的零压继电器。对于多位开关控制,要采用零位保护来实现失压保护,在工作过程中,一旦失电,零压继电器释放,其自锁触点也释放,电网恢复时,电动机也不会自行启动。

2)欠压保护

当电动机正常运转时,电源电压过分地降低将引起一些电器释放,造成控制线路不正常工作,可能产生事故;电源电压过分地降低,而负载未变时,也会引起电动机转速下降甚至停转。因此,需要在电源电压降到一定允许值以下时将电源切断,这就是欠电压保护。常用欠电压继电器实现欠压保护,接线时将欠电压继电器的线圈跨接在电源线上,其动断触点串接在控制电路中,当电网电压降到额定电压的60%~80%时,欠电压继电器动作,切断控制电源,使主回路接触器切断主电源。除此之外,还常用空气开关或专门的电压继电器实现欠压保护。

(5)其他保护

1)断相保护

三相异步电动机由于电网故障或一相熔断器熔断,使得电动机在两相电源中低速缺相运行,电动机缺相运行时定子绕组电流增大,容易造成电动机绝缘及绕组烧坏,因此电动机必须采取断相保护。常用的断相保护元件为带缺相保护的热继电器,也可在三相电源进线上跨接两只电压继电器。

2)失磁保护

直流电动机在磁场有一定强度的情况下才能启动,如果磁场太弱,启动电流就会很大,若电动机正在运行时磁场突然减弱或消失,电动机转速会迅速升高,甚至发生"飞车",因此,对于直流电动机必须采用失磁保护。失磁保护是通过电动机励磁回路串欠电流继电器来实现的。

3)过电压保护

电磁铁、电磁吸盘等电感量较大的负载,在切断电源时产生高压,使线圈的绝缘被击穿而损坏,必须采取过电压保护。常用的过电压保护措施是在线圈两端并联一个电阻、电阻串电容或二极管串电阻。

图 5.16 是电动机常用保护的接线图。图中短路保护电器为熔断器 FU$_1$,FU$_2$;过载保护(热保护)电器为热继电器 FR;过流保护电器为过流继电器 KOC$_1$,KOC$_2$;零压保护电器为电压继电器 KV;欠压保护电器为欠电压继电器 KUV;联锁保护是通过正向接触器 KM$_1$ 和方向

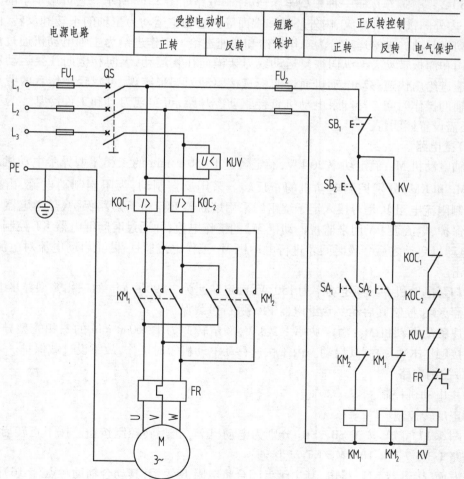

图 5.16　电动机常用电气保护接线图

接触器 KM_2 的动断触点实现。

5.3 典型机械设备控制电路分析

前面介绍了接触器-继电器控制系统的基本控制电路,任何复杂的电气控制电路都是由这些基本控制电路组成的。本部分通过对典型机械设备电气控制线路分析,进一步掌握控制线路的组成、典型环节的应用及分析控制线路的方法,逐步提高阅读电气原理图的能力,为电气控制系统设计奠定基础。分析电气控制系统时,一般先分析主电路,了解受控对象控制要求;然后分析控制电路如何对受控对象进行控制。分析控制电路时,要结合说明书或有关的技术资料将整个线路划分成几个部分逐一进行分析。例如,各电动机的启动、停止、变速、制动、保护及相互间的联锁等。

5.3.1 C650-2 型普通车床控制电路

C650-2 型普通车床是一种中型车床,其控制电路如图 5.17 所示。它可用于车削工件的内外圆、内外圆锥、内外螺纹、内外环槽和端面等。它的主运动为主轴的正转和反转,由一台主轴电动机驱动。进给运动分为工作进给和快速进给。工作进给为主轴电动机通过齿轮变速进给箱和溜板带动刀架纵向往复运动或刀架横向往复运动,纵向和横向往复运动不能联动。快速进给由快速移动电动机通过溜板直接驱动刀架来实现,可减轻操作者的劳动强度和减少辅助操作时间。冷却泵电动机直接驱动冷却泵,可实现刀具和工件冷却。为了便于操作,还需设置照明灯。

（1）主电路

主轴电动机 M_1:额定功率 20 kW,额定转速 1 450 r/min 的三相笼型异步电动机。由接触器 KM_1 和 KM_2 分别控制电动机的正反转。采用反接制动,为限制制动电流,由接触器 KM_3 控制限流电阻 R 是否接入定子绕组。采用熔断器 FU_1 进行短路保护,热继电器 FR_1 进行过载保护,电流表 PA 用来监视电动机 M_1 的工作电流,并通过时间继电器 KT 控制电流表 PA 在电动机启动之后一段时间才进行电动机 M_1 工作电流监视,防止启动电流对电流表 PA 造成冲击。

冷却泵电动机 M_2:额定功率为 150 W,额定转速为 2 790 r/min 的三相笼型异步电动机。由接触器 KM_4 控制其启动。热继电器 FR_2 进行过载保护。

快速移动电动机 M_3:额定功率 1.7 kW,额定转速为 1 360 r/min 的三相笼型异步电动机。由接触器 KM_5 控制其启动。由于快速移动电动机短时工作,故不设过载保护。

（2）控制电路

1）主电动机控制

①正反转控制

由图 5.17 可知,按钮 SB_3,SB_4 分别为电动机 M_1 正反转控制按钮。按下正转启动按钮 SB_3,电路 1-3-5-7-SB_3-10-KM_3/KT-21 接通:

一方面,接触器 KM_3 得电,其主触点闭合将电阻 R 短接,其动合辅助触点(5-16)闭合,

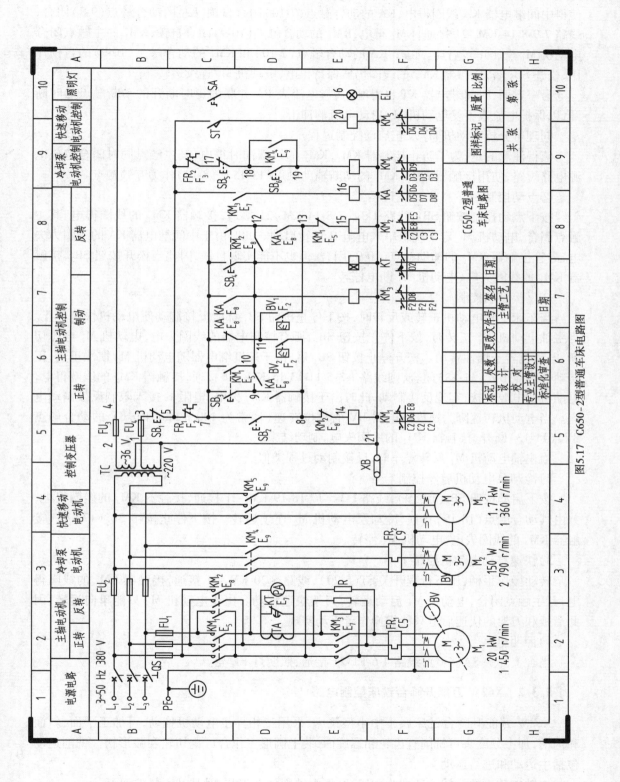

图 5.17　C650-2 型普通车床电路图

使得中间继电器 KA 线圈得电,KA 的动合触点(7-10)闭合自锁,KA 的动合触点(9-8)闭合,线路 7-9-8-14-KM₁-21 接通,KM₁ 得电,KM₁ 的动合触点(10-9)闭合自锁,KM₁ 的主触点闭合电动机 M₁ 全压正转启动。由于 KA 的动合触点(7-10)和 KM₁ 的动合触点(10-9)的自锁作用,松开 SB₂ 后,接触器 KM₁ 的线圈仍然保持得电,电动机 M₁ 连续运转。

另一方面,时间继电器 KT 也得电,其与电流表 PA 并联的延时断开的动断触点延时断开,以保护电流表不受电动机 M₁ 启动电流的冲击。

同理可分析电动机 M₁ 反正启动控制过程。

值得注意的是,为了防止接触器 KM₁,KM₂ 的线圈同时得电,其主触点同时闭合造成电源电路短路,使用接触器 KM₁,KM₂ 的动断辅助触点(13-15)、(8-14)作为互锁触点。

②点动控制

按下点动控制按钮 SB₂,线路 1-3-5-7-8-14-KM₁-21 接通,接触器 KM₁ 的线圈得电,其主触点闭合,电动机 M₁ 定子绕组串入电阻 R 正转启动。此时由于中间继电器 KA 的线圈为失电,尽管接触器 KM₁ 的辅助触点(10-9)闭合,但也不能实现自锁,因此当松开按钮 SB₂,接触器 KM₁ 的线圈失电,电动机 M₁ 断电停转。

③反接制动控制

当车床主轴电动机正转或反转时,按下停止按钮 SB₁ 都能反接制动使电动机快速停止。当主轴电动机 M₁ 正转时,按下停止按钮 SB₁,所有控制电器的线圈失电,电动机 M₁ 电源切断,电动机转子惯性转动。松开停止按钮 SB₁ 后,由于速度继电器随电动机 M₁ 惯性正转,正转动合触点 BV₁(11-13)闭合,则线路 1-3-5-11-13-15-KM₂-21 接通,接触器 KM₂ 的线圈得电,电动机的电源反接,实现反接制动,此时由于接触器 KM₃ 失电,电阻 R 接入限制反接制动电流。当电动机转速降为速度继电器 BV 的复位转速(通常为 100 r/min)时,BV 的动合触点 BV1(11-13)断开,接触器 KM₂ 的线圈失电,制动结束。

当主轴电动机 M₁ 反转停车时,反接制动过程类似。

2)冷却泵电动机启停控制

按下启动按钮 SB₆(18-19),线路 1-3-5-17-18-19-KM₄-21 接通,接触器 KM₄ 的线圈得电,并由其动合触点(18-19)自锁,冷却泵电动机 M₂ 连续运转。按下停止按钮 SB₅(17-18),接触器 KM₄ 的线圈失电,电动机 M₂ 停转。

3)快速移动电动机控制

转动操作手柄,压下行程开关 ST(5-20),线路 5-20-KM₅-21 接通,接触器 KM₅ 的线圈得电,其主触点闭合,电动机 M₃ 启动运转,刀架快速移动。由于电动机 M₃ 只能单向运转,因此溜板和刀架的快速后退只能靠操作者手动实现。

4)照明电路

当合上开关 SA(4-6),线路 4-6-EL-21 接通,照明灯 EL 亮。

5.3.2 X62W 万能升降台铣床控制电路

X62W 万能升降台铣床属于中小型铣床,采用三相异步电动机拖动,可加工平面、斜面和沟槽,加上分度头可铣削直齿轮和螺旋面,装上圆形工作台可铣切轮和弧形槽。铣削运动包括主运动和进给运动。

主轴电动机的旋转运动即为主运动,根据铣削加工工艺,对其基本要求如下:

①由于铣削分为顺铣和逆铣,因此要求主轴电动机可正反转。当主轴正转时,装顺铣刀,反转时,装逆铣刀,铣刀一经装上,主轴只允许朝一个方向旋转。

②为了加工前对刀和提高生产率,要求主轴迅速停止,需采取制动措施,X62W 采用电磁离合器制动。

③为了操作方便,一般需采用多点启停控制。

进给电动机带动工作台做进给运动,铣床的工作台一般为矩形工作台,能进行 6 个方向的进给运动,即纵向(左右)、横向(前后)、垂直(上下)6 个方向的工作进给和快速进给运动。根据加工的需要也可附件圆形工作台。因此,对铣床进给运动的基本要求如下:

①进给电动机可正反转。

②启动时,主轴启动后,才能进行进给运动;停车时,先停进给电动机,再停主轴电动机。

③任意时刻 6 种进给运动只能进行某一个运动,不能多个进给运动同时进行。

除了以上基本要求之外,为了克服滑移齿轮变速时顶齿,主轴电动机和进给电动机都应能点动控制。X62W 型万能升降台铣床电路图如图 5.18 所示。

(1)主电路

主轴电动机 M_1:额定功率7.5 kW,额定转速1 450 r/min 的三相笼型异步电动机。由转换开关 SA_5 控制正反转(见表 5.1),由接触器 KM_1 的常开主触点进行启停控制。热继电器 FR_1 进行过载保护。

表 5.1　主轴换向开关 SA_5 位置说明

位置 触点	反转	停止	正转
SA_{5-1}(U_{11}-W_{12})	+	−	−
SA_{5-2}(U_{11}-U_{12})	−	−	+
SA_{5-3}(W_{11}-W_{12})	−	−	+
SA_{5-4}(W_{11}-U_{12})	+	−	−

冷却泵电动机 M_2:额定功率120 W,额定转速2 790 r/min 的三相笼型异步电动机。由转换开关 SA_3 直接启停。热继电器 FR_2 进行过载保护。

进给电动机 M_3:额定功率1.5 kW,额定转速1 360 r/min 的三相笼型异步电动机。由接触器 KM_2 和 KM_3 的常开主触点控制其正、反转实现矩形工作台纵向(左右)、横向(前后)、垂直(上下)6 个方向运动。热继电器 FR_3 进行过载保护,熔断器 FU_1 进行短路保护。

(2)控制电路

1)主轴电动机控制

①主轴电动机启停控制。先根据转向要求将主轴换向开关 SA_5 扳到相应位置,然后按下启动按钮 SB_3 或 SB_4(8-9),线路 1-2-3-4-5-6-7-8-9-KM_1 接通,接触器 KM_1 的线圈得电,其主触点闭合,电动机 M_1 启动,KM_1 的常开辅助触点(8-9)闭合自锁,KM_1 的动合辅助触点(10-11)闭合,为进给电动机 M_2 启动做好准备,起联锁作用。

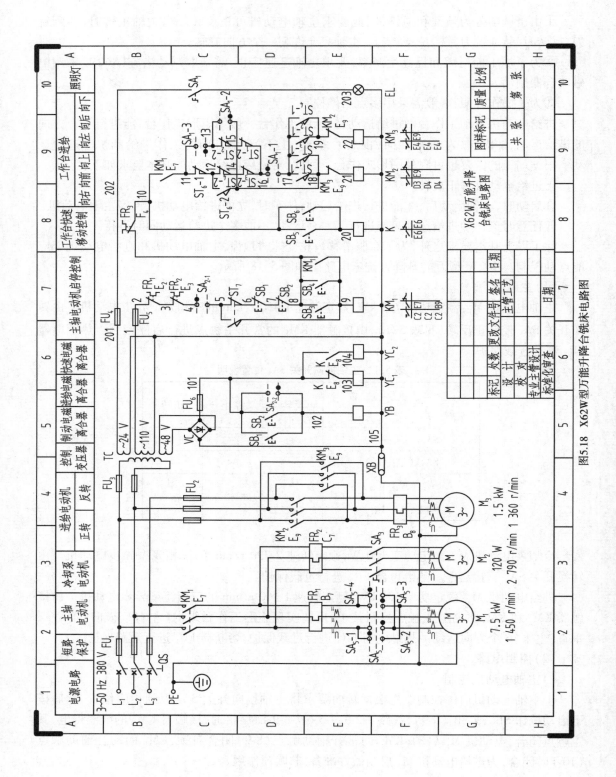

图5.18 X62W型万能升降台铣床电路图

②主轴制动控制。主轴制动控制采用电磁离合器 YB 实现。按下停止按钮 SB_1 或 SB_2，SB_1 和 SB_2 的动断触点（6-7）或（7-8）断开，主轴电动机 M_1 停电，同时 SB_1 或 SB_2 的动合触点（101-102）闭合，线路 101-102-YB 接通，电磁离合器 YB 的线圈通直流电，主轴制动停止。制动时间取决于操作者按下停止按钮 SB_1 或 SB_2 的时间。

③点动控制。主轴箱变速时，变速手柄复位过程中需压下一次点动开关 ST_7，动合触点（5-9）闭合，接触器 KM_1 得电，此时由于 ST_7 的动断触点（5-6）断开，KM_1 的动合触点（8-9）不能自锁，电动机 M_1 瞬时转动，以消除主轴箱变速时滑移齿轮顶齿。

④主轴换刀制动控制。为了保证操作者换刀工作成，主轴处于制动状态，利用转换开关 SA_2 实现换刀制动控制。如表 5.2 所示，当要进行换刀时，将转换开关 SA_2 扳到换刀制动位置，此时 $SA_{2-1(4-5)}$ 断开，$SA_{2-2(101-102)}$ 闭合，控制线路断电，所有控制按钮失效，而线路 101-102-YB 接通，电磁离合器 YB 的线圈通直流电主轴制动停止；换刀结束后，将转换开关 SA_2 扳到正常工作位置，控制电路恢复控制功能。

表 5.2　主轴换刀制动开关 SA_2 位置说明

触　点　＼　位　置	换刀制动	正常工作
$SA_{2-1(4-5)}$	－	＋
$SA_{2-2(101-102)}$	＋	－

2）进给电动机控制

X62W 型万能升降台铣床的进给电动机 M_3 可控制矩形工作台，也可控制圆形工作台。转换开关 SA_1 用于矩形工作台和圆形工作台控制转换。如表 5.3 所示，当 SA_1 扳到矩形工作台位置时，进给电动机 M_3 控制矩形工作台的进给运动；反之，控制圆形工作台的进给运动。

表 5.3　圆形工作台转换开关 SA_1 位置说明

触　点　＼　位　置	圆形工作台	矩形工作台
$SA_{1-1(16-17)}$	－	＋
$SA_{1-2(13-18)}$	＋	－
$SA_{1-3(11-13)}$	－	＋

①矩形工作台控制

转换开关 SA_1 处于矩形工作台位置时，$SA_{1-1(16-17)}$，$SA_{1-3(11-13)}$ 接通，$SA_{1-2(13-18)}$ 断开。工作台纵向进给由纵向手柄操作行程开关 ST_1，ST_2 和纵向离合器实现；工作台横向和垂直进给由"十"字手柄操作行程开关 ST_3，ST_4 和横向或垂直进给离合器实现。各操作手柄的位置及行程开关的状态如表 5.4 所示。

工作台纵向进给控制。工作台纵向向右进给时，首先将"十"字手柄扳到中位，松开横向或垂直进给离合器，然后向右扳动纵向手柄使纵向离合器结合，并且行程开关 ST_1 压下（ST_{1-1} 闭合，ST_{1-2} 断开），ST_2 松开（ST_{2-1} 断开，ST_{2-2} 闭合），线路 11-12-14-16-17-18-21-KM_2 接通，接触器 KM_2 的线圈得电，其主触点闭合，进给电动机 M_3 正转，通过纵向离合器带动工作台向右进给;同理,工作台纵向向右进给时,向左扳动纵向手柄纵向离合器结合,行程开关 ST_1 松开,ST_2 压下,线路 11-12-14-16-17-19-22-KM_3 接通,接触器 KM_3 的线圈得电,其主触点闭合,进给电动机 M_3 反转,通过纵向离合器带动工作台向左进给。

表 5.4　工作台进给操作手柄的位置和行程开关 ST_1、ST_2、ST_3、ST_4 状态说明

纵向手柄位置及行程开关状态说明				"十"字手柄位置及行程开关状态说明			
位置 触点	向　右	中　位	向　左	位置 触点	向前 向下	中位	向后 向上
$ST_{1-1(17-18)}$	+	－	－	$ST_{3-1(17-18)}$	+	－	－
$ST_{1-2(15-16)}$	－	+	+	$ST_{3-2(14-16)}$	－	+	+
$ST_{2-1(17-19)}$	－	－	+	$ST_{4-1(17-19)}$	－	－	+
$ST_{2-2(13-15)}$	+	－	－	$ST_{4-2(12-14)}$	+	+	－

工作台横向和垂直进给控制。工作台向前(或向下)进给时,首先将纵向手柄扳到中位,松开纵向进给离合器,然后向前(或向下)扳动"十"字手柄,使得横向离合器(或垂直离合器)结合,并且压下行程开关 ST_3(ST_{3-1} 闭合,ST_{3-2} 断开),松开行程开关 ST_4(ST_{4-1} 断开,ST_{4-2} 闭合),线路 11-13-15-16-17-18-21-KM_2 接通,其主触点闭合,进给电动机 M_3 正转,通过横向离合器(或垂直离合器)带动工作台向前(或向下)进给;同理,可分析工作台向后(或向上)进给控制过程。

点动控制。与主轴电动机点动控制类似,进给变速手柄复位过程中,会压下点动行程开关 ST_6,其动合触点 $ST_{6-2(12-18)}$ 闭合,动断触点 $ST_{6-1(11-12)}$ 断开,线路 11-13-15-16-14-12-18-19-KM_2 接通,接触器 KM_2 得电,其主触点闭合,电动机 M_3 瞬时正转,以消除进给变速箱滑移齿轮顶齿。

快速移动控制。通常情况下,进给离合器 YC_1 的线圈得电,快速移动离合器 YC_2 的线圈失电,因此,工作台在纵向、横向和垂直方向上工作进给。工作台在某一个方向上有工作进给时,按下快速移动按钮 SB_5 或 SB_6,中间继电器 K 得电,其动断触点(101-103)断开,动合触点(101-104)闭合,于是进给离合器 YC_1 的线圈失电,快速移动离合器 YC_2 的线圈得电,工作台沿原进给方向快速移动,松开按钮 SB_5 或 SB_6 则恢复进给运动。

②圆形工作台控制

如表 5.3 所示,将转换开关 SA_1 扳到圆形工作台位置,此时 $SA_{1-1(16-17)}$,$SA_{1-3(11-13)}$ 断开,$SA_{1-2(13-18)}$ 接通。此时按下主轴电动机启动按钮 SB_3 或 SB_4,接触器 KM_1 的线圈得电,其主触点闭合,主轴电动机 M_1 启动,同时接触器 KM_1 的辅助触点(10-11)闭合,线路 10-11-12-14-16-15-13-18-21-KM_2 接通,接触器 KM_2 得电,其主触点闭合,进给电动机 M_3 正转,带动圆形工作台转动。此时不论扳动纵向还是"十"字手柄压下行程开关 ST_1—ST_4,它们的动断触点断开都会使得接触器 KM_2 失电,进给电动机 M_3 停转,起到联锁的作用。

3)冷却泵电动机控制

冷却泵电动机 M_2 必须在主轴电动机 M_1 启动之后才能启动。当按下主轴电动机 M_1 启动按钮 SB_3 或 SB_4 后,接触器 KM_1 的线圈得电,其主触点闭合,电动机 M_1 启动。然后由转换开关 SA_3 直接启动冷却泵电动机 M_2。

5.3.3　Z3040 型摇臂钻床的控制电路

如图 5.19 所示,摇臂钻床主要由底座 1、工作台 2、主轴 3、摇臂 4、主轴箱 5、内外立柱 6 等部分组成,它适合于在大、中型零件上进行钻孔、扩孔、铰孔及攻螺纹等工作,在具有工艺装备的条件下还可进行镗孔。Z3040 型摇臂钻床的主轴旋转运动 I 和进给运动 II 由同一台交流异步电动机拖动,主轴的正反向旋转运动是通过机械转换实现的,故主轴电动机只有一个旋转方向;摇臂沿外立柱的升降运动 IV 由一台交流异步电动机拖动;立柱的夹紧和放松由一台交流电动机拖动一台齿轮泵,供给夹紧装置所需要的压力油;摇臂的回转运动 V 和主轴箱沿摇臂径向运动 III 通常采用手动;冷却泵电动机驱动冷却泵提供切削液对加工中的刀具进行冷却。如图 5.20 所示为 Z3040 型摇臂钻床电路图。

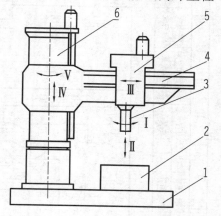

图 5.19　Z3040 型摇臂钻床结构及
运动情况示意图

1—底座;2—工作台;3—主轴;4—摇臂;
5—主轴箱;6—内外立柱
I—主轴旋转运动;II—主轴进给运动;
III—主轴箱沿摇臂径向运动;IV—摇臂
沿外立柱的升降运动;V—摇臂回转运动

(1)主电路

主轴电动机 M_1:额定功率 2.2 kW,额定转速 1 450 r/min 的三相笼型异步电动机。由接触器 KM_1 的主触点控制主轴电动机 M_1 启停;由热继电器 FR_1 进行过载保护。

升降电动机 M_2:额定功率 0.75 kW,额定转速 1 360 r/min 的三相笼型异步电动机。由接触器 KM_2,KM_3 的主触点进行正反转控制,控制摇臂沿外立柱的上升、下降;由热继电器 FR_2 进行过载保护。

液压泵电动机 M_3:额定功率 0.6 kW,额定转速 1 380 r/min 的三相笼型异步电动机。由接触器 KM_4,KM_5 的主触点进行正反转控制,控制摇臂、立柱和主轴箱松开与夹紧;由热继电器 FR_3 进行过载保护。

冷却泵电动机 M_4:额定功率 125 W,额定转速 2 790 r/min 的三相异步电动机。由转换开关 QS_2 直接控制电动机 M_4 的启停。

(2)控制电路

1)主轴电动机 M_1 启停控制

启动控制:先合上转换开关 QS_1,在立柱、主轴箱是夹紧指示灯 HL_2 亮时,按下按钮 SB_2,线路 1-2-3-4-$KM_{1.0}$ 接通,接触器 KM_1 得电自锁,主轴电动机 M_1 启动运转。同时 KM_1 的辅助触点(101-104)闭合,主轴电动机 M_1 运行指示灯 HL_3 亮。

停止控制:按下按钮 SB_1,线路 1-2-3-4-$KM_{1.0}$ 断开,接触器 KM_1 失电,主轴电动机 M_1 停转,主轴电动机 M_1 运行指示灯 HL_3 灭。

2)摇臂升降控制

接触器 KM_2,KM_3 控制升降电动机 M_2 使摇臂升降。接触器 KM_4,KM_5 控制液压泵电动

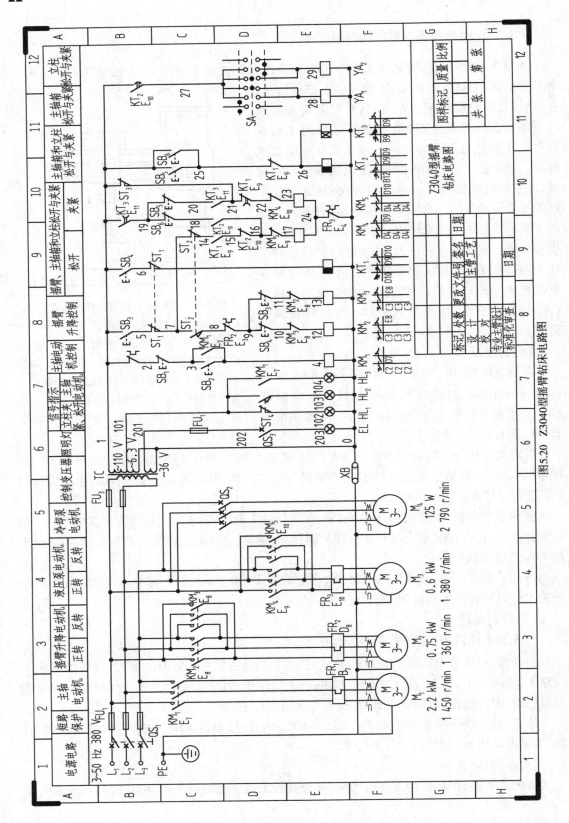

图5.20 Z3040型摇臂钻床电路图

机控制摇臂松开与夹紧。摇臂升降的动作过程为"摇臂松开→摇臂升降→摇臂夹紧",摇臂上升控制的工作过程如下:

①摇臂松开。开始时,摇臂处于夹紧状态,行程开关 ST_3 被压下,其动断触点(1-21)断开。此时,按下上升按钮 SB_3,其动合触点(1-5)闭合,动断触点(9-11)断开,线路 1-5-7-KT-0 接通,时间继电器 KT 的线圈得电,其动合触点 KT(14-15)闭合,断电延时闭合的动断触点 (21-22)断开,线路 1-5-7-14-15-16-17-KM_4-24-0 接通,线圈 KM_4 的线圈得电,其主触点闭合,电动机 M_3 正转,由于电磁体 YA_1 和 YA_2 失电,压力油正向进入摇臂液压缸,使摇臂松开,液压缸活塞杆使行程开关 ST_3 复位。

②摇臂上升。摇臂松开到位,液压缸活塞杆压下行程开关 ST_2,其动断触点(7-14)断开,线路 1-5-7-14-15-16-17-KM_4-24-0 断开,接触器 KM_4 线圈失电,电动机 M_3 停转,松开结束。同时,ST_2 的动合触点(7-8)闭合,线路 1-5-7-8-9-10-12-KM_2-0 接通,接触器 KM_2 的线圈得电,电动机 M_2 正转,摇臂上升。

③摇臂夹紧。当上升到位时,松开上升按钮 SB_3,其动合触点(1-5)断开,动断触点(9-11)闭合,线路 1-5-7-8-9-10-12-KM_2-0,接触器 KM_2 的线圈失电,电动机 M_2 停转,上升结束。同时,线路 1-5-7-KT-0 断电,时间继电器 KT_1 的线圈失电,其断电延时闭合的动断触点(21-22)延时 1～3 s 闭合,线路 1-21-22-23-KM_5-24-0 接通,接触器 KM_5 得电,电动机 M_3 反转,压力油进入摇臂液压缸,使摇臂夹紧,行程开关 ST_2 复位。当摇臂可靠夹紧后,压下行程开关 ST_3,其动断触点(1-21)断开,线路 1-21-22-23-KM_5-24-0 断开,接触器 KM_5 失电,电动机 M_3 停转。

同理,可分析摇臂下降控制的工作过程。摇臂升降控制电路分析还需注意以下 4 点:

①摇臂升降电动机 M_2 的正反转,摇臂松开与夹紧电动机 M_3 的正反转不能同时进行,否则将造成电源短路,为了避免操作错误造成事故,因此设置了接触器和按钮互锁。

②摇臂升降是短时调整,故采用点动控制。

③行程开关 ST_1 是为摇臂升降极限位置保护而设立的,ST_1 有两个动断触点,动断触点(5-7)是摇臂上升时的极限位置保护,动断触点(6-7)是摇臂下降时的极限位置保护。

④行程开关 ST_3 在摇臂可靠夹紧后压下,其动断触点(1-21)断开。如果液压机构出现故障或 ST_3 调整不当,将造成液压泵电动机 M_3 过载,它的过载保护热继电器 FR_3 的动断触点(24-0)将断开,接触器 KM_5 的线圈失电,电动机 M_3 断电停转。

3)立柱和主轴箱的松开与夹紧控制

主轴箱与立柱的松开及夹紧控制可单独进行,也可同时进行。它由组合开关 SA_2 和按钮 SB_5(或 SB_6)共同进行控制。SA_2 有左、中、右 3 个位置:中位(零位)为主轴箱与立柱的松开或夹紧同时进行;左位为立柱的夹紧或放松;右位为主轴箱的夹紧或放松。SB_5 为主轴箱与立柱的松开按钮,SB_6 为主轴箱与立柱的夹紧按钮。主轴箱松开与夹紧工作过程如下:

首先将组合开关 SA_2 扳到右位,触点(27-28)接通,触点(27-29)断开,电磁铁 YA_1 可得电,电磁铁 YA_2 不能得电。

主轴箱松开时,按下按钮 SB_5,线路 1-25-26-KT_2/KT_3-0 接通,时间继电器 KT_2,KT_3 的线圈同时得电:KT_2 的线圈得电,其断电延时断开的动合触点(1-27)闭合,线路 1-27-28-YA_1-0 接通,电磁铁 YA_1 得电;同时 KT_3 的线圈得电,延时 1～3 s,其延时闭合的动合触点(1-19)闭合,由于 KT_2 的动合触点(18-16)闭合,线路 1-19-18-16-17-KM_4-24-0 接通,接触器 KM_4 得电,其主触点闭合,液压泵电动机 M_3 正转,使压力油正向进入主轴箱液压缸,推动活塞使主轴箱松开。当活塞杆使行程开关 ST_4 复位,其的动合触点(101-103)断开,指示灯 HL_1 灭,动断触点(101-102)闭合,指示灯 HL_2 亮时,主轴箱松开,松开按钮 SB_5。

主轴箱夹紧时,按下按钮 SB_6,线路 1-25-26-KT_2/KT_3-0 接通,时间继电器 KT_2,KT_3 的线圈同时得电:KT_2 的线圈得电,其断电延时断开的动合触点(1-27)闭合,线路 1-27-28-YA_1-0 接通,电磁铁 YA_1 得电;同时 KT_3 的线圈得电,延时 $1\sim3$ s,其延时闭合的动合触点(1-19)闭合,动合触点(20-21)闭合,线路 1-19-20-21-22-23-KM_5-24-0 接通,接触器 KM_5 得电,其主触点闭合,液压泵电动机 M_3 反转,使压力油反向进入主轴箱液压缸,推动活塞使主轴箱夹紧。当活塞杆使行程开关 ST_4 压下,其的动合触点(101-103)闭合,指示灯 HL_1 亮,动断触点(101-102)断开,指示灯 HL_2 灭时,主轴箱夹紧,松开按钮 SB_6。

同理,可分析立柱的夹紧或放松、主轴箱与立柱的松开或夹紧同时进行两种情况下控制电路工作过程。

值得注意的是,对于摇臂、立柱和主轴箱的夹紧和放松是通过电磁铁 YA_1 和 YA_2 控制液压系统实现的,液压系统的液压泵由液压泵电动机 M_3 驱动。当电磁铁 YA_1 得电,YA_2 失电时,压力油进入主轴箱液压缸,控制主轴箱松开与夹紧;当电磁铁 YA_1 失电,YA_2 得电时,压力油进入立柱液压缸,控制立柱松开与夹紧;当电磁铁 YA_1,YA_2 同时得电时,压力油同时进入主轴箱和立柱液压缸,主轴箱与立柱的松开或夹紧同时进行;当电磁铁 YA_1,YA_2 同时失电时,压力油进入摇臂液压缸,控制摇臂松开与夹紧。

5.3.4 组合机床控制电路

组合机床是由通用部件和少量专用部件组成的一种高效、专用的自动化机床,广泛应用于大批大量生产的机械制造行业,如汽车、拖拉机、轴承等制造行业。它可对一个工件的几个平面同时进行切削加工,也可对一个工件的一个平面或多个平面上的孔系同时进行钻、扩、铰、镗及攻螺纹等工序的加工,可显著提高加工效率和加工质量,降低生产成本,获得良好的经济效益。某卧式单面组合机床的运动包括由异步电动机通过动力箱和主轴箱减速后驱动主轴的旋转运动;由液压系统传动系统驱动实现的夹具的定位、拔销、夹紧、松开及滑台的快进、工进和快退。该机床有"半自动"和"手动"控制两种工作模式。在"半自动"控制工作模式下,组合机床可实现"定位、夹紧→快进、启动主轴电动机→工进→快退→松开、拔销和主轴电动机停止→原位卸荷"的工作循环。在"手动"控制工作模式下,可实现主轴电动机的点动和液压滑台的快进、快退的点动。

(1)组合机床液压系统

由图 5.21 组合机床液压系统原理图和表 5.5 组合机床液压系统电磁铁、压力继电器动作顺序表可知,组合机床液压系统可实现"定位、夹紧→快进→工进→快退→松开、拔销→原位卸荷"工作循环。

(2)组合机床电气控制电路

如图 5.22 所示为组合机床电路图,除了要实现液压系统控制之外,还必须实现对液压泵电动机 M_1 和主轴电动机 M_2 的控制。

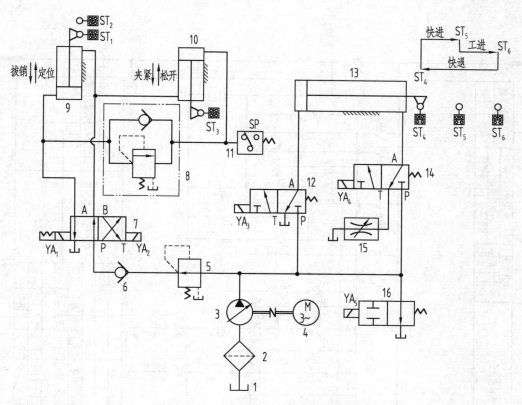

图 5.21 某组合机床液压系统原理图

1—油箱;2—网式过滤器;3—液压泵;4—液压泵电动机;5—减压阀;6—单向阀;7—二位四通电磁换向阀;8—单向顺序阀;9—定位液压缸;10—夹紧液压缸;11—压力继电器;12—二位三通电磁换向阀;13—进给液压缸;14—二位三通电磁换向阀;15—调速阀;16—二位二通电磁换向阀

表 5.5 某组合机床液压系统电磁铁、压力继电器动作顺序表

	动作顺序	主令电器	电磁铁状态					压力继电器 SP
			YA_1	YA_2	YA_3	YA_4	YA_5	
1	定位、夹紧	SB_5,ST_1,ST_3,ST_4		+			+	
2	快进	ST_2,SP			+	+	+	+
3	工进	ST_5			+		+	+
4	快退	ST_6				+	+	+
5	松开、拔销	ST_4	+				+	
6	原位卸荷	ST_1,ST_3						

注:SB_5 为工作循环启动按钮。

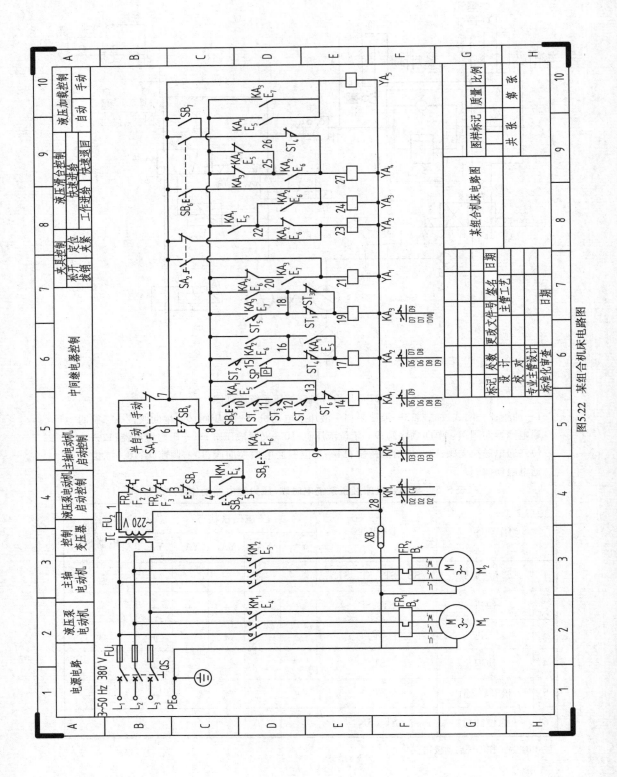

图5.22 某组合机床电路图

1）液压泵电动机控制

液压泵电动机 M_1 由接触器 KM_1 的主触点控制启停。在实际生产中，液压泵电动机一直保持运转，只有在临时离开机床和下班时才停止，为了降低功耗，液压系统在"原位卸荷"时，YA_1 得电，使得液压回路卸荷，液压泵电动机 M_1 空载运行，这样可在不频繁启动液压泵电动机的情况下，减少设备功耗。

如图 5.22 所示的控制电路，按下启动按钮 SB_2，线路 1-2-3-4-5-KM_1-28 接通，接触器 KM_1 得电，其主触点闭合，其辅助触点（4-5）闭合自锁，液压泵电动机 M_1 通电连续运转；按下停止按钮 SB_1，接触器 KM_1 失电，其主触点断开，液压泵电动机 M_1 断电停转。

2）"半自动"工作循环控制

按下按钮 SB_2，启动液压泵电动机 M_1 之后，将转换开关 SA_1 搬到"半自动"位置时，SA_1 的动合触点（5-6）闭合，动断触点（5-7）断开，组合机床处于"半自动"控制工作模式。此时，按下工作循环启动按钮 SB_5，组合机床自动完成"定位、夹紧→快进、启动主轴电动机→工进→快退→松开、拔销和主轴电动机停止→原位卸荷"工作循环。组合机床在各工步时，电磁铁 YA_1—YA_5，接触器 KM_1 和 KM_2 的状态，以及工步转换主令开关如表 2.6 所示。

①工步 1：定位、夹紧。初始时，拔销行程开关 ST_1、夹具松开行程开关 ST_3，液压滑台原位行程开关 ST_4 处于压合状态，其余开关处于复位状态。此时按下按钮 SB_5，则线路 8-10-11-12-13-14-KA_1-28 接通，中间继电器 KA_1 的线圈得电，其常开辅助触点（8-13）闭合自锁，即使开关 ST_1、ST_3、ST_4、SB_5 复位时，KA_1 也可保持得电状态。同时 KA_1 的常开辅助触点（8-22）闭合，线路 8-22-23-YA_2-28 接通，YA_2 得电；KA_1 的常开辅助触点（8-26）闭合，线路 8-7-YA_5-28 接通，YA_5 得电。根据表 5.6 当电磁铁 YA_2 和 YA_5 同时得电时，液压系统实现夹具的定位、夹紧。

表 5.6　某组合机床"半自动控制"工作循环工步状态表

动作顺序		主令电器	电磁铁状态					KM_2
			YA_1	YA_2	YA_3	YA_4	YA_5	
1	定位、夹紧	SB_5,ST_1,ST_3,ST_4		+			+	
2	快进、主轴电动机启动	ST_2,SP			+		+	+
3	工进	ST_5			+		+	+
4	快退	ST_6				+	+	+
5	松开、拔销、主轴电动机停止	ST_4	+				+	
6	原位卸荷	ST_1,ST_3						

注：① SB_5 为工作循环启动按钮；接触器 KM_2 控制主轴电动机 M_2 启停；

②液压泵电动机 M_1 启动之后，按下启动按钮 SB_5 才能实现组合机床"半自动控制"，否则启动按钮 SB_5 无效。

②工步 2：快进、主轴电动机启动。工步 1 结束，工步 2 开始时，行程开关 ST_1、ST_3 和按钮 SB_5 已复位，液压滑台原位行程开关 ST_4 处于压合状态。当定位可靠后，定位液压缸活塞杆压合行程开关 ST_2，其动合触点（8-15）闭合；当夹紧液压缸的夹紧力达到压力继电器 SP 的调定值时，其动合触点（15-16）闭合，发出液压滑台快进和主轴电动机启动的主令信号，使得

线路 8-15-16-17-KA$_2$-28（KA$_1$ 仍保持得电，KA$_1$ 的动合触点 16-17 闭合）接通，KA$_2$ 得电，其动合辅助触点（8-16）闭合自锁。与此同时，KA$_2$ 的动合触点（8-9）闭合，接触器 KM$_2$ 的线圈得电，其主触点闭合，主轴电动机 M$_2$ 通电运转；KA$_2$ 动合触点（22-24）闭合，KA$_1$ 的动合触点（8-22）闭合，线路 8-22-24-YA$_3$-28 闭合，电磁铁 YA$_3$ 得电；KA$_2$ 的动合触点（25-27）闭合，线路 8-25-27-YA$_4$-28 接通，电磁铁 YA$_4$ 得电；KA$_2$ 的动断触点（22-23）断开，电磁铁 YA$_2$ 失电。此时，电磁铁 YA$_3$，YA$_4$，YA$_5$ 和接触器 KM$_2$ 的线圈同时得电，依据表 5.6 液压滑台快进和主轴电动机 M$_2$ 启动。

③工步 3：工进。工步 2 结束，工步 3 开始时，液压滑台原位行程开关 ST$_4$ 复位，行程开关 ST$_2$ 和压力继电器 SP 的动合触点仍然压合。此时，液压滑台压下行程开关 ST$_5$，其动合触点（8-18）闭合，发出液压滑台工进的主令信号，线路 8-18-19-KA$_3$-28 接通，中间继电器 KA$_3$ 的线圈得电，其动合触点（8-18）闭合自锁。同时，KA$_3$ 的动断触点（8-25）断开，线路 8-25-27-YA$_4$-28 断电，电磁铁 YA$_4$ 失电。此时，电磁铁 YA$_3$，YA$_5$ 和接触器 KM$_2$ 的线圈同时得电，依据表 5.6 液压滑台工进和主轴电动机 M$_2$ 继续运转。

④工步 4：快退。工步 3 结束，工步 4 开始时，行程开关 ST$_5$ 复位，行程开关 ST$_2$ 和压力继电器 SP 的动合触点仍然压合。此时，液压滑台压下行程开关 ST$_6$，其动断触点（13-14）断开，中间继电器 KA$_1$ 失电，KA$_1$ 的动合触点（8-22）断开，电磁铁 YA$_2$ 和 YA$_3$ 失电；KA$_1$ 的动断触点（8-25）闭合，电磁铁 YA$_4$，YA$_5$ 得电（因为中间继电器 KA$_2$ 仍得电）。此时电磁铁 YA$_4$，YA$_5$ 和接触器 KM$_2$ 的线圈同时得电，依据表 5.6 液压滑台快退，主轴电动机 M$_2$ 继续运转。

⑤工步 5：松开、拔销、主轴电动机停止。工步 4 结束，工步 5 开始时，行程开关 ST$_6$ 复位，行程开关 ST$_2$ 和压力继电器 SP 的动合触点仍然压合。此时，液压滑台压下行程开关 ST$_4$，其动断触点（16-17）断开，发出松开、拔销、主轴电动机停止的主令信号。线路 8-16-17-KA$_2$-28 断开，中间继电器 KA$_2$ 失电，其动合触点（8-9）断开，接触器 KM$_2$ 线圈失电，主轴电动机 M$_1$ 停止。KA$_2$ 的动断触点（8-20）闭合，电磁铁 YA$_1$ 得电（因为中间继电器 KA$_3$）。此时，电磁铁 YA$_1$，YA$_5$ 得电，松开、拔销、主轴电动机 M$_1$ 停止。压力油进入定位液压缸的上腔，夹紧液压缸的下腔，开始夹紧松开和拔销（见图 5.21）。

⑥工步 6：原位卸荷。当松开结束时压下行程开关 ST$_3$，拔销结束时压下行程开关 ST$_1$，中间继电器 KA$_3$ 失电，电磁铁 YA$_1$ 失电，此时所有电器均失电，液压泵的压力油通过换向阀 16 流回油箱实现卸荷（见图 5.21）。

3）手动控制

按下按钮 SB$_2$，启动液压泵电动机 M$_1$ 之后，将转换开关 SA$_1$ 搬到"手动"位置时，SA$_1$ 的动合触点（5-6）断开，动断触点（5-7）闭合，组合机床处于"手动"控制工作模式。此时，电磁铁 YA$_5$ 始终得电，液压泵处于供油状态。

①主轴电动机点动。为了便于进行组合机床刀具的装拆和调整，需进行主轴电动机点动控制。按下按钮 SB$_3$，接触器 KM$_2$ 的线圈得电，电动机 M$_2$ 启动运转，松开按钮 SB$_3$ 电动机 M$_2$ 停转。

②液压滑台快进和快退的点动。为了保证液压滑台的快进、工进和快退的行程符合工艺要求，需要进行点动调整。当按下按钮 SB$_6$ 时，电磁铁 YA$_3$，YA$_4$ 同时得电，液压滑台快进

（见表2.6），松开 SB_6 滑台停止；当按下按钮 SB_7 时，YA_4 得电，液压滑台快退（见表5.6），压下滑台原位行程开关 ST_4 后，ST_4 动断触点(26-27)断开，滑台自动停止在原位。

为了便于调整定位、夹紧机构的原位和终点开关的位置，以及调整夹紧压力和压力继电器的输出信号，采用转换开关用 SA_2 手动控制松开、拔销以及定位、夹紧两种状态。当转换开关 SA_2 扳到"松开、拔销"位置时，其触点(7-21)闭合，触点(7-23)断开，电磁铁 YA_1 得电，实现夹具的手动松开、拔销；当转换开关 SA_2 扳到"定位、夹紧"位置时，其触点(7-21)断开，触点(7-23)闭合，电磁铁 YA_2 得电，实现夹具的手动定位、夹紧。

5.4 接触器-继电器控制系统设计

机械设备设计时，首先要明确设备的技术要求，拟订其总体技术方案，然后才能进行设备机械系统设计和电气设计，电气设计与机械结构设计是分不开的，尤其是先进的机械设备的结构和使用效能与其电气自动化的程度有着十分密切的关系。因此，对于机械设计人员来说，也需要对机床的电气设计有一定的了解。

5.4.1 电气控制系统设计的一般步骤

电气控制系统设计一般包括电气原理设计和电气工艺设计两个阶段。电气原理设计是电气控制设计的核心内容，在总体方案确定之后具体设计是从电气原理图开始的。各项设计指标是通过控制原理图来实现的，同时它又是电气工艺设计和编制各种技术资料的依据。电气工艺设计的目的是为了满足电气控制设备的制造和使用要求。工艺设计必须在原理设计之后进行。工艺设计包括电气设备的结构设计、电气设备总体配置图、总接线图设计及各部分的电器装配图与接线图设计，同时还包括编制各部件的元件目录，进出线号及主要材料清单等技术资料，编写使用说明书。综上所述，电气控制系统设计的一般步骤如表5.7所示。

表5.7 电气控制系统设计的一般步骤

设计 阶段	设计步骤
电气 原理 设计	①拟订电气控制系统设计的技术条件（任务书） ②选择电气传动形式与控制方案 ③确定电动机的容量 ④绘制电气控制线路原理图 ⑤选择电器元件，制订电动机和电气设备元器件清单
电气 工艺 设计	⑥根据设计出的电气原理图及选定的电气元件，进行电气设备的总体配置设计，绘制电气设计 　总装配图及总接线图 ⑦根据组件原理电路图及选定的元件目录表，设计组件电器布置图、接线图，反映元件的安装 　方式和接线方式 ⑧电气柜及非标准零件设计 ⑨汇总总原理图、总装配图及各组件原理图等资料。列出外购件清单，标准件清单，主要材料 　消耗定额等 ⑩编写设计计算说明书和使用维护说明书

5.4.2　电气原理设计

(1)拟定电气控制系统设计的技术条件(任务书)

电气控制系统设计的技术条件通常是以设计任务书的形式表达的。它是整个电气设计的依据。在任务书中,除了要说明机械设备的工艺要求、工艺流程、技术性能、传动参数以及现场工作条件外,还必须说明:

①用户供电电网的种类、电压、频率及容量。

②有关电气传动的基本特性,如负载特性,调速范围和平滑性,电动机的启动、反向和制动的要求,等等。

③有关电气控制的特性,如电气控制的基本方式、自动控制的动作程序、电气保护及联锁条件等。

④有关操作方面的要求,如操作台的布置,操作按钮的设置和作用,测量仪表的种类,以及显示、报警和照明要求等。

⑤主要电气设备(如电动机、执行电器和行程开关等)的布置草图。

(2)选择电气传动形式与控制方案

电气传动方式常用的有单独拖动和分立拖动。单独拖动是指一台设备只有一台电动机,通过机械传动链将动力传送到达每个工作机构。分立拖动是指一台设备由多台电动机分别驱动各个工作机构。例如,有些金属切削机床,除必需的内在联系外,主轴、每个刀架、工作台及其他辅助运动机构,都分别由单独的电动机驱动。电气传动发展的趋向是电动机逐步接近工作机构,形成多电动机的传动方式。在具体选择时,要根据工艺及结构的具体情况决定选用电动机的数量。

合理选择电气控制方案是简便、可靠、经济地实现工艺要求的重要步骤。通常控制方案选择依据如下基本原则进行:

①控制方案的选择与上述传动形式的选择紧密相关。在选择传动形式时,要预先考虑到如何实现控制;而选择控制方案时,一定要在传动形式选定之后才能进行。选择时,还要尽可能采用最新科技成就,但同时要与国家发展计划和经济力量相适应。

②控制方式应与通用化和专业化的程度相适应。对于一般普通机械设备,其工作程序往往是固定的,使用中并不需要经常改变原有的程序。因此,可采用继电接触控制系统,将控制线路在结构上接成固定式的。对于工作程序需要在一定范围内更改的,宜采用可编程序控制器。

③控制系统的工作方式,应在经济、安全的前提下,最大限度满足工艺要求。作为控制方案,应考虑采用自动循环或半自动循环、手动调整、动作程序的变更、控制系统的检测,各个运动之间的联锁、各种保护、故障诊断、信号指示、照明,以及操作方便等问题。

④控制电路的电源。当控制系统所用的电器的数量较多时,可采用直流低压供电。这样,可节省安装空间,便于与无触点元件连接,动作平稳,检修操作安全等。控制电路常用的电源如表5.8所示。

(3)确定电动机的容量

1)电动机容量选择原则

机械设备中电动机的选择是极其重要的,电动机的选择主要是电动机容量的选择。确

定电动机容量时,应考虑以下 3 个方面的因素:

表 5.8　控制电路常用的电源

控制电路类型	常用的电压值/V		电源设备
电流电力传动的控制电路比较简单,电磁线圈 5 个以下	交流	380,220	直接采用动力设备
交流电力传动的控制电路比较复杂		220,110	采用控制变压器
照明及信号指示电路		48,36,24,6	采用电源变压器
直流电力传动的控制电路	直流	220,110	整流器
直流电磁铁及离合的控制电路		24	整流器

①发热。电动机在运行时,必须保证电动机的实际最高工作温度 θ_{max} 等于或略小于电动机绝缘允许的最高工作温度 θ_a,即 $\theta_{max} \leq \theta_a$。

②过载能力。电动机在运行时必须具有一定的过载能力。特别是在短期工作时,由于电动机的热惯性很大,电动机在短期内承受高于额定功率的负载功率时仍可保证 $\theta_{max} \leq \theta_a$,因此决定电动机容量的主要因素不是发热而是电动机的过载能力。

a. 如果所选电动机为异步电动机,进行过载能力校验时,必须保证电动机的最大转矩 T_{max} 必须大于运行过程中可能出现的最大负载转矩 T_{Lmax},即

$$T_{Lmax} \leq T_{max} = \lambda_m T_N \tag{5.8}$$

式中　T_N——电动机的额定转矩;

$\lambda_m = T_{max}/T_N$——电动机过载系数(可由产品目录上查得)。

在实际应用中,考虑到电网电压波动的影响,一般取

$$T_{Lmax} \leq 0.8\lambda_m T_N \tag{5.9}$$

b. 如果所选电动机为直流电动机,进行过载能力校验时,必须保证电动机的最大允许电流 I_{max} 必须大于运行过程中可能出现的最大负载电流 I_{Lmax},即

$$I_{Lmax} \leq I_{max} = \lambda_i I_N \tag{5.10}$$

式中　I_N——电动机的额定电流;

$\lambda_i = I_{max}/I_N$——电动机过载系数(可由产品目录上查得)。

③启动能力。由于鼠笼式异步电动机的启动转矩一般较小,因此,为使电动机能可靠启动,必须保证

$$T_L < \lambda_{st} T_N \tag{5.11}$$

式中　T_N——电动机额定转矩;

$\lambda_{st} = T_{st}/I_N$——电动机启动能力系数;

T_{st}——电动机启动转矩。

2)不同运行方式下电动机容量选择

工作机械的电动机容量的选择与它的负载和工作方式有密切关系,其负载和工作方式可分为 4 种类型,即恒定负载长期工作制、变动负载长期工作制、短时工作制、重复短时工作制。

①恒定负载长期工作制下电动机容量选择。恒定负载长期工作制的负载与温升曲线如

图 5.23(a)所示。其特点是,电动机工作时间长,负载恒定,温升能达到稳定值 τ_w。这类电动机容量选择时,只需保证电动机的额定功率 P_N 大于等于机械设备负载所需要的功率 P_L,且一般不必校验启动能力和过载能力,仅在重载启动时,才校验启动能力。

②变动负载长期工作制下电动机容量选择。变动负载长期工作制的负载与温升曲线如图 5.23(b)所示。电动机容量应满足:当负载变到最大值时,电动机仍能给出所需要的功率,同时电动机的温升应不超过允许值。这种情况下,常采用"等效法"来计算电动机功率,即把实际的变化负载转化为等效的恒定负载,二者的温升相同,再利用等效恒定负载来确定电动机的功率。负载的大小可用电流、转矩或功率来表示。

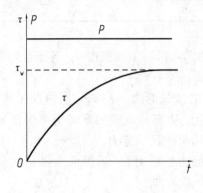

(a)恒定负载长期工作制的负载与温升曲线

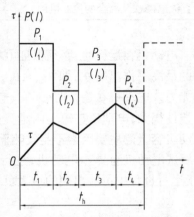

(b)变动负载长期工作制的负载与温升曲线

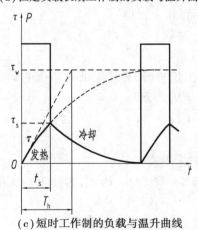

(c)短时工作制的负载与温升曲线

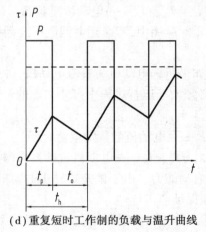

(d)重复短时工作制的负载与温升曲线

图 5.23　电动机不同工作方式下的负载与温升曲线

等值电流 I_d 计算时,选择电动机额定电流 $I_N \geqslant I_d$ 即可,则

$$I_d = \sqrt{\dfrac{I_1^2 t_1 + I_2^2 t_2 + \cdots + I_n^2 t_n}{\displaystyle\sum_{i=1}^{n} t_i}} \qquad (5.12)$$

对于直流电动机(他励或并励),或工作在接近同步转速状态下的异步电动机,可采用等

效转矩 T_d 来确定电动机的额定转矩 T_N，此时取 $T_N \geq T_d$ 即可，可计算为

$$T_d = \sqrt{\dfrac{T_1^2 t_1 + T_2^2 t_2 + \cdots + T_n^2 t_n}{\sum\limits_{i=1}^{n} t_i}} \tag{5.13}$$

当电动机具有较硬的机械特性，转速在整个工作过程中变化很小时，可采用等效功率 P_d 来确定电动机的额定功率 P_N，此时取 $P_N \geq P_d$ 即可，可计算为

$$P_d = \sqrt{\dfrac{P_1^2 t_1 + P_2^2 t_2 + \cdots + P_n^2 t_n}{\sum\limits_{i=1}^{n} t_i}} \tag{5.14}$$

由于等效法选择电动机容量时，只考虑了发热方面的问题，因此还必须进行过载能力和启动转矩的校验，如果不满足则需选择容量或者启动转矩较大的电动机。

③短时工作制下电动机容量选择。短时工作制的负载与温升曲线如图5.23(c)所示。其特点是电动机工作时间 t_s 较短，温升达不到稳定值，停车时间很长，温升能够降低到(或接近于)零。

若选择专供短时工作制的电动机，要按实际工作时间选择与上述标准持续时间相接近的电动机。这类电动机铭牌上所标的额定功率 P_N 是与一定的标准持续运行时间 t_s 相对应的。例如，P_N 为 20 kW，t_s 为 30 min 的电动机，在输出功率为 20 kW 时，只能连续工作 30 min，否则将超过运行温升。

若选用连续工作普通电动机，可确定电动机的额定功率 P_N 为

$$P_N \geq P_p / K \tag{5.15}$$

式中　P_p——短时实际功率；

　　　$K = P_p / P_N$——过载倍数，它与 t_p / T_h 有关。t_p 为短时实际工作时间，T_h 为电动机的发热时间常数。

④重复短时工作制下电动机容量选择。重复短时工作制的负载与温升曲线如图5.23(d)所示。其特点是电动机的工作时间 t_p 和停止时间 t_o 相互交替，二者都很短。选择时，优先选择专用重复短时工作制的电动机。

(4)设计电气控制原理图

机械设备的电气传动形式和控制方案确定后，可采用经验设计法或逻辑设计法进行电气控制原理图设计，目前应用最多的是经验设计法。经验设计法是根据机械设备对电气控制的要求，参考典型控制电路逐一设计出各独立功能控制电路，然后再根据总体设计要求决定各部分电路之间相互关系而形成完整的电气控制原理图。采用经验设计法进行电气原理图设计，不可能一次完成，需经过反复完善后才能获得比较理想的方案。在经验设计过程中，为了提高电路的可靠性，需注意以下问题：

①尽量减少控制电路电源种类，且电源种类应与所选电器元件一致。电源有交流、直流两大类，在同一控制系统中尽量采用同一类电源。某些电器元件也有交流、直流两大类。在使用时，应注意交流电器元件必须提供交流电源，直流电器元件必须提供直流电源，并且电源等级也应符合要求。

②尽量减少使用的电气元件的品种、规格、数量。同一用途的电气元件应尽量选用同一型号规格。

③通过合并同类触点以及调整电气元件位置,尽量减少触点数量和元件之间的联线数量和长度。触点简化如图5.24所示。电气元件合理接线如图5.25所示。图5.25(a)的接线方法是合理的,而图5.25(b)的接线方法是不合理的。因为操作台(或按钮站)和电器柜分处两地。采用图5.25(a)的接线方法操作台(或按钮站)只需引出两条导线到电器柜,而图5.25(b)则需引出4条导线。

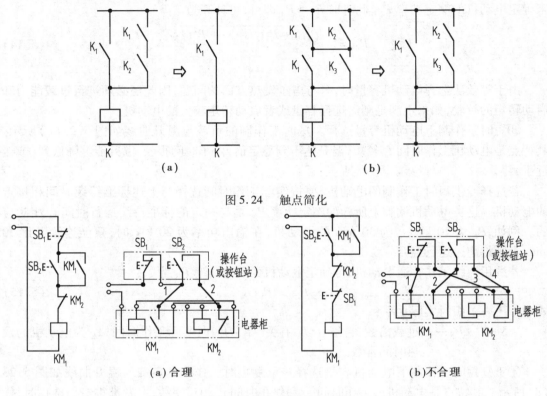

图5.24　触点简化

图5.25　电气元件合理接线

④尽可能减少通电电器的数量。如图5.4所示丫形-△形降压启动控制电路,当电动机启动后时间继电器 KT 的线圈断电,电动机以△形连接运转,这样既可延长时间继电器的寿命,又可减少事故的发生。

⑤正确连接线圈和触点。电器的线圈均直接连在控制电源的下水平线上,所有触点应连在电器线圈与控制电源上水平线之间。交流电器的线圈不能串联,即使两个线圈额定电压之和等于外加电压也不允许串联使用。因此,当两个电器同时动作时,其线圈应并联。

⑥应尽量避免许多电器依次动作才能接通另一个电器的控制电路。如图5.26(a)所示,继电器 K_1 的线圈得电动作后,K_2 才能得电动作,而后 K_3 才能得电动作,K_3 要 K_1,K_2 动作之后才能动作。为此可改为如图5.26(a)所示的控制电路,K_3 的动作只需 K_1 动作,而且只经过一个触点控制,工作可靠。

⑦当热继电器触点放在线圈与控制电源下水平线之间时,应防止出现寄生电路。如图5.27所示,正常情况下,按下按钮 SB_2,接触器 KM_1 线圈得电,电动机正转,控制电路工作正常。但是当电动机过载时,热继电器 FR_1 的触点断开,由于存在虚线所示的寄生电路,接触

器 KM₁ 无法释放,电动机不能停转,因此电动机不能得到过载保护。

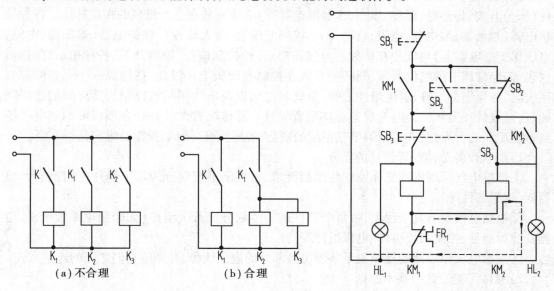

图 5.26　触点的合理使用　　　　　图 5.27　存在寄生电路的控制电路

（a）不合理　　　　　（b）合理

⑧设计控制线路时,应考虑各种联锁关系以及电气控制系统需要的各种电气保护措施,如过载、短路、欠压、零位、限位等保护措施。同时,也应考虑有关操作、故障检查、检测仪表、信号指示、报警以及照明等要求。

（5）选择电气元件,制订电气设备元器件清单

电气控制原理图设计完成之后,则需根据电气产品目录选择各种低压电器。关于低压电器的选择参见第 4 章。电气设备元器件清单要注明各元器件的型号、规格及数量等,电气设备元器件清单示例如表 5.9 所示。

表 5.9　电气设备元器件清单示例

共　张　第　张			电气设备元器件清单		制表	
			参见×××电路图		校对	
项目代号	型　号	名　称	规　格	数　量	供应厂家	备注
M₁	V112M-483	三相交流异步电动机	AC 380V 4 kW 1 410 r/min	1		
M₂	AOB-25	冷却电动机	AC 380 V 90 W 2 800 r/min	1		
KM₁	3TB4017	交流接触器	线圈电压 AC 110V	2		

5.4.3　电气工艺设计

电气工艺设计的依据是电气原理设计完成的电气原理图和电气设备元器件清单。电气工艺设计的内容包括电气设备总体配置设计(电气控制系统的总装配图与总接线图)、电气控制装置与各部件的电器元件布置图、电气控制装置与各部件的接线图。

（1）电气设备总体配置设计

电气设备中的各种电动机及各类电器元件根据各自的作用,都有一定的装配位置。例

如,拖动电动机与各种执行元件(电磁铁、电磁阀、电磁离合器、电磁吸盘等)以及各种检测元件(限位开关、传感器、温度、压力、速度继电器等)必须安装在生产机械的相应部位。各种控制电器(接触器、继电器、电阻、自动开关、控制变压器、放大器等)、保护电器(熔断器、电流、电压保护继电器等)可安放在单独的电气箱内;各种控制按钮、控制开关、各种指示灯、指示仪表、需经常调节的电位器等,则必须安放在控制台面板上。因此,在构成一个完整的控制系统时,必须划分组件,解决组件之间、电气箱之间以及电气箱与被控制装置之间的连线问题,这一设计环节被称为电气设备总体配置设计。总体配置设计是否合理将影响到电气控制系统工作的可靠性,并关系到电气系统的制造、装配质量、调试、操作及维护是否方便。

1)电气设备总体配置设计的任务

①根据电气原理图的工作原理与控制要求,将控制系统划分为几个部件(如控制台、电器柜、机组部件等)。

②根据电气设备复杂程度,将每个部件进一步划分成若干组件(如印制电路板组件、电器安装板组件、控制面板组件、电源组件等)。

③根据电气原理图的接线关系整理出各部分的进出线号,并调整它们之间的连接方式。

2)总体配置设计的基本原则

电气设备总体配置设计的核心在于电气控制系统组件划分以及解决电气控制设备的各部件及组件之间的接线方式问题。组件划分应遵循如下原则:

①功能类似的元件组合在一起。例如,将各类按钮,开关,键盘,指示检测,调节等元件集中为控制面板组件;各种继电器、接触器、熔断器、照明变压器等控制电器集中为电器板组件;各类控制电源,整流、滤波元件集中为电源组件等。

②尽可能减少组件之间的连线数量,接线关系密切的控制电器置于同一组件中。

③强弱电控制器分离,以减少干扰。

④力求整齐美观,外形尺寸、质量相近的电器组合在一起。

⑤为便于检查与调试,需经常调节、维护和容易损坏的元件组合在一起。

电气控制设备的各部件及组件之间的接线方式一般应遵循如下原则:

①电器板、控制板、机床电器的进出线一般采用接线端子(按电流大小及进出线数选用不同规格的接线端子)。

②电气箱与被控制设备或电气箱之间采用多孔接插件,便于拆装、搬运。

③印制电路板及弱电控制组件之间宜采用各种类型标准接插件。

④电气柜(箱)、控制箱(台)内的元件之间的连接,可借用元件本身的接线端子直接连接,过渡连接线应采用端子排过渡连接,端头应采用相应规格的接线端子处理。

除此遵循以上组件划分原则及接线方式原则之外,总体配置设计还应遵循以下基本原则:

①按照国家标准 GB 5226.1—2008 规定:尽可能把电气设备组装在一起,使其成为一台或几台控制装置。大型设备各个部分可以有其独立的控制装置。总体配置设计要使整个系统集中、紧凑。

②在场地允许条件下,将发热厉害、噪声振动大的电气部件放在离操作者较远的地方或隔离起来。

③对于多工位加工的大型设备,应考虑两地操作的可能。

④总电源紧急停止控制应安放在方便而明显的位置。

3）电气设备总体配置设计的表达形式

电气设备总安装图与总接线图来表达的总体配置设计，以示意形式反映出各部分主要组件的位置及各部分接线关系、走线方式及使用管线要求等。总安装图与总接线图是进行分部设计和协调各部分组成一个完整系统的依据，根据需要可分开绘制，也可绘制在一起。电气设备总安装图和总接线图示例如图 5.28、图 5.29 所示。

（2）**元件布置图的设计绘制**

1）电器元件布置的一般原则

电器元件布置图是将部件中电器元件按一定原则的组合。电器元件布置图的设计依据是部件原理图（总原理图的一部分）。同一部件中电器元件的布置应遵循以下原则：

①体积大和较重的电器元件应安装在电器板的下面，而发热元件应安装在电器板的上面。对于散热量很大的元件，必须隔离安装，必要时可采用风冷。

②强电弱电分开并注意屏蔽，防止外界干扰。

③需要经常维护、检修、调整的电器元件安装位置不宜过高或过低。

④电器元件的布置应考虑整齐、美观、对称。外形尺寸与结构类似的电器安放在一起，以利加工、安装和配线。

⑤电器元件布置不宜过密，要留有一定的间距。若采用板前走线槽配线方式，应适当加大各排电器间距，以利布线和维护。

⑥大型电气柜中的电器元件，宜安装在两个安装横梁之间，这样可减轻柜体质量，节约材料，另外便于安装。因此，设计时应计算纵向安装尺寸。

2）电器元件布置图的绘制

电器元件布置图主要是用来表明电气设备上所有电机电器的实际位置，为电气设备的制造、安装、维修提供资料。各电器元件的位置确定以后，便可绘制电器布置图。如图 5.30 所示为某电器板元件布置图。电器元件布置图可根据控制系统的复杂程度集中绘制或单独绘制。绘制时，应遵循以下原则：

①设备的轮廓线用细实线或点画线表示，所有能见到的与需表示清楚的电器设备，均用粗实线绘制出简单的外形轮廓。

②电器元件根据其外形绘制，并标出各元件间距尺寸。每个电器元件的安装尺寸及其公差范围，应严格按产品手册标准标注，作为底板加工依据，以保证各电器的顺利安装。

③在电器布置图中，还要根据部件进出线的数量（由部件原理图统计出来）和采用导线规格，选择进出线方式，并选用适当接线端子板或接插件，按一定顺序标上进出线的接线号。

④元件布置图上必须明确电器元件（如接线板、插接件、部件及组件等）的安装位置。其代号必须与有关电路图和元器件清单上所用的代号一致，并注明有关接线安装的技术条件。布置图一般还应留出为改进设计所需要的空间及导线槽（管）的位置。

（3）**电器部件接线图的绘制**

电气控制电路安装接线图是为了安装电气设备和电器元件进行配线或检修电器故障服务的。对某些电气部件上元件较多时，还要画出电气部件的接线图。对于简单的电气控制电路，只要在电气互联图中画出即可。电气部件接线图是根据部件电气原理及电器元件布

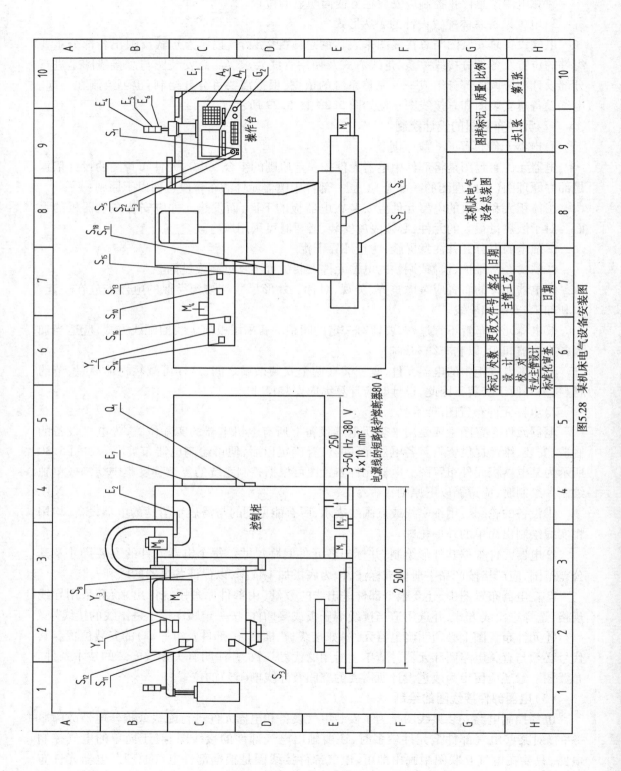

图5.28 某机床电气设备安装图

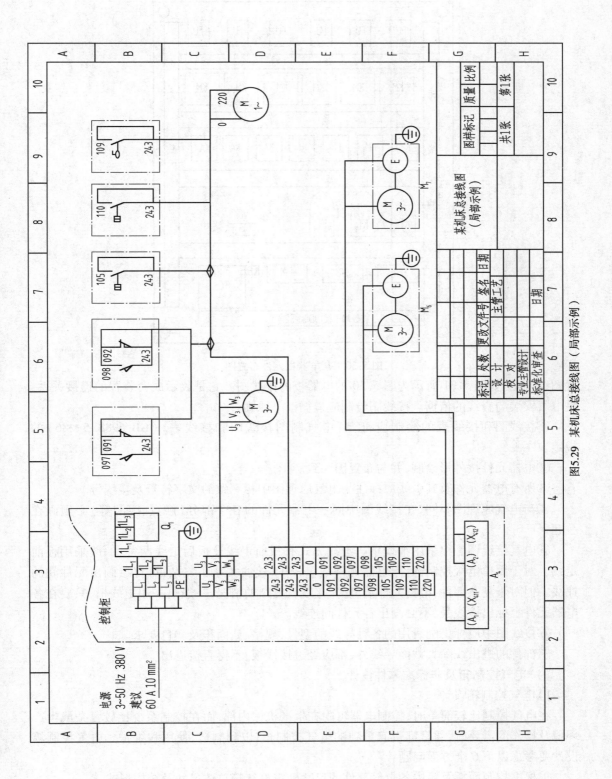

图5.29　某机床总接线图（局部示例）

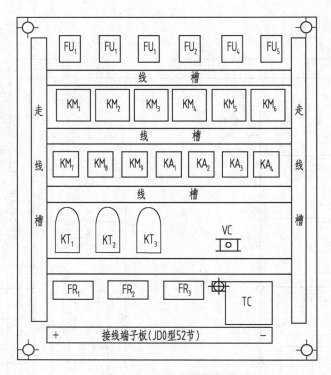

图 5.30　某电器板元件布置图

置图绘制的,如图 5.31 所示为图 5.30 的电器板的接线图。它是表示成套装置的连接关系,是电气安装与查线的依据。接线图绘制应遵循以下原则:

①接线图和接线表的绘制应符合《电气制图接线图和接线表》(GB 6988.5—86)的规定。

②电器元件按外形绘制,并与布置图一致。

③所有电器元件及其引线应标注与电气原理图中相一致的文字符号及接线号。

④与电气原理图不同,在接线图中同一电器元件的各个部分(触点、线圈等)必须画在一起。

⑤电气接线图一律采用细线条。走线方式有板前走线及板后走线两种,一般采用板前走线。对于简单电气控制部件,电器元件数量较少,接线关系不复杂,可直接画出元件间的连线。但对于复杂部件,电器元件数量多,接线较复杂的情况,一般是采用走线槽,只要在各电器元件上标出接线号,不必画出各元件间连线。

⑥接线图中应标出配线用的各种导线的型号、规格、截面积及颜色要求。

⑦部件的进出线除大截面导线外,都应经过接线板,不得直接进出。

(4)电气控制箱及非标准零件设计

1)电气控制箱设计

在电气控制比较简单时,控制电器可附在生产机械内部,而在控制系统比较复杂或生产环境及操作的需要时,通常都带有单独的电气控制箱,以利制造、使用和维护。电气控制箱设计要考虑以下 6 个方面问题:

①根据控制面板及箱内各电气部件的尺寸确定电气箱总体尺寸及结构形式。

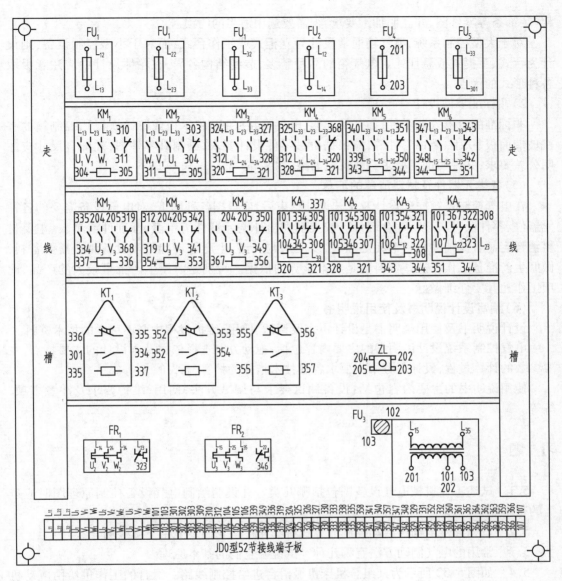

图 5.31　某电器板的接线图

②结构紧凑,外形美观,要与生产机械相匹配,应提出一定的装饰要求。

③根据控制面板及箱内电器部件的安装尺寸,设计箱内安装支架(采用角铁、槽钢、扁铁或直接由外壳弯出筋条作固定架),并标出安装孔或焊接安装螺栓尺寸,或注明采用配作方式。

④从方便安装、调整及维护要求,设计其开门方式。

⑤为利于箱内电器的通风散热,在箱体适当部位设计通风孔或通风槽。

⑥为便于电气箱的搬动,应设计合适的起吊钩、起吊孔、扶手架或箱体底部带活动轮。

根据以上要求,先勾画出箱体的外形草图,估算出各部分尺寸,然后按比例画出外形图,再从对称、美观、使用方便等方面考虑进一步调整各尺寸比例。电气控制箱外形确定以后,再按上述要求进行各部分的结构设计,绘制箱体总装图及各面门、控制面板、底板、安装支架、装饰条等零件图,并注明加工要求,视需要选用适当的门锁。

对于大型控制系统,电气箱通常设计为立柜式或工作台式;而对于小型控制设备,则设计为台式、手提式或悬挂式。电气箱的品种繁多,造型结构各异,在箱体设计中应注意吸取各种形式的优点。

2)非标准零件设计

非标准的电器安装零件,如开关支架、电气安装底板(胶木板或镀锌铁板)、控制箱的有机玻璃面板、扶手、装饰零件等,应根据机械零件设计要求,绘制其零件图,凡配合尺寸应注明公差要求,并说明加工要求,如镀锌、油漆、刻字等。

(5)各类元器件及材料清单的汇总

在电气控制系统原理设计及工艺设计结束后,应根据各种图纸,对电气设备需要的各种元器件、零件及材料进行综合统计。按类别列出外购元器件清单表、标准件清单表、主要材料消耗定额表及辅助材料消耗定额表,以便采购人员、生产管理部门按设备制造需要备料,做好生产准备工作。这些资料也是成本核算的依据。特别是对于生产批量较大的产品,此项工作尤其要仔细做好。

(6)编写设计说明书及使用说明书

设计说明书及使用说明书是设计审定及调试、使用、维护过程中必不可少的技术资料。

电气控制系统设计说明书的主要内容包括:拖动方案选择依据及本设计的主要特点,主要参数的计算过程,设计任务书中要求各项技术指标的核算与评价,等等。

使用说明书的主要内容包括:设备调试要求与调试方法,使用、维护要求及注意事项,等等。

习 题

5.1 试述工业机械电气设备图包括哪几类?并说明绘制电气设备控制原理图时应遵循的基本原则。

5.2 三相异步电动机启动控制的方式有哪几种?它们一般用于哪些场合?

5.3 常用的电气制动方法有哪几种?试说明它们的基本原理。

5.4 如图 5.32 所示为某组合机床机械滑台进给控制线路。滑台的工作进给由电动机 M_1 拖动,快速进给由电动机 M_2 拖动,滑台的工作循环如图示。试分析该机械滑台进给控制线路的工作原理。

5.5 如图 5.33 所示为机床自动间隙润滑控制电路图。其中,接触器 KM 为润滑液压泵电动机启停用接触器(主回路未画出)。线路可实现机床有规律的间歇润滑。试分析该控制电路的工作原理,并说明中间继电器 K 和按钮 SB 的作用。

5.6 机械电气控制系统中常设置哪些保护环节?各自起什么作用?短路保护和过载保护有什么区别?

5.7 试设计可以三相异步电动机的主电路和控制电路,其控制要求为:

①实现两点操作;

②两点都能实现电动机的点动和长动控制。

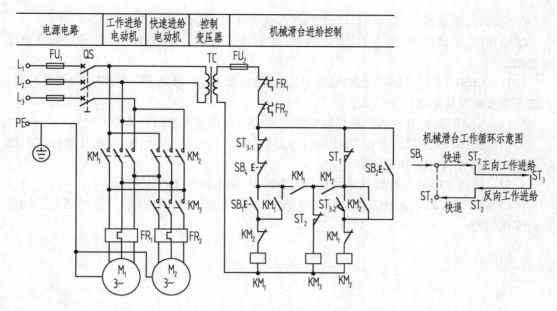

图 5.32　某组合机床机械滑台进给控制线路

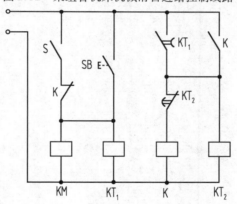

图 5.33　机床自动间隙润滑控制电路图

5.8　某设备的主电动机的控制要求为:

①可正反转;

②可正向点动,两点停止;

③可反接制动;

④有短路保护和过载保护;

⑤有安全工作照明和电源信号灯。试设计该主电动机的主电路和控制电路。

5.9　某设备上由一台双速电动机拖动,双速电动机的控制要求为:

①能低速或高速运行;

②高速运行时,先低速启动,再高速运行;

③能低速电动。

试设计该双速电动机的控制电路。

5.10　某设备由两台三相异步电动机,其控制要求为:

①启动时,电动机 M_1 启动后,延时 3 s 后,电动机 M_2 启动;

②停车时,电动机 M_2 停车后,电动机 M_2 才能停车。试设计两台电动机的主电路和控制电路。

5.11　C650-2 型普通车床控制电路中,速度继电器 BV 的触点 BV_1 和 BV_2 的位置对调,还能不能实现反接制动? 为什么?

5.12　X62W 万能升降台铣床控制电路主要包括哪些基本控制环节?

5.13　试述"自锁"和"互锁"的作用及如何实现。并说明在 X62W 万能升降台铣床控制电路中有哪些"自锁"和"联锁"环节。

5.14　试述 Z3040 型摇臂钻床的摇臂上升时,控制电路的工作原理。

5.15　如图 5.22 所示的某组合机床电路图,试说明液压滑台快进和快退的点动控制是如何实现的?

第 6 章　可编程控制器（PLC）控制系统

6.1　PLC 的概述

1968 年，美国最大的汽车制造商——通用汽车公司（GM 公司）为了适应生产工艺不断更新的需要，提出要用一种新型的工业控制器取代接触器-继电器控制装置，并要求把计算机控制的优点（功能完备，灵活性、通用性好）和接触器-继电器控制的优点（简单易懂、使用方便、价格便宜）结合起来，设想将接触器-继电器控制的硬接线逻辑转变为计算机的软件逻辑编程，且要求编程简单，使得不熟悉计算机的人员也能很快掌握其使用技术。第二年，美国数字设备公司（DEC 公司）研制出了第一台可编程序控制器，并在美国通用汽车公司的自动装配线上试用成功，取得满意的效果，可编程序控制器自此诞生。

PLC 的定义有许多种，国际电工委员会（IEC）对 PLC 的定义是：可编程序控制器是一种专为在工业环境下应用而设计的数字运算操作的电子装置。它采用可编程序的存储器，用来在其内部存储执行逻辑运算、顺序控制、定时、计数及算术运算等操作的指令，并通过数字的或模拟的输入和输出，控制各种类型的机械或生产过程。可编程序控制器及其有关的外围设备，都应按易于与工业控制系统形成一个整体，易于扩展其功能的原则而设计。

6.1.1　PLC 的基本结构

各种 PLC 的组成结构基本相同，它主要由 CPU、电源、存储器及输入输出接口电路等组成，如图 6.1 所示，各部分结构及作用如下：

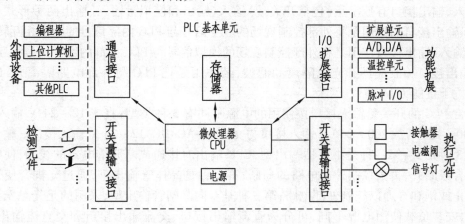

图 6.1　PLC 的基本结构

（1）**中央处理单元（CPU）**

PLC 中所采用的 CPU 随机型不同而有所不同。有的机型中还采用多处理器结构，分别承担不同信息的处理工作。以提高实时控制能力。

CPU 是 PLC 的核心部件，是 PLC 的运算、控制中心，用来实现逻辑运算、算术运算并对整机进行协调控制，依据系统程序赋予的功能完成以下任务：在编程时接受并存储从编程器输入进来的用户程序和数据，或者对程序、数据进行修改、更新；进入运行状态后，CPU 以扫描方式接受用户现场输入装置的状态和数据并存入状态表和数据寄存器中，形成所谓现场输入的"内存映像"；再从存储器逐条读取用户程序，经命令解释后，按指令规定的功能产生有关的控制信号，开启或关闭相应的控制门电路，分时分路地完成数据的存取、传送、组合、比较、变换等操作，完成用户程序中规定的各种逻辑或算术运算等任务，根据运算结果更新有关标志位的状态和输出映像存储器的内容；再由输出状态表的位状态或数据寄存器的有关内容实现输出控制、数据通信等功能；同时，在每个工作循环中还要对 PLC 进行自我诊断，若无故障继续进行工作，否则保留现场状态，关闭全部输出通道后停止运行等待处理，避免故障扩散造成大的事故。

（2）**存储器**

PLC 中的存储器主要用来存放 PLC 的系统程序、用户程序以及工作数据。常用的存储器有 ROM、EPROM、EEPROM、快闪内存、RAM 等几种类型，不同型号的 PLC 所配置的存储器类型也不相同。

（3）**输入输出接口单元**

PLC 与被控对象的联系是通过各种输入输出接口单元实现的。尽管被控对象可能是具备各种各样信息的产生过程，但人们最终都可以利用技术手段把诸信息转变成模拟信号、开关量信号以及数字量信号的形式，PLC 只要具备处理这 3 种形式的信号的能力即可。输入接口用来接收和采集两种类型的输入信号：一类是由按钮、选择开关、行程开关、继电器触点、接近开关、光电开关、数字拨码开关等的开关量输入信号；另一类是由电位器、测速发电机和各种变化器等传来的模拟量输入信号。输出接口用来连接被控对象中各种执行元件，如接触器、电磁阀、指示灯、调节阀（模拟量）、调速装置（模拟量）等。

输入、输出接口有数字量（包括开关量）输入、输出和模拟量输入、输出两种形式。数字量输入、输出接口的作用是将外部控制现场的数字信号与 PLC 内部信号的电平相互转换；而模拟量输入、输出接口作用是将外部控制现场的模拟信号与 PLC 内部的数字信号相互转换。输入、输出接口一般都具有光电隔离和滤波，其作用是把 PLC 与外部电路隔离开，以提高 PLC 的抗干扰能力。

通常 PLC 的开关量输入接口按使用的电源不同有 3 种类型：直流 12～24 V 输入接口，交流 100～120 V 或 200～240 V 输入接口与交直流（AC/DC）12～24 V 输入接口。输入开关可常有 3 种形式：第一种是继电器输出型，CPU 输出时接通或断开继电器的线圈，使继电器接点闭合或断开，再去控制外部电路的通断；第二种是晶体管输出型，通过光耦合使开关晶体管截止或饱和导通以控制外部电路；第三种是双向晶闸管输出型，采用的是光触发型双向晶闸管，安装负载使用电源不同，可分为直流输出接口、交流输出接口和交直流输出接口。下面简单介绍常见的开关量输入、输出接口电路。

1)开关量输入接口电路

开关量输入接口是 PLC 与现场的以开关量为输出形式的检测元件(如操作按钮、行程开关、接近开关、压力继电器等)的连接通道,它把反映产生过程的有关信号转换成 CPU 单元所能接收的数字信号。为了防止各种干扰和高电压窜入 PLC 内部而影响 PLC 工作的可靠性,必须采取电气隔离与抗干扰措施。在工业现场,出于各种原因的考虑,可能采用直流供电,也可能采用交流供电,PLC 要提供相应的直流输入、交流输入接口。

①直流输入接口电路。其原理如图 6.2 所示。由于各输入端口的输入电路都相同,图中只画出了一个输入端口的输入电路,图中点画线框中的部分为 PLC 内部电路。框外为用户接线,R_1,R_2 分压,R_1 且起限流作用,R_2 及 C 构成滤波电路。输入电路采用光耦合实现输入信号与机内电路的耦合,COM 为公共端子。当输入端的开关接通时,光耦合器导通,直流输入信号转换成 TTL(5 V)标准信号送入 PLC 的输入电路,同时 LED 输入指示灯亮,表示输入端接通。

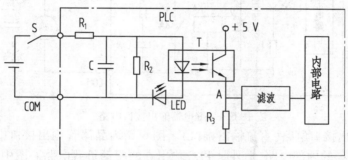

图 6.2　直流输入接口电路

②交流输入接口电路。图 6.3 为交流输入接口电路,为减小高频信号串入,电路中设有隔直电容 C。

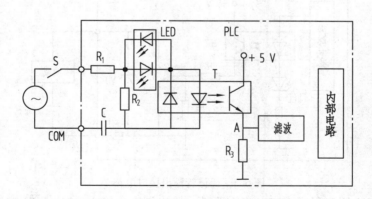

图 6.3　交流输入接口电路

2)开关量输出接口电路

开关量输出接口是 PLC 与现场执行机构的连接通道,把 PLC 的内部信号转化成现场执行机构的各种开关信号。现场执行机构包括接触器、继电器、电磁阀、指示灯及各种变换驱动装置,有直流的、有交流的、有电压控制的,还有电流控制的,故开关量输出接口有多种形式,主要是继电器输出、晶闸管输出和晶体管输出 3 种形式。在开关量输出接口中,晶体管输出型的接口只能带直流负载,属于直流输出接口。晶闸管输出型的接口只能带交流负载,属于交流输出接口。继电器输出型的接口可带直流负载也可带交流负载,属于交直流输出接口。

①继电器输出接口电路(交、直流输出接口)。图6.4为继电器输出接口电路,在图中继电器既是输出开关器件,又是隔离器件,电阻 R_1 和指示灯 LED 组成输出状态显示器;电阻 R_2 和 C 组成 RC 时,由 CPU 控制,将输出信号输出,接通输出继电器线圈,输出继电器的触点闭合,使外部负载电路接通,同时输出指示灯亮,指示该路输出端有输出。负载所需直流电源由用户提供。继电器输出的优点是电压范围宽、导通压降小、价格便宜,既可控制直流负载,也可控制交流负载;缺点是触点寿命短,转换频率低。

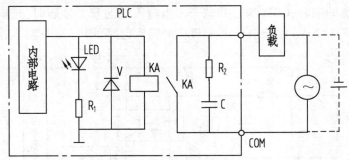

图 6.4   继电器输出接口电路

②晶体管输出接口电路(直流输出接口)。图6.5为晶体管输出接口电路,图中点画线框中的电路是 PLC 的内部电路,框外是 PLC 输出点的驱动负载电路。图中只画出一个输出端的输出电路,各个输出端所对应的输出电路均相同。在图中,晶体三极管 V 为输出开关器件,光电耦合器为隔离器件。稳压管和熔断器分别用于输出端的过电压保护和短路保护。

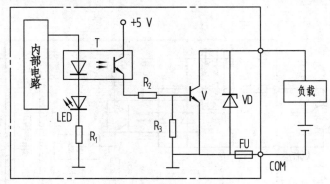

图 6.5   晶体管输出接口电路

PLC 的输出由用户程序决定。当需要某一输出端产生输出时,由 CPU 控制,将输出信号经光电耦合器输出,使晶体管导通,相应的负载接通,同时输出指示灯亮,指示该路输出端有输出,负载所需直流电源由用户提供。晶体管输出的优点是寿命长、无噪声、可靠性高、转换频率快,可驱动直流负载;缺点是价格高,过载能力较差。

③晶闸管输出接口电路(交流输出接口)。图6.6为晶闸管输出接口电路,图中只画出了一个输出端的输出电路。图中双向晶闸管为输出开关器件,由它组成的固态继电器

（ACSSR）具有光电隔离作用,作为隔离元件。电阻 R_2 与电容 C 组成高频滤波电路,减少高频信号干扰。在输出回路中还设有阻容过压保护和浪涌吸收器,可承受严重的瞬时干扰。

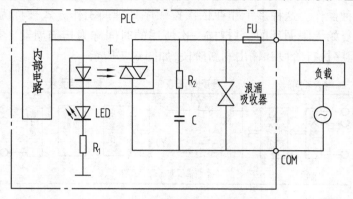

图 6.6　晶闸管输出接口电路

当需要某一输出端产生输出时,由 CPU 控制,将输出信号经过光电耦合器使输出回路中的双向晶闸管导通,相应的负载接通,同时输出指示灯亮,指示该路输出端有输出。负载所需交流电源由用户提供。晶闸管输出的优点是寿命长、无噪声、可靠性高,可驱动交流负载;缺点是价格高,过载能力较差。

上面介绍了几种开关量的输入、输出接口电路。由 PLC 种类繁多,由生产厂家采用的输入、输出接口电路会有所不同,但基本原理大同小异,相差不大。

在 PLC 中,其开关量的输入信号端个数和输出信号端个数称为 PLC 的输入、输出点数,它是衡量 PLC 性能的重要指标之一。

（4）**扩展接口和通信接口**

I/O 扩展接口用于扩展 PLC 的功能和规模。因为被控制对象的广泛性和多样性,虽然一般场合主要是开关量的输入与输出,但也是常常出现需要处理特殊参量的情况,如 A/D 转换、D/A 转换、温度采样控制、PID 调节单元、高精度定位控制等。PLC 的生产厂家设计了许多可满足各种专门用途的专用 I/O 模块,可供用户选用,通过 I/O 扩展接口与 PLC 联接,形成一个完整的控制系统(特别是对于箱式结构的 PLC)。这样就可使用许多用户节省不必要的开支,PLC 控制系统可做得更具体灵活。对于箱式结构的 PLC,当其基本单元的 I/O 接口总数不能满足需要的时候,就需要通过 I/O 扩展接口连接扩展单元以扩充 I/O 点数。

（5）**电源**

PLC 的电源有的采用交流供电,有的采用直流供电,用户可视需要从中选择。交流供电一般采用单相交流 220 V,直流供电一般采用 24 V。为了降低供电电源的质量对 PLC 工作造成的影响,PLC 的电源模块都具有很强的抗干扰能力。例如,额定工作电压为交流 220 V 时,有的 PLC 允许供电电压波动范围 140 ~ 250 V。有些 PLC 的电源部分还提供 24 VDC 输出,用于对外部传感器供电。

6.1.2　PLC 的工作原理

（1）**扫描周期**

扫描时一种形象化的术语,用来描述 PLC 内部 CPU 的工作过程。所谓扫描,就是依次对各种规定的操作项目进行访问和处理。PLC 运行时,用户程序中有许多操作需要去执行,但一个 CPU 每一时刻只能执行一个操作而不能同时执行多个操作,因此 CPU 按程序规定的顺序依次执行各种操作。这种多个作业依次按顺序处理的工作方式被称为扫描工作方式。这种扫描是周而复始无限循环的,每扫描一次所用的时间称为扫描周期。扫描周期可分为输入采样阶段、程序执行阶段和输出刷新阶段,如图 6.7 所示。

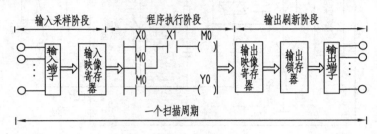

图 6.7　PLC 的扫描周期

1)输入采样阶段

在输入采样阶段,PLC 以扫描工作方式按顺序对所有输入端的输入状态进行采样,并存入输入映像寄存器中,此时输入映像寄存器被刷新。接着进入程序执行阶段,在程序执行阶段或其他阶段,即使输入状态发生变化,输入映像寄存器的内容也不会改变,输入状态的变化只有在下一个扫描周期的输入处理阶段才能被采样到。

2)程序执行阶段

PLC 根据最新读入的输入信号,以先左后右、先上后下的顺序逐行扫描,执行一次程序。结果存入元件映像寄存器中。对于元件映像寄存器,每个元件(除输入映像寄存器之外)的状态会随着程序的执行而变化。

3)输出刷新阶段

在所有指令执行完毕后,输出映像寄存器中所有输出继电器的状态("1"或"0")在输出刷新阶段转存到输出锁存器中,通过一定的方式输出驱动外部负载。

因此,PLC 在一个扫描周期内,对输入状态的采样只在输入采样阶段进行。当 PLC 进入程序执行阶段后输入端将被封锁,直到下一个扫描周期的输入采样阶段才对输入状态进行重新采样。这种方式称为集中采样,即在一个扫描周期内,集中一段时间对输入状态进行采样。

在用户程序中,如果对输出结果多次赋值,则最后一次有效。在一个扫描周期内,只在输出刷新阶段才将输出状态从输出映像寄存器中输出,对输出接口进行刷新;在其他阶段里,输出状态一直保存在输出映像寄存器中。这种方式称为集中输出。

(2)PLC 的工作过程

PLC 在扫描过程中要进行 4 个方面的工作,即以故障诊断和处理为主的公共操作,处理工业现场数据的 I/O 操作,执行用户程序,外设服务操作。

不同型号的 PLC 的扫描工作方式有所差异,典型的扫描工作流程如图 6.8 所示。

1)公共操作

公共操作是每次扫描前的再一次自检,若发现故障,除了显示灯亮,还判断故障性质:一般性故障只报警不停机,等待处理;对于严重故障,则停止运行用户程序,此时 PLC 使全部输出为 OFF 状态。

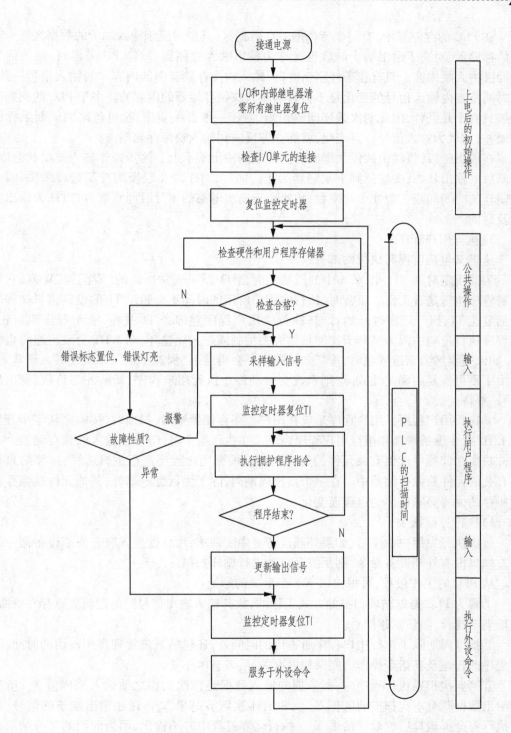

图 6.8　PLC 的扫描工作流程图

2) I/O 操作

I/O 操作有的称为 I/O 状态刷新。它包括两种操作：一是采样输入信号；二是输出处理结果。

在 PLC 的存储器中,有一个专门的 I/O 数据区,其中对应于输入端子的数据区称为输入映像存储器,对应于输出端子的数据区称为输出映像存储器。当 CPU 采样时,输入信号由缓冲区进入映像区。只有在采样刷新时刻,输入映像存储器中的内容才与输入信号一致;其他时间范围内输入信号的变化是不会影响输入映像存储器的内容的。由于 PLC 的扫描周期一般只有十几毫秒,因此两次采样间隔很短,对于一般开关量来说,可忽略因间断采样引起的误差,即认为输入信号一旦变化,就能立即反映到输入映像存储器内。

在输出阶段,将输出映像数据区的内容送到输出端子上。这步操作称为输出状态刷新,刷新后的输出状态,要保持到下次刷新为止。同样,对于变化较慢的控制过程来说,因为两次刷新的时间间隔一般才十几毫秒,相对小于输出电路的惯性时间常数,可以认为输出信号是及时的。

3)执行用户程序

这里又包括监视与执行两部分:

①监视定时器 T1。图 6.8 中的监视定时器 T1 就是通常所说的"看门狗"WDT,它用来监视程序执行是否正常。正常时,执行完用户所用的时间不会超过 T1 的设定值。在程序执行前复位 T1,执行程序时开始计时;执行完用户程序立即令 T1 复位,表示程序执行正常。当程序执行过程中因为某种干扰使扫描失去控制或进入死循环,则 WDT 会发出超时报警信号,如果是偶然因素造成超时,重新扫描程序不会再遇到"偶然干扰",系统便转入正常运行;若由于不可恢复的确定性故障,则系统会自动停止执行用户程序、切断外部负载、发出故障信号、等待处理。

②执行用户程序。用户程序是放在用户程序存储器中的,扫描时,按顺序从零步开始直到 END 指令逐条解释和执行用户程序命令。在执行指令时,CPU 从输入映像存储器个其他元件映像存储器中读出有关元件的通/断状态,根据用户程序进行逻辑运算,运算结果再存入有关的元件映像存储器中。在一个扫描周期内,除了输入继电器外,其他元件映像存储器中所存的内容会随程序的进程而变化。

4)执行外设指令

每次执行完用户程序后,如果外部设备有中断请求,PLC 就进入服务外部设备命令的操作。如果没有外部设备命令,则系统会自动进行循环扫描。

从 PLC 的工作过程,可得出以下 5 个重要的结论:

①因为 PLC 是以循环扫描的方式工作的,故其输入输出信号间的逻辑关系存在着滞后,扫描周期越长,滞后就越严重。

②扫描周期除了执行用户程序所占用的时间外,还包括系统管理操作占用的时间,前者与程序的长短及其指令操作的复杂程度有关,后者基本不变。

③第 n 次扫描执行程序时,所依据的输入数据是该次扫描之前输入采样值 X_n;所依据的输出数据既有本次扫描前的值 Y_{n-1},也有本次解算结果 Y_n。送往输出端子的信号,是本次执行完全部运算后的最终结果 Y_n。执行运算过程中并不输出,因为前面的某些结果可能被后面的计算操作否定。

④如果考虑到 I/O 硬件电路的延时,PLC 响应滞后比扫描原理滞后更大。PLC I/O 端子上的信号关系,只有在稳态(ON 或 OFF 状态保持不变)时才与设计要求一致。

⑤输入/输出响应滞后不仅与扫描方式和电路惯性有关,还与程序设计安排顺序有关。

PLC 按扫描的方式执行程序是主要的,也是最基本的工作方式,这种工作速度不仅适应于工业生产中 80% 以上的控制设备要求,就是在具备快速处理的高性能 PLC 中,其主程序还是以扫描方式执行的。

6.1.3 PLC 的主要特点和应用

(1)PLC 的主要特点

1)可靠性高、抗干扰能力强

工业生产一般将控制设备的可靠性作为首选条件,同时还应考虑具有很强的抗干扰能力,能在恶劣的工作环境中可靠地工作,平均故障间隔时间长,故障修复时间短。目前,PLC 采取了一系列硬件和软件抗干扰措施,从而提高了可靠性。

2)通用性强,适应性强

由于 PLC 的系列化和模块化,增强了硬件配置的灵活性,可组合成满足各种控制要求的控制系统,通用性强。在硬件配置确定后,通过适当修改用户程序,可方便快捷地适应工艺条件的变化,适应性强。

3)硬件配套齐全,用户使用方便

PLC 配备有各类硬件装置供用户选用,在硬件方面用户只是确定 PLC 的硬件配置和设计外部接线方案而已。目前,PLC 的安装接线均由厂家提供了各种外部接线所对应的接线端子,因此减少了设计及施工工作量。

4)编程简单,使用方便

考虑到企业中一些电气技术人员和车间操作人员的传统读图习惯与微机应用水平,目前 PLC 均采用继电器控制形式的"梯形图编程方式"和应用梯形图语言。这是一种直接面向用户的高级语言,操作人员只需几天的简单培训,就可以熟悉梯形图语言,并用来编制用户程序。

5)减少控制系统的设计、安装和调试工作员

由于 PLC 采用软件功能,取代了继电器控制系统中大量使用的各类继电器,使控制柜的设计、安装和接线工作量大大减少。同时,PLC 又采用智能模块化设计,能事先进行各类模块功能化的模拟调试,更减少了现场的调试工作量,又大大减少了相应的维修工作量。

6)功能完善

现代 PIC 具有数字量和模拟量的输入输出、逻辑和算术运算、定时、计数、顺序控制、功率驱动、通信、人机对话、自检、记录及显示等功能,位设备控制水平大大提高,应用范围更广泛。

7)体积小,质量轻,能耗低

由于 PLC 是专为工业控制而设计,故其结构紧凑、坚固且体积小,又由于具有很强的抗干扰能力,易于装入机械设备内部,质量轻,能耗小,因而成为目前实现"机电一体化"较为理想的控制设备。

鉴于 PLC 具备以上特点,实现了将微型计算机技术与继电器控制技术很好地融合在一起,最近又将 DDC(直接数字控制)技术加入其中,具有与监控计算机联网的功能,使它成为改造传统机械产品,构成机电一体化的新一代产品和实现机械工业自动化的控制核心。

（2）PLC 的应用

在工业发达国家，PLC 已经广泛应用于冶金、矿业、石化、电力、机械、交通运输、环保及娱乐等各行业，并且随着 PLC 的性能价格比的不断提高，PLC 逐步取代专用计算机占领的领域，使 PLC 的应用范围日益扩大。目前，PLC 的应用范围大致可分为以下 5 大类型：

1）顺序控制

运动控制是 PLC 应用最广泛的领域，它取代了传统的继电器顺序控制，常应用于单台电动机控制、多机群控制和自动生产线控制。例如，机床电气控制，冲压、铸造机械控制，包装、印刷机械控制，电镀生产线，啤酒、饮料灌装生产线，汽车装配生产线，电视机、冰箱、洗衣机生产线及电梯控制，等等。

2）运动控制

运动控制是 PLC 用于直线运动或圆周运动的控制，目前，许多 PLC 制造商已提供了拖动步进电机或伺服电机的单轴或多轴位置控制模块。在多数情况下，PLC 能把描述目标位置的数据送给模块，控制模块移动一轴或数轴到达目标位置，当每个轴移动时，位置控制模块能保持适当的速度和加速度，确保运动的平滑性。位置控制模块装置具有体积小、价格低、速度快、操作方便等优点，而被广泛地应用于各种机械设备中，如金属切削机床、金属成形设备、装配设备、机器人及电梯等。

3）过程控制

过程控制是指 PLC 对温度、压力、流量、速度、转速、电压或电流等连续变化的模拟量实现闭环控制。例如，PLC 通过模拟量 I/O 模块，实现模拟量和数字量之间的 A/D，D/A 转换，并对模拟量进行闭环 PID 控制。目前，大中型 PLC 一般都具有 PID 闭环控制功能，PLC 的模拟量 PID 控制功能已被广泛地应用于塑料挤压成形机、加热炉、热处理炉及锅炉等过程控制。

4）数据处理

目前，PLC 已具备各类数字运算（包括矩阵运算、函数运算和逻辑运算等）、数据传递、转换、排序、查表及位操作等功能，可按要求完成数据的采集、分析和处理，并将这些数据与存储在存储器中的参数值进行比较，或通过通信设备传送到别的智能装置，或将它们打印和制表。数据处理一般用于大中型自动控制系统，如柔性制造系统、过程控制系统和机器人的控制系统。

5）通信网络

PLC 通信网络包括与 PLC 之间的通信、PLC 与其他智能化控制设备之间的通信等。PLC 和计算机均具有 RS-232 接口，可用双绞线、同轴电缆或光缆实现互联网，达到信息的交换，构成"集中管理、分散控制"的分布式控制系统。目前，PLC 与 PLC 之间的网络通信是各厂家专用的，尚缺乏通用性。关于 PLC 与计算机之间的网络通信，有一些 PLC 厂家在考虑采用工业标准总线和逐步向标准通信协议（MAP）靠拢。

当然，并不是所有的 PLC 均具备上述全部应用领域的功能，有些小型 PLC 只具备上述部分应用领域的功能，但其价格也相对低得多。

6.1.4　PLC 与其他工业控制系统的比较

(1)PLC 与接触器-继电器控制系统的比较

PLC 的指令系统采用梯形图语言,它与继电器控制原理图十分相似,并沿用了继电器控制电路的元件符号,两者具有许多相似之处。传统的继电器控制只能进行开关量的控制,而PLC 可进行开关量和模拟量的控制,能与计算机联机实现分级控制。它们的区别主要是:

①组成的器件不同。继电器控制线路由许多硬件继电器组成,而 PLC 由许多"软件继电器"组成,通过存储器的触发器置 1 或置 0 实现用户控制功能。

②触点的数量不同。继电器的触点数较少,一般只有 4~8 对,而触发器的状态可取用任意次,软继电器的触点数为无限对。

③控制方法不同。继电器控制系统是通过元件之间的硬接线实现,功能专一,缺乏灵活性,体积庞大,安装维修不方便,而见 PLC 控制功能是通过软件编程完成,功能调整和改变容易便捷,控制灵活。

④工作方式不同。在继电器控制系统中,当接通电源时,线路中各继电器均处于受制约状态,工作方式是并行的,而在 PLC 梯形图中,各软件继电器均处于周期性循环扫描接通中,工作方式是串行的。

(2)PLC 与微机的比较

从微型计算机的应用范围来说,微机是通用机,PLC 是专用机。微机是在以往计算机与大规模集成电路的基础上发展起来的,具有运算速度快、功能强、应用范围广的特征,而 PLC 为工业控制环境设计的专用机,通过选配相应的模块以适用于各种工业控制系统的需求。它们主要差异如下:

①PLC 抗干扰性能比微机高。

②PLC 编程比微机简单,易学易用。

③PLC 设计调试周期短。

④PLC 的输入输出响应速度慢,有较大的滞后现象,而微机的响应速度快。

⑤PLC 易于操作,易于维修,人员培训时间短,而微机操作、维修较困难,人员培训时间长。

6.2　FX2N 系列可编程序控制器及其指令系统

目前 PLC 的生产厂家很多,因而 PLC 规格品种繁多,尤其是每一个生产厂家都有自己的设计特点和特定的指令系统,从而导致不同规格产品和厂商之间技术性能指标的差异。本节主要以日本三菱公司 FX2N 为例,介绍其系统硬件、主要性能指标、特点、指令系统及应用等基本知识。

6.2.1　FX2N 系列可编程序控制器硬件配置

FX 系列 PLC 是由三菱公司近年来推出的高性能小型可编程控制器,以逐步替代三菱公司原 F,F1,F2 系列 PLC 产品。其中,FX2 是 1991 年推出的产品,FX0 是在 FX2 之后推出的超小型 PLC,近几年来又连续推出了具有众多功能的超小型 FX0S,FX1S,FX0N,FX1N,

FX2N,FX2NC 等系列 PLC,具有较高的性能价格比,应用广泛。它们采用整体式和模块式相结合的叠装式结构。

（1）FX 系列 PLC 型号命名方式

型号命名的基本格式表示如下：

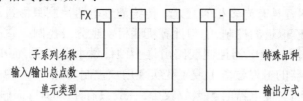

①子系列名称。如 1S,1N,1NC,2N,2NC 等。

②单元类型。M 为基本单元,E 为输入输出混合扩展单元与扩展模块,EX 为输入专用扩展模块,EY 为输出专用扩展模块。

③输出形式。R 为继电器输出,T 为晶体管输出,S 为双向晶闸管输出（或称为可控硅输出）。

④特殊品种。D 表示 DC 电源,DC 输出;A 表示 AC 电源,AC 输入或 AC 输出;H 表示大电流输出扩展模块;V 表示立式端子排的扩展模块;C 表示接插口输入输出方式;F 表示输入滤波时间常数为 1 ms 的扩展模块;001 表示专为中国推出的产品。

如果特殊品种这一项无符号,则表示为 AC 电源、DC 输入、横式端子排、标准输出。

例如,型号为 FX2N- 48MR-D 的 PLC 表示该 PLC 属于 FX2N 系列,是具有 48 个 I/O 点的基本单元,继电器输出型,使用 DC24 V 电源,24 V 直流输出型。

（2）三菱 FX2N 系列 PLC 的硬件结构

FX 系列 PLC 的硬件包括基本单元、扩展单元、扩展模块、模拟量输入/输出模块、各种特殊功能模块及外部设备等。

1）FX2N 系列 PLC 基本单元

基本单元即主机或本机,它包括 CPU、存储器、基本输入/输出点和电源等,是 PLC 的主要部分。它实际上是一个完整的控制系统,可独立完成一定的控制任务。FX2N 基本单位有 16/32/48/65/80/128 点,6 个基本 FX2N 单元中的每一个单元都可通过 I/O 扩展单元扩充为 256 个 I/O 点。其基本单元如表 6.1 所示。

表 6.1　FX2N 系列的基本单元

型　号			输入点数	输出点数	扩展模块可用点数
继电器输出	晶闸管输出	晶体管输出			
FX2N-16MR-001	FX2N-16MS	FX2N-16MST	8	8	24～32
FX2N-32MR-001	FX2N-32MS	FX2N-32MST	16	16	24～32
FX2N-48MR-001	FX2N- 48MS	FX2N- 48MST	24	24	48～64
FX2N-64MR-001	FX2N-64MS	FX2N-64MST	32	32	48～64
FX2N-80MR-001	FX2N-80MS	FX2N-80MST	40	40	48～64
FX2N-128MR-001		FX2N-128MT	64	64	48～64

2)扩展单元

扩展单元由内部电源、内部输入输出电路组成,需要和基本单元一起使用。在基本单元的 I/O 点数不够时,可采用扩展单元来扩展 I/O 点数。FX2N 系列的扩展单元如表 6.2 所示。

表 6.2　FX2N 子系列扩展单元

型　号	总 I/O 数目	输　入			输　出	
		数　目	电　压	类　型	数　目	类　型
FX2N-32ER	32	16	24 V 直流	漏型	16	继电器
FX2N-32ET	32	16	24 V 直流	漏型	16	晶体管
FX2N- 48ER	48	24	24 V 直流	漏型	24	继电器
FX2N- 48ET	48	24	24 V 直流	漏型	24	晶体管
FX2N- 48ER-D	48	24	24 V 直流	漏型	24	继电器(直流)
FX2N- 48ET-D	48	24	24 V 直流	漏型	24	继电器(直流)

3)扩展模块

扩展模块由内部输入输出电路组成,自身不带电源,由基本单元、扩展单元供电,需要和基本单元一起使用。在基本单元的 I/O 点数不够时,可采用扩展模块来扩展 I/O 点数,扩展模块如表 6.3 所示。

表 6.3　FX2N 子系列的扩展模块

型　号	总 I/O 数目	输　入			输　出	
		数　目	电　压	类　型	数　目	类　型
FX2N-16EX	16	16	24 V 直流	漏型		
FX2N-16EYT	16				16	晶体管
FX2N-16EYR	16				16	继电器

4)特殊功能模块

现代工业控制给可编程序控制器提出了许多新的课题,仅仅用通用 I/O 模块来解决,在硬件方面费用太高,在软件方面编程相当麻烦,某些控制任务甚至无法用通用 I/O 模块来完成。为了增强可编程序控制器的功能,扩大其应用范围,可编程序控制器厂家开发了品种繁多的特殊用途 I/O 模块,包括带微处理器的智能 I/O 模块。FX2N 系列 PLC 提供了各种特殊功能模块,当需要完成某些特殊功能的控制任务时,就需要用到特殊功能模块。

①模拟量输入输出模块

D/A 转换器将可编程序控制器的数字输出量转换为模拟电压或电流,再去控制执行机构。模拟量 I/O 模块的主要任务就是完成 A/D 转换(模拟量输入)和 D/A 转换(模拟量输出)。

②数据通信模块

可编程序控制器的通信模块用来完成与别的可编程序控制器、其他智能控制设备或主计算机之间的通信。远程 I/O 系统也必须配备相应的通信接口模块。主要有 RS-232C，RS-422，RS-485 等通信用功能扩展板。

③高速计数器模块

可编程序控制器梯形图程序中计数器的最高工作频率受扫描周期的限制，一般仅有几十赫。在工业控制中，有时要求可编程序控制器有快速计数功能，计数脉冲可能来自旋转编码器、机械开关或电子开关。高速计数模块可以对几十千赫至上兆赫的脉冲计数，它们大多有一个或几个开关量输出点，当计数器的当前值等于或大于预置值时，输出被驱动。这一过程与可编程序控制器的扫描过程无关，可以保证负载被及时驱动。

④运动控制模块

这类模块一般带有微处理器，用来控制运动物体的位置、速度和加速度，并可控制直线运动或旋转运动，单轴或多轴运动。它们使运动控制与可编程序控制器的顺序控制功能有机地结合在一起，被广泛地应用在机床、装配机械等场合。

除了上述的特殊功能模块外，还有中断输入模块与快速响应模块、数据处理与控制模块、模拟量设定功能扩展板、PID 过程控制模块等。

5）编程器及相关设备

①专用编程器

FX2N 系列 PLC 有自己专用的液晶显示的手持式编程器 FX-10P-E 和 FX-20P-E，它们不能直接输入和编辑梯形图程序，只能输入和编辑指令表程序，可监视用户程序的运行情况。

②编程软件

在开发和调试过程中，专用编程器编程不方便，使用范围和寿命也有限，因此当前的发展趋势是在计算机上使用编程软件。目前，常用的 FX2N 系列 PLC 的编程软件是 FX-PCS/WIN-E/-C 和 SWOPC-FXGP/WIN-C 编程软件，它们是汉化软件，可编辑梯形图和指令表，并可在线监控用户程序的执行情况。GX Simulator6-C PLC 仿真软件，它允许计算机对工厂生产过程和系统仿真。

③显示模块

显示模块 FX-10DM-E 可安装在控制屏的面板上，用电缆与 PLC 相连，有 5 个键和带背光的 LED 显示器，显示两行数据，每行 16 个字符，可用于各种型号的 FX 系列 PLC。可监视和修改定时器 T、计数器 C 的当前值和设定值，监视和修改数据寄存器 D 的当前值。

④图形操作终端

GOT-900 系列图形操作终端 FX2N 系列 PLC 人机操作界面中的较常用的一种。它的电源电压为 DC24 V，用 RS-232C 或 RS- 485 接口与 PLC 通信，有 50 个触摸键，可设置 500 个画面，可用于监控或现场调试。

6.2.2　FX2N 系列可编程控制器的编程元件

可编程控制器内部有许多不同功能的器件，实际上这些器件是由电子电路和存储器组成的。例如，输入继电器 X 是由输入电路和存储输入信号存储区的存储器组成的；输出继电器 Y 是由输出电路和存储输出信号存储区的存储器组成的；定时器 T、计数器 C、辅助继电器

M、状态继电器 S、数据寄存器 D 及变址寄存器 VC 等都是由存储器组成的。为了把它们和通常的硬器件区分开,通常把上面的器件称为软器件,是概念抽象模拟的等效器件,并非实际的物理器件,它实质上是存储器中的某些触发器,该位触发器状态为"1"时,相当于继电器接通;该位触发器状态为"0"时,相当于继电器断开。从工作过程看,人们只注重器件的功能,按器件的功能给出名称,如输入继电器 X 和输出继电器 Y 等。每个器件都有确定的地址编号,对于使用者来说,在编制应用程序时,可不考虑微处理器和存储器的复杂构成及其使用的计算机语言,而把 PLC 看成是内部由许多"软继电器"组成的控制器,用提供给使用者近似于继电器控制线路图的编程语言进行编程,这对编程十分重要。

需要指出的是,不同厂家甚至同一厂家的不同型号的可编程控制器,编程元件的数量和种类都不一样,FX2N 小型可编程控制器的编程器件见附录 D。下面仅介绍比较常用的编程器件。

(1)输入继电器 X

输入继电器与 PLC 的输入端相连,是 PLC 接受外部开关信号的接口。与输入端子连接的输入继电器是光电隔离的电子继电器,其线圈、常开接点、常闭接点与传统硬继电器表示方法一样。可提供无数个常开接点、常闭接点供编程时使用。FX2N 系列的输入继电器采用八进制地址编号,X0—X267 最多可达 184 点。

输入继电器电路如图 6.9 所示。编程时应注意,输入继电器只能由外部信号驱动,而不能在程序内部用指令驱动,其接点也不能直接输出带动负载。

(2)输出继电器 Y

输出继电器的输出端是 PLC 向外部传送信号的接口。外部信号无法直接驱动输出继电器,它只能在程序内部由指令驱动。输出接点接到 PLC 的输出端子,输出接点的通和断取决于输出线圈的通和断状态。输出继电器的等效电路如图 6.10 所示。每个输出继电器有无数对常开和常闭接点供编程使用。输出继电器的地址编号也是八进制,Y0—Y267 最多可达 184 点。

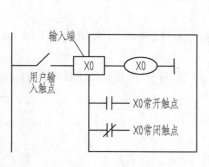

图 6.9 输入继电器

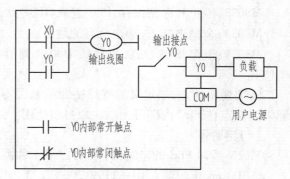

图 6.10 输出继电器

(3)辅助继电器 M

PLC 内部有很多辅助继电器,和输出继电器一样,只能由程序驱动。每个辅助继电器也有无数对常开、常闭接点供编程使用。其作用相当于继电器控制线路中的中间继电器。辅助继电器的接点在 PLC 内部编程时可任意使用,但它不能直接驱动负载,外部负载必须由输出继电器的输出接点来驱动。在逻辑运算中经常需要一些中间继电器作为辅助运算用,这些器件往往用作状态暂存和移位等运算。另外,辅助继电器还具有一些特殊功能。下面是几种常用的辅助继电器。

1)通用辅助继电器

通用辅助继电器按十进制地址编号,M0—M499 共 500 点(在 FX 型 PLC 中除了输入、输出继电器外,其他所有器件都是十进制编码)。

2)断电保持辅助继电器

PLC 在运行中如发生断电,输出继电器和通用辅助继电器全变成为断开状态。上电后,除了 PLC 运行时与外部输入信号接通以外,其他仍断开。不少控制系统要求保持断电瞬间状态,断电保持辅助继电器就是用于此种场合。断电保持是由 PLC 内装锂电池支持的。FX2N 系列 PLC 有 M500—M1023 共 524 个断电保持辅助继电器,此外,还有 M1024—M3071 共 2 048 个断电保持专用辅助继电器,它与断电保持辅助继电器的区别在于,断电保持辅助继电器可用参数设定,是可变更非断电保持区域,而断电保持专用辅助继电器关于断电保持的特性无法用参数来改变。

3)特殊辅助继电器

特殊辅助继电器(M8000—M8255)按使用方式,可分为以下两类:

①触点利用型特殊辅助继电器。其线圈由 PLC 自动驱动,用户只可使用这些触点。这类特殊辅助继电器常用作时基、状态标志或专用控制元件出现在程序中。例如:

M8000:运行监视,PLC 运行时监控接通。

M8002:初始脉冲,只在 PLC 开始运行的第一个扫描周期接通。

M8011,M8012,M8013,M8014:分别为 10 ms,100 ms,1 s,1 min 时钟。

M8020,M8021,M8022:分别为零标志、借位标志和进位标志。

②线圈驱动型特殊辅助继电器。用户驱动线圈后,PLC 作特定的动作。其中,存在驱动时有效和 END 指令执行后有效两种情况。例如:

M8030:关电池灯指示,熄灭锂电池欠压指示灯。

M8033:停止时存储保存,PLC 进入 STOP 状态后,输出继电器状态保持不变。

M8034:全输出禁止,禁止所有的输出。

M8039:恒定扫描方式,PLC 按 D8039 寄存器中指定的扫描时间周期运行(以 ms 为单位)。

需要说明的是,未定义的特殊辅助继电器不可在用户程序中使用。辅助继电器的常开和常闭接点在 PLC 内部可无限次地自由使用。

(4)定时器

FX2N 系列 PLC 的定时器(T)有以下 4 种类型:

①100 ms 定时器。T0—T199,200 点。定时范围:0.1~3 276.7 s。

②10 ms 定时器。T200—T245,46 点。定时范围:0.01~327.67 s。

③1 ms 累积型定时器。T246—T249,4 点,执行中断保持。定时范围:0.001~32.767 s。

④100 ms 累积型定时器。T250—T255,6 点,定时中断保持,定时范围:0.1~3 276.7 s。

定时器在 PLC 中的作用相当于一个时间继电器。它有一个设定值寄存器(一个字长),一个当前值寄存器(一个字长)以及无限个接点(千个位)。当达到设定值时输出接点动作。定时器可使用用户程序存储器内的常数 K 作为设定值,也可以用后述的数据寄存器 D 的内容作为

设定值,这里的数据寄存器应有断电保持功能。定时器的地址编号、设定值规定如下:

1)常规定时器 T0—T245

如图 6.11(a)所示,当驱动输入 X0 接通时,T200 用当前值计数器累计 10 ms 的时钟脉冲。如果该值等于设定值 K123 时,定时器的输出接点动作,即输出接点是在驱动线圈后的 123 × 0.01 s = 1.23 s 时动作。驱动输入 X0 断开或发生断电时,计数器复位,输出接点也复位。

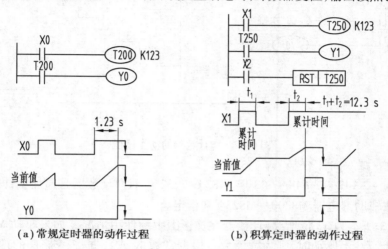

图 6.11　定时器的动作过程

2)积算定时器 T246—T255

如图 6.11(b)所示,当定时器线圈 T250 的驱动输入 X1 接通时,T250 用当前值计数器累计 100 ms 的时钟脉冲个数。当该值与设定值 K123 相等时,定时器的输出接点输出。当计数中间驱动输入 X1 断开或停电时,当前值可保持。输入 X1 再接通或复电时,计数继续进行,当累计时间为 123 × 0.1 s = 12.3 s 时,输出接点动作。积算定时器只有当复位信号 X2 接通时,计数器和输出接点才复位。

(5)**计数器 C0—C255**

FX2N 系列 PLC 计数器(C)分为 16 位增计数器(一般用:C0—C99;停电保持用:C100—C199)32 位增/减双向计数器(停电保持用:C200—C219;特殊用:C220—C234)以及 32 位增/减双向高速计数器(停电保持 C235—C255 中的 6 点)。

1)16 位增计数器

16 位是指其设定值及当前值寄存器为二进制 16 位寄存器,其设定值在 K1-32767 范围内有效。设定值 K0 与 K1 意义相同,均在第一次计数时,其接点动作。如果 PLC 断电,则一般用计数器的计数值被清除,而停电保持用计数器则可存储停电前的计数值,恢复电源后,计数器可按上一次数值累计计数。

增计数器的动作过程如图 6.12 所示。图 6.12(a)为梯形图,图 6.12(b)为时序表。X11 是计数输入,每当 X11 接通一次,计数器当前值加 1。当计数器的当前值为 8 时(即计数输入达到第 8 次时),计数器 C0 的接点接通。之后即使输入 X11 再接通,计数器的当前值也保持不变。当复位输入 X10 接通时,执行 RST 复位指令,计数器当前值复位为 0,输出接点也断开。计数器的设定值,除了可由常数 K 设定外,还可通过指定数据寄存器来间接设定。

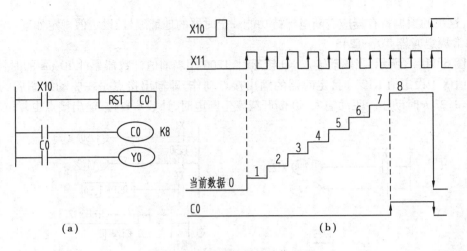

图 6.12　增计数器的动作过程

2)32 位增/减双向计数器

设定值为 −2 147 483 648 ~ +2 147 483 647,32 位双向计数器是递加型计数还是递减型计数将由特殊辅助继电器 M8200—M8234 来指定。

如图 6.13 所示为 32 位增/减数器在梯形图中的使用情况。如果驱动 M8200,则计数器 C200 为减计数,不驱动时,则为增计数。根据常数 K 或数据寄存器 D 的内容,设定值可正可负,将连号的数据寄存器内容视为一对,作为 32 位的数据处理。利用计数输入 X014 驱动 C200 线圈,可增计数或减计数。在计数器的当前值由 −6→−5 增加时,输出触点置位;在由 −5→−6 减少时,输出触点复位。当前值的增减与输出接点的动作无关。但是如果从 2 147 483 647 开始增计数,则成为 −2 147 483 648,同样如果从 −2 147 483 648 开始减计数,则成为 2 147 483 647,形成循环计数。如果复位输入 X013 为 ON,则执行 RST 指令,计数器当前值变为 0,输出接点位复位。使用停电保持用计数器时,计数器的当前值、输出接点动作与复位状态停电保持。32 位计数器也可作为 32 位数据寄存器使用,但是,32 位计数器不能作为 16 位应用指令中的软元件。在以 DMOV 指令等把设定值以上的数据写入当前值数据寄存器时,则在以后的计数输入时可继续计数,接点也不变化。

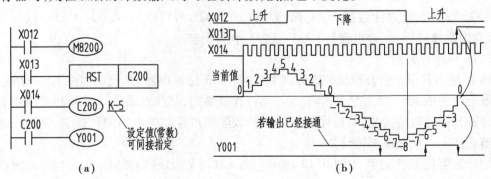

图 6.13　32 位增/减计数器的使用

计数器与定时器根据设定值动作,可将计数器或定时器的当前值作为数值数据用于控制。普通计数器对 PLC 的内部信号(X,Y,M,S,T,C)等接点的动作进行循环扫描并计数。

这些内部信号接通和断开的持续时间必须比 PLC 的扫描周期长,才能保证准确可靠计数。

（6）**状态器** S

状态器 S 是构成状态转移图的重要软元件,它与后续的步进梯形指令配合使用。通常状态继电器软元件有 5 种类型:

①初始状态继电器 S0—S9 共 10 点。

②回零状态继电器 S10—S19 共 10 点。

③通用状态继电器 S20—S499 共 480 点。

④停电保持状态器 S500—S899 共 400 点。

⑤报警用状态继电器 S900—S999 共 100 点。

状态继电器的常开和常闭接点在 PLC 内可自由使用,且使用次数不限。不用步进梯形指令时,状态继电器 S 可作为辅助继电器 M 在程序中使用。

（7）**数据寄存器** D

在进行输入输出处理、模拟量控制、位置控制时,需要许多数据寄存器存储数据和参数。数据寄存器为 16 位,最高位为符号位。也可用两个数据寄存器合并起来存放 32 位数据,最高位仍为符号位。数据寄存器分成以下 5 类。

1）通用数据寄存器

通用数据寄存器 D0—D199(共 200 点)。一旦在数据寄存器中写入数据,只要不再写入其他数据,就不会变化。当 PLC 由运行到停止或断电时,该类数据寄存器的数据被清除为0。但若特殊辅助继电器 M8033 置 1,PLC 由运行转向停止时,数据可以保持。

2）断电保持/锁存寄存器

断电保持/锁存寄存器 D200—D7999(共 7 800 点)。断电保持/锁存寄存器有断电保持功能,PLC 从运行状态进入停止状态时,断电保持寄存器的值保持不变。设定参数,可改变断电保持的数据寄存器的范围。

3）特殊数据寄存器

特殊数据寄存器 D8000—D8255(共 256 点)。它是指写入特定目的的数据,或已事先写入特定内容的数据寄存器,其内容在电源接通时被置于初始值。例如,监视定时器的时间是通过系统 ROM 在 D8000 中进行初始设定,需要将其改变时,可利用传送指令(FNC12 MOV),在 D8000 中写入目标时间;对于未定义的特殊数据寄存器,用户不能用。

4）文件数据寄存器

文件数据寄存器 D1000—D7999(共 7 000 点)。文件寄存器是以 500 点为一个单位,可被外部设备存取。文件寄存器实际上被设置为 PLC 的参数区。文件寄存器与锁存寄存器是重叠的,可保证数据不会丢失。FX2N 系列的文件寄存器可通过 BMOV(块传送)指令改写。

5）变址寄存器

V0—V7,Z0—Z7 共有 16 个。这种变址寄存器除了和普通的数据寄存器有同样的使用方法外,在应用指令的操作数中,还可同其他软元件编号或数值组合使用,在程序中改变软元件编号或数值内容,是一个特殊的数据寄存器。例如,当 V0 = 7 时,数据寄存器元件号 D4V0 相当于 D11(4 + 7 = 11)。在 32 位操作时将 V,Z 合并使用,Z 为低位,当进行 32 位操作时,将 V,Z 合并使用,指定 Z 为低位。

（8）**指针** P/I

1）分支用指针

指针（P/I）包括分支用的指针 P0—P127（共 128 点）和中断用的指针（共 15 点），P0—P127用来指示跳转指令（CJ）的跳步目标和子程序调用指（CALL）调用的于程序的入口地址，执行到子程序中的 SRET（子程序返回）指令时返回去执行主程序。

图 6.14（a）中的常开触点接通时，执行条件跳步指令 CJ　P0，跳转到指定的标号位置，执行标号后的程序。图 6.14（b）中 X10 的常开触点接通时，执行子程序调用指令 CALL P1，跳转到标号 P1 处执行从 P1 开始的子程序，执行到 SRET 指令时返回主程序中 CALL P1 下面一条指令。

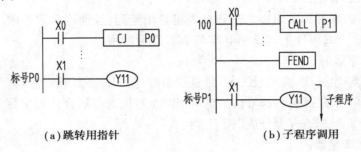

(a) 跳转用指针　　　　　　　　　　　　(b) 子程序调用

图 6.14　分支用指针

2）中断用指针

中断用指针用来指明某一中断源的中断程序入口标号，执行到 IRET（中断返回）指令时返回主程序。图 6.15 给出了输入中断和定时器中断指针编号的意义。计数器用的中断号为 I0□0（□ = 1～6）。输入中断用来接收特定的输入地址号的输入信号，立即执行相应的中断服务程序，这一过程不受可编程序控制器扫描工作方式的影响，因此使可编程序控制器能迅速响应特定的外部输入信号。

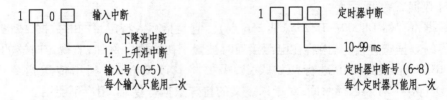

图 6.15　中断用指针

定时器中断使可编程序控制器以指定的周期定时执行中断于程序，定时循环处理某些任务，处理的时间不受可编程序控制器扫描周期的限制。

计数器中断用于可编程序控制器内置的高速计数器，根据高速计数器的计数当前值与计数设定值的关系来确定是否执行相应的中断服务子程序。

（9）**常数**（K/H）

常数也作为器件对待，它在存储器中占有一定的空间。十进制常数用 K 表示，如 17 表示 K17，十六进制常数用 H 表示，如 17 表示为 H11。

6.2.3 FX 系列可编程控制器的编程语言

一个 PLC 所具有的指令集合称为该 PLC 的指令系统。指令的多少代表着 PLC 的功能和性能的优越性。一般来说,功能强、性能好的 PLC,其指令系统必然丰富。在编程之前必须弄清楚 PLC 的指令系统。

早期的 PLC 是完全封闭的,由各个生产厂自己生产组件和设计开发编程软件,没有一种对各个厂家产品都能兼容的编程语言。编程软件互不通用,使用户每采用一种产品时就要重新学习相应的编程方法,极为不便。国际电工委员会(IEC)于 1993 年正式颁布了 PLC 的国际标准 IEC1131(后改称为 IEC61131),其中的第三部分(IEC61131-3)关于编程语言的标准,将现代软件的概念和现代软件工程的机制与传统的 PLC 编程语言相结合,规范了 PLC 的编程语言及其基本元素,弥补和克服了传统的 PLC 控制系统的弱点(如开放性差、兼容性差、应用软件可维护性差以及可再用性差等)。这一标准为 PLC 软件技术的发展,乃至整个工业控制软件技术的发展,起了举足轻重的推动作用。编程语言的标准化为 PLC 走向开放式系统奠定了坚实的基础,它是全世界控制工业第一次制定的有关数字控制软件技术的编程语言标准,它在工业控制领域的影响已超出了 PLC 的界限,成为 DCS、PC 控制、运动控制,以及 SCADA 的编程系统事实上的标准。对于符合这一标准的控制器,即使它们由不同制造商生产,其编程语言也是相同的。其使用方法也是类似的,因此,工程师们可以做到"一次学习、到处使用",从而减少了企业在人员培训、技术咨询、系统调试及软件维护等方面的成本。

在 IEC61131-3 中规定了控制逻辑编程中的语法、语义和显示,然后从现有的编程语言中挑选了 5 种(顺序功能图编程语言、梯形图编程语言、功能块图编程语言、指令语句表编程语言及结构文本编程语言),并对其进行了部分修改,使其成为目前通用的语言。

在这 5 种语言中,有 3 种是图形化语言,2 种文本化语言。图形化语言有梯形图(LD-Ladder Diagram)、顺序功能图(SFC-Sequential Function Chart)、功能块图(FBD-Function Block Diagram),文本化语言有指令表(IL-Instruction List)及结构文本(ST-Structured Text)。IEC 并不要求每种产品都能运行这 5 种语言,可只运行其中的一种或几种,但均必须符合标准。在实际组态时,可在同一项目中运用多种编程语言,相互嵌套,以供用户选择最简单的方式生成控制策略。

(1)顺序功能图编程语言

顺序功能图编程语言是一种位于其他编程语言之上的图形语言,用来编制顺序控制程序。顺序功能图提供了一种组织程序的图形方法,在顺序功能图中可用其他语言嵌套编程。步、转移和动作是顺序功能图的 3 种主要元件,如图 6.16 所示。顺序功能图用来描述开关量控制系统的功能,可以很容易地画出顺序控制梯形图程序。

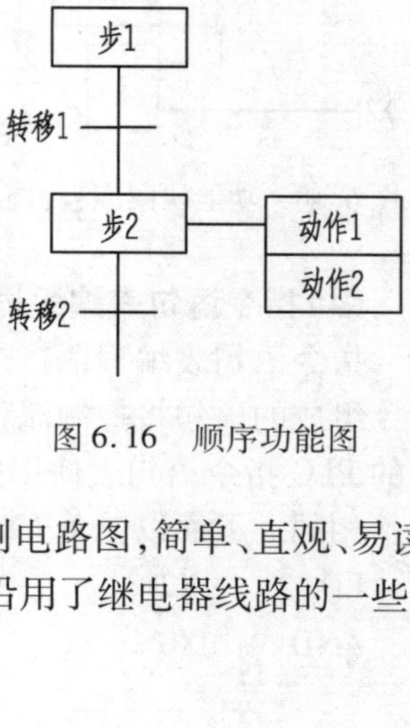

图 6.16 顺序功能图

(2)梯形图编程语言

梯形图编程语言习惯上称为梯形图,是 IEC61131-3 的 3 种图形化编程语言中的一种。梯形图在形式上类似于继电器控制电路图,简单、直观、易读、好懂,是 PLC 中普遍采用、应用最多的一种编程语言。梯形图中沿用了继电器线路的一些图形符号,这些图形符号被称为编程元件,每一个编程元件都对应的有一个编号。不同厂家的PLC编程元件的多少,符号和编号方法不尽相同,但基本的元件及功能相差不大。

如图6.17所示为传统的继电器控制线路图和PLC梯形图。

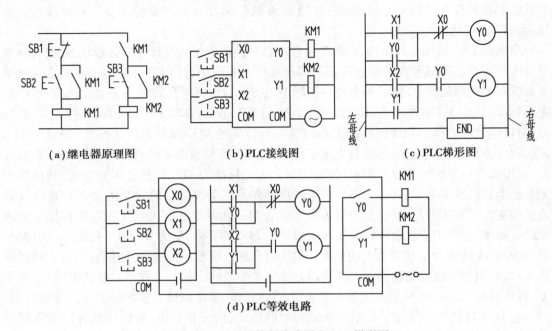

（a）继电器原理图　　　　（b）PLC接线图　　　　（c）PLC梯形图

（d）PLC等效电路

图6.17　继电器控制线路图和PLC梯形图

从图中可知,对于同一控制功能,继电器控制原理图和梯形图的输入、输出信号基本相同,控制过程等效,但是又有本质的区别:继电器控制原理图使用的是硬件继电器和定时器等,靠硬件连接组成控制线路;而PLC梯形图使用的是内部软继电器、定时器等,靠软件实现控制,因此PLC的使用具有更高的灵活性,修改控制过程非常方便。

（3）功能块图编程语言

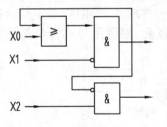

图6.18　功能块图编程语言

功能块图编程语言是一种类似于数字逻辑门电路的编程语言。该编程语言用类似与门、或门的方框来表示逻辑运算关系。方框的左侧为逻辑运算的输入变量,右侧为输出变量,输入、输出端的小圆圈表示"非"运算,方框被"导线"连接在一起,信号从左向右流动,如图6.18所示。个别微型PLC模块使用功能块图编程语言,除此之外,很少使用功能块图编程语言。

（4）指令语句表编程语言

指令语句表编程语言是一种与计算机汇编语言类似的助记符编程方式。用一系列操作指令组成的语句将控制流程描述出来,并通过编程器送到PLC中去。需要指出的是,不同厂家的PLC指令语句表使用的助记符并不相同。因此,一个相同功能的梯形图,书写的语句表并不相同。下面以三菱FX系列的指令语句来说明。

LD　　　　X2　　　　逻辑行开始输入 X2 常开触点

AND　　　　X0　　　　串联 X0 常开接点

OUT	Y	输出 Y1 逻辑行结束
LD	Y3	输入 Y3 常开接点逻辑行开始
ANI	X3	串联 X3 的常闭接点
OUT	M101	输出驱动 M101
AND	T1	串联 T1 的常开接点
OUT	Y4	输出 Y4 逻辑行结束

指令语句表是由若干条语句组成的程序。语句是程序的最小独立单元。每个操作系统由一条或几条语句组成。PLC 的语句表达形式与一般微机编程语言的语句表达式类似,也是由操作码和操作数两部分组成。操作码用助记符表示(如 LD 表示"取"、AND 表示"与"等),用来说明要执行的功能。操作数一般由标示符和参数组成。标示符表示操作数的类型,如表明是输入继电器、输出继电器、定时器、计数器或数据寄存器等。参数说明操作数的地址或一个预先设定值。

(5)结构文本编程语言

结构文本编程语言是为 IEC61131-3 标准专门创建的一种专用的高级编程语言。与梯形图相比,它能实现更复杂的数学运算,编写的程序非常简洁和紧凑。

除了提供几种编程语言供用户选择外,标准还允许编程者在同一个程序中使用多种编程语言,这使编程者能选择不同的语言来适应特定的工作。

6.2.4 FX2N 系列可编程序控制器的基本指令

FX 系列可编程序控制器共有 27 条基本逻辑指令,步进梯形指令 2 条,功能指令 128 种,298 条。

(1)逻辑取及线圈驱动(输出)指令(LD/LDI/OUT)

LD(Load),取指令。表示一个与输入母线相连的常开接点指令,即常开接点逻辑运算起始。

LDI(Load Inverse),取反指令。表示一个与输入母线相连的常闭接点指令,即常闭接点逻辑运算常闭触点与母线连接的指令。

OUT(Out),输出指令。驱动线圈的输出指令。

LD,LDI,OUT 指令使用如图 6.19 所示。

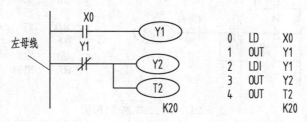

图 6.19 LD,LDI,OUT 指令使用

取指令与输出指令的使用说明:

①LD,LDI 两条指令的目标元件是 X,Y,M,S,T,C,用于将接点接到输入母线上。可与后述的 ANB 指令、ORB 指令配合使用,在分支起点也可使用。

②OUT 是驱动线圈的输出指令,其目标元件是 Y,M,S,T,C。对输入继电器 X 不能使用。OUT 指令可以连续使用多次。

③LD,LDI 是一个程序步指令,这里的一个程序步即是一个字。OUT 是多程序步指令,要视目标元件而定。

④OUT 指令的目标元件是定时器 T 和计数器 C 时,必须设置常数 K。

(2)触点串联指令(AND/ANI)

AND(And),与指令。用于一个单独的常开接点与其他的电路串联。

ANI(And Inverse),与非指令。用于一个单独的常闭接点与其他的电路串联。

AND,ANI 指令使用如图 6.20 所示。

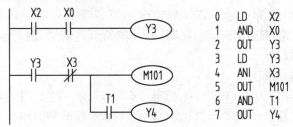

图 6.20　AND,ANI 指令使用

图 6.20 触点串联指令的使用说明:

①AND,ANI 是单独触点的串联连接的指令,对串联接点的个数没有限制,可重复使用。

②OUT 指令使用后,通过接点对其他线圈使用 OUT 指令称为连续输出,如图中的执行 OUT M101 指令后,通过 T1 的触点去驱动 Y4。

③AND,ANI 两条指令的目标元件是 X,Y,M,S,T,C。

(3)接点并联指令(OR,ORI)

OR(Or),或指令。用于一个单独的常开接点与其他的电路并联。

ORI(Or Inverse),或非指令。用于一个单独的常闭接点与其他的电路并联。

OR,ORI 指令使用如图 6.21 所示。

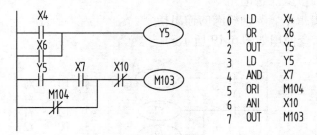

图 6.21　OR,ORI 指令使用

触点并联指令的使用说明:

①OR,ORI 指令都是单独接点并联指令,并联接点的左端接到母线处(左母线或支路母线)右端与前一条指令对应接点的右端相连,连续使用的次数不限。

②OR,ORI 两条指令的目标元件是 X,Y,M,S,T,C。

（4）**电路块并联连接指令** ORB(Or Block)

两个或者两个以上的触点串联连接而成的电路块称为"串联电路块"，将串联电路块并联连接时用 ORB 指令。ORB 指令使用如图 6.22 所示。

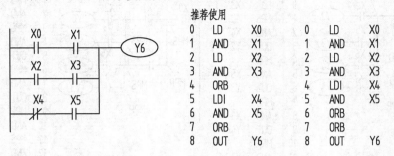

图 6.22　ORB 指令使用

电路块并联连接指令的使用说明：

①几个串联电路块并联时，每个串联电路块的起点都要用 LD 或 LDI 指令，电路块的后面用 ORB 指令。

②有多个电路块并联时，如对每个电路块使用 ORB 指令，ORB 使用次数不限。

③ORB 指令可连续使用，但是使用次数不得超过 8 次。

（5）**并联电路块的串联连接指令** ANB(And Block)

ANB 指令将并联电路块与前面的电路串联，在使用 ANB 指令之前，应先完成并联电路块的内部连接。ANB 的应用示例如图 6.23 所示。

并联电路块的串联连接指令的使用说明：

①并联电路块中各支路的起始接点使用 LD 或 LDI 指令。

②有多个电路块串联时，如对每个电路块使用 ANB 指令，ANB 使用次数不限。

③ANB 指令可连续使用，但是使用次数不得超过 8 次。

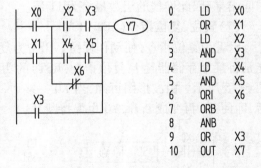

图 6.23　ANB 指令使用

（6）**堆栈操作指令**(MPS/MRD/MPP)

FX2N 系列 PLC 有一个 11 位的堆栈，堆栈按"先进后出，后进先出"的原则存取，即先入的数据放在栈下方，后进的数据放在栈上方，出栈时上方的数据(后进的数据)先出去，下方的数据(先进的数据)后出去，与堆栈有关的指令有以下 3 个：

①入栈指令(MPS)。当前的逻辑运算结果压入栈顶，堆栈中原来的数据依次向下一层推移。

②读栈指令(MRD)。读取存储在栈顶的数据，读出数据后堆栈内的数据不会上下移动。

③出栈指令(MPP)。弹出栈顶的数据，使栈中各层的数据向上移动一层，第二层的数据成为堆栈的新的栈顶值，原栈顶值被推出丢失。

这些堆栈操作指令使用如图 6.24 所示，其中图 6.24(a)为一层堆栈，进栈后的信息可无限使用,最后一次使用 MPP 指令弹出信息;图 6.24(b)为两层堆栈,用了两个堆栈单元。

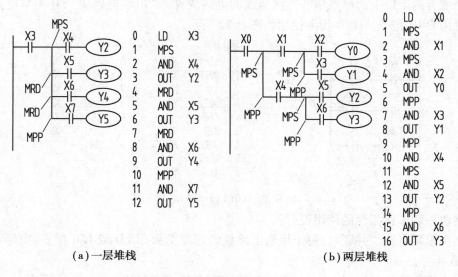

（a）一层堆栈   （b）两层堆栈

图 6.24　堆栈指令使用

堆栈操作指令的使用说明:

①堆栈操作指令没有目标元件。

②MPS 和 MPP 必须成对出现,主要用在多重输出电路。

③由于堆栈储存单元只有 11 个,栈顶用来存储逻辑运算的结果,下面的 10 位用来存储中间结果,因此堆栈的层数最多为 11 层。

（7）**置位、复位指令**(SET/RST)

SET 为置位指令,使动作保持。RST 为复位指令使操作保持复位。置位指令(SET)的功能是将某个存储器置 1;复位指令(RST)的功能是将某个存储器置 0。SET,RST 指令使用如图 6.25 所示。由波形图可知,当 X0 一接通,即使 X0 再变成断开,Y0 也保持接通。X1 接通后,即使 X1 再变成断开,Y0 也保持断开。

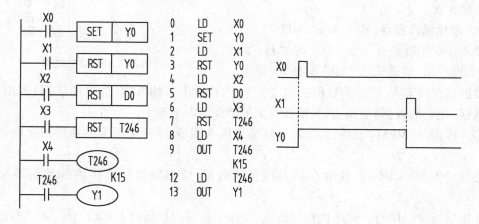

图 6.25　SET,RST 指令使用

SET,RST 指令使用说明：

①SET 指令的操作目标元件为 Y,M,S。而 RST 指令的操作元件为 Y,M,S,D,Y,Z,T,C。用 RST 指令可对定时器、计数器、数据寄存器及变址寄存器的内容清零。

②对于同一编程元件,SET,RST 可多次使用,顺序也可随意,但最后执行者有效。

③在任何情况下,RST 指令都优先执行。计数器处于复位状态时,不接收输入的计数脉冲。

（8）触点检测指令（LDP/ANDP/ORP/LDF/ANDF/ORF）

触点检测指令包括上升沿检测的触点指令和下降沿检测的触点指令。上升沿检测的触点指令有 LDP,ANDP,ORP,触点中间有一个向上的箭头,对应的触点仅在指定位元件的上升沿时接通一个扫描周期；下降沿检测的触点指令有 LDF,ANDF,ORF,触点中间有一个向下的箭头,对应的触点仅在指定位元件的下降沿时接通一个扫描周期。触点检测指令使用如图 6.26 所示。

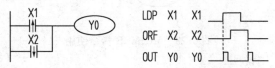

图 6.26 触点检测指令使用

（9）微分输出指令（PLS/PLF）

微分输出指令包括上升沿微分输出指令（PLS）和下降沿微分输出指令（PLF）。PLS 指令和 PLF 指令只能用于 Y 和 M（不包括特殊辅助继电器）。如图 6.27 所示,M0 仅在 X0 的上升沿的一个扫描周期内为 ON,M1 仅在 X1 的下降沿的一个扫描周期内为 ON。

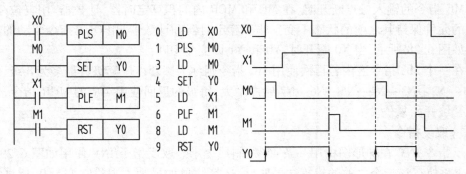

图 6.27 PLS,PLF 指令使用

（10）主控指令与主控复位指令（MC/MCR）

主控指令 MC（Master Control）。此指令用于公共串联触点的连接。执行 MC 后,左母线移到 MC 触点的后面。

主控复位指令 MCR（Master Control Reset）。此指令是 MC 指令的复位指令,即利用它恢复原左母线的位置。

在编程时常会出现这样的情况,多个线圈同时受一个或一组触点控制,如果在每个线圈的控制电路中都串入同样的触点,将占用很多存储单元,使用主控指令就可以解决这一问题。MC,MCR 指令的使用如图 6.28 所示。图中,利用 MC N0 M00 指令实现左母线右移,使 Y0,Y1 都在 X0 的控制之下。其中,N0 表示嵌套等级,在无嵌套结构中 N0 的使用次数无限制。指令 MCR N0 用于恢复到左母线状态。如果 X0 断开则会跳过 MC,MCR 之间的指令向下执行。

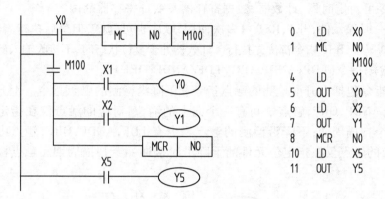

图 6.28 MC,MCR 指令使用

MC,MCR 指令的使用说明:

①MC,MCR 指令的目标元件为 Y 和 M,但不能用特殊辅助继电器。MC 占 3 个程序步,MCR 占 2 个程序步。

②主控触点在梯形图中与一般触点垂直(见图 6.28 中的 M100)。主控触点是与左母线相连的常开触点,是控制一组电路的总开关。与主控触点相连的触点必须用 LD 或 LDI 指令。

③MC 指令的输入触点断开时,在 MC 和 MCR 内的积算定时器、计数器、用复位/置位指令驱动的元件保持其之前的状态不变。非积算定时器和计数器、用 OUT 指令驱动的元件将复位。如图 6.28 所示,当 X0 断开时,Y0 和 Y1 即变为 OFF。

④在一个 MC 指令区内若再次使用 MC 指令则称为嵌套。嵌套级数最多为 8 级,编号按 N0→N1→N2→N3→N4→N5→N6→N7 顺序增大,每级的返回使用对应的 MCR 指令,从编号大的嵌套级开始复位。

(11)**取反指令**

取反指令 INV 在梯形图中用一条 45°短斜线表示。取反指令 INV 使用如图 6.29 所示。INV 指令将执行该指令之前的运算结果取反,运算结果如果为 1 则将它变为 0,运算结果如果为 0 则将它变为 1。

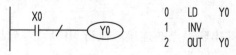

0	LD	Y0
1	INV	
2	OUT	Y0

图 6.29 INV 指令使用

(12)**空指令** NOP(Non processing)

空操作指令 NOP 使该步作空操作。可编程序控制器的编程器一般都有指令的插入和删除功能,在程序中实际上很少使用 NOP 指令。执行完清除用户存储器的操作后,用户存储器的内容全部变为 NOP 指令。

(13)**程序结束指令** END(end)

程序结束指令 END 将强制结束当前的扫描执行过程。若不写 END 指令,将从用户程序存储器的第一步执行到最后一步。如果原来 PLC 用户程序存储器有程序,并且比新写入的程序要长,下载新的程序时,原有的程序不能完全覆盖,在执行程序的过程中,执行完新的程序后接下去执行原来的未被覆盖的程序,导致出错。将 END 指令放在程序结束处,只执行第一步到 END 之间的程序,可以避免上述问题的产生,并且可以缩短扫描周期。

在调试程序的时候也可以将 END 指令插在各段程序之后,一段一段程序开始调试,调试好的程序将 END 指令去掉。

6.2.5 梯形图编程的基本规则

梯形图是使用得最多的图像编程语言,被称为 PLC 的第一编程语言。梯形图与电气控制系统图很相似,具有直观易懂的优点,很容易被工厂电气人员掌握,特别适用于开关量逻辑控制。梯形图常被称为电路或程序,梯形图的设计称为编程。

(1)梯形图编程中要用到的4个基本概念

1)软继电器

PLC 梯形图中的某些编程元件沿用了继电器这一名称,如输入继电器、输出继电器、内部继电器等,而是为了把它们和通常的硬器件区分开,通常把上面的器件称为软器件,是概念抽象模拟的等效器件,并非实际的物理器件,它实质上是存储器中的某些触发器,当该位触发器状态为"1"时,则表示梯形图中对应软继电器的线圈"通电",其常开触点接通,常闭触点断开,称这种状态是该软继电器的"1"或"ON"状态;当该位触发器状态为"0"时,相当于软继电器断开,其常开触点断开,常闭触点接通,称这种状态是该软继电器的"0"或"OFF"状态。使用时也将这些"软继电器"称为编程元件。

2)能流

PLC 的梯形图是形象化的编程语言,梯形图左右两端的母线是不接任何电源的。梯形图中并没有真实的物理电流流动,而仅仅是概念电流(虚电流),或称为假象电流。把 PLC 梯形图中左边的母线假想为电源线,把右边母线假想为电源地线。假想电流只能从左往右流动,层次改变只能先上后下。假想电流是执行用户程序时满足输出执行条件的形象理解。如图 6.19(a)所示可能有两个方向的能流流过触点 5(经过触点 1,5,4 或经过触点 3,5,2),这不符合能流只能从左向右流动的原则,因此应改为如图 6.19(b)所示的梯形图。

3)母线

梯形图两边的垂直公共线称为母线。在分析梯形图的逻辑关系时,为了借用继电器电路图的分析方法,可想象左、右两边母线之间有一个左正右负的直流电源电压,母线之间有"能流"从左向右流动。右母线可以不画出。

4)梯形图的逻辑运算

根据梯形图中各触点的状态和逻辑关系,求出与图中各线圈对应的编程元件的状态,称为梯形图的逻辑运算,梯形图的逻辑运算是按从左往右、从上往下的顺序进行的。运算结果可以马上被后面的逻辑运算利用。逻辑运算是根据输入映像寄存器中的值,而不是根据运算瞬时外部输入触点的状态来进行的。

(2)梯形图的设计规则

尽管梯形图与继电器电路图在结构形式、元件符号及逻辑控制功能等方面类似,但是它们又有许多不同之处。梯形图具有自己的编程规则:

①梯形图按行从上至下,每一行从左到右顺序编写。每一逻辑行总是起于左母线,然后是触点的连接,最后终止于右母线,左母线和线圈必须要有触点,而线圈和右母线之间则不

能有任何触点。

②梯形图左、右边垂直线为母线。以左母线为起点,可分行向右放置接点或其逻辑组合。梯形图接点主要有两种,常开接点和常闭接点。这些接点可以是 PLC 的输入接点或内部继电器接点,也可以是其他各种编程元件的接点。

③梯形图的最右侧必须放置输出元素。PLC 的输出元素,用圆圈表示;圆圈可以表示内部继电器线圈,输出继电器线圈或定时/计数器的逻辑运算结果。其逻辑动作只有在线圈接通后,对应的接点才动作。

④梯形图中的接点可以任意串、并联,而输出线圈只能并联不能串联。

⑤一般情况下,在梯形图中同一线圈只能出现一次。如果程序中,同一线圈使用了两次或者多次,称为"双线圈输出"。对于"双线圈输出",有些 PLC 将其视为语法错误,有些 PLC 则将前面的输出视为无效,只有最后一次输出有效;而有些 PLC,在含有跳步或步进指令的梯形图中允许双线圈输出。

⑥对于不可编程的梯形图必须进行等效变换编程可编程的梯形图,如图 6.30 所示。

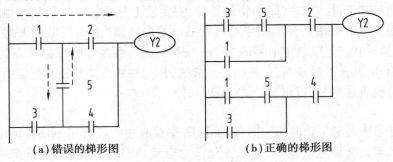

图 6.30 等效变换梯形图

⑦将串联触点多的回路放在上边,如图 6.31(a)所示;并联触点多的回路放在左边,如图 6.31(b)所示。这样编程的语句更少。

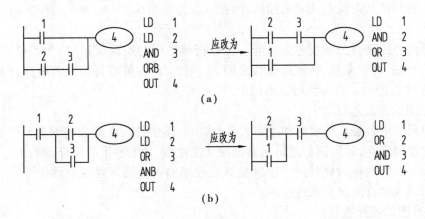

图 6.31 梯形图的简化

⑧输出线圈只对应输出映像存储器相应位,不能直接驱动现场设备,该位的状态,只有在程序执行周期结束后,对输出刷新。刷新后的控制信号经 I/O 接口输出模块驱动对应的负载工作。

(3)输入信号的最高频率

输入信号的状态是在 PLC 处理输入扫描时间内被检测的。如果输入信号的 ON 时间或 OFF 时间过窄,有可能检测不到。也就是说,PLC 输入信号的 ON 时间或 OFF 时间必须比 PLC 的扫描周期长。若考虑输入滤波器的响应延迟为 10 ms,扫描周期为 10 ms,则输入的 ON 时间或 OFF 时间至少为 20 ms。因此,要求输入脉冲的频率低于 1 000 Hz/(20 + 20) = 25 Hz。不过,用 PLC 后述的功能指令结合使用,可处理较高频率的信号。

6.2.6 FX2N 系列可编程序控制器的功能指令

早期的 PLC 大多用于开关量控制,基本指令和步进指令已经能满足控制要求。为适应控制系统的其他控制要求(如模拟量控制等),从 20 世纪 80 年代开始,PLC 生产厂家就在小型的 PLC 上增设了大量的功能指令(也称为应用指令)。功能指令的出现大大拓宽了 PLC 的应用范围,也给用户编制程序带来了极大方便。

(1)功能指令概述

1)功能指令的表达格式

功能指令的表达格式与基本指令不同。功能指令用编号 FNC00—FNC294 表示,并给出对应的助记符(大多用英文名称或缩写表示)。例如,FNC45 的助记符是 MEAN(平均),若使用简易编程器时,则键入 FNC45,若采用智能编程器或在计算机上编程时也可键入助记符 MEAN。

有的功能指令没有操作数,而大多数功能指令有 1 ~ 4 个操作数。如图 6.32 所示为一个计算平均值的指令,有 3 个操作数,[S]表示源操作数,[D]表示目标操作数,如果使用变址功能,则可表示为[S.]和[D.]。当源和目标不止一个时,用[S1.]、[S2.]、[D1.]、[D2.]表示。当 n 和 m 表示其他操作数,它们常用来表示常数 K 和 H,或作为源和目标操作数的补充说明,当这样的操作数多时可用 n1,n2 和 m1,m2 等来表示。

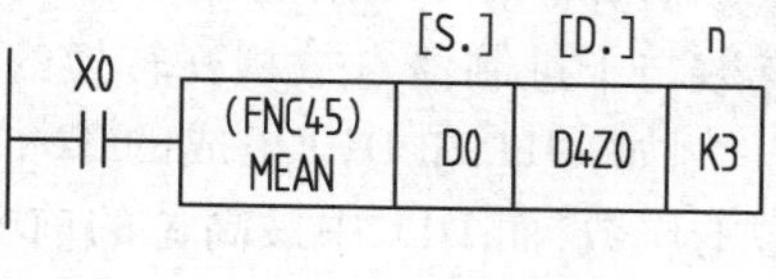

图 6.32 功能指令的表达格式

如图 6.32 所示,源操作数为 D0,D1,D2,目标操作数为 D4Z0(Z0 为变址寄存器),K3 表示 3 个数。当 X0 接通时,执行的操作为

$$[(D0) + (D1) + (D2)] \div 3 \rightarrow (D4Z0)$$

如果 Z0 的内容为 20,则运算结果送入 D24 中。

功能指令的指令段通常占 1 个程序步,16 位操作数占 2 步,32 位操作数占 4 步。

2)功能指令的执行方式与数据长度

①连续执行与脉冲执行

功能指令有连续执行和脉冲执行两种类型。如图 6.33 所示,指令助记符 MOV 后面有 "P"表示脉冲执行,即该指令仅在 X1 接通(由 OFF 到 ON)时执行(将 D10 中的数据送到 D12 中)一次;如果没有"P"则表示连续执行,即在 X1 接通(ON)的每一个扫描周期,指令都

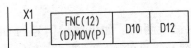

图 6.33　功能指令的执行方式与数据长度的表示

要被执行。

②数据长度

功能指令可处理 16 位数据或 32 位数据。处理 32 位数据的指令是在助记符前加"D"标志,无此标志即为处理 16 位数据的指令。注意 32 位计数器(C200—C255)的一个软元件为 32 位,不可作为处理 16 位数据指令的操作数使用。如图 6.33 所示,若 MOV 指令前面带"D",则当 X1 接通时,执行 D11D10→D13D12(32 位),在使用 32 位数据时建议使用首编号为偶数的操作数,这样不容易出错。

3)功能指令的数据格式

①位元件与字元件

像 X,Y,M,S 等只处理 ON/OFF 信息的软元件称为位元件;而像 T,C,D 等处理数值的软元件则称为字元件,一个字元件由 16 位二进制组成。

位元件可通过组合使用,4 个位元件为一个单元,通过表示方法是由 Kn 加起始的软元件号组成,n 个单元数。例如,K2 M0 表示 M0—M7 组成两个位元件组(K2 表示两个单元),它是一个 8 位数据,M0 为最低位,如果将 16 位数据传送到不足 16 位的位元件组合($n<4$)时,则只传送低位数据,多出的高位数据不传送,32 位数据传送时也一样。在作 16 位数操作时,参与操作的位元件不足 16 位时,高位的不足部分均作 0 处理,这意味着只能处理正数(符号位为 0),在作 32 位数处理时也一样。被组合的元件中首位元件可以任意选择,但为避免混乱,建议采用编号以 0 结尾的元件,如 S10,X0,X20 等。

②数据结构

在 FX 系列 PLC 内部,数据是以二进制(BIN)补码的形式存储的,所有的四则运算都使用二进制数。二进制补码的最高位为符号位,正数的符号位为 0,负数的符号位为 1。FX 系列 PLC 可实现二进制码与 BCD 码的相互转换。

为更精确地进行运算,可采用浮点数运算。在 FX 系列 PLC 中提供了二进制浮点运算和十进制浮点运算,设有将二进制浮点数与十进制浮点数相互转换的指令。二进制浮点数采用编号连续的一对数据寄存器表示。例如,D11 和 D10 组成的 32 位寄存器中,D10 的 16 位加上 D11 的低 7 位共 23 位为浮点数的尾数,而 D11 中最高位的前 8 位是阶位,最高位是尾数的符号位(0 为正,1 为负)。十进制的浮点数也用一对数据寄存器表示,编号小的数据寄存器为尾数段,编号大的为指数段,例如,使用数据寄存器 D1 和 D0 时,表示数为

$$十进制浮点数 = (尾数 D0) \times 10^{(指数 D1)}$$

式中,D0,D1 的最高位是正、负符号位。

(2)FX2N 系列 PLC 功能指令介绍

FX2N 系列 PLC 有丰富的功能指令,共有程序流向控制、传送与比较、算术与逻辑运算、循环与移位等 19 类功能指令。FX 系列 PLC 有 200 多条功能指令,见附录 E。下面仅介绍比较常用的功能指令。

1)程序流程控制功能指令(FNC00—FNC09)

程序流程控制指令分别是 CJ(条件跳转)、CALL(子程序调用)、SRET(子程序返回)、IRET(中断返回)、EI、DI(中断允许与中断禁止)、FEND(主程序结束)、WDT(监控定时器刷新)和 FOR、NEXT(循环开始和循环结束)。

① 条件跳转指令

条件跳转指令 CJ(P) 的编号为 FNC00,操作数为指针标号 P0—P127,其中 P63 为 END 所在步序,不需标记。指针标号允许用变址寄存器修改。CJ 和 CJP 都占 3 个程序步,指针标号占 1 步。

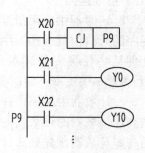

如图 6.34 所示,当 X20 接通时,则由 CJ P9 指令跳转到标号为 P9 的指令处开始执行,跳过了程序的一部分,减少了扫描周期。如果 X20 断开,跳转不会执行,则程序按原顺序执行。

使用跳转指令时应注意:

CJP 指令表示脉冲执行方式。

图 6.34　条件跳转指令

在一个程序中一个标号只能出现一次,否则将出错。

在跳转执行期间,即使被跳过程序的驱动条件改变,但其线圈(或结果)仍保持跳转前的状态,因为跳转期间根本没有执行这段程序。

如果在跳转开始时定时器和计数器已在工作,则在跳转执行期间它们将停止工作,直到跳转条件不满足后又继续工作。但对于正在工作的定时器 T192—T199 和高速计数器 C235—C255,不管有无跳转仍继续工作。

若积算定时器和计数器的复位(RST)指令在跳转区外,则即使它们的线圈被跳转,但对它们的复位仍然有效。

② 子程序指令

子程序调用指令 CALL 的编号为 FNC01,操作数为 P0—P127,此指令占用 3 个程序步。

子程序返回指令 SRET 的编号为 FNC02,无操作数,占用 1 个程序步。

如图 6.35 所示,如果 X10 接通,则转到标号 P8 处去执行子程序。当执行 SRET 指令时,返回到 CALL 指令的下一步执行。

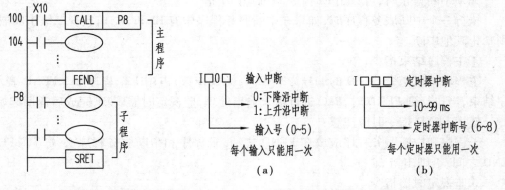

图 6.35　子程序调用与返回指令的使用　　　　图 6.36　中断指令的编号格式

③中断指令

中断用指针有以下 3 种类型:

a. 输入中断用指针(I00□—I50□)。共 6 点,它是用来指示由特定输入端的输入信号而产生中断的中断服务程序的入口位置。这类中断不受 PLC 扫描周期的影响,可以及时处理外界信息。输入中断用指针的编号格式如图 6.36(a)所示。

例如,I101 为当输入 X1 从 OFF→ON 变化时,执行以 I101 为标号的中断程序,并根据

IRET 指令返回。

b. 定时器中断用指针(I6□□—I8□□)。共 3 点,用来指示周期定时中断的中断服务程序的入口位置。这类中断的作用是 PLC 以指定的周期定时执行中断服务程序,定时循环处理某些任务。处理的时间也不受 PLC 扫描周期的限制。□□表示定时范围,可在 10 ~ 99 ms 中选取。定时器指针的编号格式如图 6.35(b)。

c. 计数器中断用指针(I010—I060)。共 6 点,它们用在 PLC 内置的高速计数器中。根据高速计数器的计数当前值与计数设定值的关系确定是否执行中断服务程序。它常用于利用高速计数器优先处理计数结果的场合。

与中断有关的 3 条功能指令是,中断返回指令 IRET,编号为 FNC03;中断允许指令 EI,编号为 FNC04;中断禁止指令 DI,编号为 FNC05。它们均无操作数,占用 1 个程序步。

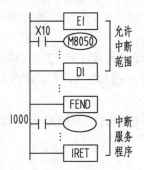

图 6.37 中断指令的使用

PLC 通常处于禁止中断状态,由 EI 和 DI 指令组成允许中断范围。在执行到该区间时,如有中断源产生中断,CPU 将暂停主程序而转去执行中断服务程序。当遇到 IRET 时返回断点继续执行主程序。如图 6.37 所示,允许中断范围中若中断源 X0 有一个下降沿,则转入 I000 为标号的中断服务程序,但 X0 能否引起中断还受 M8050 的控制,当 X20 有效时,SM8050 控制 X0,使之无法引起中断。

使用中断相关指令时应注意:

中断的优先级排队如下,如果多个中断依次发生,则以发生先后为序,即发生越早级别越高,如果多个中断源同时发出信号,则中断指针号越小优先级越高。

当 M8050—M8058 为"ON"时,禁止执行相应 I0□□—I8□□的中断,M8059 为"ON"时则禁止所有计数器中断。

无须中断禁止时,可只用 EI 指令,不必用 DI 指令。

执行一个中断服务程序时,如果在中断服务程序中有 EI 和 DI,可实现二级中断嵌套,否则禁止其他中断。

④主程序结束指令

主程序结束指令 FEND 的编号为 FNC06,无操作数,占用 1 个程序步。FEND 表示主程序结束,当执行到 FEND 时,PLC 进行输入输出处理,监视定时器刷新,完成后返回起始步。

使用 FEND 指令时应注意:

子程序和中断服务程序应放在 FEND 之后,子程序和中断服务程序必须写在 FEND 和 END 之间,否则出错。

⑤监视定时器指令

监视定时器指令 WDT(P)编号为 FNC07,无操作数,占用 1 个程序步。WDT 指令的功能是对 PLC 的监视定时器进行刷新。

FX 系列 PLC 的监视定时器缺省值为 200 ms(可用 D8000 来设定),正常情况下,PLC 扫描周期小于此定时时间。如果由于有外界干扰或程序本身的原因使扫描周期大于监视定时器的设定值,使 PLC 的 CPU 出错,则灯亮并停止工作。可通过在适当位置加 WDT 指令复位监视定时器,以使程序能继续执行到 END。

如图 6.38 所示,利用一个 EDT 指令可将一个 240 ms 的程序一分为二,使它们都小于

200 ms,则不会再出现报警停机现象。

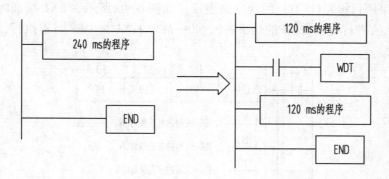

图 6.38　监视定时器指令的使用

使用 WDT 指令时应注意:

如果在后续的 FOR-NEXT 循环中,执行时间可能超过监视定时器的定时时间,可将 WDT 插入循环程序中。

当与条件跳转指令 CJ 对应的指针标号在 CJ 指令之前时(即程序往回跳),就有可能连续反复跳步,使它们之间的程序反复执行,使执行时间超过监视时间,可在 CJ 指令与对应标号之间插入 WDT 指令。

⑥循环指令

循环指令共有两条:循环区起点指令 FOR,编号为 FNC08,占 3 个程序步;循环结束指令 NEXT,编号为 FNC09,占 1 个程序步,无操作数。

在程序运行时,位于 FOR—NEXT 间的程序反复执行 n 次(由操作数决定)后再继续执行后续程序。循环的次数 $n = 1 \sim 32\ 767$。如果 n 为 $-32\ 767 \sim 0$,则当作 $n = 1$ 处理。

如图 6.39 所示为一个二重嵌套循环,外层执行 5 次。如果 D0Z0 中的数为 6,则外层 A 每执行一次则内层 B 将执行 6 次。

使用循环指令时应注意:

FOR 和 NEXT 必须成对使用。

FX2N 系列 PLC 可循环嵌套 5 层。

在循环中可利用 CJ 指令在循环没结束时跳出循环体。

FOR 应放在 NEXT 之前,NEXT 应在 FEND 和 END 之前,否则均会出错。

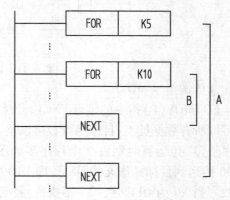

图 6.39　循环指令的使用

2)比较与传送指令(FNC10—FNC19)

比较与传送指令的编号为 FNC10—FNC19。比较指令包括 CMP(比较)和 ZCP(区间比较)顶条指令,传送指令包括 MOV(传送)、SMOV(BCD 码移位传送)、CML(取反传送)、BMOV(数据块传送)、FMOV(多点传送)、XCH(数据交换)、BCD(二进制数转换成 BCD 码并传送)和 BIN(BCD 码转换为二进制数并传送)指令。

①比较指令

（D）CMP（P）指令的编号为 FNC10，是将源操作数[S1.]和源操作数[S2.]的数据进行比较，比较结果用目标元件[D.]的状态来表示。如图 6.40 所示，当 X1 接通时，把常数 100 与 C10 的当前值进行比较，比较的结果送入 M0—M2 中，X1 为 OFF 时不执行，M0—M2 的状态也保持不变。

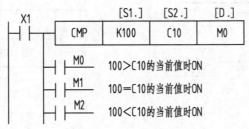

图 6.40　比较指令的使用

②区间比较指令 ZCP

（D）ZCP（P）指令的编号 FNC11，指令执行时源操作数[S.]与[S1.]和[S2.]的内容进行比较，并将比较结果送到目标操作数[D.]中。[S1.]、[S2.]可取任意数据形式，目标操作数[D.]可取 Y，M，S。[S2.]的数值不能小于[S1.]。如图 6.41 所示，当 X0 为 ON 时，把 C30 的当前值与 K100 和 K120 相比较，将结果送入 M3，M4，M5 中。若 X0 为 OFF，则 ZCP 不执行，M3，M4，M5 不变。

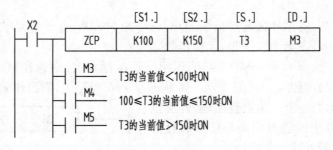

图 6.41　区间比较指令的使用

③传送指令 MOV

（D）MOV（P）指令的编号 FNC12，该指令的功能是将源数据传送到指定的目标。源操作数可取所有数据类型；目标操作数可以是 KnY，KnM，KnS，T，C，D，V，Z。16 位运算时占 5 个程序步，32 位运算时则占 9 个程序步如图 6.42 所示，当 X0 为 ON 时，则将[S.]中的数据 K100 传送到目标操作元件[D.]，即 D10 中。在指令执行时，常数 K100 会自动转换成二进制数。当 X0 为 OFF 时，指令不执行，数据保持不变。

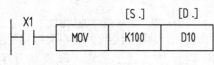

图 6.42　传送指令的使用

④移位传送指令 SMOV

SMOV（P）指令的编号 FNC13，该指令的功能是将源数据（二进制）自动转换成 4 位 BCD 码，再进行移位传送，传送后的目标操作数元件的 BCD 码自动转换成二进制数。源操作数可取所有数据类型；目标操作数可为 KnY，KnM，KnS，T，C，D，V，Z。SMOV 指令只有 16 位运算，占 11 个程序步如图 6.43 所示，当 X0 为 ON 时,将 D1 中右起第 4 位($m1 = 4$)开始的 2 位($m2 = 2$)BCD 码移到目标操作数 D2 的右起第 3 位($n = 3$)和第 2 位。然后 D2 中的 BCD 码会自动转换为二进制数,而 D2 中的第 1 位和第 4 位时 BCD 码不变。

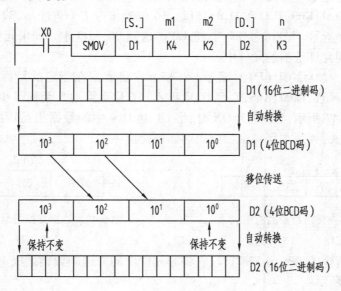

图 6.43　移位传送指令的使用

⑤取反传送指令 CML

(D)CML(P)指令的编号 FNC14,它将源操作数元件的数据逐位取反并传送到指定目标。源操作数可取所有数据类型;目标操作数可为 KnY,KnM,KnS,T,C,D,V,Z。16 位运算占 5 个程序步,32 位运算占 9 个程序步。若源数据为常数 K,则该数据会自动转换为二进制数。如图 6.44 所示,当 X0 为 ON 时,执行 CML,将 D0 的低 4 位取反后传送到 Y3—Y0 中。

⑥块传送指令 BMOV

BMOV(P)指令的编号为 FNC15。它将源操作数指定元件开始的 n 个数据组成数据块传送到指定的目标。源操作数可取 KnX,KnY,KnM,KnS,T,C,D 和文件寄存器;目标操作数可取 KnT,KnM,KnS,T,C

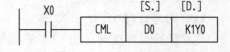

图 6.44　取反传送指令的使用

和 D。只有 16 位操作,占 7 个程序步。如图 6.45 所示,传送顺序既可从高元件号开始,也可从低元件号开始,传送顺序自动决定。若用到需要指定位数的位元件,则源操作数和目标操作数的指定位数应相同。如果元件号超出允许范围,则数据仅传送到允许范围的元件。

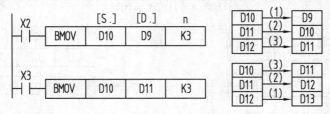

图 6.45　块传送指令的使用

⑦多点传送指令 FMOV

（D）FMOV（P）指令的编号 FNC16，它的功能是将源操作数中的数据传送到指定目标开始的 n 个元件中，传送后 n 个元件中的数据完全相同。源操作数可取所有的数据类型，目标操作数可取 KnX，KnM，KnS，T，C 和 D，$n \leq 512$。16 位操作占 7 个程序步，32 位操作占 13 个程序步。如图 6.46 所示，当 X0 为 ON 时，把 K0 传送到 D0—D9 中。如果元件号超出允许范围，则数据仅传送到允许范围的元件中。

⑧数据交换指令（D）XCH（P）的编号 FNC17。它将数据在指定的目标元件之间交换。操作数的元件可取 KnY，KnM，KnS，T，C，D，V 和 Z。16 位运算占 5 个程序步，32 位运算占 9 个程序步。如图 6.47 所示，当 X0 为 ON 时，将 D1 和 D19 中的数据相互转换。交换指令一般采用脉冲执行方式，否则在每一次扫描周期都要交换一次。

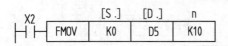
图 6.46　多点传送指令的应用

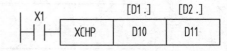
图 6.47　数据交换指令的使用

⑨变换指令 BCD

（D）BCD（P）指令的编号为 FNC18。它将源元件中的二进制数转换成 BCD 码送到目标元件中，如图 6.48 所示。

如果指令进行 16 位操作时，执行结果超出 0～9999，将会出错；当指令进行 32 位操作时，执行结果超出 0～99999999，也将出错。PLC 中内部的运算为二进制运算，可用 BCD 指令将二进制数变换为 BCD 码输出到七段显示器。

⑩变换指令 BIN

（D）BIN（P）指令的编号为 FNC19。它将源元件中的 BCD 数据转换为二进制数据送到目标元件中，如图 6.48 所示。常数 K 不能作为本指令的操作元件，因为在任何处理之前它们都会被转换成二进制数。

3）算术运算（FNC20—FNC29）

算术运算与字逻辑运算指令的功能指令编号为 FNC20—FNC29，算术运算包括 ADD，SUB，MUL，DIV（二进制加、减、乘、除 0 指令，INC，DEC（加 1、减 1）指令，WAND，WOR，WXOR，NEG 分别是字编程元件的逻辑与、或、异或和取补指令。

①加法指令 ADD

（D）ADD（P）指令的编号为 FNC20。它将指定的源元件中的二进制数据相加结果送到指定目标元件中，如图 6.49 所示。当 X0 为 ON 时，执行

$$(D10) + (D12) \rightarrow (D14)$$

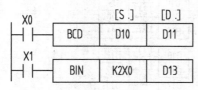
图 6.48　数据变换指令的使用

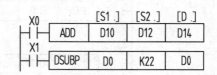
图 6.49　加减法指令的使用

②减法指令 SUB

(D)SUB(P)指令的编号为 FNC21。它将[S1.]指定元件中的内容以二进制形式减去[S2.]指定元件中的内容,其结果存入由[D.]指定的元件中。如图 6.50 所示。当 X0 为 ON 时,执行

$$(D1,D0) - 22 \rightarrow (D1,D0)$$

使用加法和减法指令时应注意:

操作数可取所有数据类型,目标操作数可取 KnY,KnM,KnS,T,C,D,V 和 Z。

16 位运算占 7 个程序步,32 位运算占 13 个程序步。

数据有符号二进制数,最高位为符号位(0 为正,1 为负)。

加法指令有 3 个标志:零标志(M8020)、借位标志(M8021)、进位标志(M8022)。当运算结果超过 32767(16 位运算)或 2147483647(32 位运算)时,进位标志置"1";当运算结果小于 −32767(16 位运算)或 −2147483647(32 位运算)时,借位标志就会置"1"。

③乘法指令 MUL

(D)MUL(P)指令的编号为 FNC22。乘法指令中数据均为有符号数。如图 6.48 所示,当 X0 为 ON 时,将二进制 16 位数[S1.]、[S2.]相乘,结果送到[D.]中,D 为 32 位,即

$$(D0) \times (D2) \rightarrow (D5,D4)(16 位乘法)$$

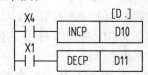

图 6.50　乘除法指令的使用　　　　　　　图 6.51　加 1 和减 1 指令的使用

④除法指令 DIV

(D)DIV(P)指令的编号为 FNC23。它的功能是将[S1.]指定为被除数,[S2.]指定为除数,将除得的结果送到[D.]的下一个元件中。如图 6.50 所示,当 X3 为 ON 时,则

$$(D1,D0) \div (D3,D2) \rightarrow (D5,D4)(D7,D6)(32 位除法)$$
$$ 商 \qquad 余数$$

使用乘法指令和除法指令时应注意:

源操作数可取所有数据类型,目标操作数可取 KnY,KnM,KnS,T,C,D,V 和 Z。Z 只有在 16 位乘法时可用,32 位乘法时不可用。

16 位运算占 7 个程序步,32 位运算占 13 个程序步。

32 位乘法运算中,如用位元件作目标,则只能得到乘积的低 32 位,高 32 位将丢失,这种情况下应先将数据移入字元件再运算。除法运算中若将位元件指定为[D.],则无法得到余数,除数为 0 时,会发生运算错误。

积、商和余数的最高位为符号位。

⑤加 1 和减 1 指令

加 1 指令(D)INC(P)的编号为 FNC24;减 1 指令(D)DEC(P)的编号为 FNC25。指令操作数可为 KnY,KnM,KnS,T,C,D,V 和 Z。当进行 16 位操作时为 3 个程序步,32 位操作时为 5 个程序步。INC 和 DEC 指令分别是当条件满足则将制定元件的内容加 1 或减 1。如图 6.51 所示,在 INC 运算时,如数据为 16 位,则由 +32767 再加 1 变为 +32768,但标志位不置

位;同样,32 位运算由 +2147483647 再加 1 变为 +2147483648,标志位也不置位。在 DEC 运算时,16 位运算 −32768 减 1 变为 +32767,且标志位不置位;32 位运算时 −2147483648 减 1 变为 +2147483647,标志位也不置位。

当 X0 为 ON 时,则

$$(D10) + 1 \rightarrow (D10)$$

当 X1 为 ON 时,则

$$(D11) + 1 \rightarrow (D11)$$

若指令是连续指令,则每个扫描周期均作一次加 1 或减 1 运算。

⑥字逻辑与指令 WAND

(D)WAND(P)指令的编号为 FNC26。它将两个源操作数按位进行与操作,结果送入指定元件。

⑦字逻辑或 WOR

(D)WOR(P)指令的编号为 FNC27。它对两个源操作数按位进行或运算,结果送入指定元件。如图 6.52 所示,当 X1 有效时,执行

$$(D10) \lor (D12) \rightarrow (D14)$$

⑧字逻辑异或指令 WXOR

(D)WXOR(P)指令的编号为 FNC28。它对源操作数按位进行逻辑异或运算。

WAND,WOR,WXOR 指令的使用如图 6.52 所示。

⑨求补指令 NEG

(D)NEG(P)指令的编号为 FNC29。它的功能是将[D.]指定的元件内容的各位先取反再加 1,将其结果再存入原来的元件中。WAND,WOR,WXOR,NEG 指令的使用如图 6.52 所示。

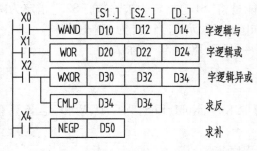

图 6.52 字逻辑运算指令的使用

使用逻辑运算指令时应注意:

WAND,WOR,WXOR 指令的[S1.]和[S2.]均可取所有的数据类型,而目标操作数可取 KnY,KnM,KnS,T,C,D,V 和 Z。

NEG 指令只有目标操作数,可取 KnY,KnM,KnS,T,C,D,V 和 Z。

WAND,WOR,WXOR 指令进行 16 位运算时占 7 个程序步,进行 32 位运算时占 13 个程序步,而 NEG 指令分别占 3 个程序步和 5 个程序步。

4)循环移位与移位指令(FNC30—FNC39)

①左、右循环移位指令(D)ROR(P)和(D)ROL(P)

左、右循环移位指令(D)ROR(P)和(D)ROL(P)的编号分别为 FNC30 和 FNC31。执行这两条指令时,各位数据向右或向左循环移动 n 位,最后一次移出来的那一位同时存入进位标志 M8022 中,如图 6.53 所示。目标操作数可取 KnY,KnM,KnS,T,C,D,V 和 Z;目标元件中指定位元件的组合只有在 K4(16 位)和 K8(32 位)时有效。16 位指令占 5 个程序步,32 位指令占 9 个程序步。用连续指令执行时,循环移位操作每个周期执行一次。

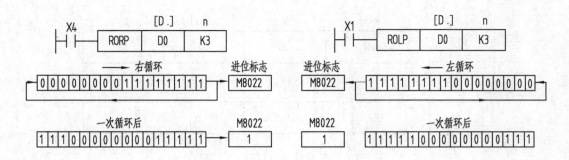

图 6.53 左、右循环移位指令的使用

②移位指令(SFTR/ SFTL/ WSFR/ WSFL)

移位指令包括位右移(SFTR)、位左移(SFTL)、字右移(WSFR)、字左移(WSFL)。编号为 FNC34—FNC37。位右移与位左移指令使位元件中的状态成组地向右或向左移动,源操作数[S.]可取 X,Y,M 和 S,目标操作数[D.]可取 Y,M 和 S。字右移与字左移指令是使字元件中的状态成组的向右或向左移动,源操作数[S]可取 KnX,KnY,KnM,KnS,T,C 和 D,目标操作数[D.]可取 KnY,KnM,KnS,T,C 和 D。

图 6.54 中的 X20 由 OFF 变为 ON 时,位右移指令按以下顺序移位:M2—M0 中的数溢出,M5—M3→M2—M0,M8—M6→M5—M3,X2—X0→M8—M6。

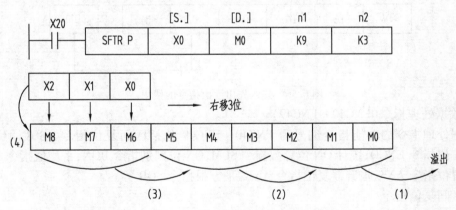

图 6.54 位右移指令的使用

③先入先出写入和先入先出读出指令

先入先出写入和先入先出读出指令 SFWR(P) 和 SFRD(P) 的编号分别为 FNC38 和 FNC39。

先入先出写入指令 SFWR 的使用如图 6.55 所示。当 X0 由 OFF 变为 ON 时,SFWR 执行,D0 中的数据写入 D2,而 D1 变成指针,其值为 1(D1 必须先清 0);当 X0 再次由 OFF 变为 ON 时,D0 中的数据写入 D3,D1 变为 2,依此类推,D0 中的数据依次写入数据寄存器,D0 中的数据从右边的 D2 顺序存入,源数据写入次数放在 D1 中,当 D1 中的数据达到 $n-1$ 后不再执行上述操作,同时,进位标志 M8022 置 1。目标操作数可取 KnY,KnM,KnS,T,C 和 D;源操作数可取所有的数据类型。

先入先出读出指令 SFRD 的使用如图 6.56 所示。当 X0 由 OFF 变为 ON 时, D2 中的数

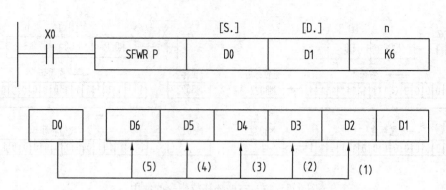

图 6.55　先入先出写入指令的使用

据送到 D10,同时指针 D1 的值减 1,D3—D6 的数据向右移一个字,数据总是从 D2 读出。指针 D1 为 0 时,不再执行上述操作,且 M8022 置 1。目标操作数可取 KnY,KnM,KnS,T,C 和 D;源操作数可取所有的数据类型。

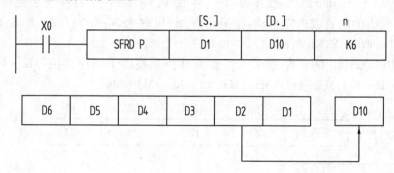

图 6.56　先入先出读出指令的使用

5)数据处理指令(FNC40—FNC49)

数据处理指令的功能指令编号为 FNC40—FNC49 包括区间复位指令 ZRST、解码指令 DECO、编码指令 ENCO、统计 ON 位总数指令 SUM,ON 位判别指令 BON,平均值指令 MEAN、报警器置位指令 ANS、报警器复位指令 ANR、平方根指令 SQR 等。

①区间复位指令

区间复位指令 ZRST(P)的编号为 FNC40,其功能是将指定范围内的同类元件成批复位,如图 6.57 所示,当 M8002 由 OFF→ON 时,位元件 M500—M599 成批复位,字元件 C235—C255 也成批复位。

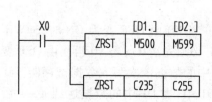

图 6.57　区间复位指令的使用

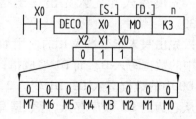

图 6.58　解码指令的使用一

使用区间复位指令时应注意:

a. [D1.]、[D2.]可取 Y,M,S,T,C,D,且应为同类元件,同时[D1.]的元件号应小于

[D2.]指定的元件号。若[D1.]的元件号大于[D2.]的元件号,则只有[D1.]指定元件被复位。

b. ZRST 指令只有 16 位运算,占 5 个程序步。但[D1.]、[D2.]也可以指定 32 位计数器。

②解码指令 DECO

DECO(P)指令的编号为 FNC41,如图 6.58 所示,$n=3$ 表示[S.]源操作数为 3 位,即 X0,X1,X2。X0,X1,X2 的状态为二进制数,当值为 011 时相当于十进制 3,则由目标操作数 M7—M0 组成的 8 位二进制数的第三位 M3 被置 1,其余各位为 0;如果 000,则 M0 被置 1,用译码指令可通过[D.]中的数值来控制元件的 ON/OFF。译码指令既可用于位元件,也可用于字元件。其具体用法如图 6.59 所示。

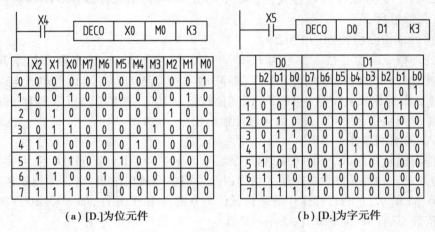

(a) [D.]为位元件　　　　(b) [D.]为字元件

图 6.59　解码指令的使用二

解码指令既可用于位元件,也可用于字元件。具体用法如图 6.59 所示。位源操作数可取 X,T,M 和 S;位目标操作数可取 X,M 和 S;字源操作数可取 K,H,T,C,D,V 和 Z;字目标操作数可取 T,C,D。若[D.]指定的目标元件是字元件 T,C,D,在 $n \leqslant 4$;若是位元件 Y,M,S,则 $n=1 \sim 8$。译码指令为 16 位指令,占 7 个程序步。

③编码指令 ENCO

ENCO(P)指令的编号为 FNC42,如图 6.60 所示,当 X1 有效时执行编码指令,将[S.]中最高位的 1(M3)所在位数(4)放入目标元件 D10 中,即把 011 放入 D10 的低 3 位。源操作数是字元件时,可以是 T,C,D,V 和 Z;源操作数是位元件时,可以是 X,Y,M 和 S。目标元件可取 T,C,D,V 和 Z。编码指令为 16 为指令,占 7 程序步。操作数为字元件时应使 $n \leqslant 4$,为位元件时则 $n = 1 \sim 8$,$n=0$ 时不作处理。若指定源操作数中有多个 1,则只有最高位 1 有效。

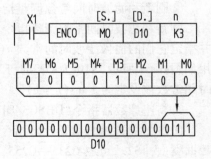

图 6.60　编码指令的使用

④平均值指令

平均值指令 MEAN 的功能指令编号为 FNC45,平均值指令用来求 n 个源操作数的代数

和被 n 除的商,余数略去,使用如图 6.61 所示。若元件超出指定的范围,n 的值会自动缩小,只求允许范围内元件的平均值。若 n 的值超出范围 $1 \sim 64$,则出错。

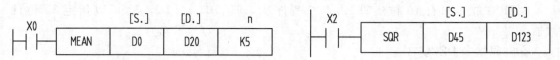

图 6.61　平均值指令的使用　　　　　　图 6.62　二进制平方根指令的使用

⑤二进制平方根指令

平方根指令(D)SQR(P)的功能指令编号为 FNC48。它的源操作数[s.]应大于零,可取 K,H,D,目标操作数为 D。16 位运算占 5 个程序步,32 位运算占 9 个程序步。使用如图 6.62所示,当 X2 变为 ON 时,将存放在 D45 中的数开平方,结果存放在 D123 内。计算结果舍去小数,只取整数。

6)高速处理指令(FNC50—FNC59)

高速处理指令的功能指令编号为 FNC50—FNC59,包括输入/输出刷新指令 REF、刷新和输入滤波器时间常数调整指令 REEF、矩阵输入指令 MTR、高速计数器比较置位指令 HSCS、高速计数器比较复位指令 HSCR、区间比较指令 HSZ、速度检测指令 SPD、脉冲输出指令 PLSY、脉宽调制指令 PWM 及可调速脉冲输出指令 PLSR。

①输入、输出刷新指令 REF

输入输出刷新指令 REF(P)的功能指令编号为 FNC50。FX 系列 PLC 采用的是集中输入/输出的方式。如果需要最新的输入信号以及希望立即输出结果,则必须使用该指令。其使用如图 6.63 所示,它的目标操作数是最低位为 0 的 X 和 Y 元件,如 X0,X10,Y20 等,n 应为 8 的整倍数,只有 16 位运算,占 5 个程序步。

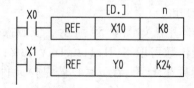

图 6.63　输入、输出刷新指令的使用　　　　　图 6.64　滤波调整指令的使用

②刷新和滤波时间常数调整指令 REFF

刷新和滤波时间常数调整指令 REFF 的功能指令编号为 FNC51,它用来刷新 X0—X17,并指定它们的输入滤波时间常数 $n(n = 0 \sim 60 \text{ ms})$。它只有 16 位运算,占 7 个程序步。其使用如图 6.64 所示,X10 为 ON 时,FX2N 中 X0—X17 的输入映像寄存器被刷新,它们的滤波时间常数被设定为 $1 \text{ ms}(n = 1)$。

③高速计数器指令(DHSCS/DHSCR/DHSZ)

DHSCS 是高速计数器比较指令,功能指令编号是 FNC53。源操作数[S1.]可取所有的数据类型,[S2.]可取 C235—C255,目标操作数[D.]可以取 Y,M 和 S。在[S2.]指定的高速计数器的当前值达到[S1]指定的设定值时,目标操作数[D.]指定的输出用中断方式立即动作。其使用如图 6.65 所示。

DHSCR 是高速计数器比较复位指令,功能指令编号是 FNC54。源操作数[S1.]可取所有的数据类型,[S2]可取 C235—C255,目标操作数[D.]可取 Y,M 和 S。其使用如图 6.65 所示。

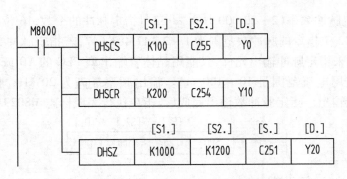

图 6.65 高速计数器指令的使用

DHSZ 高速计数器是区间比较指令,功能指令编号是 FNC55。它有 3 种工作模式:标准模式、多段比较模式和频率控制模式。源操作数[S1.]和[S2.]可取所有的数据类型,[S.]可取 C235—C255,目标操作数[D.]可取 Y,M 和 S,为 3 个连续的元件。

④高速计数器区间比较指令 HSZ

DHSZ 是高速计数器区间比较指令,功能指令编号是 FNC55。如图 6.66 所示,目标操作数为 Y20,Y21,Y22。如果 C251 的当前值 < K1000,Y20 为 ON;K1000 ≤ C251 的当前值≤K1200时,Y21 为 ON;C251 的当前值 > K1200,Y22 为 ON。操作数[S1.]、[S2.]可取所有的数据类型,[S.]为 C235—C255;目标操作数[D.]可取 Y,M,S。

如图 6.66 所示为用编码器控制电动机的启动转速的梯形图程序和时序图。

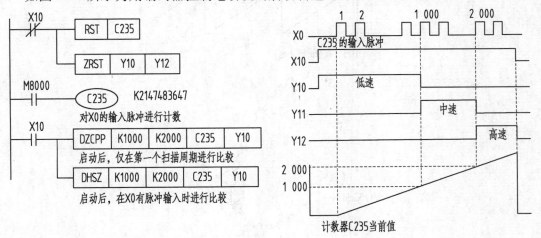

图 6.66 用编码器控制电动机的启动转速

⑤速度检测与脉冲输出指令(SPD/PLSY)

速度检测指令 SPD 用来检测给定时间内从编码器输入的脉冲个数,并计算出速度。功能指令编号是 FNC56。速度检测指令 SPD 的源操作数[S1]为 X0—X5,[S2.]可取所有的数据类型,用来指定计数时间(以 ms 为单位),[D.]用来指定计数结果的存放处,占用 3 个字元件,可取 T,C,D,V 和 Z。其使用如图 6.67 所示。

脉冲输出指令 PLSY 用于指定数量和频率的脉冲,功能指令编号是 FNC57。使用如图 6.68 所示,源操作数[S1.]、[S2.]可取所有的数据类型,[D.]为 Y0 和 Y1,该指令只能使用一次。[S1.]指定脉冲频率(2 ~ 20 000 Hz)。[S2.]指定脉冲的个数,16 位指令的脉冲数范围为 1 ~ 32 767,32 位指令的脉冲数范围为 1 ~ 2 147 483 647,若指定脉冲数为 0,则持续产生脉冲。[D.]用来指定脉冲输出元件,只能用晶体管输出型 PLC 的 Y0 或 Y1,使用电压范围是 5 ~ 24 V,使用电流范围是 10 ~ 100 mA。输出频率最高为 20 kHz,脉冲的占空比为 50% ,以中断方式输出。指定脉冲数输出完成后,指令执行完成标志 M8029 置 1。

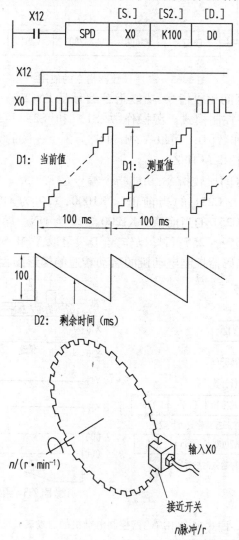

图 6.67　速度检测指令的使用

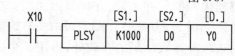

图 6.68　脉冲输出指令的使用

⑥脉宽调制指令 PWM

　　PWM 是脉宽调制指令,功能指令编号是 FNC58。PWM 的源操作数和目标操作数的类型与 PLSY 指令相同,只能用于晶体管输出型 PLC 的 Y0 或 Y1,该指令只能用一次。使用如图 6.69 所示,PWM 指令用于产生指定脉冲宽度和周期的脉冲串。[S1.]用来指定脉冲宽度($t = 1 ~ 32 767$ ms),[S2.]用来指定脉冲周期

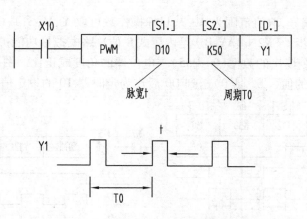

图 6.69 脉宽调制指令的使用

$(T = 1 \sim 32\ 767\ \text{ms})$,[S1.]必须小于[S2.],[D.]用来指定输出脉冲的元件号(Y0 或 Y1)。

7)方便指令(FNC60—FNC68)

方便指令的功能指令编号为 FNC60—FNC68,包括状态初始化指令 IST、数据搜索指令 SER、绝对值式凸轮顺控指令 ABSD、增量式凸轮顺控指令 INCD、示教定时器指令 TTMR、特殊定时器指令 STMR、交替输出指令 ALT、斜坡输出指令 RAMP、旋转台控制指令 ROTC 和数据排序指令 SORT。

①示教定时器指令 TTMR

示教定时器指令 TTMR 的功能指令编号为 FNC64,目标操作数[D.]为 D,$n = 0 \sim 2$,只有 16 位运算,占 5 个程序步。使用 TTMR 指令可以用一只按钮调整定时器的设定时间。其使用如图 6.70 所示,按钮 X10 按下的时间乘以系数 10^n 后作为定时器的预置值,按钮按下的时间由 D301 记录,该时间乘以 10^n 后存入 D300。设按钮按下的时间为 t,则存入 D300 的值为 $10^n \times t$。即 $n = 0$ 时存入 $10t$,$n = 2$ 时存入 $100t$。

X10 为 OFF 时,D301 复位,D300 保持不变。

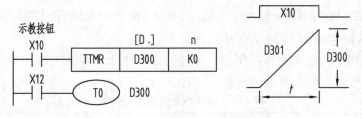

图 6.70 示教定时器指令 TTMR 的使用

②特殊定时器指令 STMR

特殊定时器指令 STMR 的功能指令编号为 FNC65,源操作数[S.]为 T0—T199(100 ms 定时器),目标操作数[D.]可取 Y,M,S,$m = 1 \sim 32\ 767$,只有 16 位运算,占 7 个程序步。其使用如图 6.71 所示,T12 的设定值是(100 ms × 50 = 5 s)。图中 M0 是延时断开定时器,M1 是由 ON→OFF 的单脉冲定时器,M2 和 M3 是为闪动而设的。

8)FX 系列外部设备指令

①读模拟量功能扩展板指令 VRRD

读模拟层功能扩展板指令 VRRD 的功能指令编号为 FNC85、源操作数可取 K,H,[S.]

用来指定模拟量的编号,取值范围为 0~7,目标操作数可取 Y,M,S,T,C,D,V 和 Z,只有 16 位运算,占 5 个程序步。FX2N-8AV-BD 是内置式 8 位 8 路模拟量功能扩展板,板上有 8 个小型电位器,PRRD 指令读出的数据(0~255)与电位器的角度成正比。图 6.72 中的 X0 为 ON 时,读出 0 号模拟量的值([S.]=0)送到 D0 后作为定时器 T0 的设定值。

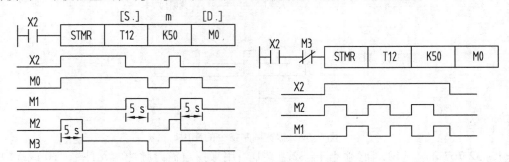

图 6.71　特殊定时器指令 STMR 的使用

②模拟量功能扩展板开关设定指令 VRSC

模拟量功能扩展板开关设定指令 VRSC 的功能指令编号为 FNC86,源操作数和目标操作数与模拟量功能扩展板读出指令的一样,[S.]用来指定模拟量的编号,取值范围为 0~7,只有 16 位运算,占 9 个程序步。VRSD 指令将电位器读出的数四舍五入,整量化为 0~10 的整数值,存放在[D.]中,这时电位器相当于一个有 11 挡的模拟开关。图 6.73 用模拟开关的输出值和解码指令 DECO 来控制 M0—M10,用户可根据模拟开关的刻度 0~10 来分别控制 M0—M10 的 ON/OFF。

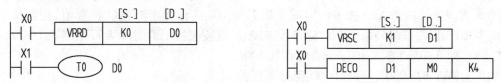

图 6.72　读模拟量功能扩展板指令 VRRD 的使用　图 6.73　模拟量功能扩展板开关设定指令 VRSC 的使用

9)时钟运算指令(FNC160—FNC169)

FX2N 系列 PLC 内的实时钟的年、月、日、时、分和秒分别存放在 D8018—D8013 中,星期存放在 D8019 中,如表 6.4 所示。

表 6.4　时钟命令使用的寄存器

地址号	名　称	设定范围
D8013	秒	0~59
D8014	分	0~59
D8015	时	0~23
D8016	日	0~31
D8017	月	0~12
D8018	年	0~99(后两位)
D8019	星期	0~6(对应星期日~星期六)

①时钟数据比较指令(FNC160)

时钟数据比较指令 TCMP 用来比较指定时刻与时钟数据的大小。如图 6.74 所示,源操作数[S1]、[S2]和[S3]用来存放指定时间的时、分、秒,可取任意的数据类型,[S.]可取 T,C 和 D,目标操作数[D.]为 Y,M,S(占用 3 个连续的元件)。时钟数据的时间存放在[S.]—[S.]+2 中,比较的结果用来控制[D.]—[D.]+2 的 ON/OFF。

②时钟数据加法指令(FNC162)

时钟数据加法指令 TADD 的功能是将两个源操作数的内容相加,并将结果送入目标操作数。源操作数[S1.]、[S2.]和目标操作数[D.]均可取 T,C,D,[S1.],[S2.]和[D.]中存放的是时间数据(时、分、秒)。如图 6.75 所示,TADD 指令将 D10—D12 和 D20—D22 的时钟数据相加后存入 D30 ~ D32 中。

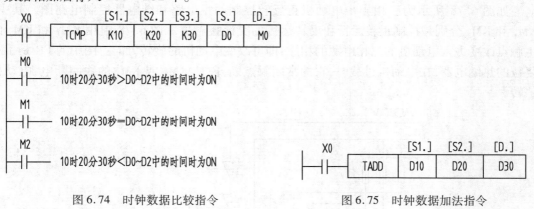

图 6.74　时钟数据比较指令　　　　　　　图 6.75　时钟数据加法指令

6.3　PLC 的程序设计方法

可编程控制器的程序设计即以指令为基础,结合被控对象工艺过程的控制要求和现场信号,对照可编程控制器软继电器编号画出梯形图,然后用编程语言进行编程,是一个重要的环节。

一般应用程序设计方法有梯形图经验设计法、继电器电路图转化设计法、逻辑设计法、时序图设计法及顺序功能图(SFC)设计法等。每种方法都有各自的优点,对于不同的控制任务可采用不同的设计方法。在讲述这些方法之前,应该先掌握一些典型单元的编程,这样在编写有相同或相近功能的程序时可直接套用,编程简单明了。本章将介绍梯形图经验设计法、继电器电路图转化设计法和顺序功能图(SFC)设计法。

6.3.1　常用典型单元的梯形图

(1)具有启保停功能的程序

在第5章中已介绍过启保停电路,现将该电路用梯形图程序来实现如图 6.76 所示。当启动信号 X1 变为 ON 时(用高电平表示),X1 的常开触点接通,如果这时 X2 为 OFF,X2 的常闭触点接通,Y1 的线圈"通电",它的常开触点同时接通。放开启动按钮,X1 变为 OFF(用低电平表示),其常开触点断开,"能流"经 Y1 的常开触点和 X2 的常闭触点流过 Y1 的线圈,

Y1 仍为 ON,这就是所谓的"自锁"或"自保持"功能。当 X2 为 ON 时,它的常闭触点断开,停止条件满足,使 Y1 的线圈"断电",其常开触点断开,以后即使放开停止按钮,X2 的常闭触点恢复接通状态,Y1 的线圈仍然"断电"。这种功能也可用图 6.77 中的 SET 和 RST 指令来实现。

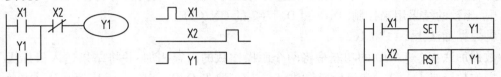

图 6.76　启保停程序与时序图　　　　　图 6.77　SET,RET 实现启保停

(2)具有互锁功能的程序

如图 6.78 所示为三相异步电动机正反转控制的主电路和继电器控制电路图。其中,KM$_1$ 和 KM$_2$ 分别是控制正转运行和反转运行的交流接触器。图 6.78 中用 KM$_1$ 和 KM$_2$ 的主触点改变进入电动机的三相电源的相序,即可改变电动机的旋转方向。图中的 FR 是手动复位的热继电器,在电动机过载时,它的常闭触点断开,使 KM$_1$ 或 KM$_2$ 的线圈断电,电动机停转。

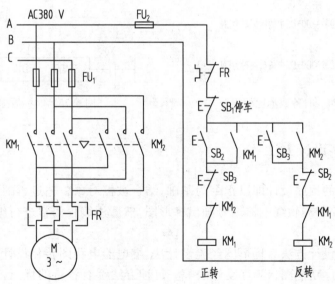

图 6.78　三相异步电动机正反转控制电路

图 6.79 是功能与图 6.78 相同的可编程序控制器控制系统的外部接线图和梯形图。在梯形图中,用两个启保停电路来分别控制电动机的正转和反转。按下正转启动按钮 SB$_2$,X0 变为 ON,其常开触点接通,Y0 的线圈"得电"并自保持,使 KM$_1$ 的线圈得电,电机开始正转运行。按下停止按钮 SB$_1$,X2 变为 ON,其常闭触点断开,使 Y0 线圈"失电",电动机停止运行。

在梯形图中,将 Y0 和 Y1 的常闭触点分别与对方的线圈串联,可保证它们不会同时为 ON,因此 KM$_1$ 和 KM$_2$ 的线圈不会同时通电,这种安全措施在继电器电路中称为"互锁"。

应该注意的是,梯形图中的互锁和按钮联锁电路只能保证输出模块中与 Y0 和 Y1 对应的硬件继电器的常开触点不会同时接通,如果因主电路电流过大或接触器质量不好,某一接触器的主触点被断电时产生的电弧熔焊而被黏结,其线圈断电后主触点仍然是接通的,这时如果另一接触器的线圈通电,仍将造成三相电源短路事故。为了防止出现这种情况,应在可编程序控制器外部设置由 KM_1 和 KM_2 的辅助常闭触点组成的硬件互锁电路(见图 6.78),假设 KM_1 的主触点被电弧熔焊时它的与 KM_2 线圈串联的辅助常闭触点处于断开状态,因此 KM_2 的线圈不可能得电。

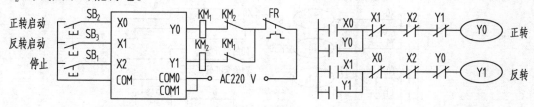

图 6.79 用 PLC 控制电动机正反转的 I/O 接线图和梯形图

(3)闪烁电路

设开始时图 6.80 中的 T0 和 T1 均为 OFF,X0 的常开触点接通后,T0 的线圈"通电",2 s 后定时时间到,T0 的常开触点接通,使 Y0 变为 ON,同时 T1 的线圈"通电",开始定时。3 s 后 T1 的定时时间到,它的常闭触点断开,使 T0 的线圈"断电",T0 的常开触点断开,使 Y0 变为 OFF,同时使 T1 的线圈"断电"其常闭触点接通,T0 又开始定时,以后 Y0 的线圈将这样周期性地"通电"和"断电",直到 X0 变为 OFF,Y0"通电"和"断电"的时间分别等于 T1 和 T0 的设定值。

(4)定时范围的扩展

FX 系列的定时器的最长定时时间为 3 276.7 s,如果需要更长的定时时间,可使用如图 6.81 所示的电路。当 X2 为 OFF 时,T0 和 C0 处于复位状态,它们不能工作。X2 为 ON 时,其常开触点接通,T0 开始定时,3 000 s 后 T0 的定时时间到,其当前值等于设定值,它的常闭触点断开,使它自己复位,复位后 T0 的当前值变为 0,同时它的常闭触

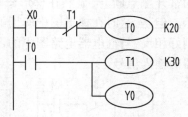

图 6.80 闪烁电路梯形图

点接通,使它自己的线圈重新"通电",又开始定时。T0 将这样周而复开始地工作,直到 X2 变为 OFF。从上面的分析可知,图 6.80 中最上面一行电路是一个脉冲信号发生器,脉冲周期等于 T0 的设定值(3 000 s)。

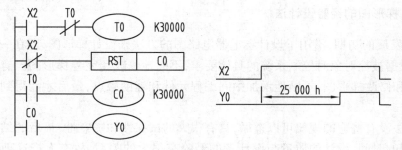

图 6.81 定时范围的扩展

T0 产生的脉冲列送给 C0 计数,计满 30 000 个数(25 000 h)后,C0 的当前值等于设定值 30 000,它的常开触点闭合。设 T0 和 C0 的设定值分别为 K_T 和 K_C,对于 100 ms 定时器,总

的定时时间为：$T = 0.1K_T K_C(s)$。

（5）延时接通/断开电路

如图 6.82 所示，电路用 X0 控制 Y1，X0 的常开触点接通后，T0 开始定时，6 s 后 T0 的常开触点接通，使 Y1 变为 ON。X0 为 ON 时其常闭触点断开，使 T1 复位，X0 变为 OFF 后 T1 开始定时，5 s 后 T1 的常闭触点断开，使 Y1 变为 OFF，T1 也被复位。

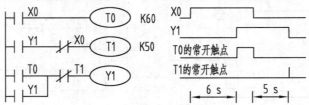

图 6.82　延时接通/断开电路

（6）常闭触点输入信号的处理

前面在介绍梯形图的设计方法时，实际上有一个前提，就是假设输入的开关量信号均由外部常开触点提供，但是有些输入信号只能由常闭触点提供。图 6.83（a）是控制电机运行的继电器电路图，SB1 和 SB2 分别是启动按钮和停止按钮，如果将它们的常开触点接到可编程序控制器的输入端，梯形图中触点的类型与图 6.83（a）完全一致。如果接入可编程序控制器的是 SB2 的常闭触点，如图 6.83（b）所示，按下 SB2，其常闭触点断开，X1 变为 OFF，它的常开触点断开，显然在梯形图中应将 X1 的常开触点与 Y0 的线圈串联，如图 6.83（c）所示。但是，这时在梯形图中所用的 X1 的触点类型与可编程序控制器外接 SB2 的常开触点时刚好相反，与继电器电路图中的习惯也是相反的。建议尽可能用常开触点作可编程序控制器的输入信号。

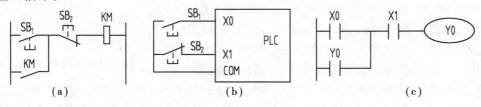

图 6.83　常闭触点输入信号的处理

6.3.2　梯形图的经验设计法

在 PLC 发展的初期，沿用了设计继电器电路图的方法来设计梯形图，即在一些典型电路的基础上，根据被控对象对控制系统的具体要求，不断地修改和完善梯形图。有时需要多次反复地调试和修改梯形图，不断地增加中间编程元件和辅助触点，最后才能得到一个较为满意的结果。

这种方法没有普遍的规律可以遵循，具有很大的试探性和随意性，最后的结果不是唯一的，设计所用的时间、设计的质量与设计者的经验有很大的关系，故有人把这种设计方法称为经验设计法，它可用于较简单的梯形图的设计。下面通过实例来介绍这种设计方法。

（1）设计举例

钻床刀架运动控制系统的梯形图程序设计。

1)被控对象对控制的要求

如图 6.84 所示,刀架开始时在限位开关 X4 处,按下启动按钮 X0,刀架左行,开始钻削加工,到达限位开关 X3 所在位置时停止进给,钻头继续转动,进行无进给切削,6 s 后定时器 T0 的定时时间到,刀架自动返回起始位置。

2)程序设计思路

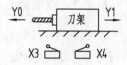

图 6.84 钻床刀架运动

以电动机正反转控制的梯形图为基础,设计出钻床刀架运动控制的梯形图如图 6.85 所示。为使刀架自动停止在 Y0 和 Y1 前串联 X3 和 X4 的常闭触点,为使刀架在延时时间到自动返回在 X1 的常开触点上并联 T0 的常开触点。X0 是进给启动,X1 是返回启动按钮,X2 是停止按钮,X10 是过载保护。

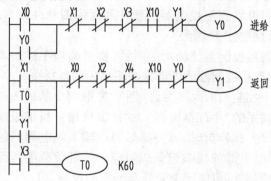

图 6.85 钻床刀架运动控制的梯形图

3)程序分析

刀架开始时在限位开关 X4 处,按下启动按钮 X0,Y0 的线圈"得电",刀架开始左行,碰到左限位开关时,X3 的常闭触点断开,使 Y0"断电",刀架停止左行。X3 的常开触点闭合,使 T0 的线圈"得电",开始进行无进给切削延时。6 s 后,T0 的常开触点闭合,使 Y1 的线圈"得电",刀架返回。刀架离开左限位开关,X3 的常开触点断开,使 T0 的线圈"断电"。当刀架碰到右限位开关,X4 的常闭触点断开,使得 Y1 线圈"断电",刀架停止在右限位开关 X4 处。

(2)经验设计法的特点

经验设计法对于一些比较简单的程序,可起到快速、简单的效果。但是,由于这种方法主要依靠设计人员的经验进行设计,因此对设计人员的要求也比较高,特别是要求设计者有一定的实践经验,对工业控制系统和工业上常用的各种典型环节比较熟悉。

用经验法设计复杂系统的梯形图,存在着以下问题:

①设计方法很难掌握,设计周期长。用经验法设计系统的梯形图时,没有一套固定的方法和步骤可遵循,具有很大的试探性和随意性,对于不同的控制系统,没有一种通用的容易掌握的设计方法。在设计复杂系统的梯形图时,用大量的中间单元来完成记忆、联锁、互锁等功能,由于需要考虑的因素很多,它们往往又交织在一起,分析起来非常困难,并且很容易遗漏掉一些应该考虑的问题。修改某一局部电路时,很可能会"牵一发而动全身",对系统的其他部分产生意想不到的影响,因此梯形图的修改也很麻烦,往往花了很长的时间还得不到一个满意的结果。

②装置交付使用后维修困难。用经验法设计出的梯形图往往非常复杂,对于其中某些复杂的逻辑关系,即使是设计者,分析起来都很困难,更不用说维修人员了,给可编程序控制器控制系统的维修和改进带来了很大的困难。

6.3.3 继电器电路转化设计法

可编程序控制器目前主要用来作开关量控制,为了便于工厂的电气技术人员和电工使用设计了与继电器电路图极为相似的梯形图语言。

如果用可编程序控制器改造继电器控制系统,根据原有的继电器电路图来设计梯形图显然是一条捷径。这是因为老的继电器控制系统经过长期的使用和考验,已经被证明能完成系统要求的控制功能,而继电器电路图又与梯形图有很多相似之处,因此可将继电器电路图"翻译"成梯形图,即用可编程序控制器的硬件和梯形图软件来实现继电器系统的功能。这种方法称为"移植设计法"或"翻译法"。

在分析可编程序控制器控制系统的功能时,可将可编程序控制器想象成一个继电器控制系统中的控制箱,可编程序控制器的外部接线图描述的是这个控制箱的外部接线,可编程序控制器的梯形图是这个控制箱的内部"线路图",梯形图中的输入继电器和输出继电器是这个控制相与外部世界联系的"中间继电器",这样就可用分析继电器电路图的方法来分析可编程序控制器控制系统。在分析时,可将梯形图中输入继电器的触点想象成对应的外部输入器件的触点,将输出继电器的线圈想象成对应的外部负载的线圈。外部负载的线圈除了受可编程序控制器的控制外,可能还会受外部触点的控制。

(1)设计方法与步骤

1)分析原有系统的工作原理

了解被控设备的工艺过程和机械的动作情况,根据继电器电路图分析和掌握控制系统的工作原理。

2)PLC 的 I/O 分配

确定系统的输入设备和输出设备,进行 PLC 的 I/O 分配,画出 PLC 外部接线图。

3)建立其他元器件的对应关系

确定继电器电路图中的中间继电器、时间继电器等各器件与 PLC 中的辅助继电器和定时器的对应关系。

以上两步建立了继电器电路图中所有的元器件与 PLC 内部编程元件的对应关系,对于移植设计方法而言,这非常重要。在该过程中,应该处理好以下 4 个问题:

①继电器电路中的执行元件应与 PLC 的输出继电器对应,如交直流接触器、电磁阀、电磁铁、指示灯等。

②继电器电路中的主令电器应与 PLC 的输入继电器对应,如按钮、位置开关、选择开关等。热继电器的触点可作为 PLC 的输入,也可接在 PLC 外部电路中,主要看 PLC 的输入点是否富裕。应注意处理好 PLC 内、外触点的常开和常闭的关系。

③继电器电路中的中间继电器与 PLC 的辅助继电器对应。

④继电器电路中的时间继电器与 PLC 的定时器或计数器对应。但要注意,时间继电器有通电延时型和断电延时型两种,而定时器只有"通电延时型"一种。

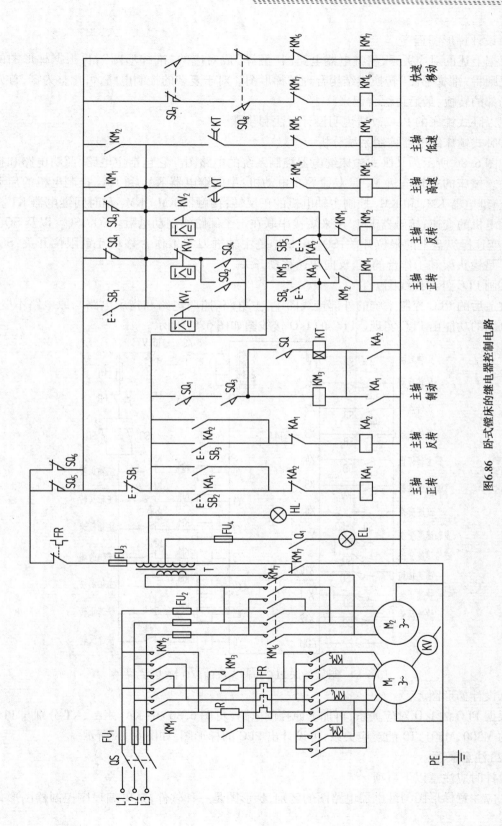

图6.86 卧式镗床的继电器控制电路

4）设计梯形图程序

根据上述的对应关系,将继电器电路图"翻译"成对应的"准梯形图",再根据梯形图的编程规则将"准梯形图"转换成结构合理的梯形图。对于复杂的控制电路,可化整为零,首先进行局部的转换,最后再综合起来。

现以卧式镗床的 PLC 改造说明设计方法和步骤。

①卧式镗床继电器控制系统分析

如图 6.86 所示为某卧式镗床继电器控制系统的电路图。它包括主电路、照明电路和指示电路。镗床的主轴电机 M_1 是双速异步电动机;中间继电器 KA_1 和 KA_2 控制电机的启动和停止;继电器 KM_1 和 KM_2 控制主轴电机的正反转;接触器 KM_4, KM_5 和时间继电器 KT 控制主轴电机的变速;接触器 KM_3 用来短接串联在定子回路的制动电阻。SQ_1, SQ_2,以及 SQ_3, SQ_4 是变速操纵盘上的限位开关;SQ_5 和 SQ_6 是主轴进刀与工作台移动互锁限位开关;SQ_7 和 SQ_8 是镗头架和工作台的正、反向快速移动开关。

②画 PLC 外部接线图

改造后的 PLC 控制系统的外部接线图中,主电路、照明电路和指示电路与原电路不变,控制电路的功能由 PLC 实现。PLC 的 I/O 接线图如图 6.87 所示。

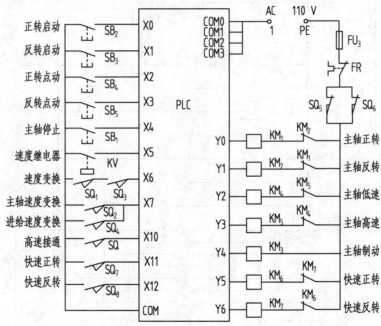

图 6.87　卧式镗床 PLC 控制系统的 I/O 接线图

③设计梯形图

根据 PLC 的 I/O 对应关系,再加上原控制电路(见图 6.86)中 KA_1, KA_2, KT 分别与 PLC 内部的 M300, M301, T0 的对应关系,可设计出 PLC 的梯形图,如图 6.88 所示。

（2）**注意事项**

设计时应注意以下事项:

①应注意梯形图与继电器电路图的区别,梯形图是一种软件,是可编程序控制器图形化

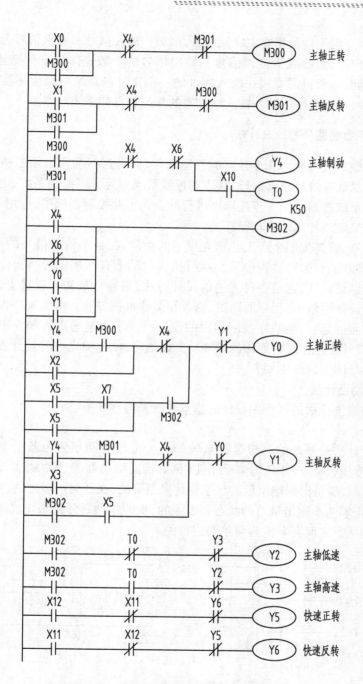

图 6.88 卧式镗床 PLC 控制系统的梯形图

的程序。在继电器电路图中,各继电器可同时动作(称为并行工作),而可编程序控制器是串行工作的,即可编程序控制器的 CPU 同时只能处理 1 条指令。

②在梯形团中最好将继电器电路图中连在一起的线圈对应的控制电路分开。应仔细观察继电器电路图中各线圈分别受哪些触点的控制,根据继电器电路图和梯形图中元器件的对应关系分别画出控制各线圈的梯形图电路。

③尽量减少可编程序控制器的输入信号和输出信号,可编程序控制器的价格与 I/O 点

数有关,每一 I/O 点的平均价格在 100 元左右,而每一输入信号和输出信号分别要占用一个输入点和一个输出点,因此减少输入信号和输出信号的个数是降低硬件费用的主要措施。与继电器电路不同,一般只需要同一输入器件的一个常开触点给可编程序控制器提供输入信号,在梯形图中,可多次使用同一输入继电器的常开触点和常闭触点。

6.3.4 顺序功能图(SFC)设计法

如果一个控制系统可分为几个独立的控制动作,而且这些动作必须严格按照一定的先后次序执行才能保证系统的正常运行,这样的控制系统称为顺序控制系统,也称为步进控制系统。顺序控制系统总是一步一步按顺序进行的。在工业控制领域中,应用很广泛,尤其是在机械行业中用来实现加工的自动循环。

所谓顺序控制,就是按照生产工艺预先规定的顺序,在各个输入信号的作用下,根据内部状态和时间的顺序,在生产过程中各个执行机构自动地有秩序地进行操作。顺序控制设计法又称步进控制设计法,它是一种先进的设计方法,很容易被初学者接受,对于有经验的工程师也会提高设计的效率,程序的调试、修改和阅读也很方便。可编程序控制器的设计者们继承了顺序控制的思想,为顺序控制程序的设计提供了大量通用的和专用的编程元件和指令,开发了供设计顺序控制程序用的顺序功能图语言,使这种先进的设计方法成为当前可编程序控制器梯形图设计的主要方法。

(1)顺序控制设计法

采用顺序控制设计法进行程序设计的基本步骤及内容如下:

1)步的划分

顺序控制设计法最基本的思想是将系统的一个工作周期划分为若干个顺序相连的阶段,这些阶段称为步(Step),并且用编程元件(例如辅助继电器 M 和状态器 S)来代表各步。如图 6.89(a)所示,步是根据输出量的状态变化来划分的,在任何一步之内,各输出量的 0/1 状态不变,但是相邻两步输出量总的状态是不同的,步的这种划分方法使代表各步的编程元件与各输出量的状态之间有着极为简单的逻辑关系。

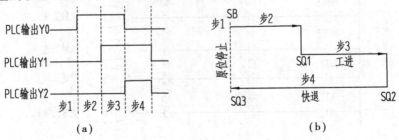

图 6.89 步的划分

2)转换条件的确定

使系统由当前步进入下一步的信号称为转换条件。转换条件可能是外部输入信号,如按钮、指令开关、限位开关的接通/断开等,也可能是可编程序控制器内部产生的信号如定时器、计数器常开触点的接通等,转换条件也可能是若干个信号的与、或、非逻辑组合。如图 6.89(b)所示的 SB,SQ1,SQ2,SQ3 均为转换条件。

顺序控制设计法用转换条件控制代表各步的编程元件,让它们的状态按一定的顺序变化,然后用代表各步的编程元件去控制各端出继电器。

3)绘制顺序功能图

划分了步并确定了转换条件后,就应根据以上分析和被控对象的工作内容、步骤、顺序及控制要求画出状态转移图。

4)绘制梯形图

绘制出顺序功能图,应根据顺序功能图,按照某种编程方式绘制梯形图。如果 PLC 支持状态转移图语言,则可直接使用该图作为最终程序。

(2)顺序控制设计法的本质

经验设计法实际上是试图用输入信号 X 直接控制输出信号 Y,如图 6.90 所示。如果无法直接控制或为了解决记忆、联锁、互锁等功能,只好被动地增加一些辅助元件和辅助触点。由于各系统输出量 Y 与输入量 X 之间的关系和对联锁、互锁的要求千变万化,不可能找出一种简单通用的设计方法。顺序控制设计法则是用输入量 X 控制代表各步的编程元件(如辅助继电器 M),再用它们控制输出量 Y。步是根据输出量 Y 的状态划分的,M 与 Y 之间具有很简单的“与”的逻辑关系,输出电路的设计极为简单。任何复杂系统的代表步的辅助继电器的控制电路,其设计方法都是相同的,并且很容易掌握,故顺序控制设计法具有简单、规范、通用的优点。由于 M 是依次顺序为 1/0 状态的,实际上已基本上解决了经验设计法中的记忆、联锁等问题。

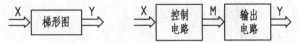

图 6.90 经验设计法与顺序控制法比较

(3)顺序功能图的绘制

顺序功能图(SFC)又称状态转移图或功能表图,它是描述控制系统的控制过程、功能和特性的一种图形,也是设计可编程序控制器的顺序控制程序的有力工具。顺序功能图并不涉及所描述的控制功能的具体技术,它是一种通用的技术语言,可供进一步设计和不同专业的人员之间进行技术交流之用。

每个 PLC 厂家都开发了相应的顺序功能图,各国也都制定了顺序功能图的国家标准。我国在 1986 年颁布了顺序功能图的国家标准(GB 6988.6—86),1994 年 5 月公布的 IEC 可编程序控制器标准(IEC1131)中,顺序功能图被确定为可编程序控制器位居首位的编程语言。

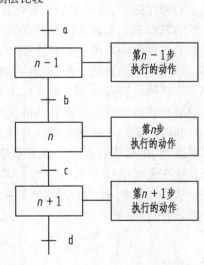

图 6.91 顺序功能图一般形式

顺序功能图一般形式主要由步、有向连线、转换、转换条件及动作(或命令)组成,如图 6.91 所示。

1)步与动作

①步。在状态转移图中用矩形框表示步,方框内是该步的编号。如图 6.91 所示,各步的编号为 $n-1,n,n+1$。编程时,一般用 PLC 内部编程元件来代表各步,因此经常直接用代表该步的编程元件的元件号作为步的编号,如 M200 等。这样在根据状态转移图设计梯形图

时较为方便。

②初始步。与系统的初始状态相对应的步称为初始步。初始状态一般是系统等待启动命令时的相对静止的状态。初始步用双线方框表示,每一个状态转移图至少应该有一个初始步。

③动作。一个控制系统可划分为被控系统和施控系统。例如,在数控车床系统中,数控装置是施控系统,而车床是被控系统。对于被控系统,在某一步中要完成某些"动作";对于施控系统,在某一步中则要向被控系统发出某"命令"。将动作或命令简称为动作,并用矩形框中的文字或符号表示,该矩形框应与相应的步的符号相连。如果某一步有几个动作,则可以如图 6.92 所示的两种画法来表示,但是图中并不隐含这些动作之间的任何顺序。

图 6.92　多个动作的表示

④活动步。当系统正处于某一步时,该步处于活动状态,称该步为"活动步"。步处于活动状态时,相应的动作被执行。若为保持型动作则该步不活动时继续执行该动作,若为非保持型动作则指该步不活动时,动作也停止执行。一般在状态转移图中保持型的动作应该用文字或助记符标注,而非保持型动作不用标注。

2)有向连线、转换与转换条件

①有向连线。在状态转移图中,随着时间的推移和转换条件的实现,将会发生步的活动状态的顺序进展,这种进展按有向连线规定的路线和方向进行。在画状态转移时,应将代表各步的方框按它们成为活动步的先后次序顺序排列,并用有向连线将它们连接起来。活动状态的进展方向习惯上是从上到下或从左自右,在这两个方向,有向连线上的箭头可以省略。如果不是上述的方向,应在有向连线上用箭头注明进展方向。

②转换。转换是用有向连线上有连线垂直的短画线来表示的,转换将相邻两步分隔开。步的活动状态的进展是由转换的实现来完成的,并与控制过程的发展相对应。

③转换条件。转换条件是与转换相关的逻辑条件。如图 6.93(a)所示,转换条件可用文字语言、布尔代数表达式或图形符号标注在表示转换的短线的旁边。转换条件 X 和 $\overline{X}$ 分别表示在逻辑信号 X 为"1"状态和"0"状态时实现转换。符号 X↑ 和 X↓ 分别表示当 X 从 0→1 状态和从 1→0 状态时实现转换。如图 6.93(b)所示,步 12 为活动步时,用高电平表示;反之,则用低电平表示。

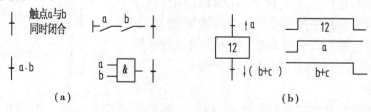

图 6.93　转换与转换条件

使得最多的转换条件表示方法是布尔代数表达式,如转换条件(X1 + X2) · $\overline{C0}$ 表示 X1

和 X2 的常开触点组成的并联电路接通,并且 C0 的当前值小于设定值(其常闭触点闭合)。在梯形图中,则用 X1 和 X2 的常开触点并联后再与 C0 的常闭触点串联来表示这个转换条件。

　3)顺序功能图的基本结构

　①单序列。单序列由一系列相继继激活的步组成,每一步的后面仅接有一个转换,每一个转换的后面只有一个步,如图 6.94(a)所示。

　②选择序列。选择序列的开始称为分支,如图 6.94(b)所示,转换符号只能标在水平连线之下。如果步 5 是活动步,并且转换条件 e = 1 成立,则发生由步 5→步 6 的进展;如果步 5 是活动步,并且 f = 1,则发生由步 5→步 9 的进展。在某一时刻一般只允许选择一个序列。

　　选择序列的结束称为合并,如果 6.94(c)所示。如果步 5 是活动步,并且转换条件 m = 1 成立,则发生由步 5→步 12 的进展;如果步 8 是活动步,并且 n = 1,则发生由步 8→步 12 的进展。

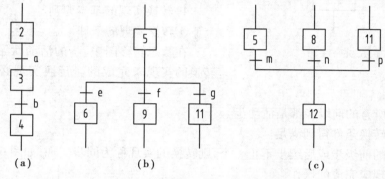

图 6.94　单序列与选择序列

　③并行序列。并行序列的开始称为分支。如图 6.95(a)所示,当条件的实现导致几个序列同时激活时,这些序列称为并行序列。如果步 4 是活动步,并且转换条件 a = 1 成立,则步 3,7,9 同时变为活动步,同时步 4 变为不活动步。为了强调转换的同步实现,水平连线用双线表示。步 3,7,9 被同时激活后,每个序列中活动步的进展将是独立的。在表示同步的水平双线之上,只允许有一个转换符号。

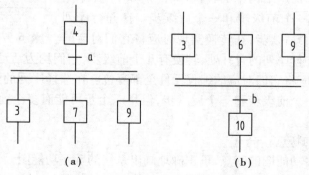

图 6.95　并行序列

　并行序列的结束称为合并。如图 6.95(b)所示,在表示同步的水平双线之下,只允许有一个转换符号。当直接连在双线上的所有前级步都处于活动状态,并且转换条件 b = 1 成立时,才会发生步 3,6,9 到步 10 的进展,即步 3,6,9 同时变为不活动步,而步 10 变为活动步。

并行序列表示系统的几个同时工作的独立部分的工作情况。

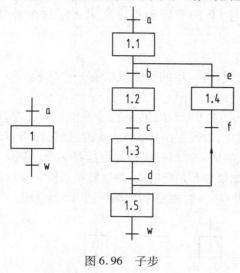

图 6.96　子步

④子步。如图 6.96 所示,某一步可包含一系列子步和转换,通常这些序列表示整个系统的一个完整的子功能。子步的使用系统的设计者在总体设计时,抓住了系统的主要矛盾,用更加简洁的方式表示系统的整体功能和概貌,而不是一开始就陷入某些细节之中。设计者可从简单的对整个系统的全面描述开始,然后画出更详细的状态转移图。子步中还可包含更详细的子步,这使设计方法的逻辑性很强,可减少设计中的错误,缩短总体设计和查错所需要的时间。

4)转换实现的基本原则

①转换实现的条件

在状态转移图中,步的活动状态的进展是由转换的实现来完成的。转换实现必须同时满足以下两个条件:

a.该转换所有的前级步都是活动步。

b.相应的转换条件得到满足。

如果转换的前级步或后续步不止一个,则转换的实现称为同步实现,如图 6.97 所示。

②转换实现应完成的操作

转换的实现应完成以下两个操作:

a.使所有由有向连线与相应转换符号相连的后续步都变为活动步。

b.使所有由有向连线与相应转换符号相连的前级步都变为不活动步。

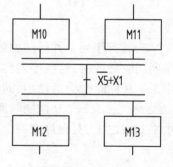

图 6.97　转换的同步实现

以上规则可用于任意结构中的转换,其区别如下:在单序列中,一个转换仅有一个前级步和一个后续步。在并行序列的分支处,转换有几个后续步,在转换实现时应将它们对应的编程元件置位。在并行序列的合并处,转换有几个前级步,它们均为活动步时才有可能实现转换,在转换实现时应将它们对应的编程元件全部复位。在选择序列的分支与合并处,一个转换实际上也只有一个前级步和一个后续步,但是一个步可能有多个前级步或多个后续步(见图 6.92)。

5)顺序功能图的特点

掌握下述的顺序功能图的特点,可正确地画出系统的顺序功能图。

①两个步绝对不能直接相连,必须用一个转换将它们隔开。

②两个转换也不能直接相连,必须用一个步将它们隔开。

③顺序功能图中初始步是必不可少的,它一般对应于系统等待启动的初始状态,这一步可能没有什么动作执行,因此很容易遗漏这一步。如果没有该步,就无法表示初始状态,系统也无法返回停止状态。

④自动控制系统应能多次重复执行向一工艺过程,因此在顺序功能图中一般应有由步和有向连线组成的闭环,即在完成一次工艺过程的全部操作之后,作为单周期工作方式时,应从最后一步返回初始步,系统停留在初始状态。作为连续循环工作方式时,将从最后一步返回下工作用期开始运行的第一步。

⑤只有当某一步所有的前级步都是活动步时,该步才有可能变为活动步。如果用无断电保持功能的编程元件代表各步(如 M200—M400),则 PLC 开始进入 RUN 方式时各步均处于"0"状态,因此必须用 M8002 的常开触点作为转换条件,将初始步预置为活动步,否则状态转移图中永远不会出现活动步,系统将无法工作。如果系统具有自动、手动两种工作方式,顺序功能图是用来描述自动工作过程的,这时还应在系统由手动工作方式进入自动工作方式时用一个适当的信号将初始步置为活动步。

6)举例

某组合机床液压动力头进给运动示意图如图 6.98 所示。其工作过程分为原位、快进、工进、快退 4 步,相应的转换条件为 SB,SQ$_1$,SQ$_2$,SQ$_3$。液压滑台系统各液压元件动作情况如表 6.5 所示。根据上述顺序功能图的绘制方法,液压动力头系统的顺序功能图如图6.98(a)所示。

表6.5　液压元件动作表

元件 工 步	YV$_1$	YV$_2$	YV$_3$
原位	-	-	-
快进	+	-	-
工进	+	-	+
快退	-	+	-

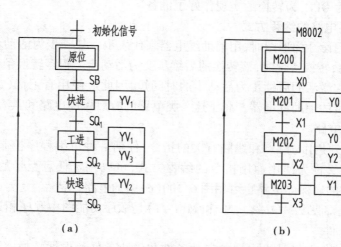

图 6.98　液压动力头系统的顺序功能图

如果 PLC 已经确定,可直接用编程元件 M200—M203(FX 系列)来代表这 4 步,设输入/输出设备与 PLC 的 I/O 点对应关系如表 6.5 所示,则可直接画出如图 6.98(b)所示的顺序功能图接线图。图中，M8002 为 FX 系列 PLC 产生初始化脉冲的特殊辅助继电器。

6.3.5 顺序控制梯形图的编程方式

根据系统的顺序功能图设计梯形图的方法，称为顺序控制梯形图的编程方式。

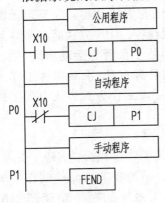

图6.99 自动/手动程序

每个厂家生产的可编程序控制器在编程元件、指令功能和表示方法上有较大的差异，为了适应这种情况，本节主要介绍了使用启保停电路的编程方式，以转换为中心的编程方式，使用 STL 指令的编程方式和仿 STL 指令的编程方式，最后还介绍了具有多种工作方式的控制系统的编程方式。

较复杂的控制系统的梯形图一般采用如图 6.99 所示的典型结构。X2 是自动/手动切换开关，当它为 ON 时将跳过自动程序，执行手动程序；当它为 OFF 时将跳过手动程序，执行自动程序，公用程序用于自动程序和手动程序相互切换的处理。开始执行自动程序时，要求系统处于与自动程序的顺序功能图中初始步对应的初始状态。如果开机时系统没有处于初始状态，则应进入手动工作方式，用手动操作使系统进入初始状态后再切换到自动工作方式，也可设置使系统自动进入初始状态的工作方式。

系统在进入初始状态之前，还应将与顺序功能图的初始步次应的编程元件置位，为转换的实现做好准备，并将其余各步对应的编程元件置为 OFF 状态，这是因为在没有并行序列或并行序列未处于活动状态时，同时只能有一个活动步。

为了便于将顺序功能图转换为梯形图，最好用代表各步的编程元件的元件号作为步的代号，并用编程元件的元件号来标注转换条件和各步的动作或命令。假设刚开始执行用户程序时，原系统已处于要求的初始状态，并用初始化脉冲 M8002 将初始步置位，代表其余各步的各编程元件均为 OFF，为转换的实现作好了准备。

（1）使用启保停电路的编程方式

根据顺序功能图设计梯形图时，用辅助继电器来代表步。某一步为活动步时，对应的辅助继电器为"1"状态，转换实现时，该转换的后续步变为活动步。很多转换条件都是短信号，即它存在的时间比它激活的后续步为活动步的时间短，因此应使用有记忆（或称保持）功能的电路来控制代表步的辅助继电器。属于这一类电路的有启保停电路和具有相同功能的使用 SET,RST 指令的电路。

启保停电路仅仅使用与触点和线圈有关的指令，任何一种可编程序控制器的指令系统都有这一类指令，故又称为使用通用指令的编程方式，可以用于任意型号的可编程序控制器。图 6.100(b)中的启保停电路也可用图 6.100(c)中的电路代替。

如图 6.100 所示，假设 $M(i-1)$,Mi 和 $M(i+1)$ 是顺序功能图中顺序相连的 3 步，Xi 是步 Mi 之前的转换条件。

设计启保停电路的关键是拢出它的启动条件和停止条件。根据转换实现的基本规则，转换实现的条件是它的前级步为活动步，并且满足相应的转换条件，故步 Mi 变为活动步的条件是 $M(i-1)$ 为活动步，并是转换条件 $Xi=1$，在启保停电路中则应将 $M(i-1)$ 和 Xi 的常开触点串联后作为控制 Mi 的启动电路，如图 6.100(b)所示。当 Mi 和 $X(i+1)$ 均为"1"状态时,步 $M(i+1)$ 变为活动步,这时步 Mi 应变为不活动步,因此可将 $M(i+1)=1$ 作为使辅助继电器 Mi 变为"0"状态的条件,即将 $M(i+1)$ 的常闭触点与 Mi 的线圈串联。

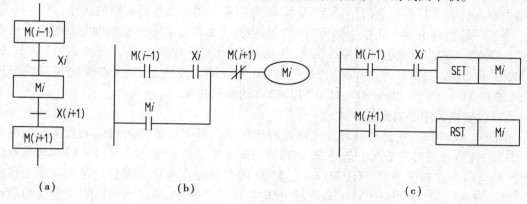

图 6.100　使用通用指令的编程方式示意图

图 6.101 是根据前一节介绍过的液压动力头控制系统的顺序功能图和用启保停电路设计的梯形图,M200—M203 分别代表初始、快进、工进及快退这 4 步,用启保停电路控制它们。启动按钮 X0 和限位开关 X1—X3 是各步之间的转换条件。

根据上述的编程方式和顺序功能图,很容易画出梯形图。例如,设步 $M202=Mi$,由顺序功能图可知,$M(i-1)=M201$,$Xi=X3$,$M(i+1)=M203$,因此将 M203 和 X3 的常开触点串联作为 M200 的启动电路。可编程序控制器开始运行时应将 M200 置为"1"状态,否则系统无法工作,故将 M8002 的常开触点与启动电路并联,启动电路还并联了 M200 的自保持触点。后续步 M201 的常闭触点与 M200 的线圈串联,M201 为"1"状态时 M200 的线圈断电。

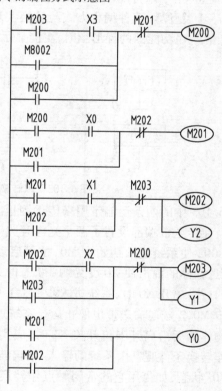

图 6.101　使用通用指令编程的液压动力头系统梯形图

下面介绍设计梯形图的输出电路部分的方法。由于步是根据输出变量的状态变化来划分的,它们之间的关系极为简单,可分为以下两种情况来处理:

①某一输出量仅在某一步中为"1"状态,如从图 6.101 中的顺序功能图可知,Y1 和 Y2 就属于这种情况,可将它们的线圈分别与对应步的辅助继电器 M203 和 M202 的线圈并联。有的初学者也许会认为,既然如此,不如用这些输出继电器来代表该步,如用 Y2 代替 M202,

当然这样做可节省一些编程元件,但是可编程序控制器的辅助继电器是完全够用的,多用一些内部编程元件不会增加硬件费用,在设计和键入程序时也多花不了多少时间。全部用辅助继电器来代表步具有概念清楚,编程规范,梯形图易于阅读和容易查错的优点。

②某一输出继电器在几步中都为"1"状态,应将代表各有关步的辅助继电器的常开触点并联后,驱动该输出继电器的线圈。例如,图 6.101 中的 Y0 在快进、工进步均为"1"状态,故将 M201 和 M202 的常开触点并联后,来控制 Y0 的线圈。应注意,为了避免出现双线圈现象,不能将 Y0 的两个线圈分别与 M201 和 M202 的线圈并联。

(2)**以转换为中心的编程方式**

由图 6.102 可知,用这种编程方式设计的梯形图与顺序功能图的对应关系实现。图中 Xi 对应的转换要同时满足两个条件,即该转换的前级步是活动步($M(i-1)=1$)和转换条件满足($Xi=1$)。在梯形图中,可用 $M(i-1)$ 和 Xi 的常开触点组成的串联电路来表示上述条件。该电路接通时,两个条件同时满足,此时应完成两个操作,即将该转换的续步变为活动步(用 SET Mi 指令来将 Mi 置位)和将该转换的前级步变为不活动步(用 RST $M(i-1)$ 指令将 $M(i-1)$ 复位),这种编程方式与转换实现的基本规则之间有着严格的对应关系,用它编制复杂的顺序功能图的梯形图时,更能显示出它的优越性。

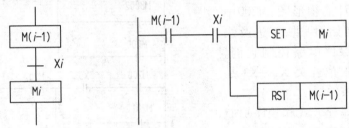

图 6.102　以转换为中心的编程方式

图 6.103 中的两条运输带用来传送钢板之类的长物体,要求尽可能地减少传送带的运行时间。在传送带端部设置了两个光电开关 X0 和 X1,运输带 1,2 的电机分别由 Y1 和 Y0 驱动,M8002 使系统进入初始步 M0,按下启动按钮 X2,系统进入步 M1,1 号运输带开始运行,被传送物体的前沿使 X0 变为"1"状态时,系统进入步 M2,两条运输带同时运行。被传送物体的后沿离开 X0 时,系统进入步 M3,1 号运输带停止运行,物体的后沿离开 X1 时,系统进入步 M0,2 号运输送带也停止运行系统返回初始步。

当物体的后沿离开限位开关 X1 时,应实现步 M3 之后的转换。为什么不能用 X1 的常闭触点作转换条件呢? 由系统的输入/输出波形图可知,当系统由步 M2 转换到步 M3 时,X1 正处于"0"状态,如果用它的常闭触点作转换条件,将使系统错误地立即由步 M2 转换到步 M0,物体尚未运出,2 号运输带就停下来了。梯形图中的 PLS 指令使 M10 在 X1 由"1"状态变为"0"状态的下降沿时,在一个扫描周期内为"1"状态,再用 M10 的常开触点作为步 M3 与步 M0 之间的转换条件,可防止出现上述的错误。

(3)**FX2N 系列可编程序控制器的步进梯形图指令**

许多 PLC 厂家都设计了专门用于编制顺序控制程序的指令和编程元件。例如,美国 GE 公司和 GOULD 公司的鼓形控制器,日本东芝公司的步进顺序指令、三菱公司的步进梯形图指令,等等。

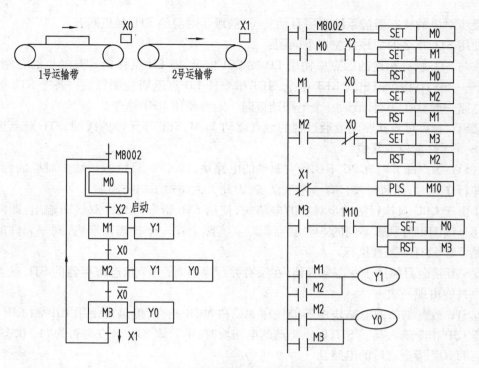

图 6.103　运输带控制系统的顺序功能图与梯形图

步进梯形图指令（Step Ladder Instruction）简称 STL 指令。FX 系列就有 STL 指令及 RET 复位指令。利用它们可以很方便地编制顺序控制梯形图程序。

FX2N 系列 PLC 的状态器 S0—S9 用于初始步，S10—S19 用于返回原点，S20—S499 用于通用状态，S500—S899 用于断电保持功能，S900—S999 用于报警。用它们编制顺序控制程序时，应与步进梯形图指令一起使用。FX 系列还有许多用于步进顺序控制编程的特殊辅助继电器以及使状态初始化的功能指令 IST，使得 STL 指令用于设计顺序控制程序时更加方便。

使用 STL 指令的状态器的常开触点称为 STL 触点，它们在梯形图中的元件符号如图 6.104 所示。从图中可知状态转移图之间的对应关系，STL 触点驱动的电路块具有 3 个功能：对负载的驱动处理、指定转换条件和指定转换目标。

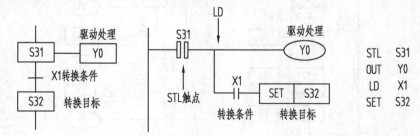

图 6.104　STL 指令与状态转移图

除了后面要介绍的并行序列的合并对应的梯形图外，STL 触点是与左侧母线相连的常开触点，当某一步为活动步时，对应的 STL 触点接通，该步的负载被驱动。当该步后面的转换条件满足时，转换实现，即后续步对应的状态器被 SET 指令置位，后续步变为活动步，同样与前级步对应的状态器被系统程序自动复位,前级步对应的 STL 触点断开。

使用 STL 指令时应该注意以下问题:

①与 STL 触点相连的触点应使用 LD 或 LDI 指令,即 LD 点移到 STL 触点的右侧,直到出现下一条 STL 指令或出现 RET 指令,RET 指令使 LD 点返回左侧母线。各个 STL 触点驱动的电路一般放在一起,最后一个电路结束时一定要使用 RET 指令。

②STL 触点可直接驱动或通过别的触点驱动 Y,M,S,T 等元件的线圈,STL 触点也可使 Y,M,S 等元件置位或复位。

③STL 触点断开时,CPU 不执行它驱动的电路块,即 CPU 只执行活动步对应的程序,在没有并行序列时,任何时候只有一个活动步,因此大大缩短了扫描周期。

④由于 CPU 只执行活动步对应的电路块,使用 STL 指令时允许双线圈输出,即同一元件的几个线圈可分别被不同的 STL 触点驱动。实际上在一个扫描周期内,同一元件的几条 OUT 指令中只有一条被执行。

⑤STL 指令只能用于状态寄存器,在没有并行序列时,一个状态寄存器的 STL 触点在梯形图中只能出现一次。

⑥STL 触点驱动的电路块中不能使用 MC 和 MCR 指令,但是可使用 CJP 和 EJP 指令。当执行 CJP 指令跳入某一 STL 触点驱动的电路块时,不管该 STL 触点是否为"1"状态,均执行对应的 EJP 指令之后的电路。

⑦与普通的辅助继电器一样,可对状态寄存器使用 LD,LDI,AND,ANI,OR,ORI,SET,RST,OUT 等指令,这时状态器触点的画法与普通触点的画法相同。

⑧使状态器置位的指令如果不在 STL 触点驱动的电路块内,执行置位指令时系统程序不会自动将前级步对应的状态器复位。

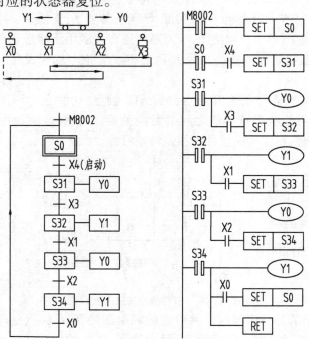

图 6.105　小车控制系统状态转移图与梯形图

如图 6.105 所示,小车一个周期内的运动路线由 4 段组成,它们分别对应于 S31—S34 所代表的 4 步,S0 代表初始步。

假设小车位于原点(最左端),系统处于初始步,S0 为"1"状态。按下启动按钮 X4,系统由初始步 S0 转换到步 S31。S31 的 STL 触点接通,Y0 的线圈"通电",小车右行,行至最右端时,限位开关 X3 接通,使 S32 置位,S31 被系统程序自动置为"0"状态,小车变为左行。小车这样一步一步地顺序工作下去,最后返回起点,并停留在初始步。图 6.105 中的梯形图对应的指令表程序如表 6.6 所示。

表 6.6   小车控制系统指令表

LD	M8002	OUT	Y0	SET	S33	OUT	Y1
SET	S0	LD	X3	STL	S33	LD	X0
STL	S0	SET	S32	OUT	Y0	SET	S0
LD	X4	STL	S32	LD	X2	RET	
SET	S31	OUT	Y1	SET	S34		
STL	S31	LD	X1	STL	S34		

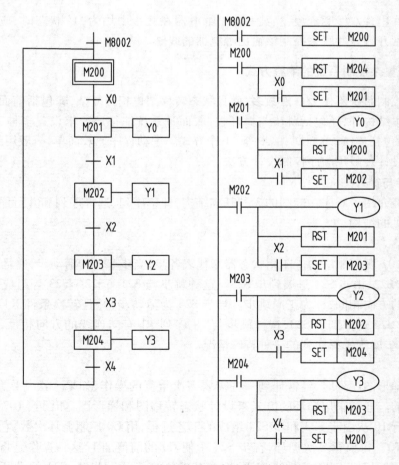

图 6.106   送料系统的顺序功能图与梯形图

（4）仿 STL 指令的编程方法

使用 STL 指令的编程方式很容易掌握，编制出的程序也较短，因此很受梯形图设计人员的欢迎。对于没有 STL 指令的 PLC，也可仿照 STL 指令的设计思路来设计顺序控制梯形图，这就是下面要介绍的仿 STL 指令的编程方法。

如图 6.106 所示为某加热炉送料系统的顺序功能图与梯形图。除初始步外，各步的动作分别为开炉门、推料、推料机返回及关炉门，分别用 Y0，Y1，Y2，Y3 驱动动作。X0 是启动按钮，X1—X4 分别是动作结束的限位开关。与左侧母线相连的 M200—M204 的触点的作用与 STL 触点的作用相似，其右边电路块的作用为驱动负载、指定转换条件和转换目标，以及使前级步的辅助继电器电器复位。

由于这种编程方式用辅助继电器代替状态器，用普通的常开触点代替 STL 触点，因此，与使用 STL 指令的编程方式相比，有以下的不同之处：

①与代替 STL 触点的常开触点（如图 6.106 中 M200—M204 的常开触点）相连的触点，应使用 AND 或 ANI 指令，而不是 LD 或 LDI 指令。

②在梯形图中用 RST 指令来完成代表前级步的辅助继电器的复位，而不是由系统程序自动完成。

③不允许出现双线圈现象，当某一输出继电器在几步中均为"1"状态时，应将这几步的辅助继电器常开触点并联来控制该输出继电器的线圈。

6.3.6 复杂控制系统的编程方式

复杂的控制系统不仅 I/O 点数多，而且状态转移图也相当复杂，除包括前面介绍的状态转移图的基本结构外，还包括跳步与循环控制，而且系统往往还要求设置多种工作方式，如手动和自动（包括连续、单周期、单步等）工作方式。手动程序比较简单，一般用经验法设计；自动程序的设计一般用顺序控制设计方法。

（1）跳步与循环

前面曾经介绍了顺序功能图的 3 种基本结构，即单序列、选择序列和并行序列。下面再介绍两种常见的结构。

1）跳步

如图 6.107 所示顺序功能图用状态器来代表各步，当步 S21 为活动步，并且 X5 变为"1"时，将跳过步 S22，由步 S21 进展到步 S23。这种跳步与 S21→S22→S23 等组成的"主序列"中有向连线的方向相同，称为正向跳步。当步 S24 为活动步，并且转换条件 X4·$\overline{C0}$ =1 成立时，将从步 S24 返回到步 S23，这种跳步与"主序列"中有向连线的方向相反，称为逆向跳步。显然，跳步属于选择序列的一种特殊情况。

2）循环

在设计梯形图序列时，经常遇到一些需要多次重复的操作，如果一次一次地编辑，显然是非常烦琐的。通常采用循环的方式来设计状态转移图和梯形图，如图 6.107 所示。假设要求重复执行 10 次由步 S23 和步 S24 组成的工艺过程，用 C0 控制循环次数，它的设定值等于循环次数 10。每执行一次循环，在步 S24 中使 C0 的前值加 1，这一操作是将 S24 的常开触点接在 C0 的计数脉冲输入端来实现的，当步 S24 变为活动步时，S24 的常开触点由断开变为接通，使 C0 的当前值加 1。每次执行循环的最后一步时，都根据 C0 的当前值是否为

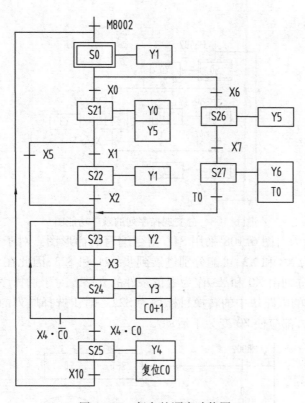

图 6.107　复杂的顺序功能图

"1",如果循环未结束,C0 的常闭触点闭合,转换条件 X4·$\overline{C0}$ 满足时,则返回步 S23;当 C0 的当前值为 10,其常开触点接通,转换条件 X4·C0 满足时,将由步 S24 进展到步 S25。

　　在循环程序执行之前或执行完后,应将控制循环的计数器复位,这样才能保证下次循环时的循环计数准确。复位操作应放在循环之外,如图 6.107 中将计数器复位设在步 S0 和步 S25 中显然比较方便。

　　循环次数的控制和跳步都居于选择序列的特殊情况,前面已讨论了对单序列顺序功能图的编程方式,如果掌握了对选择序列和并行序列的编程方式,就可设计出任意复杂的顺序功能图的梯形图。

　　(2)**选择序列和并行序列的编程**

　　循环和跳步都属于选择序列的特殊情况。对选择序列和并行序列编程的关键在于对它们分支及合并的处理。转换实现的基本规则是设计复杂系统梯形图的基本准则。与单序列不同的是,在选择序列和并行的分支、合并处,某一步或某一转换可能有几个前级步或几个后续步,在编程时应注意这个问题。

　　1)选择序列的编程

　　①使用 STL 指令的编程

　　如图 6.108 所示,步 S0 之后有一个选择序列的分支,当步 S0 为活动步,且转换条件 X0 为"1"时,将执行左边的序列;如果转换条件 X3 为"1"状态,则将执行右边的序列。步 S22 之前有一个由两条支路组成的选择序列的合并,当 S21 为活动步,转换条件 X1 得到满足,或者 S23 为活动步,转换条件 X4 得到满足时,都将使步 S22 变为活动步,同时系统程序使原来的活动步变为不活动步。

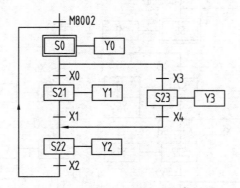

图 6.108　分支选择序列的顺序功能图

　　如图 6.109 所示为对图 6.108 采用 STL 指令编写的梯形图。对于选择序列的分支,步 S0 之后的转换条件为 X0 和 X3,可能分别进展到步 S21 和 S23,因此在 S0 的 STL 触点开始的电路块中,有两条分别由 X0 和 X3 作为置位条件的支路。对于选择序列的合并,由 S21 和 S23 的 STL 触点驱动的电路块中的转换目标均为 S22。对于选择序列的分支,当后续步 S21 或 S23 变为活动步时,都应使 S0 变为不活动步。

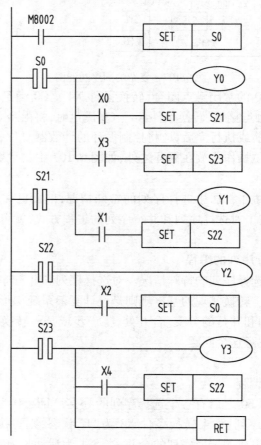

图 6.109　分支选择序列的梯形图

在设计梯形图时,其实没有必要特别留意选择序列如何处理,只要正确地确定每一步的转换条件和转换目标即可。

②使用通用指令的编程

如图6.110所示为合并选择序列的顺序功能图,步M202之前有一个由两条支路组成的选择序列的合并,当M201为活动步,转换条件X1得到满足,或者M203为活动步,转换条件X4得到满足都将使步M202变为活动步,同时系统程序使原来的活动步变为不活动步。

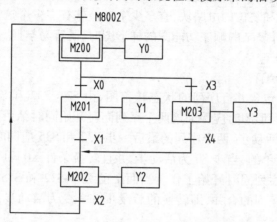

图6.110 合并选择序列的顺序功能图

如图6.111所示为对图6.110使用指令编写的梯形图,M202的启动条件应为M201 · X1 + M203 · X4,对应的启动电路由两条并联支路组成,每条支路分别由M201,X1,以及M203,X4的常开触点串联而成。

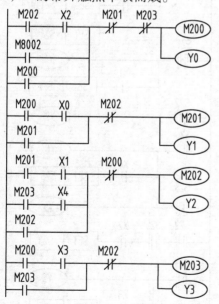

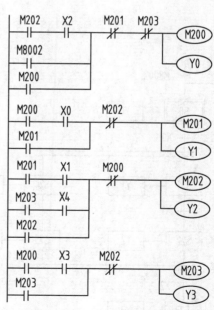

图6.111 合并选择序列的梯形图　　图6.112 以转换为中心编程的梯形图

③以转换为中心的编程

如图6.112所示为对图6.110采用以转换为中心的编程方法设计的梯形图。在顺序功能图中,如果某一转换所有的前级步都是活动步,并是满足相应的转换条件,则转换实现,即所有由有向连线与相应转换符号相连的后续步都变为活动步,而所有由有向连线与相应转换符号相连的前级步都变为不活动步。在以转换为中心的编程方式中,用该转换所有前级步对应的辅助继电器的常开触点与转换对应的触点或电路串联,作为使所有后续步对应的辅助继电器置位(使用 SET 指令)和所有前级步对应的辅助继电器复位(使用 RST 指令)的条件。在任何情况下,代表步的辅助继电器的控制电路都可用这一原则来设计,每个转换对应一个这样的控制置位和复位的电路块,有多少个转换就有多少个这样的电路块,这种设计方法特别有规律,在设计复杂的顺序功能图的梯形图时,既容易掌握,又不容易出错。

2)并行序列的编程

①使用 STL 指令的编程

如图 6.113 所示为包含并行序列的状态转移图,由 S31,S32 和 S34,S35 组成的两个序列是并行工作的,设计梯形图时应保证这两个序列同时开始同时结束,即两个序列的第一步 S31 和 S34 应同时变为活动步,两个序列的最后一步 S32 和 S35 应同时变为不活动步。并行序列的分支处理时很简单的,当步 S0 为活动步,并且转换条件 X0 = 1 满足时,步 S31 和 S34 同时变为活动步,两个序列同时开始工作。当两个前级步 S32 和 S35 均为活动步且转换条件满足时,将实现并行序列的合并,即转换的后续步 S33 变为活动步,转换的前级步 S32 和 S35 同时变为不活动步。

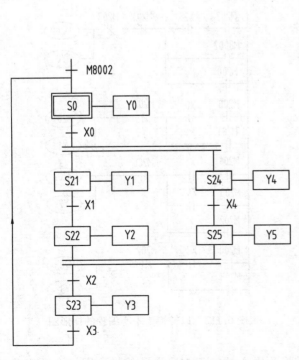

图 6.113　并行序列的顺序功能图

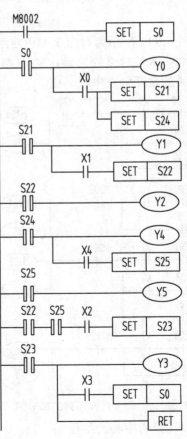

图 6.114　并行序列的梯形图

如图 6.114 所示为对图 6.113 顺序功能图采用 STL 指令编写的梯形图。对于并行序列的分支,当 S0 的 STL 触点和 X0 的常开触点均接通时,S21 和 S24 被同时置位,系统程序将前级步 S0 变为不活动步;对于并行序列的合并,用 S22,S25 的 STL 触点和 X2 的常开触点组成的串联电路使 S33 置位。在图 6.114 中,S22 和 S25 的 STL 触点出现了两次。如果不涉及并行序列的合并,则同一状态器的 STL 触点只能在梯形图中使用一次,当梯形图中再次使用该状态器时,只能使用该状态器的一般常开触点和 LD 指令。另外,FX 系列 PLC 规定串联的 STL 触点的个数不能超过 8 个,即一个并行序列中的序列中的系列数不能超过 8 个。

②使用通用指令的编程

如图 6.115 所示的状态转移图包含了跑步、循环、选择序列及并行序列等基本环节。

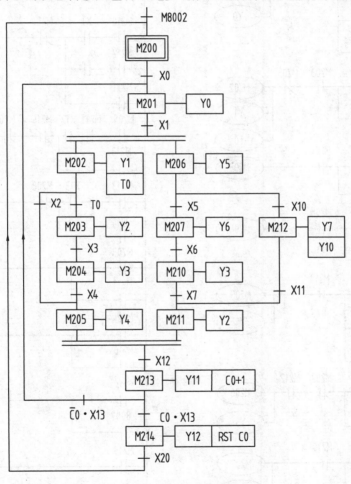

图 6.115　混合型的顺序功能图

如图 6.116 所示为对图 6.115 的顺序转移图采用通用指令编写的梯形图。步 M201 之前有一个选择序列的合并,有两个前级步 M200 和 M213,M201 的启动电路由两条串联支路并联而成。M213 与 M201 之间的转换条件为 $\overline{C0} \cdot X13$,相应的启动电路的逻辑表达式为 M213 $\cdot \overline{C0} \cdot X1$,该串联支路由 M213,X13 的常开触点和 C0 的常闭触点串联而成,另一条启动电路则由 M201 为活动步,并且满足转换条件 X1 时,步 M202 与 M206 的启动电路来实现的,与此同时,步 M201 应变为不活动步。步 M202 和 M206 是同时变为活动步的,因此,只需要将 M202 的常闭触点与 M201 的线圈串联就行了。

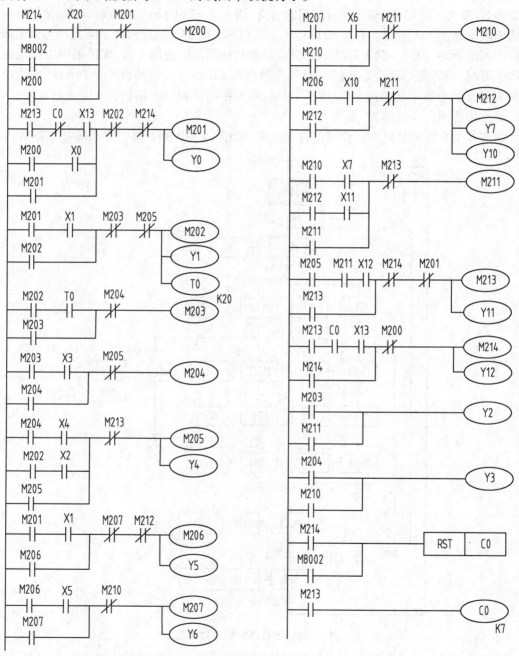

图 6.116　使用通用指令编程的梯形图

步 M213 之前有一个并行序列的合并,该转换实现的条件是所有的前级步(即步 M205 和 M211)都是活动步,且转换条件 X12 满足。由此可知,应将 M205,M211 和 X12 的常开触点串联,作为控制 M213 的启动电路。M213 的后续步为步 M214 和 M201,M213 的停止电路由 M214 和 M201 的常闭触点串联而成。

编程时,应注意以下 3 个问题:

a. 不允许出现双线圈现象。

b. 当 M214 变为"1"状态后,C0 被复位(见图 6.115),下一次扫描开始时,M213 仍为"1"状态(因为在梯形图中,M213 的控制电路放在 M214 的上面),使 M201 的控制电路中最上面的一条启动电路接通,M201 的线圈被错误地接通,出现了 M214 和 M201 同时为"1"状态的异常情况。为了解决这一问题,应将 M214 的常闭触点与 M201 的线圈串联。

c. 如果在状态转移图中仅有由两步组成的小闭环,如图 6.117(a)所示,则相应的辅助继电器的线圈将不能"通电"。例如,在 M202 和 X2 均为"1"状态时,M203 的启动电路接通,但这时与它串联的 M202 的常闭触点却是断开的,因此 M203 的线圈将不能"通电"。出现上述问题的根本原因是步 M202 既是步 M203 的前级步,又是它的后续步。如图 6.117(b)所示,在小闭环中增设一步就可解决这一问题,这一步只起延时作用,延时时间可取得很短,对系统的运行不会有什么影响。

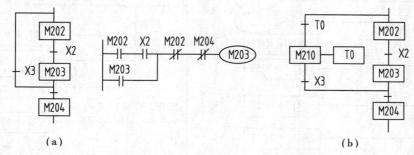

图 6.117　仅有两步的闭环的处理

(3)使用仿 STL 指令的编程

如图 6.118 所示为对图 6.117 顺序功能图采用仿 STL 指令编写的梯形图。在编程时,用接在左侧母线上与各步对应的辅助继电器的常开触点,分别驱动一个并联电路块。这个并联电路块的功能如下:驱动只在该步为"1"状态的负载的线圈;将该步所有的前级步对应的辅助继电器复位;指明该步之后的一个转换条件和相应的转换目标。以 M201 的常开触点开始的电路块为例,当 M201 为"1"状态时,仅在该步为"1"状态的负载 Y0 被驱动,前级步对应的辅助继电器 M200 和 M213 被复位。当该步之后的转换条件 X1 为"1"状态时,后续步对应的 M202 和 M206 被置位。

如果某步之后有多个转换条件,可将它们分开处理。例如,步 M202 之后有两个转换,其中条件 T0 对应的串联电路放在电路块内,接在左线母线上的 M202 的另一个常开触点和转换条件 X2 的常开触点串联,作为 M205 置位的条件。某一负载如果在不同的步为"1"状态,则它的线圈不能放在各对应步的电路块内,而应该用相应辅助继电器的常开触点的并联电路来驱动。

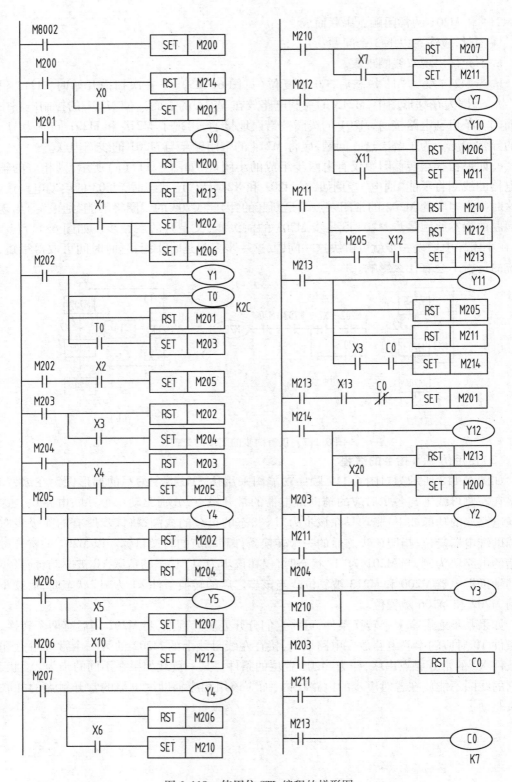

图 6.118　使用仿 STL 编程的梯形图

6.4 PLC 控制系统设计

在了解可编程控制器的指令系统和编程方法后,即可结合实际问题进行可编程控制器控制系统的设计。可编程控制器控制系统包括电气控制线路(硬件部分)和程序(软件部分)两个部分。电气控制线路是以可编程控制器为核心的系统电气原理图,程序是与原理图中 PLC 的输入输出点对应的梯形图或指令表。

6.4.1 PLC 控制系统的分析方法

(1)可编程序控制器的系统分析的基本内容

采用可编程序控制器的系统结构如图 6.119 所示。

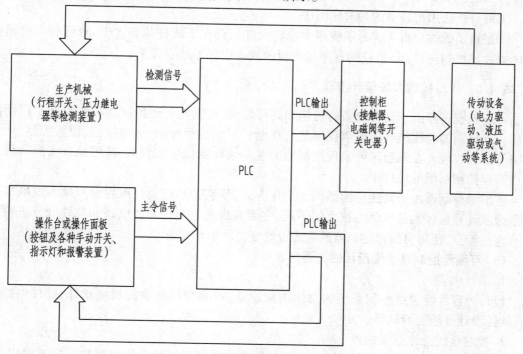

图 6.119 采用可编程序控制器的系统结构图

在图 6.119 的控制系统中,系统分析的基本思路是根据工艺要求,明确控制要求,掌握机械设备的工作状态与相关信息及操作员的主令信号之间的关系。

PLC 控制系统分析工作的主要内容有:

①了解和掌握 PLC 控制系统的控制对象的工作过程、工艺要求,这是重要的第一步。

②掌握 PLC 控制系统的电气、液压或气动系统的组成,分析电气、液压或气动系统的控制原理。要了解各个控制指令、检测信号和控制输出信号的作用和相互关系,了解它们与 PLC 的端口连接关系。

③控制软件的分析。PLC 控制系统分析的核心是其控制软件的分析。应用程序一般是可从 PLC 中输出来的,也可在系统分析时加以利用。对于用不同编程语言编制的程序,应采

取不同的分析方法。

（2）**可编程序控制器系统分析的常用方法**

可编程序控制器系统分析的过程是，首先要从整体上把握编程的总体思路，然后再做细节的分析。分析程序的过程中，应在逐步、反复分析的基础上整理、归纳并绘制出总的、局部的程序框图。分析、整理的过程，就是消化、提高的过程，除此之外，没有捷径。

系统分析的主要方法有：

①文字叙述法。用自然语言平铺直叙地依次说明各编程元件的行为和状态，是普遍采用的方法。叙述法可全面、细腻地阐述软件的工作过程，但是不能直观、形象地各编程元件在不同阶段所处的状态和系统的全过程。

②图形分析法。梯形图程序中的编程元件，绝大部分只存在于两种状态：对于逻辑运算值或为"1"或为"0"，对于接点或接通或断开，可用简单的线条或符号（图）来标明它们的状态。图形分析法用得较多的是时序图法。

③逻辑函数法。由于梯形图程序中编程元件只存在于两种状态之中，故可利用逻辑代数来描述其控制规律，即 PLC 的程序与逻辑函数式建立了对应关系。

6.4.2　PLC 控制系统设计步骤

可编程控制器由于具有较强的功能和高可靠性，使其在工业控制领域中得到了广泛的应用。从早期的替代继电器逻辑控制装置逐渐扩展到过程控制、运动控制、位置控制、通信网络等诸多领域。在熟悉了可编程控制器的基本结构及指令系统后，就可结合实际问题进行可编程控制系统的设计了。

可编程控制器由其独特的结构和工作方式，使它的系统设计内容和步骤与继电器控制系统及计算机控制系统都有很大的不同，主要表现就是允许硬件电路和软件分开进行设计。这一特点，使得可编程控制器的系统设计变得简单和方便。

（1）**可编程控制器系统设计的主要内容**

1）设计内容

设计内容主要包括控制系统的总体结构论证、可编程控制器的机型选择、硬件电路设计、软件设计及组装调试等。

2）控制系统总体方案选择

在详细了解了被控制对象的结构以及仔细地分析了系统的工作过程和工艺要求以后，就可列出控制系统应有的功能和相应的指标要求。以此为基础，可根据对不同控制方案的了解，通过对比的方式进行取舍，最终可拟订出满足特定要求的控制系统的总体方案。总体方案通常包括主要负载的拖动方式、控制器类别、检测方式、联锁要求的满足等。

3）可编程控制器的机型选择

可编程控制器的机型选择就是为系统选择一台具体型号的可编程序控制器，此时要考虑的因素包括 I/O 点数的估算、内存容量的估算、响应时间的分析、输入输出模块的选择、可编程序控制器的结构以及功能等方面。

4）硬件电路设计

硬件电路设计是指除用户应用程序以外的所有电路设计。它应包括负载回路、电源的引入及控制、可编程序控制器的输入输出电路、传感器等检测装置、显示电路以及故障保护电路等。

5)软件设计

软件设计就是编写用户应用程序。它是在硬件设计的基础上进行的,利用可编程序控制器丰富的指令系统,根据控制的功能要求,配合硬件功能,使软件和硬件有机结合,达到要求的控制效果。

值得注意的是,有些控制功能既可用硬件电路实现,也可由软件编程来实现。这就要求设计者能综合考虑,如可靠性、性能价格比等因素,使得软件和配置尽可能的合理。

(2)可编程控制器系统设计的主要步骤

可编程序控制系统的设计步骤如图 6.120 所示。

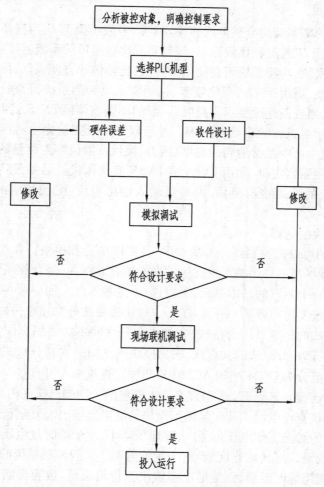

图 6.120　可编程序控制器系统设计流程

图 6.120 中的第一步是确定控制对象及控制范围,这一步相当重要。控制对象的确定可有两个含义:其一是从整个系统的角度逐个明确要求的控制目标,而每个目标的实现可能有不同的途径;其二是经过分析确定有哪些对象应由可编程序控制器进行控制,而余下的采用普通电器的控制线路。如果这项工作做得不好,很可能增加了可编程序控制器的 I/O 点数,而控制系统的电路结构并没得到相应的简化,最终造成成本的无意义增加。但考虑到这

项工作无论采用何种类型的控制器大体要求都相同,这方面的内容在其他各类系统设计资料中都有详尽的论述,本书不再详述。下面对与 PLC 应用相关的硬件电路设计和软件编程问题作较为详细的讨论。

(3)可编程序控制器系统的硬件电路设计

1)可编程序控制器型号的选择

在使用可编程控制器时,如何正确地选用合适的机型是系统设计的关键问题。目前,国内外生产可编程控制器的厂家很多,而同一厂家的产品又有不同的系列,同一系列又有不同的型号,使得选择 PLC 的型号有一定的困难。

PLC 的选型可从以下 5 个方面来考虑:

①功能及结构

可编程控制器的基本结构分整体式和模块式。多数小型 PLC 为整体式,具有体积小和价格便宜等优点,适于工艺过程比较稳定、控制要求比较简单的系统。模块式结构的 PLC 采用主机模块与输入模块、功能模块组合使用的方法,比整体式方便灵活,维修更换模块、判断与处理故障快速方便,适用于工艺变化较多、控制要求复杂的系统,价格比整体机高。对于开关量控制的系统,当控制速度要求不高时,一般的小型整体机 FX1S 就可满足要求,如对小型泵的顺序控制和单台机械的自动控制等。对于以开关量控制为主,带有部分模拟量控制的应用系统,如工业生产中经常遇到的温度、压力、流量及液位等连续量的控制,应选择具有所需功能的可编被控制器主机,如用 FX1N 或 FX2N 型整体机。另外,还要根据需要选择相应的模块,如开关量的输入输出模块、模拟量输入输出模块、配接相应的传感器和驱动装置等。

②输入输出模块的选择

三菱 FX 系列的可编程控制器分为基本单元、扩展单元和模块。在选型时,能用一个基本单元完成配置,就尽量不要用基本单元加扩展的模式。例如,经计算系统需要配置 128 点 I/O,就直接选用一台 128 点的基本单元,不要选 64 点基本单元加一台 64 点扩展单元,因为后者的配置造价一般要比前者高。开关量输入/输出模块按外部接线方式分为隔离式、分组式和共点式。隔离式的每点平均价格较高,如果信号之间不需要隔离应选用后两种。现在 FX 的输入模块一般都是分组式或共点式,输出模块则是隔离式和分组式组合。开关量输入模块的输入电压一般分为 DC24 V 和 AC220 V 两种。直流输入可直接与接入开关和光电开头等电子输入装置连接。三菱 FX 系列直流输入模块的公用端已接在内部电源的输入,因此直流输入不需要外接直流电源。开关量输出模块有继电器输出、晶体管输出和可控硅输出。继电器型输出模块的触点工作电压范围广,导通压降小,承受瞬时过电压和过电流的能力较强,但是动作速度较慢,寿命(动作次数)有一定的限制。一般控制系统的输出信号变化不是很频繁时,可优先选用继电器型,而是继电器输出型价格最低,也容易购买。晶体管型与双向可控硅型输出模块分别用于直流负载和交流负载,它们的可靠性高,反应速度快,寿命长,但是过载能力稍差。选择时,应考虑负载电压的种类和大小,系统对延迟时间的要求,负载状态变化是否频繁,等等。

③I/O 点数的确定

一般来说,可编程控制器控制系统的规模的大小是用输入/输出的点数来衡量的。我们在设计系统时,应准确统计被控对象的输入信号和输出信号的总点数并考虑今后调整和工艺改进的需要,在实际统计 I/O 点数基础上,一般应加上 10% ~ 20% 的备用量。对于整体式的基本单元,输入输出点数是固定的,不过三菱的 FX 系列不同型号输入/输出点数的比例也不同。根据输入/输出点数的比例情况,可选用输入输出点都有的扩展单元或模块,也可选用只有输入(输出)点的扩展单元或模块。

④用户存储器容量的估算

用户应用程序占用多少内存与许多因数有关,如 I/O 点数、控制要求、运算处理量及程序结构等。因此,在程序设计之前只能粗略地估算。根据经验,对于开关量控制系统,用户程序所需存储器的容量等于 I/O 信号总数乘以 8。对于有模拟量输入输出的系统,每一路模拟量信号大约需 100 步。如果使用通信接口,那么每个接口需要 300 步。一般估算时根据算出存储器的总字数再加上一个备用量,可编程控制器的程序存储器容量通常以字或步为单位,如 1 K 步、2 K 步等。程序是由字构成的,每个程序步占一个存储器单元,每个存储单元为两个字节。不同类型的可编程控制器表示方法可能不同,在选用时一定注意存储器容量的单位。

⑤处理速度的要求

因为可编程控制器是采用顺序扫描的工作方式,从输入信号到输出控制存在着滞后现象,即输入量的变化一般要在 1 ~ 2 个扫描周期之后才能反映到输出端,这对于大多数应用场合是允许的。响应时间包括输入滤波时间、输出滤波时间和扫描周期。其顺序扫描工作方式使它不能可靠地接收持久时间小于 1 个扫描周期的输入信号。为此,对于快速反应的信号需要选取扫描速度高的机型。例如,三菱 FX2N 的基本指令的运行处理时间为 0.08 μs/步指令。另外,在编程要优化应用软件,缩短扫描周期。

2)电源的分配及保护

在 PLC 控制系统中,有几种不同的电源,如拖动系统的电源、PLC 的工作电源、PLC 的输入信号电源及 PLC 的输出驱动电源等。在单台 PLC 系统中,拖动系统主电源一般不单独设置而由系统总断路器承担;PLC 的工作电源分为直流和交流电源,随产品的型号而定,而且有不同的电压等级。输入信号电源也因 PLC 输入模块的不同而不同,而输入模块的选用通常又取决于各种传感器,在大多数情况下,当只有开关量的逻辑控制时,检测元件只提供无源的接点,此时输入信号电源由选用的输入模块而定,常用直流 24 V 或交流 220 V,有些型号的 PLC 的电源模块本身提供 24 V 的传感器工作电源;输出驱动电源则完全由驱动对象决定,如接触器的线圈工作电压,电磁换向阀的线圈工作电压、信号灯的工作电压或报警器的工作电压。

3)PLC 输入、输出配置及地址编号

把所有控制按钮、限位开关等分别集中配置,同类型的输入点尽可能分在一组内;若输入点有多余,可将某一个输入模块的输入点分配给一台设备或机器。同类型设备占用的输出点最后地址相对集中;按照不同类型的设备顺序指定输出点地址号;若输出点有多余,可将某一个输出模块的输出点分配给一台设备或机器。关于地址编号,不同型号的 PLC 有不同的规定,它是正确应用 PLC 的基础,这里所说的地址只与物理存储单元存在对应关系,对于用户来讲,把它们看成是具有规定功能的编程元件。对于整体式小型 PLC,其输入/输出编程元件的编号(地址号)是固定的,不能随意改变;但模块式结构的 PLC,其地址编号则由模块安装的具体位置而定。

4)PLC 输入电路的设计

输入信号主要有开关量和模拟量,在大多数小型 PLC 的应用中,涉及的是开关量,PLC 的开关量接口是 PLC 与现场的以开关量为输出形式的检测元件(如操作按钮、行程开关、压力继电器触点等)的连接通道,并转换成 CPU 单元所能接受的数字信号,为了防止各种干扰和高电压窜入 PLC 内部而影响其工作的可靠性,必须采用电气隔离与抗干扰措施。

(4)程序设计

设计程序时应根据工艺要求和控制系统的具体情况画出程序流程图。这是整个程序设计工作的核心部分。在编写程序过程中,可借鉴现成的标准程序和参考继电器控制图。梯形图语言是最普遍使用的编程语言,应根据个人爱好、选用经验设计法或根据顺序功能图选用某一种设计方法。在编写程序的过程中,需要及时对编出的程序进行注释,以免忘记其相互关系。注释包括程序的功能、逻辑关系说明、设计思想、信号的来源及去向等。具体应用可参考 6.3 节 PLC 程序设计的内容。

6.4.3　机械手 PLC 控制系统设计

(1)控制要求

如图 6.121 所示为一台工件传送的气动机械手的动作示意图。其作用是将工件从 A 点传动到 B 点,气动机械手的升降和左右移动分别由两个具有双线圈的两位电磁阀驱动汽缸来完成。其中,上升与下降对应的电磁阀线圈分别为 YV_1 与 YV_2,左行、右行对应的电磁阀线圈分别为 YV_3 与 YV_4。一旦电磁阀线圈通电,就一直保持现有的动作,直到相对的另一线圈通电为止。气动机械手的夹紧、松开动作由只有一个线圈的两位电磁阀驱动的汽缸完成,线圈(YV_5)断电时夹住工件,线圈(YV_5)通电时松开工件,以防止停电时的工件跌落,机械手的工作臂都设有上、下限位和左、右限位的位置开关 SQ_1,SQ_2 和 SQ_3,SQ_4。夹持装置不带限位开关,它通过一定的延时来表示其夹持动作的完成,机械手在最上面、最左边且除松开的电磁线圈(YV_5)通电外,其他线圈全部断电的状态为机械手的原位。

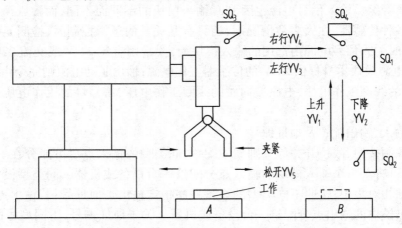

图 6.121　机械手示意图

其具体动作步骤如下:

①按下启动按钮,系统开始工作。

②机械手首先向下运动,运动到最低位置停止(由下限位开关确定)。

③机械手开始夹紧工件,一直到把工件夹紧为止(由定时器控制)。

④机械手开始向上运动,一直运动到最上端(由上限位开关确定)。

⑤上限位开关闭合后,机械手开始向右运动。

⑥运行到右端(右限位开关)后,机械手开始向下运动。

⑦向下运行到下限位开关后,机械手把工件松开(由定时器控制)。

⑧工件松开后,机械手开始向上移动,直到触动上限位开关。

⑨机械手开始向左运动,直到触动左限位开关,此时机械手回到初始位置。

机械手的操作面板分布情况如图 6.122 所示。机械手具有手动、单步、单周期、连续及回原位 5 种工作方式,用开关 SA 进行选择。手动工作方式时,用各操作按钮(SB$_5$,SB$_6$,SB$_7$,SB$_8$,SB$_9$,SB$_{10}$,SB$_{11}$)来点动执行相应各动作;单步工作方式时,每按一次启动按钮(SB$_3$),向前执行一步动作;单周期工作方式时候,机械手在原位,按下启动按钮 SB$_3$,自动地执行一个工作周期的动作,最后返回原位(如果在动作过程中按下停止按钮 SB$_4$,机械手停在该工序上,再按下启动按钮 SB$_3$,则又从该工序继续工作,最后停在原位);连续工作方式时,机械手在原位,按下启动按钮 SB$_3$,机械手就连续重复进行工作(如果按下停止按钮 SB$_4$,机械手运行到原位后停止);返回原位工作方式时,按下回原位按钮 SB$_{11}$,机械手自动回到原位状态。

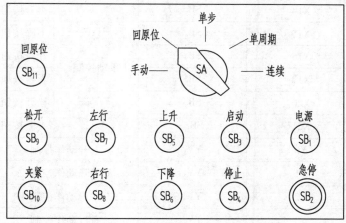

图 6.122　机械手操作面板示意图

(2)PLC 的 I/O 分配

经分析系统共有 18 个输入设备和 5 个输出设备、分别占用 PLC 的 18 个输入点和 5 个输出点。PLC 的 I/O 地址分配如表 6.7 所示。

如图 6.123 所示为 PLC 的 I/O 接线图,选用 FX2N-48MR 的 PLC。为了保证在紧急情况下(包括 PLC 发生故障时)能可靠地切断 PLC 的负载电源,设置了交流接触器 KM。在 PLC 开始运行时按下电源按钮 SB$_1$,使 KM 线圈得电并自锁,KM 的主触点接通,给输出设备提供电源;出现紧急情况时,按下急停按钮 SB$_2$,KM 触点断开电源。

表 6.7　PLC 的 I/O 地址分配表

PLC 的 I/O 地址	连接的外部设备	在控制系统中的作用	
X0			手动
X1			回原位
X2	选择开关 SA	工作方式选择	单步
X3			单周期
X4			连续
X5	SB$_3$	启动按钮	
X6	SB$_4$	停止按钮	
X7	SB$_{11}$	回原位按钮	
X10	SQ$_1$	上限位开关	
X11	SQ$_2$	下限位开关	
X12	SQ$_3$	左限位开关	
X13	SQ$_4$	右限位开关	
X14	SB$_5$		上升按钮
X15	SB$_6$		下降按钮
X16	SB$_7$		左行按钮
X17	SB$_8$	手动控制	右行按钮
X20	SB$_9$		松开按钮
X21	SB$_{10}$		夹紧按钮
Y0	YV$_1$	上升动作控制	
Y1	YV$_2$	下降动作控制	
Y2	YV$_3$	左行动作控制	
Y3	YV$_4$	右行动作控制	
Y4	YV$_5$	松紧动作控制	

(3) PLC 程序设计

1) 程序的总体结构

如图 6.124 所示为机械手系统的 PLC 梯形图程序的总体结构。它将程序分为公用程序、自动程序、手动程序及回原位程序 4 个部分。其中,自动程序包括单步、单周期和连续工作的程序,这是因为它们的工作都是按照同样的顺序进行,因此将它们合在一起编程更加简单。梯形图中使用跳转指令使得自动程序、手动程序和回原位程序不会同时执行。假设选择"手动"方式,则 X0 为 ON,X1 为 OFF,此时 PLC 执行完公用程序后,将跳过自动程序到 P0 处,由于 X1 常闭触点为闭合,因而又跳过回原位程序到 P2 处;假设选择"回原位"方式,则 X0 为 OFF,X1 为 ON,将跳过自动程序和手动程序执行回原位程序;假设选择"单步"或"单周期"或"连续"方式,则 X0,X1 均为 OFF,此时执行完自动程序后,跳过手动程序和回原位程序。

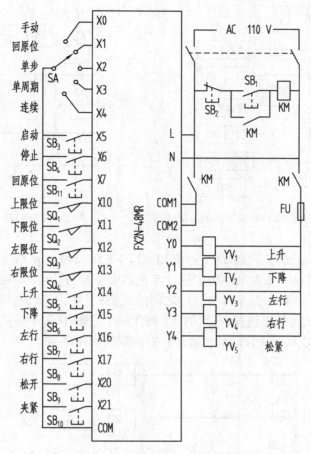

图 6.123 机械手控制系统 PLC 的 I/O 接线图

2)各部分程序的设计

①公用程序

公用程序如图 6.125 所示,左限位开关 X12,上限位开关 X10 的常开触点和表示机械手松开的 Y4 的常开触点的串联电路接通时,辅助继电器 M0 变为 ON,表示机械手在原位。

公用程序用于自动程序和手动程序相互切换的处理,当系统处于手动工作方式时,必须将除初始步以外的各步对应的辅助继电器(M11—M18)复位,同时将表示连续工作状态的 M1 复位,否则当系统从自动工作方式切换到手动工作方式,然后又返回自动工作方式时,可能会出现同时有两个活动步的异常情况,引起错误的动作。

当机械手处于原点状态(M0 为 ON),在开始执行用户程序(M8002 为 ON),系统处于手动状态或回原点状态(X0 或 X1 为 ON 时),初始步对应的 M10 将被置位,为进入单步、单周期和连续工作方式做好准备。如果此时 M0 为 OFF 状态,M10 将被复位,初始步为不活动步,系统不能在单步、单周期和连续工作方式下工作。

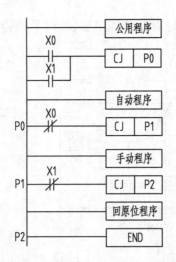

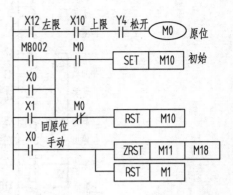

图 6.124　机械手系统 PLC 梯形图的总体结构　　　　　图 6.125　公用程序

②手动程序

手动程序如图 6.126 所示,手动工作时用 X14—X21 对应的 6 个按钮控制机械手的上升、下降、左行、右行、松开及夹紧。为了保证系统的安全运行,在手动程序中设置了一些必要的联锁,如上升与下降之间、左行与右行之间的互锁;上升、下降、左行、右行的限位;上限位开关 X10 的常开触点与控制左、右行的 Y2 和 Y3 的线圈串联,使得机械手升到最高位置才能左右移动,以防止机械手在较低位置运行时与别的物体碰撞。

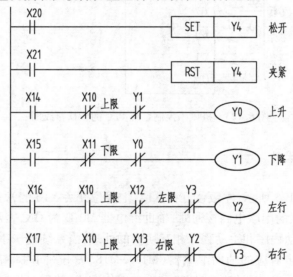

图 6.126　手动程序

③自动程序

如图 6.127 所示为机械手系统自动程序的功能表图。使用通用指令的编程方式设计出的自动程序如图 6.128 所示,也可采用其他的编程方式编程。

系统工作在连续、单周期(非单步)工作方式时,X2 的常闭触点接通,使 M2(转换允许)为 ON,串联在各步电路中的 M2 的常开触点接通,允许步与步之间转换。

假设选择的是单周期工作方式,此时 X3 为 ON, X1 和 X2 的常闭触点闭合,M2 为 ON,允许转换。在初始步时按下启动按钮 X5,在 M11 的电路中,M10,X5,M2 的常开触点和 X12 的常闭触点均接通,使 M11 为 ON,系统进入下降步,Y1 为 ON,机械手下降;机械手碰到下限位开关 X11 时,M12 变为 ON,转换到夹紧步,Y4 被复位,工件被夹紧;同时 T0 得电,2 s 以后 T0 的定时时间到,其常开触点接通,使系统进入上升步。系统将这样一步一步地往下工作,当机械手在步 M18,返回最左边时,X12 为 ON,因为此时不是连续工作方式,故 M1 处于 OFF 状态,转换条件$\overline{M1}\cdot X12$ 满足时,系统返回并停留在初始步 M10。

在连续工作方式中,X4 为 ON,在初始状态按下启动按钮 X5,与单周期工作方式时相同,M11 变为 ON,机械手下降,与此同时,控制连续工作的 M1 为 ON,往后的工作过程与单周期工作方式相同。当机械手在步 M18 返回最左边时,X12 为 ON,因为 M1 为 ON,转换条件 M1·X12 满足,系统将返回步 M11,反复连续地工作下去。按下停止按钮 X6 后,M1 变为 OFF,但是系统不会立即停止工作,而是在完成当前工作周期的全部动作后,在步 M18 返回最左边,左限位开关 X12 为 ON,转换条件$\overline{M1}\cdot X12$ 满足时,系统才返回并停留在初始步。

如果系统处于单步工作方式,X2 为 ON,它的常闭触点断开,"转换允许"辅助继电器 M2 在一般情况下为 OFF,不允许步与步之间的转换。设系统处于初始状态,M10 为 ON,按下启动按钮 X5,M2 变为 ON,使 M11 为 ON,系统进入下降步。松开启动按钮后,M2 马上变为 OFF。在下降步,Y0 得电,机械手降到下限位开关 X11 处时,与 Y0 的线圈串联的 X11 的常闭触点断开,使 Y0 的线圈断电,机械手停止下降。X11 的常开触点闭合后,如果没有按下启动按钮,则 X5 和 M2 处于 OFF 状态,一直要等到按下启动按钮,M5 和 M2 变为 ON,M2 的常开触点接通,转换条件 X11 才能使 M12 接通,M12 得电并自保持,系统才能由下降步进入夹紧步。以后在完成某一步的操作后,都必须按一次启动按钮,系统才能进入下一步。

在输出程序部分,X10—X13 的常闭触点是单步工作方式设置的。以下降为例,当小车碰到限位开关 X11 后,与下降步对应的辅助继电器 M11 不会马上变为 OFF,如果 Y0 的线圈不与 X11 的常闭触点串联,机械手不能停在下限位开关 X11 处还会继续下降,这种情况下可能造成事故。

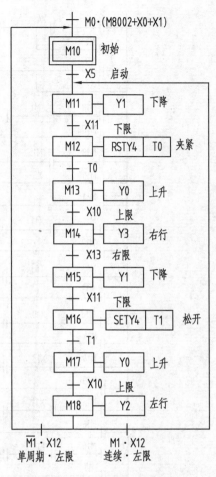

图 6.127　自动程序的功能表图

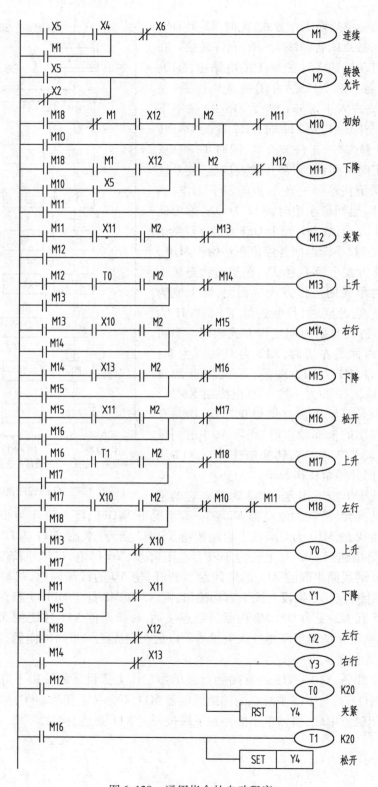

图 6.128　通用指令的自动程序

④回原点程序

如图 6.129 所示为机械手自动回原点程序的梯形图。在回原点工作方式(X1 为 ON)时,按下回原点启动按钮 X7,M3 变为 ON,机械手松开并上升,升到上限位开关时 X10 为 ON,机械手左行,到左限位处时,X12 变为 ON,左行停止并将 M3 复位。这时原点条件满足,M0 为 ON,在公用程序中,初始步 M0 被置位,为进入单周期、连续和单步工作方式做好了准备。

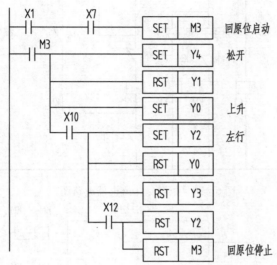

图 6.129　回原位程序

3)程序综合与模拟调试

由于在分部分程序设计时已经考虑到各部分之间的相互关系,因此只要将公用程序(见图 6.125)、手动程序(见图 6.126)、自动程序(见图 6.128)及回原位程序(见图 6.129)按照机械手程序总体结构(见图 6.124)综合起来,即为机械手控制系统的 PLC 程序。

模拟调试时各部分程序可先分别调试,然后再进行全部程序的调试,也可直接进行全部程序的调试。

6.4.4　摇臂钻床 PLC 控制系统设计

(1)摇臂钻床继电器控制系统分析

如图 6.130 所示为某摇臂钻床继电器控制系统的电路图。接触器 KM_2,KM_3 控制摇臂升降电机;接触器 KM_4,KM_5 控制摇臂放松和夹紧;电磁换向阀由 YV 控制;SQ_1,SQ_2,SQ_3,SQ_4 分别是上极限、下极限、已夹紧、已放松限位开关。

(2)PLC 的 I/O 分配

经分析系统共有 9 个输入设备和 5 个输出设备、分别占用 PLC 的 9 个输入点和 5 个输出点,选用 FX2N-32MR 的 PLC。如图 6.131 所示为 PLC 的 I/O 接线图。

(3)PLC 的梯形图程序

如图 6.132 所示为 PLC 的梯形图程序。

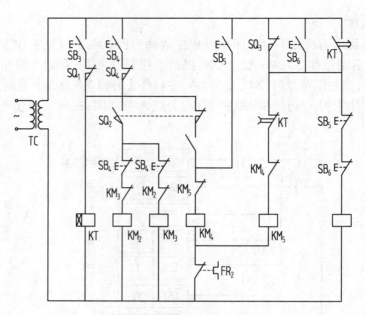

图 6.130　摇臂钻床继电器电路图

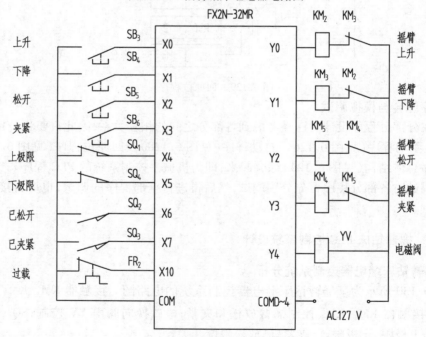

图 6.131　PLC 的 I/O 接线图

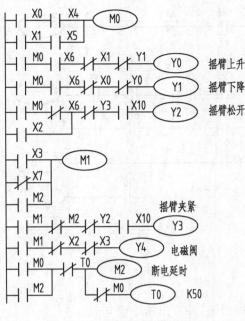

图 6.132　PLC 的梯形图

习　题

6.1　PLC 的硬件由哪几部分组成？它们各有什么作用？PLC 主要有哪些外部设备？它们各有什么作用？

6.2　PLC 的软件由哪些部分组成？它们各有什么作用？

6.3　PLC 的编程语言有哪几种？它们各有什么特点？

6.4　PLC 采用什么工作方式？有何特点？

6.5　什么是 PLC 的扫描周期？其扫描过程分为哪几个阶段？各阶段完成什么任务？

6.6　FX2N 系列 PLC 计数器有几种类型？计数器 C200—C234 的计数方向如何确定？

6.7　FX2N 系列共有几条基本指令？各条的含义？

6.8　写出如图 6.133 所示梯形图对应的语句表。

6.9　将下列语句表转换为对应的梯形图。

步序	指令	编程器件	步序	指令	编程器件
0	LD	X0	6	LDI	X4
1	OR	Y0	7	AND	X5
2	ANI	X1	8	ORB	
3	OR	M10	9	ANB	
4	LD	X2	10	OUT	Y0
5	AND	X3	11	END	

6.10　如图 6.134 所示,要求按下启动按钮后能完成下列动作:

①运动部件 A 从 1 到 2;

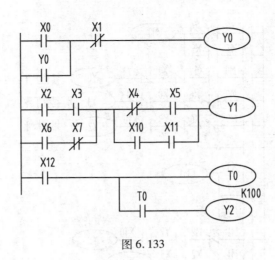

图 6.133

②B 从 3 到 4；

③A 从 2 回到 1；

④B 从回到 3。

试画出 I/O 接线图和梯形图,并写出指令语句表。

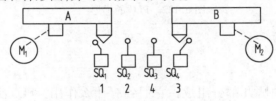

图 6.134

6.11 设计一个抢答器,有 4 个答题人;出题人提出问题,答题人按下抢答按钮,只有最先抢答的人输出;出题人按下复位按钮,引出下一个问题。试画出梯形图。

6.12 按下启动按钮,灯亮 10 s,暗 5 s,重复 3 次后停止工作。试设计梯形图。

6.13 某动力头按如图 6.135(a)所示的步骤动作:快进、工进 1、工进 2、快退。输出 Y0—Y4 在各步的状态如图 6.135(b)所示,表中的"1""0"分别表示接通和断开。设计该动力头系统的梯形图程序,要求设置手动、连续、单周期、单步 4 种工作方式。

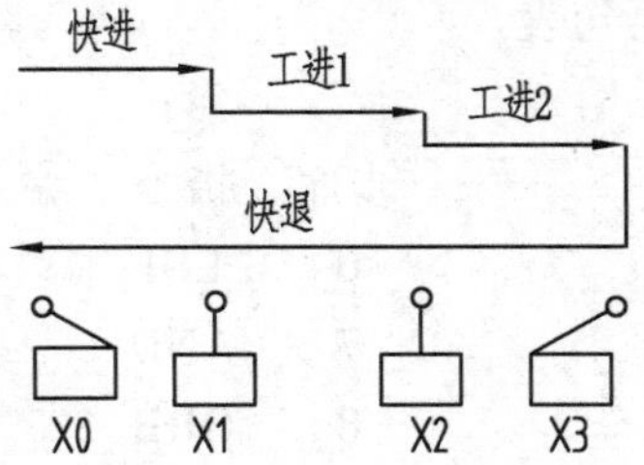

	Y0	Y1	Y2	Y3
快进	0	1	1	0
工进1	1	1	0	0
工进2	0	1	0	0
快退	0	0	1	1

（a）

（b）

图 6.135

6.14 设计一个顺序控制系统,要求如下:3 台电动机,按下启动按钮时,M_1 先启动,运行 2 s 后 M_2 启动,在运行 3 s 后 M_3 启动;按下停止按钮时,M_3 先停止,3 s 后 M_2 停止,2 s 后 M_1 停止。在启动过程中也能完成逆序停止,如在 M_2 启动后和 M_3 启动前按下停止按钮,M_2

停止,2 s后M_1停止。画出端子接线图和状态转移图及梯形图,写出指令表。

6.15　设计十字路口交通信号灯的程序,要求如下:南北方向红灯亮55 s,同时东西方向绿灯先亮50 s,然后绿灯闪烁3次(亮0.5 s,灭0.5 s),最后黄灯再亮2 s,此时东西、南北两个方向同时翻转,东西方向为红灯,南北方向变为绿灯,如此循环。写出顺序功能图和指令表。

6.16　设计小车自动往返装卸货系统的程序,要求如下:按下启动按钮,小车从原位向前,行至料斗处(前限位开关处)自动停止,料斗底门打开7 s,小车装卸,7 s后小车向后运行,行至原位时小车停止,小车侧门打开5 s进行卸货。如此往返,直至按下停止按钮。以上每个动作都由手动操纵。

6.17　功能指令何谓连续执行？何谓脉冲执行？

6.18　用时钟运算指令控制路灯的定时接通和断开,20:00 时开灯,6:00 时关灯。试设计出梯形图。

6.19　编写程序,求出 D10—D12 中的最大数,并存放在 D100 中。

6.20　用一个按钮(X1)来控制 3 个输出(Y1,Y2,Y3)。当 Y1,Y2,Y3 都为 OFF 时,按一下 X1,则 Y1 为 ON;再按一下 X1,则 Y1,Y2 为 ON;再按一下 X1,则 Y1,Y2,Y3 都为 ON;再按一下 X1,回到 Y1,Y2,Y3 都为 OFF 状态。在操作 X1,输出又按以上顺序动作。试用两种不同的程序设计方法设计其梯形图程序。

6.21　如图 6.136 所示为一台机械手分选大、小球的工作示意图。系统设有手动、单周期、单步、连续及回原点 5 种工作方式,机械手在最上面、最左边且电磁吸盘断电时,称系统处于原点状态(或称初始状态)。手动时应设有左行、右行、上升、下降、吸合及释放 6 个操作按钮;回原点工作方式时应设有回原点启动按钮;单周期、单步、连续工作方式时应设有启动和停止按钮。系统还应设有启动和紧急停止按钮。图中,SQ 为用来检测大、小球的光电开关,SQ 为 ON 时为小球,SQ 为 OFF 时为大球。

根据以上要求,试设计大、小球分选系统,设计一套 PLC 控制系统。

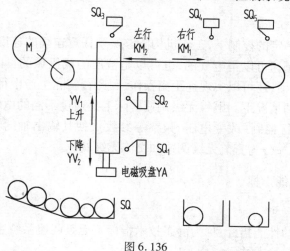

图 6.136

第 7 章　交、直流调速系统

7.1　调速方法及其性能指标

7.1.1　调速方法

为了满足机器设备各种工作速度的要求,常用的调速方法有机械有级调速、电气和机械有级调速、无级调速。

（1）机械有级调速

机械有级调速采用不调速的笼型感应电动机拖动,通过改变齿轮箱的传动比获得不同的转速。这种调速方法广泛应用于中、小功率机床(如卧式车床、钻床、铣床、小镗床等)的主运动和进给运动速度的改变,它的缺点是不能实现连续速度调节,因此很难获得机器设备需要的最佳速度。

（2）电气和机械有级调速

为了简化机械有级调速系统的齿轮箱结构,采用多速笼型感应电动机(双速、三速或四速电动机)和齿轮箱共同实现速度调节,这种调速方式称为电气和机械有级调速。它也不能实现连续速度调节,但是由于使用了多速电动机,在获得同样级数的速度时,齿轮箱的尺寸小,结构紧凑。

（3）无级调速

无级调速是指在一定的控制下,工作机构能够实现任意连续的速度变化,又称机电传动速度连续控制。无级调速可以是电气的,也可以是液压的或机械的。由于电气无级调速系统调速范围宽、控制灵活,还可以实现远距离操作,因此在实际生产中得到了广泛应用,尤其是在控制精度要求高的情况下。电气无级调速实际上是通过不同的电气控制系统对直流电动机和交流电动机进行控制(改变电压、频率等参数),使其输出轴的转速连续而任意地变化,因此电气无级调速又分为直流无级调速和交流无级调速。

7.1.2　调速的性能指标

（1）静态性能指标

系统稳定运行时的性能指标,称为静态技术指标。无级调速系统主要有调速范围、静差率和调速的平滑性 3 个静态技术指标。

1）调速范围

调速范围是指电动机在额定负载下可能运行的最高转速 n_{max} 和最低转速 n_{min} 之比。用

D 来表示,即:

$$D = \frac{n_{\max}}{n_{\min}} \tag{7.1}$$

电动机的 $n_{\max}$ 受电动机的换向及机械强度等方面的限制。一般在额定转速 n_N 以上,转速提高的范围不大。因此,在通常情况下,电动机的 $n_{\max}$ 就是指它的 n_N。

电动机的 $n_{\min}$ 受系统低速运行时,生产机械所需的转速相对稳定性的限制。所谓的相对稳定性,是指当负载转矩变化时转速变化的程度。通常负载转矩变化时,转速变化越小,系统的相对稳定性越好。

2)静差率

静差率反映了系统相对稳定性的程度,是指在某一条机械特性曲线上,电动机由理想空载变化到额定负载时所产生的转速降落 Δn 与理想空载转速 n_0 之比。用 S 来表示,即

$$S = \frac{\Delta n}{n_0} = \frac{n_0 - n}{n_0} \tag{7.2}$$

显然,电动机的机械特性越硬,由负载变动而引起的 Δn 越小,其 S 越小,相对稳定性就越高。而具有同样硬度的特性,n_0 越低,S 越大,转速的相对稳定性越差。如图7.1所示,特性1和特性2硬度相同,额定负载下的 $\Delta n_1 = \Delta n_2$,但$n_{01} > n_{02}$,则 $S_1 < S_2$。

因此,生产机械调速时,为了保持系统具有一定的运行稳定性,要求其 S 小于某一允许值,这就限制了系统运行的最低转速,从而限制了调速范围 D。所以,D 和 S 是相互制约的。采用同一种方法调速时,S 数值较大即静差率要求较低时,则可得到较宽的 D。由图7.1可知,S 越大则 $n_{\min}$ 越低,D 越大。如果 S 一定时,采用不同的调速方法,机械特性较硬则可得到较宽的 D,比较图7.1中的特性2和特性3可知,若 S 一定时,降压调速比电枢串电阻调速的调速范围大。

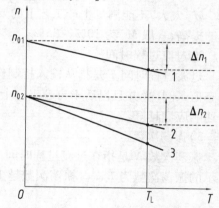

图7.1 静差率与调速范围

由图7.1中的特性1和特性2,可推导调速范围 D 与低速静差率 $\delta_{\max}$ 之间的关系,即

$$D = \frac{n_{\max}}{n_{\min}} = \frac{n_{\max}}{n_{02} - \Delta n} = \frac{n_{\max}}{n_{02}(1 - S_{\max})} = \frac{n_{\max} S_{\max}}{\Delta n_N (1 - S_{\max})} \tag{7.3}$$

式中 Δn_N——额定负载下的转速降落。

由式(7.3)中可知,在一定 S 的限定下扩大 D,主要是提高机械特性的硬度,即减小 Δn_N。

一般情况下,生产机械的无级调速系统必须提出调速范围与静差率这两项指标。例如,普通车床调速要求 $S \leq 3$,$D = 10 \sim 40$,龙门刨床调速要求 $S \leq 0.1$,$D = 10 \sim 50$。

3)调速的平滑性

在一定的调速范围内,调速的级数越多,认为调速越平滑。相邻两级转速的接近程度称为调速的平滑性,可用平滑系数来衡量。所谓平滑系数,是指相邻两级(如级与 $i-1$ 级)转速之比。用 φ 来表示,即

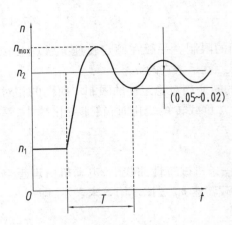

图 7.2　自动调速系统的动特性

$$\varphi = \frac{n_i}{n_{i-1}} \tag{7.4}$$

φ 值越小,调速的平滑性越好。当 $\varphi = 1$ 时称为无级调速,即转速可连续调节,级数接近于无穷,此时调速的平滑性最好。

（2）动态技术指标

图 7.2 反映了系统的转速从 n_1 变化到 n_2 时的动态过程,生产机械对这一动态过程的技术要求,称为动态技术指标,它用于衡量一个自动调速系统动态过程品质好坏。无级调速系统主要的动态技术指标包括最大超调量、过渡过程时间和振荡次数。

1）最大超调量

最大超调量 M_p 是指在阶跃信号的输入下,最大输出量与稳态值之差与稳态值之比,即

$$M_p = \frac{n_{max} - n_2}{n_2} \times 100\% \tag{7.5}$$

M_p 太大,不能满足生产工艺上的要求;M_p 太小,则会使过渡过程过于缓慢,不利于生产率的提高,一般 M_p 为 10% ~ 35%。

2）过渡过程时间

过渡过程时间 T 是指从输入控制作用于系统开始,直至被调量 n 进入 $(0.05 \sim 0.02) n_2$ 稳态值区间内(并且以后不再超出这个范围)为止的一段时间。过渡过程时间越短,系统的快速响应性越好。

3）振荡次数

振荡次数 N 是指在过渡过程时间内,被调量 n 在其稳态值上下摆动的次数。如图 7.2 所示的振荡次数为 1 次。振荡次数越少,则系统的稳定性越好。

7.2　常见电力电子器件的开关特性

在电动机控制系统中,电力电子器件主要是作为功率开关使用,利用不同的控制技术与开关的配合,达到向电动机提供不同极性、不同电压、不同频率、不同相序的供电电压的目的,以此控制电动机的起停、转向和转速。

7.2.1　电力电子器件的分类

电力电子器件按其特性可分为两大分支:一是以晶闸管为代表的半控型器件;二是新型的品类繁多的全控型器件,例如,电力晶体管(GTR)、可关断晶闸管(GTO)、功率场效应晶体管(功率 MOSFET)、绝缘栅极双极晶体管(IGBT)等。

由于半控型的晶闸管器件只能控制其开通,不能控制其关断,因而在组成逆变电路时较为困难,存在着线路复杂、可靠性低的缺点。目前,在直流电动机调速系统中尚有应用,其他领域几乎全部采用全控型器件。

全控型电力电子器件按其结构与工作机理分为 3 大类型:双极型、单极型和混合型。

双极型器件是指器件内部的电子和空穴两种载流子同时参与导电的器件,常见的有GTR,GTO 等。这类器件的特点是容量大,但工作效率较低,且有二次击穿现象等弱点。

单极型器件是指器件内只有一种载流子,即只有多数载流子参与导电的器件,其典型代表是功率 MOSFET,这种器件工作效率高,无二次击穿现象,但目前容量尚不如双极型。

混合型器件是指双极型与单极型器件的集成混合,兼备了二者的优点,最具发展前景。IGBT 是其典型代表,此外还有多功能的智能功率集成电路等。

7.2.2 电力电子器件的开关特性

(1)普通晶闸管

普通晶闸管(SCR)又称可控硅,其电路符号和基本电路如图7.3(a)所示,它的 3 个电极是阳极(A)、阴极(K)和门极(G)。SCR 的导通条件是,当阳极承受正压,在门极与阴极间加一个不大的正向电压 U_1 时,SCR 导通,负载 R_L 中就有电流流过。导通后,即使取消门极电压,SCR 仍保持导通状态。只有当阳极电路的电压为 0 或负值时,SCR 才关断。因此,只需要用一个脉冲信号,就可控制其导通了,故它常用于可控整流。整流后的波形如图 7.3(b)所示。

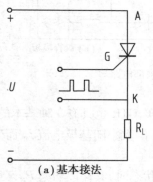

(a)基本接法

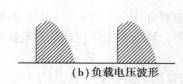

(b)负载电压波形

图 7.3 SCR 的基本电路

(2)可关断晶闸管

可关断晶闸管(GTO)的基本结构和 SCR 类似,它的 3 个极也是阳极(A)、阴极(K)和门极(G)。其图形符号也与 SCR 相似,只是在门极上加一短线,以示区别。可关断晶闸管的基本电路如图7.4 所示。其工作特点如下:

①在门极 G 上加正电压或正脉冲(图中的开关 SG 合至位置 1 处),可关断晶闸管即导通。其后,即使撤销控制信号,可关断晶闸管仍保持导通。

②如在 G,K 间加入反向电压或较强的反向脉冲(开关合至位置 2 处),可使可关断晶闸管关断。

可关断晶闸管关断控制较复杂,工作频率也不够高。

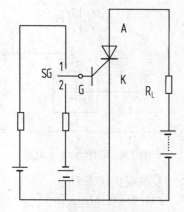

图 7.4 GTO 的基本电路

由于大功率晶体管(GTR)的迅速发展,在大量的中小容量变频器中,可关断晶闸管已基本不用。但其工作电流大,故在大容量变频器中仍居主要地位。

(3)大功率晶体管

大功率晶体管(GTR),又称为双极结型晶体管(BJT)。

1)基本构成

变频器用的(GTR)一般都是达林顿晶体管(复合管)模块。其内部的基本电路如图7.5(a)所示。它的3个极分别是集电极(C)、发射极(E)和基极(B)。根据变频器的工作特点,在晶体管旁还并联了一个反向连接的续流二极管。又根据逆变桥的特点,常做成双管模块(见图7.5(b)),甚至做成6管模块。

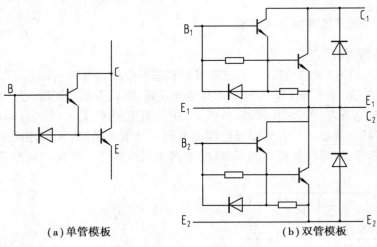

(a)单管模板   **(b)双管模板**

图7.5 GTR模块的内部电路

2)工作状态

GTR基本电路如图7.6所示,与普通晶体管一样,GTR也具有3种基本的工作状态。

①放大状态。其基本工作特点是集电极电流I_C的大小随基极电流I_B而变,即

$$I_C = \beta I_B \tag{7.6}$$

式中 β——GTR的电流放大倍数。GTR处于放大状态时,其耗散功率P_C较大。

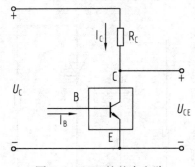

图7.6 GTR的基本电路

②饱和状态。当I_B增大至$\beta I_B > U_C / R_C$时,GTR开始进入"饱和"状态。在深度饱和状态,I_C的大小几乎完全由欧姆定律决定,即$I_{CS} \approx U_C / R_C$。式中,I_{CS}为饱和电流。这时,GTR的饱和压降U_{CES}为1~5 V。GTR处于饱和状态时的功耗很小。

③截止状态(即关断状态)。这时基极电流$I_B \leqslant 0$。在截止状态,GTR中只有很微弱的漏电流流过,其功耗微不足道。

3)主要参数

①在截止状态时

a.击穿电压U_{CEO}和U_{CEX}。能使集电极(C)和发射极(E)之间击穿的最小电压。基极(B)开路时用U_{CEO}表示,B,E间接入反向偏压时用U_{CEX}表示。在大多数情况下,这两个数据相等。

b.漏电流I_{CEO}和I_{CEX}。截止状态下,从C极流向E极的电流。B极开路时为I_{CEO},B,E

间反偏时为 I_{CEX}。

②在饱和状态时

a.集电极最大电流 I_{CM}。GTR 饱和导通时的最大允许电流。

b.饱和压降 U_{CES}。当 GTR 饱和导通时,C,E 间的电压降。

③在开关过程中

a.开通时间 t_{ON}。从 B 极通入正向信号电流时起,到集电极电流上升到 $0.9I_{CS}$ 所需要的时间。

b.关断时间 t_{OFF}。从基极电流撤销时起,至 I_C 下降至 $0.1I_{CS}$ 所需的时间,如图 7.7 所示。

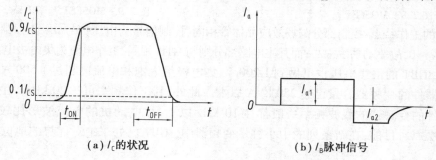

（a）I_C 的状况　　　　　　（b）I_B 脉冲信号

图 7.7　GTR 的开关时间

开通时间和关断时间将直接影响 GTR 的工作效率。通常 GTR 作逆变管使用时,载波频率应低于 2 kHz。

4)变频器用 GTR 的选用

通常,根据 U_{CEO} 和 I_{CM} 的值选用 GTR,U_{CEO} 和 I_{CM} 的值按照如下原则确定:

①U_{CEO}。通常按电源线电压 U_L 峰值的 2 倍来选择,即 $U_{CEO} \geqslant 2\sqrt{2}\,U_L$。在电源线电压为 380 V 的变频器中,应有 $U_{CEO} \geqslant 2\sqrt{2} \times 380\ \text{V} = 1\,074.8\ \text{V}$,故选用 $U_{CEO} = 1\,200\ \text{V}$ 的 GTR 是合适的。

②I_{CM}。按额定负载下,通过 GTR 的额定电流 I_N 峰值的 2 倍进行选择,即 $I_{CM} \geqslant 2\sqrt{2}\,I_N$。

除此之外,GTR 选用时还应注意,GTR 用电流信号进行驱动,所需驱动功率较大,故基极驱动系统比较复杂,并使工作频率难以提高;其他各类用于逆变的器件也可采用上述方法进行选择。

（4）**功率场效应晶体管**

功率场效应晶体管(Power MOSFET)的图形符号和基本接法如图 7.8 所示。它的 3 个极分别是源极(S)、漏极(D)和栅极(G)。

功率场效应晶体管的工作特点:G,S 间的控制信号是电压信号 u_{GS},改变 u_{GS} 的大小,主电路的漏极电流 I_D 也跟着改变;由于 G,S 间的输入阻抗很大,故控制电流几乎为零,所需驱动功率很小;与 GTR 相比,其驱动系统比较简单,工作效率也较高;MOSFET 还具有热稳定性好、安全工作区大等优点;但是,功率场效应晶体管在提高击穿电压和增大工作电流方面进展较慢,故在变频器中的应用尚不能居主导地位。

（5）**绝缘栅双极晶体管**

绝缘栅双极晶体管(IGBT)是 MOSFET 和 GTR 相结合的产物,是以栅极为绝缘栅结构(MOS 结构)的晶体管,它的 3 个极分别为集电极(C)、发射极(E)和栅极(G)。IGBT 的图形符号和基本接法如图 7.9 所示。

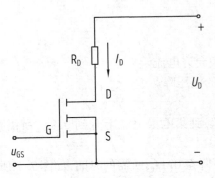

图 7.8　MOSFET 基本接法

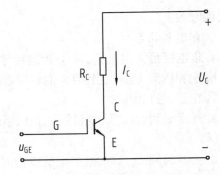

图 7.9　MOSFET 基本电路

IGBT 的工作特点:控制部分与场效应晶体管相同,控制信号为电压信号 u_{GE},输入阻抗很高,栅极电流 $I_G \approx 0$,故驱动功率很小;而其主电路部分则与 GTR 相同,工作电流为集电极电流 I_C。

迄今,IGBT 的击穿电压也已做到 1 200 V,集电极最大饱和电流已超过 1 500 A,由 IGBT 作为逆变器件的变频器容量已达 250 kVA 以上。此外,其工作频率可达 20 kHz。由 IGBT 作为逆变器件的变频器的载波频率一般都在 10 kHz 以上,故电动机的电流波形比较平滑,基本无电磁噪声。目前,在新系列的中小容量变频器中,IGBT 已处于绝对优势的地位。

7.3　直流电动机无级调速系统

直流电动机转矩易于控制,具有良好的起制动性能,在相当长的时间内,一直在高性能调速领域占有绝对的统治地位。此外,直流调速技术方面的理论相对成熟,其研究方法和许多基本结论很容易在其他调速领域内推广,故直流调速一直是研究调速技术的主流。由于直流拖动控制系统在理论上和实践上都比较成熟,而且从控制角度来看,它又是交流拖动控制系统的基础。因此,首先对直流调速的基本理论进行介绍。

直流电动机也按励磁方法分为他励、并励、串励及复励 4 类,它们的运行特性也不尽相同。在调速系统中用得最多的他励电动机。由 3.1.6 小节可知,直流电动机有改变电枢回路电阻 R、改变励磁磁通 Φ、改变电枢外加电压 U 3 种的调速方法。改变电动机电枢端电压 U 调速(通常称为调压调速)的调速范围宽、简单易行、负载适应广,因此,它是目前主要的直流电动机调速方法。本节主要介绍直流电动机的调压调速方案。

7.3.1　可控直流电源

直流电动机的调压调速的前提能够提供输出电压可调的直流电源,即可控直流电源。根据供电电源种类的不同,可控直流电源有以下两种:

(1)可控整流电源

对于交流供电系统,采用可控整流电路来获取可控直流电压,称为可控整流电源,由于大多数企业的供电系统是恒压恒频的低压交流供电系统,因此可控直流电源多为可控整流电源。这种可控整流电源的核心是可控整流电路,在工业应用中,常用的可控整流电路有单相和三相可控整流电路。

1)单相可控整流电路

如图 7.10 所示为采用晶闸管作为整流元件的带电阻负载的单相全控桥式整流电路。

在电源电压 u 的正半周(a 端为正,b 端为负),VT_1,VT_4 两只晶闸管承受正向电压,在控制角为 α 时,同时触发 VT_1、VT_4,两管导通,电流从 a 端流经 VT_1、R、VT_4 回到 b 端。这时 VT_2,VT_3 因承受反向电压而处于阻断状态。当电源电压过零时,VT_1,VT_4 自然关断。

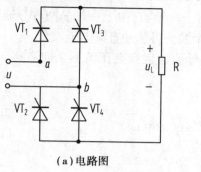 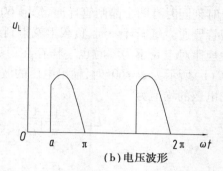

(a) 电路图　　　　　　　　　　　　　(b) 电压波形

图 7.10　单相全控桥式整流电路

在电源电压 u 的负半周,仍在控制角为 α 时,同时触发 VT_2、VT_3,两管导通,电流从 b 端流经 VT_3,R,VT_2 回到 a 端。VT_1,VT_4 处于阻断状态。电压 u 过零时,VT_3,VT_2 自然关断。两个半波中,电流都是沿一个方向流过负载。在负载两端得到单一方向的直流电压。

设电源电压 $u = \sqrt{2}U\sin\omega t$,则负载两端电压 u_L 的平均值为

$$U_L = \frac{1}{\pi}\int_0^\pi \sqrt{2}U\sin\omega t\,\mathrm{d}(\omega t) = \frac{2\sqrt{2}}{\pi}U\frac{1+\cos\alpha}{2} = 0.9U\frac{1+\cos\alpha}{2} \tag{7.7}$$

2) 三相可控整流电路

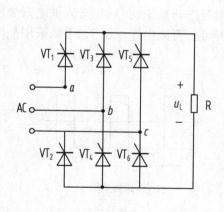 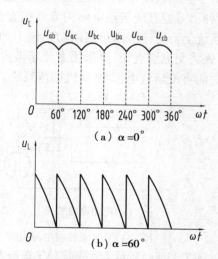

(a) $\alpha = 0°$

(b) $\alpha = 60°$

图 7.11　三相全控桥式整流电路　　　图 7.12　三相整流电路输出电压波形

三相全控桥式整流电路如图 7.11 所示,它由 6 只晶闸管组成。

当控制角 α 等于 0°时,输出电压波形如图 7.12(a) 所示,在 $\omega t = 0$ 时刻,同时触发 VT_6,VT_1,因为此时线电压 $u_{ab} > 0$,且 $u_{ab} > u_{cb}$,故 VT_6,VT_1 导通,并使 VT_5 承受反压而关断。负载两端电压 u_{ab}。在 $\omega t = 60°$时,同时触发 VT_1,VT_2,因 $u_{ac} > 0$,且 $u_{ac} > u_{ab}$,所以 VT_1,VT_2 导通,并使 VT_6 关断,输出电压为 u_{ac}。每隔 60°就触发一对晶闸管,使晶闸管导通顺序为

$$\text{VT}_6,\text{VT}_1 \longrightarrow \text{VT}_1,\text{VT}_2 \longrightarrow \text{VT}_2,\text{VT}_3 \longrightarrow \text{VT}_3,\text{VT}_4 \longrightarrow \text{VT}_4,\text{VT}_5 \longrightarrow \text{VT}_5,\text{VT}_6 \longrightarrow$$

每个时刻同时有两个晶闸管导通,每隔60°有一次换流,由上一号晶闸管导通切换到下一号晶闸管导通。每循环一周,负载上就得到 6 个波头得脉冲直流电压。

这种规律对于 α 不为零时也一样存在,只是导通位置在电压波形上向右移一个 α 角。如图7.12(b)所示为 $\alpha = 60°$ 时,输出电压的波形。

输出电压的均值为

$$U_{\text{L}} = \frac{1}{\frac{\pi}{3}} \int_{(\frac{\pi}{3})+\alpha}^{(\frac{2\pi}{3})+\alpha} \sqrt{2}U \sin \omega t \mathrm{d}(\omega t)$$

$$= \frac{3\sqrt{2}}{\pi}U \cos \alpha = 1.35U \cos \alpha \qquad (7.8)$$

式中　U——三相交流电源线电压。

当 α 大于60°时,输出电压不再连续,这时输出电压的均值为

$$U_{\text{L}} = \frac{1}{\frac{\pi}{3}} \int_{(\frac{\pi}{3})+\alpha}^{\pi} \sqrt{2}U \sin \omega t \mathrm{d}(\omega t) = 1.35U\left[1 + \cos\left(\frac{\pi}{3} + \alpha\right)\right] \qquad (7.9)$$

(2)可控直流斩波电源

对于直流供电系统,采用直流斩波电路获取可控直流电压,称为可控直流斩波电源。目前,这种由可控直流斩波电路构成可控直流电源广泛应用于电力牵引设备和高性能的小型伺服系统上。对于要求很高而功率偏小的直流伺服拖动系统,在只有交流供电系统的情况下,可先将交流变直流,再采用直流斩波电路获得可控直流电压。图7.13 是采用晶闸管作为开关的直流斩波电源-电动机调速系统。

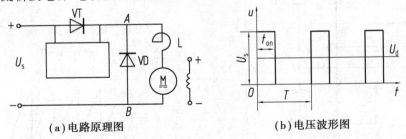

(a)电路原理图　　　　　　　　(b)电压波形图

图7.13　直流斩波电源-电动机调速系统的电路原理图和电压波形图

如图7.13(a)所示,当晶闸管 VT 被触发导通时,电源电压 U_{s} 加到电动机电枢上;当 VT 在控制信号作用下强迫关断电路时,电动机电枢与电源断开,二极管 VD 续流,此时图中 A,B 两点间的电压接近零。若晶闸管 VT 周期性反复通断,则 A,B 间的电压波形如图7.13(b)所示。如图所示,A,B 间的电压波形,好像是由电源电压 U_{s} 在时间段 $(T-t_{\text{on}})$ 内斩掉后形成的,因此这种电路成为斩波电路,又称斩波器。改变时间晶闸管 VT 导通时间 t_{on},可控制平均电压 U_{d} 的大小。

直流斩波器常见的控制方式由脉冲宽度调制(PWM)式、脉冲频率调制(PFM)式和两点式等。其中,脉冲宽度调制式应用最广泛,常将其与电动机合在一起组成 PWM-电动机调速系统,或称脉宽调速系统。

7.3.2　几种常见的反馈控制直流调速系统

由 7.1.2 小节式(7.3)可知,系统调速范围、静差率、额定负载下的转速降落之间有确定的关系,即 $D = n_{\max}S_{\max}/\Delta n_N(1 - S_{\max})$,其中调速范围和静差率由生产加工工艺要求决定。对于电控系统来说,系统的调速范围和静差率满足生产加工工艺要求,因此使式(7.3)成立的唯一办法就是设法减小额定负载下转速的降落 Δn_N。无反馈的开环控制系统其额定负载下转速的降落 Δn_N 是恒定的,因此通常无法同时满足生产加工工艺对调速范围和静差率的要求。

为了减小额定负载下转速的降落 Δn_N,常在控制系统中加入反馈环节构成反馈控制系统。如图 7.14 所示,反馈控制系统是指将输出量(转速 n)转换成与输入端相同的信号(电压 U_f)反馈到输入端,与给定(电压 U_g)比较($\Delta U = U_g - U_f$),并通过 ΔU 实现对输出转速的控制,从而形成的一个闭环控制系统。将输出量反馈到输入端,与给定进行比较的环节称为反馈环节。由于反馈作用,这种系统可自行调整输出量(转速 n)。由于这种反馈控制系统是靠被调量与给定量之间的偏差工作的,被调量与给定量总不能相等,因此这种系统称为有静差调速系统。

下面重点介绍几种常见的反馈控制直流调速系统。

(1)转速负反馈自动调速系统

如图 7.14 所示为一典型的晶闸管-直流电动机有静差调速系统的原理图。其中,放大器为比例放大器(或比例调节器),直流电动机 M 由晶闸管可控整流器经过平波电抗器 L 供电。整流器整流电压 U_d 可由控制角 α 来改变,触发器的输入控制电压为 U_k。为使速度调节灵敏,使用放大器来把 ΔU 加以扩大。ΔU 为给定电压 U_g 与速度反馈信号 U_f 的差值,即

$$\Delta U = U_g - U_f \tag{7.10}$$

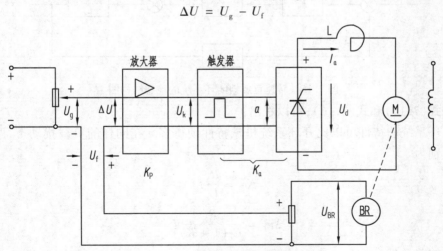

图 7.14　晶闸管-直流电动机有静差调速系统原理图

ΔU 又称偏差信号。速度反馈信号电压 U_f 与转速 n 成正比,即

$$U_f = \gamma n \tag{7.11}$$

式中　γ——转速反馈系数。

放大器的输出

$$U_k = K_p \Delta U \qquad (7.12)$$

式中　K_p——放大器的电压放大倍数。

把触发器和可控整流器看成一个整体,设其等效放大倍数为 K_s,则空载时,可控整流器的输出电压为

$$U_{d0} = K_s U_k \qquad (7.13)$$

对于电动机电枢回路,若忽略晶闸管的管压降,则有

$$U_{d0} = K_e \Phi n + I_a R_\Sigma = C_e n + I_a R_\Sigma \qquad (7.14)$$

式中　$R_\Sigma = R_r + R_a$——电枢回路的总电阻;

　　　R_r——可控整流电源的等效内阻(包括整流变压器和平波电抗器等的电阻);

　　　R_a——电动机的电枢电阻。

根据各环节的稳态关系式,可画出闭环系统的稳态结构图,如图 7.14 所示。图中方块内的符号代表该环节的放大系数。由图或联立求解式(7.10)—式(7.14),可得带转速负反馈的晶闸管-电动机有静差调速系统的机械特性方程

$$n = \frac{K_p K_s K_g}{C_e(1+K)} - \frac{R_\Sigma}{C_e(1+K)} I_a = \frac{K_0 U_g}{C_e(1+K)} - \frac{R_\Sigma}{C_e(1+K)} I_a = n_{0f} - \Delta n_f \qquad (7.15)$$

式中,$K_0 = K_p K_s$,$K = \gamma/C_e K_p K_s$,,其中 K 为闭环系统的开环放大倍数。

若将图 7.15 中的转速负反馈去掉,该系统的开环机械特性为

$$n = \frac{U_{d0} - I_a R_\Sigma}{C_e} = \frac{K_0 U_g - I_a R_\Sigma}{C_e} = \frac{K_0 U_g}{C_e} - \frac{R_\Sigma}{C_e} I_a = n_0 - \Delta n \qquad (7.16)$$

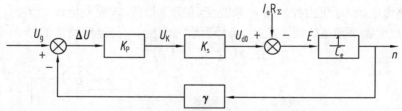

图 7.15　转速负反馈闭环系统的稳态结构图

比较式(7.15)和式(7.16),可以看出:

①闭环系统静待性可以比开环系统机械特性硬得多。在同样的负载扰动下,两者的转速降落分别为

$$\Delta n = \frac{R_\Sigma}{C_e} I_a$$

$$\Delta n_f = \frac{R_\Sigma}{C_e(1+K)} I_a$$

它们的关系是

$$\Delta n_f = \frac{\Delta n}{1+K} \qquad (7.17)$$

式(7.17)表明,转速闭环后,在同一负载下的转速降落减小到原开环转速降落的 $1/(1+K)$,因而闭环系统的特性要比开环系统的特性硬得多。

②当要求静差率一定时,闭环系统可大大提高调速范围。在开环和闭环系统中,如果电

动机的最高转速均是 $n_{\max}$，开环调速范围为

$$D = \frac{n_{\max}s_2}{\Delta n(1 - s_2)}$$

闭环调速范围为

$$D_f = \frac{n_{\max}s_2}{\Delta n_f(1 - s_2)}$$

将式(7.17)代入上式，得

$$D_f = (1 + K)D \qquad (7.18)$$

即闭环系统的调速范围为开环系统的$(1 + K)$倍。

③由上可知，提高系统的开环放大倍数 K 是减小静态转速降落、扩大调运范围的有效措施，因此必须设置放大器或调节器。但是放大倍数也不能过分增大，否则系统容易产生不稳定现象。

这种系统主要靠偏差电压 ΔU 进行调节，若 $\Delta U = 0$，则控制电压 $U_K = K_p\Delta U = 0$，整流器的输出电压 $U_{d0} = K_s U_k = 0$，电动机就不能转动了。另外，为了使转速偏差足够小，则 K 应足够大，才能获得足够大的控制电压 U_k。从式(7.17)可知，只有 $K = \infty$，才能使 $\Delta n = 0$，而这是不可能的。

转速负反馈调速系统能克服扰动作用(如负载的变化、电动机励磁的变化、晶闸管交流电源电压的变化等)对电动机转速的影响。只要扰动引起电动机转速的变化能为测量元件——测速发电动机等所测出，调速系统就能产生作用来克服它。换句话说，只要扰动是作用在被负反馈所包围的环内，就可通过负反馈的作用来减小扰动对被调量的影响。

(2)电压负反馈自动调速系统

速度(转速)负反馈是抑制转速变化的最直接而有效的方法，它是自动调速系统最基本的反馈形式。但速度负反馈需要有反映转速的测速发电动机，它的安装和维修都不太方便，因此，在调速系统中还常采用其他的反馈形式。常用的有电压负反馈、电流截止负反馈等反馈形式。具有电压负反馈环节的调速系统如图7.16所示。

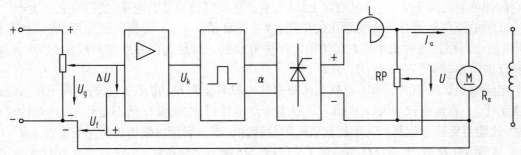

图7.16 电压负反馈系统

系统中电动机的转速为

$$n = \frac{U}{K_e\Phi} - \frac{R_a}{K_e\Phi}I_a \qquad (7.19)$$

电动机的转速随电枢端电压的大小而变。电枢电压越高，电动机转速就越高，电枢电压的大小可以近似地反映电动机转速的高低。电压负反馈系统就是把电动机电枢电压作为反

馈量,以调整转速。图中 U_g 是给定电压,U_f 是电压负反馈的反馈量,它是从并联在电动机电枢两端的电位计 RP 上取出来的,因此,电位计 RP 是检测电动机端电压大小的检测元件,U_f 与电动机端电压 U 成正比,U_f 与 U 的比例系数(称为电压反馈系数)用 a 表示,即

$$a = \frac{U_f}{U} \tag{7.20}$$

因 $\Delta U = U_g - U_f$,U_g 和 U_f 极性相反,故为电压负反馈。在给定电压 U_g 一定时,其调整过程为:

$$负载 \uparrow \rightarrow n\downarrow \rightarrow I_d\uparrow \rightarrow U_f(aU)\downarrow \rightarrow \Delta U\uparrow \rightarrow U_k\uparrow \rightarrow a\downarrow$$
$$n\uparrow \leftarrow U\uparrow \leftarrow U_d\uparrow \leftarrow$$

同理,负载减小时,引起 n 上升,通过调节可使 n 下降,趋于稳定。

电压负反馈系统的特点是线路简单,可是它稳定速度的效果并不明显。因为电动机端电压即使由于电压负反馈的作用而维持不变,但是负载增加时,电动机电枢内阻 R_a 所引起的内阻压降仍然要增大,电动机速度还是要降低。或者说电压负反馈顶多只能补偿可控整流电源的等效内阻所引起的速度降落。

一般线路中采用电压负反馈,主要不是用它来稳速,而是用它来防止过压,改善动态特性,加快过渡过程。

(3)电流截止负反馈自动调速系统

电流正反馈可以改善电动机运行特性,而电流负反馈会使 ΔU 随着负载电流的增大而减小,使电动机的速度迅速降低。可是,这种反馈却可以人为地造成"堵转",防止电枢电流过大而烧坏电动机。在加有电流负反馈的系统中,当负载电流超过一定数值,电流负反馈足够强时,它足以将给定信号的绝大部分抵消掉,使电动机转速降到零,电动机停止运转,从而起到保护作用。否则,电动机的转速在负载过分增大时也不会降下来,这就会使电枢过流而烧坏。本来,采用过流保护继电器也可以保护这种严重过载,但是过流保护继电器要触头断开、电动机断电方能保护,而采用电流负反馈作为保护手段,则不必切断电动机的电路,只是使它的速度暂时降下来,一旦过负载去掉后,它的速度又会自动升起来,这样有利于生产。

既然电流负反馈有使特性恶化的作用,故在正常情况下,不希望它起作用,应该将它的作用"截止",在过流时则希望它起作用以保护电动机。满足这两种要求的线路称为电流截止负反馈电路,如图 7.17 所示。

电流截止负反馈的信号由串联在回路中的电阻 R 上取出(电阻 R 上的压降 I_aR 与电流 I_a 成正比)。在电流较小时,$I_aR < U_b$,二极管 VD 不导通,电流负反馈不起作用,只有转速负反馈,故能得到稳态运行所需要的比较硬的静特性。当主回路电流增加到一定值使 $I_aR > U_b$ 时,二极管 VD 导通,电流负反馈信号 I_aR 经过二极管与比较电压 U_b 比较后送到放大器,其极性与 U_g 极性相反,经放大后控制移相角 α,使 α 增大,输出电压 U_d 减小,电动机转速下降。如果负载电流一直增加下去,则电动机速度最后降到零。电动机速度降到零后,电流不再增大,这样就起到了"限流"的作用,加有电流截止负反馈的速度特性如图 7.18 所示(这种特性因它常被用于挖土机上,故称为"挖土机特性")。因为只有当电流大到一定程度反馈才能起作用,故称电流截止负反馈。图中,速度等于零时电流为 I_{a0},I_{a0} 称为堵转电流,一般 $I_{a0} = (2 \sim 2.5)I_{aN}$。电流负反馈开始起作用的电流称为转折点电流 I_0,一般转折点电流 I_0 为

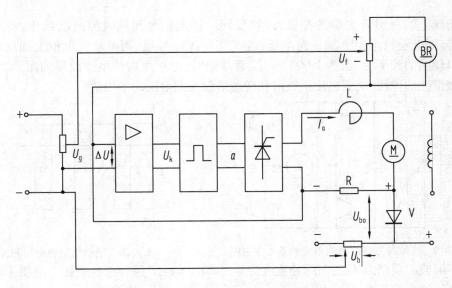

图 7.17 电流截止负反馈作为调速系统限流保护

额定电流 I_{aN} 的 1.35 倍。且比较电压越大,则电流截止负反馈的转折点电流越大,比较电压小,则转折点电流小。因此,比较电压的大小如何选择是很重要的。一般按照转折电流 $I_0 = KI_{aN}$ 选取比较电压 U_b。当负载没有超出规定值时,起截止作用的二极管不应该开放,也就是比较电压 U_b 应满足

$$U_b + U_{b0} \leqslant KI_{aN}R \qquad (7.21)$$

式中　U_b——比较电压;

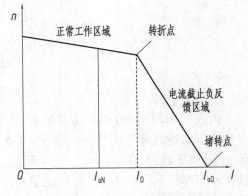

图 7.18 电流截止负反馈流度特性

U_{b0}——截止元件二极管的开放电压;

I_{aN}——电动机额定电流;

K——转折点电流的倍数,即 $K = I_0/I_{aN}$;

R——电动机电枢回路中所串电流反馈电阻。

(4)直流脉宽调速系统

采用门极可关断晶闸管 GTO、全控电力晶体管 GTR,MOSFET 等全控式电力电子器件组成的直流脉冲宽度调制(PWM)型的调速系统近年来已发展成熟,用途越来越广。与晶闸管相控整流直流调速系统相比,在很多方面具有较大的优越性:主电路线路简单,需用的功率元件少;开关频率高,电流容易连续,谐波少,电动机损耗和发热都较小;低速性能好,稳速精度高,因而调速范围宽;系统频带宽,快速响应性能好,动态抗扰能力强;主电路元件工作在开关状态,导通损耗小,装置效率较高;直流电源采用不控三相整流时,电网功率因数高。

脉宽调速系统和前面讨论的晶闸管相控整流装置供电的直流调速系统之间的区别主要在主电路和 PWM 控制电路,至于闭环控制系统以及静、动态特性分析基本上都一样,不再重复论述。

目前,应用较广的一种直流脉宽调制调速系统的基本主电路如图 7.19 所示。三相交流电源经整流滤波变成电压恒定的直流电压,VT_1—VT_4 为 4 只 IGBT,工作在开关状态。其中,

处于对角线上的一对开关管的栅极,因接受同一控制信号而同时导通或截止。若 VT$_1$ 和 VT$_4$ 导通,则电动机电枢上加正向电压;若 VT$_2$ 和 VT$_3$ 导通,则电动机电枢上加反向电压。当它们以较高的频率(一般为 2 000 Hz)交替导通时,电枢两端的电压波形如图 7.20 所示。由于机械惯性的作用,决定电动机转向和转速的仅为此电压的平均值。

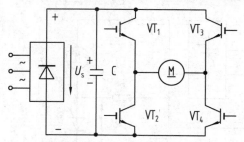

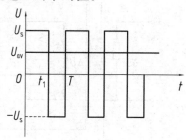

图 7.19　直流脉宽调制调速系统的基本主电路　　　图 7.20　电动机电枢电压的波形

设矩形波的周期为 T,正向脉冲宽度为 t_1,并设 $\gamma = t_2/T$ 为导通占空比。由图 7.20 可求出电枢电压的平均值为

$$U_{av} = \frac{U_s}{T}[t_1 - (T - t_1)]$$

$$= \frac{U_s}{T}(2t_1 - T)$$

$$= \frac{U_s}{T}(2\gamma T - T) = (2\gamma - 1)U_s \tag{7.22}$$

由式(7.22)可知,在 T 为常数时,人为地改变正脉冲的宽度以改变导通占空比 γ,即可改变认 U_{av},达到调速的目的。当 $\gamma = 0.5$ 时,$U_{av} = 0$,电动机转速为零;当 $\gamma > 0.5$ 时,U_{av} 为正,电动机正转,且在 $\gamma = 1$ 时,$U_{av} = U_s$,正向转速最高;当 $\gamma < 0.5$ 时,U_{av} 为负,电动机反转,且在 $\gamma = 0$ 时,$U_{av} = -U_s$,反向转速最高。连续地改变脉冲宽度,即可实现直流电动机的无级调速。

7.3.3　无静差调速系统

前面介绍的自动调速系统都是采用一般的比例放大器,是靠误差进行调节的,被调量总不能与给定量相等,均属于有静差调速系统。那么要想实现系统的被调量与给定量相等,就必须使用无差元件来消除静态误差。常用的无差元件是积分调节器(I 调节器),但是单独采用积分调节器. 会使系统的动态指标受差。因此,在实际应用中广泛地采用比例积分调节器(PI 调节器)或比例积分微分调节器(PID 调节器)。如图 7.21 所示,PI 调节器在系统中起维持转速不变的作用。

系统的调节过程为:电动机拖动 T_{L1} 负载在给定电压 U_n^* 下以转速 n_1 稳定运行时(见图 7.22(a)),速度反馈电压 U_n 与 U_n^* 相等,即偏差电压 $\Delta U = 0$,可控整流器的输出电压为 U_{d1},电动机的转速为 n_1。当负载转矩突然由 T_{L1} 增加到 T_{L2} 时(见图 7.22(b)),则转速由 n_1 开始下降(见图 7.22(c)),U_n 也开始下降,$\Delta U > 0$。由于 PI 调节器可以看成是比例调节器和积分调节器的和,那么可分两部分考虑:

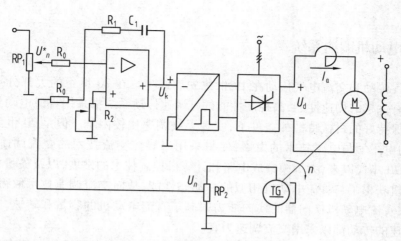

图 7.21　无静差调速系统原理图

①比例部分,其输出电压与 ΔU 成比例关系,调节过程与有静差调速系统基本相同,只是最后当转速回升到原给定值 n_1 时,转速偏差 Δn 与偏差电压 ΔU 均等于零,故比例部分可控整流器的电压增量 ΔU_{d1} 也等于零,如图 7.22(d) 所示的曲线①。

②积分部分,其输出电压与 ΔU 成积分关系,则可控整流器的电压增量 ΔU_{d2} 开始积分。当 Δn 较小时,ΔU 也较小,ΔU_{d2} 增加得较慢;当 Δn 较大时,ΔU_{d2} 增加得较快;当 Δn 最大时,ΔU_{d2} 增加得最快,此后转速 n 回升,使 Δn 又减小,使 ΔU_{d2} 增加又逐渐减慢,直到电动机转速回升到原给定值 n_1 时,$\Delta n = 0$,ΔU_{d2} 也不再增加,并且此后一直保持这个数值,如图 7.22(d) 所示的曲线②。

比例和积分共同作用的结果如图 7.22(d) 所示的曲线③。调节过程结束后,可控整流器的输出电压为 $\Delta U_{d2} > \Delta U_{d1}$,(见图 7.22(e)),增加的那部分电压 ΔU_d 正好补偿了由于负载增加而引起的主回路的压降 $\Delta I_a R_\Sigma$。

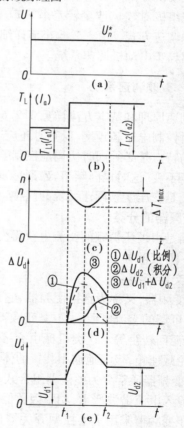

图 7.22　无静差调速系统负载突增时的动态调节过程

无静差调速系统只是理论上讲,实际上,调节器不是理想的,其开环放大倍数也不是无限大,并且测速发电动机也存在误差,故系统仍然是有静差的,但是要比有静差调速系统的静差小得多。

7.4　交流电动机调速系统

直流电气传动和交流电气传动在 19 世纪先后诞生。在 20 世纪的大部分年代里,鉴于直流传动具有优越的调速性能,高控制性能的可调速传动系统都采用直流电动机,因为交流调速系统在保持好的机械特性的条件下,实现无级调速比较困难。但是 20 世纪 60 年代以后,随着电力电子学与电子技术的发展,使得采用半导体交流技术的交流调速系统得以实现。特别是 70 年代以来,大规模集成电路和计算机控制技术的发展,以及矢量技术的发明,使交流电动机获得了与直流电动机相似的高动态性能,从而交流调速技术取得了突破性的进展。此外,直流电动机换向器的换向能力限制了直流电动机的容量和转速,因此,特大容量和极高转速的传动都以采用交流调速为宜。

交流电动机分为异步电动机和同步电动机两大类。异步电动机的调速有 3 个途径,即改变定子绕组极对数 p、改变转差率 S、改变电源频率 f。对于同步电动机,其转差率 $S=0$,它只具有两种调速方式。由 3.2.6 小节详细介绍三相异步电动机的各种调速方法和特性。本章主要介绍异步电动机调速系统。

7.4.1　变频调速系统

变频调速原理和基本方法详见 3.2.6 小节,在基频以下,希望维持气隙磁通不变,须按照比例同时控制电压和频率,低频时还应适当抬高电压以补偿定子压降,因此基频以下变频变压调速的特点是必须同时协调地控制电压和频率。在基频以上,由于电压无法再升高,只好保持电压不变,这时提高频率,磁通减弱,故称为恒压弱磁升速控制方式。异步电动机变频调速系统是变压变频调速系统的简称。变压变频调速系统的主要设备是变频器。

（1）变频器的分类

变频器是由恒压恒频的交流电获得变压变频的交流电的电子转换设备。变频器可分为交-交和交-直-交两种。

1）交-交变频器

交-交变频器,又称为直接变频器,它通过一个环节直接把恒频恒压的交流电源变换成频率、电压可调的交流电源。交-交变频器特别适用于低速、大容量的调速系统,如轧钢机、球磨机、水泥回转窑等。这类机械由交-交变频器供电的低速电动机直接拖动,可省去庞大笨重的齿轮减速箱,极大地缩小装置的体积,减少日常维护、提高系统性能。

交-交变频器通常分为整流器组合式和矩阵式两大类。整流器组合式交-交变频器的缺点是交流输入电流谐波严重,功率因数低且只能降频而不能升频使用(只适合基频以下),这些缺点源于变频器采用了半控型开关器件晶闸管移相控制。若在交-交变频电路中采用自动关断全控型器件(如 IGBT),则可以构成矩阵式交-交变频器,这种交-交变频器具有十分优越的功率变换性能,且它本身不产生谐波污染且能够对电网进行无功补偿,故被称为"绿色环保型变频器"。

2）交-直-交变频器

交-直-交变频器,又称为间接变频器,它首先将现有的恒频恒压交流电供电电源经整流器变成幅值可调的直流电,然后再经逆变器变成频率、电压可调的交流电(见图 7.23)。按中间滤波环节的储能元件不同,交-直-交变频器分为电流型(见图7.23(a))和电压型(见图7.23(b))两种。

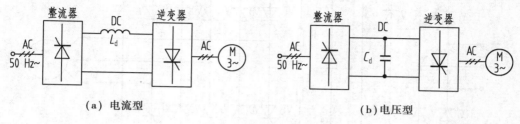

图7.23 交-直-交变频器

①电流型交-直-交变频器

如图7.23(a)所示,电流型的中间直流滤波元件为高阻抗电感,它串接于整流桥和逆变桥间的直流电路中,直流环节呈高阻抗性质,相当于恒流源。电压的变化靠控制整流桥的输出电压;频率的变化靠控制逆变桥的输出频率,协调两个桥的控制电路,才能实现$u/f = \mathrm{const}$的变频调速系统。

电流型交-直-交变频器的优点是当电动机处于再生发电状态时,可方便地把电能反馈到交流电网。其缺点是电感元件对整流器输出的电压的交流成分的滤除受负载的影响较大。这种变频器主要用于频繁加减速的大容量传动中,其应用不如电压型广。

②电压型交-直-交变频器

如图7.23(b)所示,电压型交-直-交变频器的中间直流滤波元件为电容,它并接于整流桥的输出端,直流环节呈低阻抗性质,相当于恒压源,因此这种结构可获得平稳的直流电压,提供给逆变器。这种变频器受负载的影响较小,可在空载至满载范围内获得良好的直流电压。其缺点是当电动机处于再生发电状态时,回馈到直流侧的电能难于回馈到交流电网,必须采用相应电路加以解决。

电压型交-直-交变频器又分为脉冲幅值调制(PAM)变频器和脉冲宽度调制(PWM)变频器两种。

(2)PAM变频器

如图7.24所示为PAM变频器的主回路电路图。晶闸管V_1—V_6组成全控桥式整流器,得到直流电压U_d,电容C起滤波作用。控制V_1—V_6的导通角可获得不同幅值的U_d。可关断晶闸管(GTO)VT_1—VT_6与二极管VD_1—VD_6组成逆变器,VD_1—VD_6又称续流二极管,它在电动机电感作用下,电路过渡过程中的起续流电路通路作用。R_1,R_2是等值的,其目的是取得U_d的中间电位点。

PAM工作方式分为120°导通和180°导通两种。以120°为例,每个GTO导通时间为120°。对VT_1和VT_4组成的U桥臂来讲,首先VT_1导通120°,隔60°后,VT_4导通120°,再隔60°后,VT_1导通120°,如此周而复始工作。此时,用示波器观察U,O两点之间的电压波形如图7.25(a)所示。另外两个桥臂的工作方式相同,只是导通时间各相差120°,因此V,O两点之间的电压波形如图7.25(b)所示,W,O两点之间的电压波形如图7.25(c)所示。U,V两点,V,W两点,W,U两点间的波形分别如图7.25(d)、(e)、(f)所示。这种波形的电压加入交流电动机后,由于电动机电感的作用及二极管VD_1—VD_6的续流作用,可获得变化的电流,而形成旋转磁场,是电动机转动。

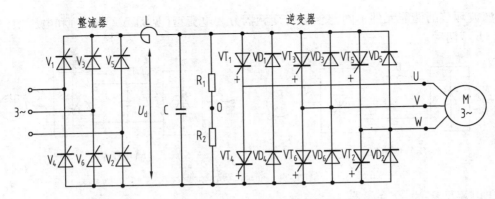

图 7.24　PAM 变频器的主回路电路图

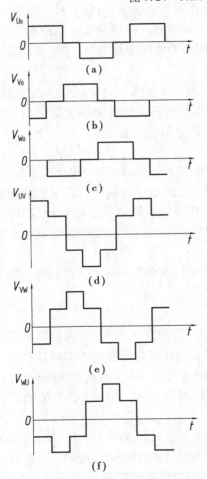

图 7.25　PAM 调制方式的输出电压波形

这种控制电路通过电路控制 GTO 导通的频率获得不同同步转速的旋转磁场,实现变频调速,通过控制整流器晶闸管的导通角,可获得不同的整流电压 U_d,进而控制输出三相交流电压的幅值,故称为脉冲幅度调制方式(PAM)。

PAM 在大容量变频器中有着广泛的应用。这类电路的优点是每周期内开关次数少,电路相对简单,对功率器件要求不高,容易实现大功率变频。其缺点是输出电压的谐波成分较高,在低频时,由于电流的断续,不能形成平滑的选择磁场,造成电动机的蠕动步进现象。

(3)PMW 变频器

交-直-交变频器输出电压的频率可变、幅度可变,故一般称为 VVVF 方式(Variable Voltage Variable Frequently)。PAM 方式中,逆变器实现 VF(变频),整流器实现 VV(变压)。如果将电压每个半周的矩形分成许多小脉冲,通过调整脉冲宽度大小实现 VV(变压),这种调制方式称为脉冲宽度调制方式,即 PWM 方式。PWM 方式可分为等脉宽 PWM 法、正弦 PWM(SPWM)法、磁链追踪型 PWM 法、电流追踪型 PWM 法、谐波消去 PWM 法、优化 PWM 法、等脉宽消谐波法、最佳 PWM 法等多种方式。目前,常用的是 SPWM 法,这种方法输出的电压经滤波后,可获得纯粹的正弦波形电压,达到真正的三相正弦交流电压输出的目的。

如图 7.26 所示为 SPWM 变频器的电路原理图。

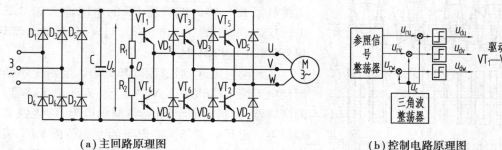

（a）主回路原理图　　　　　　　　　　（b）控制电路原理图

图 7.26　SPWM 变频器的电路原理图

如图 7.26（a）所示为主回路原理图，整流器由 D_1—D_6 的不可控器件（二极管）组成。它输出的电压经电容 C 滤波后，提供恒定直流电压供给逆变器，逆变器由 6 个可控功率器件 GTR（VT_1—VT_6）及反并联的续流二极管（VD_1—VD_6）组成。

如图 7.26（b）所示为控制电路，参考信号整荡器产生三相对称的正弦参考电压，其频率决定逆变器输出电压的频率，其幅值满足逆变器输出的幅度要求，即 VVVF 信号由整个整荡器发出。三角波整荡器能发出频率比正弦波高出许多的三角波信号。这两种信号经电路的作用后，产生 PWM 功率输出。在通信技术中，这里正弦波称为调制波（Modulating Wave），三角波称为载波（Carrier Wave），输出为 PWM（Pulse Width Modulating）信号。

SPWM 调制方式可分为单极性式和双极性式两种。单极性式 SPWM 调制方式的同一相两个功率管在半个周期内只有一个工作，另一个始终处于截止状态。例如，U 相正半周时，当 $U_C < U_{RU}$ 时，VT_1 导通；$U_C > U_{RU}$ 时，VT_1 截止，形成正半周波的 SPWM 波形如图 7.27 所示。经电动机电感滤波后，获得的等效正弦波如图中虚线所示。负半周时，则 VT_4 工作，VT_1 截止，获得负半周的 SPWM 波形。

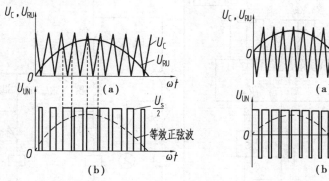

图 7.27　U 相正半周 SPWM 波形

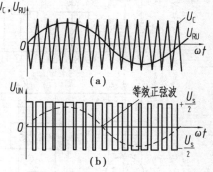

图 7.28 双极性调制输出波形

双极性式 SPWM 调制方式在输出的半个周期内每个桥臂的两个功率管轮流工作：当 VT_1 导通时，VT_4 截止；VT_1 截止时，VT_4 导通。这种工作方式要求三角载波信号也为双极性，其输出波形如图 7.28 所示。采用双极性调制输出的相电压及 UV 之间的线电压输出波形如图 7.29 所示。

（4）变频器基本接线及电路设计

如图 7.30 所示为变频器基本控制电路图，由图做如下说明：

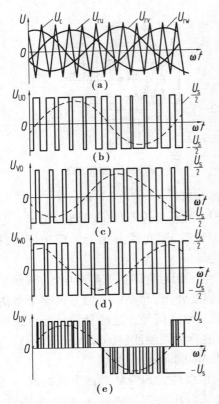

图 7.29　双极性调制电压输出波形

①三相 380 V 交流电通过空气开关 QF_1,再经过交流接触器 KM_1 接入变频器 BF 的电源输入端 R,S,T 上。变频器输出的变频电压(U,V,W)经热继电器 RJ_1 接到负载电动机 M 上。

②制动电阻 R_2 通过制动单元 BU 接到变频器的制动电阻输入端 P(+)、N(-)上。对于 7.5 kW 以下的变频器,无制动单元,直接将制动电阻 R_2 接到 P,N 端口上。出厂时,7.5 kW 以下的变频器的 P,N 端接有功率较小的制动电阻,对于频繁制动和转矩较大的情况应换用较大功率的电阻,制动电阻可由以下经验公式选取:

电阻功率为

$$W_R = W_D \times 0.13 \tag{7.23}$$

式中　W_D——电动机功率,kW。

对于 400-V 系列变频器,其电阻值为

$$R = \frac{450}{W_D} \tag{7.24}$$

对于 200-V 系列变频器,其电阻值为

$$R = \frac{112.5}{W_D} \tag{7.25}$$

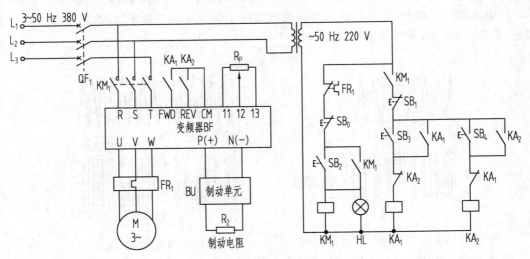

图 7.30　变频器基本控制电路图

例 7.1　当电动机功率为 30 kW 时,计算变频器制动电阻功率和阻值。

解　根据式(7.23),制动电阻功率为

$$W_R = W_D \times 0.13 = 30 \text{ kW} \times 0.13 = 3.9 \text{ kW}$$

对于 400-V 系列变频器,根据式(7.24),制动电阻阻值为

$$R = \frac{450}{W_D} = \frac{450}{30} = 15 \ \Omega$$

对于 400-V 系列变频器,根据式(7.25),制动电阻阻值为

$$R = \frac{112.5}{W_D} = \frac{112.5}{30} = 3.75 \ \Omega$$

③空气开关 QF_1 是总电源开关,它具有短路和过载保护的作用。一般变频器的铭牌以所驱动的电动机的容量为准,但实际的消耗功率应大一些。因此空气开关 QF_1 根据表7.1的变频器容量来选择。

表7.1 400-V 系列电动机功率与变频器消耗电动率的对照表

配用电动机/kW	0.4	0.75	1.5	2.2	3.7	5.5	7.5	11	15	18.5	22
变频器容量/kVA	1.1	1.9	2.8	4.2	6.9	10	14	18	23	30	34

④接触器 KM_1 不是必须的。使用接触器的作用是当整个设备需要停电时,比拉空气开关 QF_1 方便些,另外系统出现电气故障(如热继电器动作时)可通过它来迅速切断电源。KM_1 的参数选择通 QF_1。热继电器 FR_1 起电动机过热保护的作用,其参数应根据实际电动机 M 的容量来选择。

⑤电位器 R_P 为变频器的输出频率控制电位器,它可选用 $1 \sim 5 \ k\Omega$,$0.5 \ W$ 的电位器。

⑥正反转控制通过 FWD(正转)、REV(反转)、CM 的开关信号来进行。图7.30采用按钮 SB_3(正转按钮)、SB_4(反转按钮)控制继电器 KA_1,KA_2 来进行控制。

⑦除了上面介绍的变频器输入输出信号外,还包括 X1—X5,BX,RST 等输入信号端子,Y_1—Y_5,30A,30B,30C 等输出信号端子。输出端 Y_1 可接继电器 KA,最大允许负载电流为 50 mA,最大电压为 27 V,一般选用 24 V,线圈阻值大于 480 Ω 的继电器,继电器 KA 上并联二极管起到保护内部三极管的作用。输出信号 30A,30B,30C 为报警输出信号,变频器故障时,内部继电器动作,它的触头即为此 3 点。30C,30B 为常闭点,30A 为常开点,节点容量为 250 V,AC0.3 A。

7.4.2 其他调速系统

(1)电磁转差离合器调速系统

电磁转差离合器由电枢和磁极两部分组成,两者无机械联系,都可自由旋转,如图7.31(a)所示。电枢由电动机带动,称为主动部分,它是一个由铁磁材料制成的圆筒,习惯上称为电枢。磁极用联轴节与负载相联,称为从动部分,磁极一般由与电枢同样的材料制成,在磁极上装有励磁绕组。当励磁绕组通以直流电,电枢为电动机所拖动,以恒速定向旋转时,在电枢中感应产生感应电动势,产生电流,电流与磁极的磁场作用产生电磁力,形成的电磁转矩使磁极跟着电枢同方向旋转,这样磁极就带着生产机械一同旋转。异步电动机电磁调速系统如图7.31(b)所示。该系统由笼型异步电动机、电磁转差离合器和晶闸管励磁电源及其控制部分组成。晶闸管直流励磁电源功率较小,常用单相半波或全波晶闸管电路控制转差离合器的励磁电流。

由于异步电动机的固有机械特性较硬,因而可认为电枢的转速是近似不变的,而磁极的转速则由磁极磁场的强弱而定,即由提供给电磁离合器的电流大小而定。因此,只要改变励

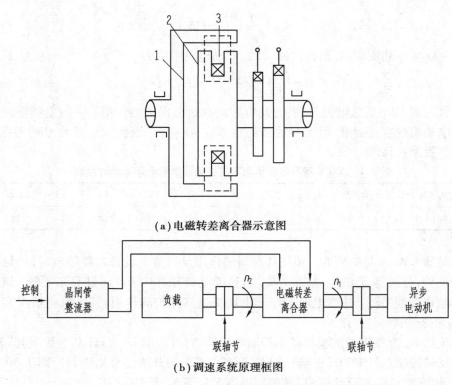

(a) 电磁转差离合器示意图

(b) 调速系统原理框图

图 7.31　电磁转差调速系统

1—电枢;2—磁极;3—励磁绕组

磁电流的大小,就可改变磁极的转速,也就可改变工作机械的转速。由此可知,当励磁电流等于零时,磁极是不会转动的,这就相当于工作机械被"离开"。一旦加上励磁电流,磁极即刻转动起来,这就相当于工作机械被"合上"。这就是离合器名字的由来。又因为它是基于电磁感应原理来发生作用的,因此磁极与电枢之间一定要有转差,才能产生涡流和电磁转矩,故被称为"电磁转差离合器"。又因为它的作用原理和异步电动机相似,故又将它连同异步电动机一起称为"滑差电动机"。

由于转差离合器在原理上与异步电动机相似,因此,改变转差离合器的励磁电流的调速特性与改变定子电压的调速特性相似。由于该特性较软,不能直接应用于速度要求较稳定的工作机械上,为此,通常引入速度负反馈,使机械特性变硬,达到稳定转速的目的。

(2)交流调压调速系统

由异步电动机电磁转矩和机械特性方程可知,异步电动机的转矩与定子电压的平方成正比。因此,改变异步电动机的定子电压也就是改变电动机的转矩及机械特性,从而实现调速,这是一种比较简单而方便的方法。尤其是随着晶闸管技术的发展,以及晶闸管"交流开关"元件的广泛采用,从而彻底改变了过去利用笨重的饱和电抗器或利用交流调压器来改变电压的状况。即将晶闸管反并联连接或用双向晶闸管,通过调整晶闸管的触发角,改变异步电动机端电压进行调速的一种方式。这种方式调速过程中的转差功率损耗在转子里或其外接电阻上,效率较低,仅用于特殊笼型和线绕转干等小容量电动机。

1）采用晶闸管的交流调压

晶闸管交流调压电路与晶闸管整流电路一样，可分为单相和三相。

① 单相交流调压电路

单相晶闸管交流调压电路的种类很多，但应用最广的是反并联电路。下面分析它带电阻性负载及电感性负载的工作情况。

如图 7.32 所示为单相交流反并联电路及其带电阻性负载时的电压电流波形图。由图可知，当电源电压为正半周时，在控制角为 α 的时刻触发 VT_1，使之导通，电压过零时，VT_1 自行关断。负半周时，在同一控制角 α 下触发 VT_2。如此不断重复，负载上便得到正负对称的交流电压。改变晶闸管控制角 α 的大小，就可改变负载上交流电压的大小。对于电阻性负载其电流波形与电压波形同相。

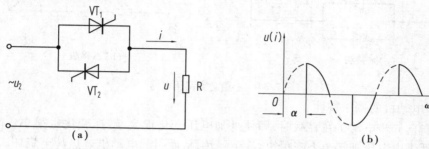

图 7.32　单相交流反并联电路及带电阻性负载时波形图

如果晶闸管调压电路带电感性负载（如异步电动机），其电流波形由于电感 L 电流不能突变而有滞后现象，其电路和波形如图 7.33 所示。

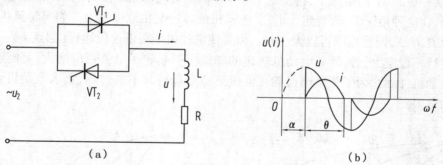

图 7.33　单相交流反并联电路及带电感性负载时波形图

②三相交流调压电路

工业中常用的异步电动机都是三相的，因此，晶闸管交流调压电路大都采用三相交流调压电路。将 3 对反并联的晶闸管（或 3 个双向晶闸管）分别接至三相负载就构成了一个典型的三相交流调压电路。负载常用丫形连接，如图 7.34（a）所示。就三相交流调压电路来说，为保证输出电压对称并有相应的控制范围，首先要求触发信号必须与交流电源有一致的相序和相位差。其次是在感性负载或小导通角情况下，为了确保晶闸管可靠触发，如同三相全控桥式整流电路一样，要求采用控制角大于 60°的双脉冲或宽脉冲触发电路。

如图 7.34（b）所示为用 3 个晶闸管接成三角形，放置在星形连接负载的中点，故称为星点三角形接法。由于晶闸管置于定子绕组之后，电网的浪涌电压得到一定的削弱；即使负载相间短接,晶闸管元件也基本上不受影响,再加上所需晶闸管元件少,因而是三相交流调压系统中常用的一种线路。由于这种调压电路是接在星形连接负载的中点上,因此要求负载的中点必须是能够分得开的。

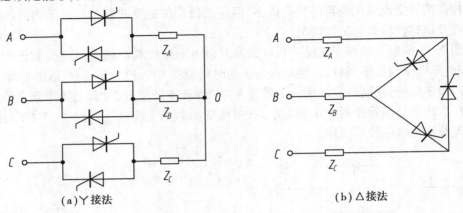

图 7.34　三相交流调压电路

2)异步电动机的调压特性

一般而言,异步电动机在轻载时,即使外加电压变化很大,转速变化也很小。而在重载时,如果降低供电电压则转速下降很快,甚至停转,从而引起电动机过热甚至烧坏。因此,了解异步电动机调压时的机械特性,对于了解如何改变供电电压来实现均匀调速是十分必要的。如图 7.35(a)所示,对于普通异步电动机,当改变定子电压 U 时,得到一组不同的机械特性,在某一负载 T_L 的情况下,将稳定工作于不同的转速(如图中 A,B,C 3 点对应的转速)。显而易见,在这种情况下,改变定子电压,电动机的转速变化范围不大。如果带风机类负载,工作点为 D,E,F,调速范围可以大一些。但要使电动机能在低速段运行(如点 F),一方面拖动装置运行不稳定,另外,随着电动机转速的降低会引起转子电流相应增大,可能引起过热而损坏电动机,因此,为了使电动机能在低速下稳定运行又不致过热,要求电动机转子绕组有较高的电阻。

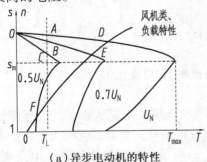
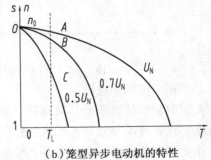

图 7.35　异步电动机调压时的机械特性

对于笼型异步电动机,可将电动机转子的鼠笼由铸铝材料改为电阻率较大的黄铜条,使之具有如图 7.35(b)所示的机械持性。即使这样,其调速范围仍不大,且低速时运行稳定性不好,不能满足生产机械的要求。

3）闭环控制的调压调速系统

异步电动机调压调速时，采用普通电动机时调速范围很窄，采用高阻转子的力矩电动机时，调速范围虽有所增大，但机械特性变软，负载变化时的静差率太大，开环控制难以解决这个矛盾。对于恒转矩性质的负载，调速范围要求在 $D \geq 2$ 以上时，常采用带转速负反馈的闭环控制系统，要求不高时也有用定子电压反馈控制的。

图 7.36 表示了转速闭环控制的调压调速系统的原理图及静特性。设该系统带负载 T_L 在 A 点稳定运行，当负载增大因而使转速下降时，通过转速反馈控制作用提高定子电压，从而使电动机在一条新的机械特性上的工作点 A'' 上运行。同理，当负载降低时，则在降低定子电压时的机械特性上的工作点 A' 运行。按照反馈控制规律，将工作点 A''，A，A' 连接起来，便可得到某一定值时的闭环系统的静持性。尽管异步电动机的机械特性和直流电动机的特性差别很大，由不同机械特性上取得相应的工作点连接起来获得闭环系统静特性，这种分析方法是完全一致的。虽然交流异步力矩电动机的机械特性很软，但由系统放大系数决定的闭环系统静特性却可做到很硬。如果采用 PI 调节器，照样可做到无静差。改变给定信号，则静特性平行地上下移动，可达到调速的目的。

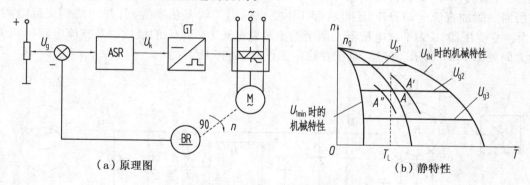

（a）原理图　　　　　　　　　（b）静特性

图 7.36　转速负反馈交流调压调速系统

4）异步电动机调压调速时的损耗及容量限制

根据异步电动机的运行原理，当电动机定子接入三相电源后，定子绕组中建立的旋转磁场在转子绕组中感应出电流，两者相互作用，产生转矩 T。这个转矩将转子加速，直到最后稳定运转于低于同步转速 n_0 的某一速度 n 为止。由于旋转磁场和转子具有不同的速度，因此传到转子上的电磁功率为

$$P_\varphi = \frac{T n_0}{9\,550} \quad kW$$

而转子轴上产生的机械功率为

$$P_m = \frac{T n}{9\,550} \quad kW$$

它们之间存在的功率差，称为转差功率，即

$$P_\varphi - P_m = \frac{T(n_0 - n)}{9\,550} = s P_\varphi \quad kW \tag{7.26}$$

这个转差功率将通过转子导体发热而消耗掉。由式（7.26）可知，在转速较低时，转差功率将很大，因此，这种调压调速方法不太适合于长期工作在低速的工作机械，如要用于这种

机械,电动机容量就要适当选择大一些。

另外,如果负载具有转矩随转速降低而减小的特性(如通风机类型的工作机械 $T_L = Kn_2$),那么当向低速方向调速时,转矩减小,电磁功率及输入功率也减小,从而使转差功率较恒转矩负载时小得多。因此,定子调压调速的方法特别适合于通风机及泵类等机械。

(3)绕线式异步电动机调速系统

在绕线式异步电动机转子电路中引入可控的交流附加电动势固然可以改变电动机的转速,但工程上实现起来有相当的难度,现在人们通常用一些间接的方法来完成。一种简单而又可行的方案是利用直流电路来处理。由于直流电不存在频率与相位的问题,直流电压又容易获得,故可将电动机的转子交流电动势整流成直流电动势,然后引入一个直流附加电动势,控制直流附加电动势的幅值,就可调节电动机的转速。

按照上述原理组成的绕线式异步电动机在低于同步转速下作电动状态运行的双馈调速系统如图 7.37 所示,习惯上称为电气串级调速系统(或称 Scherbius 系统)。图中,M 为三相绕线转子异步电动机,其转子相电动势 SE_{20} 经三相不可控整流装置 UR 整流,输出直流电压 U_d。工作在有源逆变状态的三相可控整流装置 UI 除提供可调的直流电压 U_i 作为电动机调速所需的附加直流电动势外,还可将经 UR 整流输出的转差功率逆变,并回馈到交流电网。T 为逆变变压器,L 为平波电抗器。两个整流装置电压 U_d 和 U_i 的极性以及直流电路电流 I_d 的方向如图 7.37 所示。显然,系统在稳定工作时,必有 $U_d > U_i$。

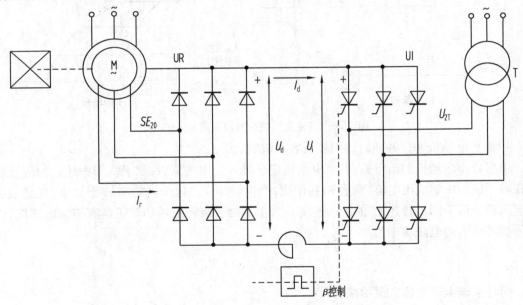

图 7.37　电气串级调速系统原理图

由此可写出整流后的转子直流回路电压平衡方程式为

$$U_d = U_i + I_d R \tag{7.27}$$

或

$$K_1 SE_{20} = K_2 U_{2T} \cos \beta + I_d R \tag{7.28}$$

式中　K_1, K_2——UR 与 UI 两整流装置的电压整流系数,若二者都是三相桥式整流电路,则

　　　　$K_1 = K_2 = 2.34$;

U_{2T}——逆变变压器的二次相电压；

β——工作在逆变状态的可控整流装置 UI 的逆变角；

R——转子直流回路总电阻。

需要说明的是，式(7.28)中并未计及电动机转子绕组与逆变变压器绕组的内阻和换相重叠压降的影响，故它只是一个简化公式。尽管如此，但它已足以满足对系统作定性分析的要求。从式中可知，U_d 中包含了电动机的转差率 S，而 I_d 与电动机转子交流电流 I_r 之间有固定的比例关系，因此它近似地反映了电动机电磁转矩的大小，而 β 是控制变量。故该式可看做是在串级调速系统中异步电动机机械特性的间接表达式 $S = f(I_d, \beta)$。

下面按启动、调速与停车 3 种情况来分析串级调速系统的工作，对电气传动装置而言，实质上是能否获得加减速时所必需的电磁转矩的问题。讨论中认为电动机轴上带有反抗性的恒转矩负载。

1) 启动

电动机能从静止状态启动的必要条件是能产生大于轴上负载转矩的电磁转矩。对电气串级调速系统而言，就是应有足够大的转子电流 I_r 或足够大的整流后直流电流 I_d，为此，转子整流电压 U_d 与逆变电压 U_i 间应有较大的差值。异步电动机在静止不动时，其转子电动势为 E_{20}。控制逆变角 β，使得在启动开始的瞬间，U_d 与 U_i 的差值能产生足够大的 I_d，以满足所需电磁转矩的要求。但 I_d 又不能超过允许的电流值，这样电动机就可在一定的动态转矩下加速启动。随着异步电动机转速的增高，其转子电动势减小，为了维持加速过程中动态转矩基本恒定，必须相应地增大 β 以减小 U_i 值，维持 $(U_d - U_i)$ 基本恒定。当电动机加速到所需转速时，不再调整 β，电动机即在此转速下稳定运行。设此时 $S = S_1，\beta = \beta_1$，则式(7.28)可写为

$$K_1 S_1 E_{20} = K_2 U_{2T} \cos \beta_1 + I_{dL} R \tag{7.29}$$

式中　I_{dL}——对应于负载转矩的转子直流回路电流。

2) 调速

改变 β 的大小就可调节电动机的转速。当增大 β 使 $\beta = \beta_2 > \beta_1$ 时，按式(7.28)逆变电压就会减小，但电动机的转速不能立即改变，故 I_d 将增大，电磁转矩也增大，因而产生动态转矩使电动机加速。随着电动机转速的增高，$K_1 S E_{20}$ 减小，I_d 回降，直到一个新的平衡状态，电动机仍在增高了的转速下稳定运行。这个新的平衡状态可表示为

$$K_1 S E_{20} = K_2 U_{2T} \cos \beta_2 + I_{dL} R \tag{7.30}$$

式中，$\beta_2 > \beta_1，S_2 < S_1$。同理，减小 β 可使电动机在降低了的转速下稳定运行。

3) 停车

电动机的停车有制动停车与自由停车两种。对于处于低同步转速下运行的双馈调速系统，必须在异步电动机转子侧输入电功率时才能实现制动。在串级调速系统中与转子连接的是不可控整流装置，它只能从电动机转子侧输出电功率，而不可能向转子输入电功率，因此串级调速系统没有制动停车功能，只能靠减小 β 逐渐减速，并依靠负载阻转矩的作用自由停车。

根据以上对串级调速系统工作原理的讨论可以得出下列结论，串级调速系统能够靠调节逆变角 β 实现平滑无级调速；系统能把异步电动机的转差功率回馈给交流电网，从而使扣除装置损耗后的转差功率得到有效利用，大大提高了调速系统的效率。

习 题

7.1 开环系统和闭环系统有何区别? 举例说明。

7.2 什么叫调速范围? 调速范围与静差率之间有什么关系? 如何扩大调速范围?

7.3 某直流闭环调速系统的速度调节范围是 $150 \sim 1\,500$ r/min,静差率 $S = 5\%$,问系统允许的速降是多少? 如果开环系统的静态速降是 80 r/min,则闭环系统的开环放大倍数应有多大?

7.4 某直流调速系统,其高、低速静态特性如图 7.38 所示,$n_{01} = 1\,480$ r/min,$n_{02} = 148$ r/min。试问系统达到的调速范围有多大? 系统允许的静差率是多少?

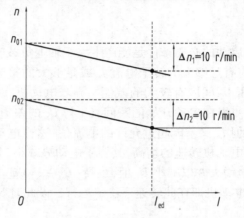

图 7.38 某直流调速系统的静态特性

7.5 电流正反馈起什么作用? 电流截止负反馈的作用是什么? 截止电流和堵转电流应如何选择?

7.6 交流电动机有哪些调速方法? 各种调速方法各有什么特点?

7.7 当三相异步电动机采用变频调速时,在额定转速以上和以下通常分别使用何种调速方式?

7.8 变频调速有几种? 什么叫 PAM 和 PWM 方式?

7.9 试述电磁转差离合器调速系统的调速原理。改变电磁转差离合器磁极的励磁电流方向是否可以使电动机反转?

第8章　步进电动机控制系统

步进电动机(step motor)是一种利用电磁感应原理,将电脉冲信号转换成直线或角位移的执行元件。每输入一个脉冲,电机就转过一个角度,运行一步,其运动形式是步进式的,故称为步进电动机。由于其输入的是脉冲电压,故又称脉冲电动机或阶跃电动机。

步进电动机的工作机理是基于最基本的电磁铁作用,其原始模型起源于1830—1860年间。1870年前后开始以控制为目的的尝试,应用于氩弧灯的电极输送机构中,这被认为是最初的步进电动机。此后,在电话自动交换机中广泛使用了步进电动机。不久又在缺乏交流电源的船舶和飞机等独立系统中广泛使用。

20世纪60年代后期,在步进电动机本体方面随着永磁材料的发展,各种实用性步进电动机应运而生,而半导体技术的发展则推进了步进电动机在众多领域的应用,在近40年间,步进电动机迅速地发展并成熟起来。从发展趋向来讲,步进电动机已能与直流电动机、异步电动机以及同步电动机并列,从而成为电动机的一种基本类型。

步进电动机的运动是由一系列电脉冲控制,脉冲发生器所产生的电脉冲信号,通过环形分配器按一定的顺序加到电动机的各相绕组上。为了使电动机能够输出足够的功率,经过环形分配器产生的脉冲信号还需要进行功率放大。环形分配器、功率放大器以及其他辅助电路统称为步进电动机的驱动电源。步进电动机、驱动电源和控制器构成了步进电动机传动控制系统,如图8.1所示。

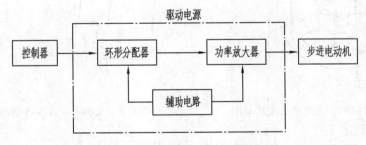

图8.1　步进电动机传动控制系统框图

在负载能力范围内,步进电动机转子转动的速度正比于脉冲信号的频率,总位移量取决于总的脉冲数,使步进电动机具有控制特性好、误差不长期积累、步距值不受各种干扰因素的影响的优点。它作为伺服电动机应用于控制系统时,可使系统简化,工作可靠,而且可以获得较高的控制精度。

步进电动机的主要缺点是效率低,高频时易出现失步现象,不适用于需高速运行的场合,并且需要专用的电脉冲信号,大负载惯量的能力不强,在运行中会出现共振和振荡问题。

计算机技术、微电子技术和电力电子技术的发展,为步进电动机的应用开辟了广阔的前景。目前,步进电动机在机械、电子、轻工、纺织、化工、石油、冶金、航空航天、国防等行业,已得到越来越广泛的应用。

本章从应用的角度介绍步进电动机的基本结构、工作原理、主要技术指标、运行特性及影响因素,环形分配器方式和功率驱动电路,开环和闭环控制方案以及驱动系统设计举例与传动控制应用实例。通过学习力图使读者能对步进电动机传动控制有个深刻和全面的了解与认识,能设计出一个实用完善的步进电动机传动控制系统。

8.1 步进电动机结构、工作原理及分类

8.1.1 步进电动机的结构与工作原理

步进电动机的结构可分为定子和转子两大部分。定子由硅钢片叠加而成,绕有一定相数的控制绕组,由环形分配器送来的电脉冲对各相定子绕组轮流进行励磁。转子用硅钢片叠成或用软磁性材料做成凸极结构。转子本身没有励磁绕组的称为反应式步进电动机;用永久磁铁做转子的称为永磁式步进电动机。步进电动机的结构形式虽然繁多,但工作原理基本相同,下面仅以最常用的三相反应式步进电动机为例进行说明。

（1）结构特点

如图 8.2 所示为一台三相反应式步进电动机的结构简图。其定子有 6 个磁极,每两个相对的磁极上绕有一相控制绕组,由外部脉冲信号对各相绕组轮流励磁。转子上有均布的 4 个凸齿。

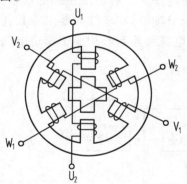

图 8.2 三相反应式步进电动机结构简图

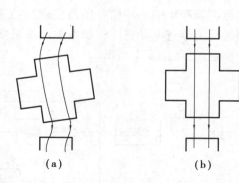

图 8.3 三相反应式步进电动机工作原理

（2）工作原理

1）基本工作原理

步进电动机的工作原理,其实就是电磁铁的工作原理,如图 8.3 所示。该相绕组通电时,转子位置如图 8.3(a)所示,转子齿偏离定子齿一个角度。由于励磁磁通力图沿磁阻最小路径通过,因此对转子产生电磁吸力,迫使转子齿转动。当转子转到与定子齿对齐位置如图 8.3(b)所示时,因转子只受径向力而无切线力,故转矩为零,转子被锁定在这个位置上。由此可知,错齿是促使步进电动机旋转的根本原因。

对于三相反应式步进电动机,当 U 相通电,V,W 相不通电(见图 8.4(a)),1,3 齿与 U 相对齐,2,4 齿与 V 相错开 30°;当 V 相通电,U,W 相不通电,转子顺时针转过 30°(见图 8.4

（b）），2，4 齿与 V 相对齐，1，3 齿与 W 相错开 30°；当 W 相通电，U，V 相不通电，则转子再顺时针转过 30°（见图 8.4（c）），1，3 齿与 W 相对齐。由此可知，当通电顺序为 U→V→W→U 时，转子便顺时针方向一步一步地转动。通电状态每换接一次，转子前进一步，一步对应的角度称为步距角（此例转子顺时针转过 30°）。电流换接 3 次，磁场旋转一周，转子前进一个齿距的位置，一个齿距所对应的角度称为齿距角（此例中齿距角为 90°）。当改变通电顺序时，将改变转子的转向，如通电顺序改为 U→W→V→U 时，转子则逆时针转动。

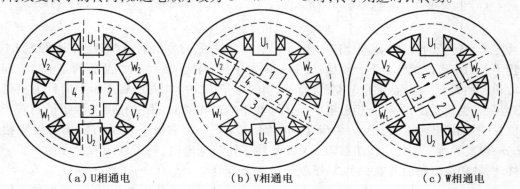

（a）U相通电　　　　　　　（b）V相通电　　　　　　　（c）W相通电

图 8.4　单三拍通电方式时转子的位置

2）通电方式

步进电动机的转速既取决于控制绕组通电的频率，又取决于绕组通电方式。步进电动机的通电方式一般有：

①单相轮流通电方式。"单"是指每次切换前后只有一相绕组通电。在这种通电方式下，电动机工作的稳定性较差，容易失步。对一个定子为 m 相，转子有 z 个齿的步进电动机，步进电动机转一转所需的步数为 mz 步。这种通电分配方式称为 m 相单 m 状态，如 U→V→W→U。

②双相轮流通电方式。"双"是指每次有两相绕组通电，由于两相通电，力矩则大些，定位精度高而不易失步。步进电动机每转步数也为 mz 步。这种通电分配方式称为 m 相双 m 状态，如 UV→VW→WU→UV。

③单双相轮流通电方式。它是单和双两种通电方式的组合应用。这时步进电动机转一转所需步数为 $2mz$ 步。这种通电分配方式称为 m 相 $2m$ 状态，如 U→UV→V→VW→W→WU→U。

步进电动机以一种通电状态转换到另一种通电状态则称为一"拍"。步进电动机若按 U→W→V→U 方式通电，因为定子绕组为三相，每一次只有一相绕组，而每一个循环只有 3 次通电，故称为三相单三拍通电；如果按照 UV→VW→WU→UV 方式通电，称为三相双三拍通电；如果按照 U→UV→V→VW→W→WU→U 方式通电，称为三相六拍通电，如图 8.5 所示。从该图可知，当 U 和 V 两相同时通电时，转子稳定位置将会停留在 U，V 两定子磁极对称的中心位置上，因为每一拍，转子转过一个步距角。由图 8.4 和图 8.5 可明显看出，三相单三拍和三相双三拍步距角为 30°，三相六拍步距角为 15°。上述步距角显然太大，不适合一般用途的要求，实用中采用小步距角步进电动机。

8.1.2　小步距角步进电动机

实际的小步距角步进电动机如图 8.6 所示。它的定子内圆和转子外圆上均有齿和槽，

（a）U相通电　　　　（b）U，V相通电　　　　（c）V相通电　　　　（d）V，W相通电

图 8.5　三相六拍通电方式

而且定子和转子的齿宽和齿距相等。定子上有 3 对磁极，分别绕有三相绕组，定子极面小齿和转子上的小齿位置符合下列规律：当 U 相的定子齿和转子齿对齐时，V 相的定子齿应相对于转子齿顺时针方向错开 1/3 齿距，而 W 相的定子齿又应相对于转子齿顺时针方向错开 2/3齿距。也就是说，当某一相磁极下定子与转子的齿相对时，下一相磁极下定子与转子齿的位置刚好错开 τ/m，其中，τ 为齿距，m 为相数；下一相磁极下定子与转子的齿则错开 $2\tau/m$；以此类推。当定子绕组按 U→V→W 顺序轮流通电时，转子就顺时针方向一步一步地移动，各相绕组轮流通电一次，转子就转过一个齿距。

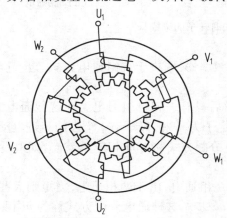

图 8.6　实际的三相反应式步进电动机结构简图

通过以上分析可知，转子的齿数不能任意选取。因为在同一相的几个磁极下，定转子齿应同时对齐或同时错开，才能使几个磁极的作用相加，产生足够的反应转矩，而定子圆周上属于同一相的极总是成对出现的，故转子齿数应是偶数。另外，在不同相的磁极下，定转子相对位置应依次错开 $1/m$ 齿距，这样才能在连续改变通电状态下，获得连续不断的运动；否则，当某一相控制绕组通电时，转子齿都将处于磁路的磁阻最小位置上，各相绕组轮流通电时，转子将一直处于静止状态，电动机不能正常转动运行。为此，要求两相邻相磁极轴线之间转子的齿数为整数加或减 $1/m$。

设转子的齿数为 z，则齿距角为

$$\tau = \frac{360°}{z} \tag{8.1}$$

因为每通电一次（即运行一拍），转子就走一步，故步距角为

$$\theta_b = \frac{\tau}{Km} = \frac{360°}{Kmz} \tag{8.2}$$

式中　K——状态系数。相邻两次通电相数一致时 $K=1$，如单、双三拍时；反之，则 $K=2$，如三相六拍时。Km 为拍数，又称为步数。

若步进电动机的 $z=40$，三相单三拍或三相双三拍时，其步距角为

$$\theta_b = \frac{360°}{3 \times 40} = 3° \tag{8.3}$$

若按三相六拍运行时，其步距角为

$$\theta_b = \frac{360°}{2 \times 3 \times 40} = 1.5° \tag{8.4}$$

由此可知,增加步进电动机的定子相数和转子的齿数可减小步距角,有利于提高控制精度。但相数越多,电源及电动机的结构越复杂,造价也越高。反应式步进电动机一般能做到六相,个别的也有八相或更多相。增加转子的齿数是减小步进电动机步距角的一个有效途径,目前所使用的步进电动机转子的齿数一般很多。对相同相数的步进电动机既可采用单相或双相通电方式,也可采用单双相通电方式控制驱动。因此,同一台电动机可有两个步距角,如3/1.5,1.5/0.75,1.2/0.6 等。

如果步进电动机定子各相绕组轮流通电的脉冲的频率为f,步距角 θ_b 的单位为(°),则步进电动机的转速(单位为 r/min)为

$$n = \frac{\theta_b f}{2\pi} \cdot 60 = \frac{\frac{2\pi}{Kmz}f}{2\pi} \cdot 60 = \frac{60}{Kmz}f \tag{8.5}$$

由此可知,步进电动机定子绕组通电状态的改变速度越快,其转子旋转的速度越快,即通电状态的变化频率越高,转子的转速越高。

8.1.3 步进电动机的分类

步进电动机的分类方式很多,常见的分类方式有按步进电动机的工作原理、按输出力矩的大小以及按定子和带子的数量进行分类等。根据不同的分类方式,可将步进电动机分为多种类型,如表8.1 所示。

表8.1 步进电动机的分类

分类方式	具体类型	结构特点
按工作原理	反应式(又称磁阻式)	转子无绕组,由被激磁的定子绕组产生反应力矩实现步进运行,是我国步进电动机发展的主要类型 其主要特点是气隙小,步距角小,定位精度高,控制准确;但励磁电流较大,要求有较大的驱动电源功率,且电动机内部阻尼较小,当相数较小时,单步运行振荡时间较长或断电后无定位转矩,故使用中需要自锁定位
	激磁式	定子、转子均有激磁绕组(或转子用永久磁钢),由电磁力矩实现步进运行。输出力矩大,但结构复杂,实际中较少应用
	永磁式	转子和定子的某一方具有永久磁钢,另一方由软磁材料制成。绕组轮流通电,建立的磁场与永久磁钢的恒定磁场相互作用产生转矩 其主要特点是步距角大,一般为 15°、30°、45°等,控制精度不高;控制功率较小,效率高;由于具有永久磁钢,内部阻尼较大,单步振荡时间较短,断电后具有一定的定位自锁力矩
	混合式(永磁感应式)	近似反应式和永磁式的结合体。与反应式的主要区别是转子上有磁钢,反应式转子则无磁钢,静态电流比永磁式大许多 混合式步进电动机可以做成像反应式一样的小步距角,又具有永磁式控制功率小的优点,故具有驱动电流小、效率高、过载能力强、控制精度高等特点,代表着步进电动机的最新发展,是一种很有应用前景的步进电动机

续表

分类方式	具体类型	结构特点
按输出力矩大小	伺服式	输出力矩在百分之几至十分之几 N·m,只能驱动较小的负载,要与液压扭矩放大器配用,才能驱动机床工作台等较大的负载
	功率式	输出力矩在 5~50 N·m 以上,可以直接驱动机床工作台等较大的负载
按相数	三相	相数越多,步距角越小,相同工作频率下运行越平稳,控制精度越高;随着相数增多,结构也越复杂,成本越高
	四相	
	⋮	
	m 相	
按各相绕组分布	径向分布式	电机各相按圆周依次排列
	轴向分布式	电机各相按轴向依次排列,转动惯量小,快速性和稳定性好;功率型步进电动多为轴向式

8.2 步进电动机驱动电源

8.2.1 步进电动机的驱动方式

步进电动机的驱动运行要求足够功率的电脉冲信号按一定的顺序分配到各相绕组。为了实现这种驱动,要求有脉冲分配和功率放大功能的专门驱动电源。驱动电源和步进电动机是一个有机的整体,步进电动机的运行性能是电动机及其驱动电源二者配合所反映的综合效果。如图 8.7 所示为步进电动机驱动系统框图。环形分配器的功能是将控制脉冲按规定的方式分配给步进电动机;功率放大器的功能是将环形分配器的输出信号进行功率放大,以驱动步进电动机运行。

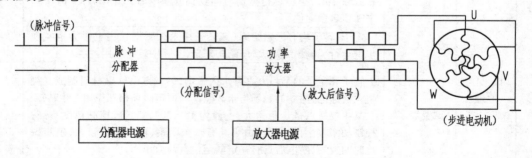

图 8.7 步进电动机驱动系统框图

8.2.2 步进电动机的环形分配器

环形分配器的作用是根据指令把脉冲信号按一定的逻辑关系加到放大器上,使各相绕组按一定的顺序和时间导通和断开,并根据指令使电动机正转或反转,实现确定的运行方式。环形分配器可由硬件和软件两种方式实现。硬件环形分配器有较好的响应速度,且具有直观、维护方便等优点。软件环配则往往受到微型计算机运算速度的限制,有时难以满足高速实时控制的要求。

(1)硬件环形分配器

硬件环形分配器由门电路和双稳态触发器组成的逻辑电路构成。随着元器件的发展,目前,已有各种专用集成环形分配器芯片可供选用。

1)集成脉冲分配器

环形脉冲分配器专用集成电路芯片的种类特别多,功能也十分齐全。例如,用于两相步进电动机斩波控制的 L297(L297A),PMM8713,以及用于三相步进电动机的 PMM8714 等。CH250 是专为三相反应式步进电动机设计的环形分配器。这种集成电路采用 CMOS 工艺,集成度高,可靠性好。它的管脚图及三相六拍工作时的接线图如图 8.8 所示。

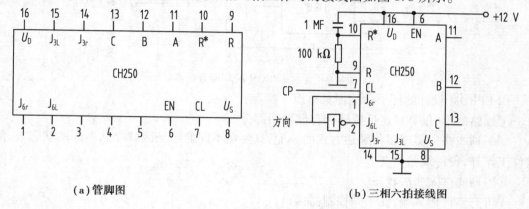

(a)管脚图　　　　　　　　　　　(b)三相六拍接线图

图 8.8　CH250 环形分配器

CH250 有 A,B,C 3 个输出端,当输入端 CL 或 EN 加上时钟脉冲后,输出波形将符合三相反应式步进电动机的要求,具体状态如表 8.2 所示。

表 8.2　CH250 环形分配器状态表

R	R*	CL	EN	J_{3r}	J_{3L}	J_{6R}	J_{6L}	功　能
		↑	1	1	0	0	0	双三拍正转
		↑	1	0	1	0	0	双三拍反转
		↑	1	0	0	0	0	单双六拍正转
		↑	1	0	0	0	1	单双六拍反转
		0	↓	1	0	0	0	双三拍正转
0	0	0	↓	0	1	0	0	双三拍反转
		0	↓	0	0	1	0	单双六拍正转
		0	↓	0	0	0	1	单双六拍反转
		↓	1	×	×	×	×	
		×	0	×	×	×	×	
		0	↑	×	×	×	×	锁定
		1	×	×	×	×	×	
1	0	×	×	×	×	×	×	A=1,B=1,C=0
0	1	×	×	×	×	×	×	A=1,B=0,C=0

2）EPROM 环形分配器

含有 EPROM 的环形分配器如图 8.9 所示。其基本思想是，结合驱动电源线路按步进电动机励磁状态转换表求出所需的环形分配器输出状态表（输出状态表与状态转换表相对应），以二进制码的形式依次存入 EPROM 中，在线路中只要按照地址的正向或反向顺序依次取出地址的内容，则 EPROM 的输出端即依次表示各励磁状态。一种步进电动机可有多种励磁方式，状态表也各不相同，可将输出存储器地址分为若干区域，每个区域存储一个状态。运行中用 EPROM 的高位地址线选通这些不同的区域，则同样的计数器输出就可运行不同的状态表。

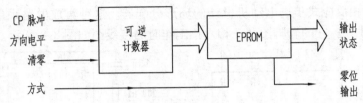

图 8.9　含有 EPROM 的环形分配器

用 EPROM 设计的环形分配器具有以下特点：

①线路简单，仅有可逆计数器和存储器两部分。

②一种线路可实现多种励磁方式的分配，只要在不同的地址区域存储不同的状态表，除软件工作外，硬件线路不变。

③可彻底排除非法状态。

④可有多种输入端，便于同控制器接口。

利用逻辑可编程门阵列芯片（PAL，GAL）构成的环形分配器具有更简单的结构和更高的性能。

（2）软件环形分配器

软件环分的方法是利用计算机程序来设定硬件接口的位状态，从而产生一定的脉冲分配输出。对于不同的计算机和接口器件，软件环分有不同的形式。

一般微机系统作为软件环分时，需要进行如下设置：

1）设置输出接口

将微机上相应的输出口设置为脉冲信号输出端，并与步进电动机各相绕组一一对应。以 MCS-51 系列单片机 8031 为例，它本身包含 4 个 8 位 I/O 端口，分别为 P_0，P_1，P_2，P_3。若要实现三相六拍方式的脉冲分配，需要 3 根输出口线。也就是对应存储置单元的内容送到 P_1 口，使 $P_{1.0}$，$P_{1.1}$，$P_{1.2}$ 依次送出脉冲信号，分别对应步进电动机的 A 相、B 相和 C 相绕组，如图 8.10 所示。

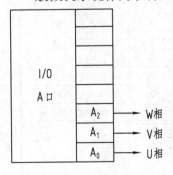

图 8.10　I/O 接口图

2）设计环形分配子程序

为了使步进电动机按照如前所述顺序通电，首先必须在存储器中建立一个环形分配表，存储器各单元中存放对应绕组通电的顺序数值。当运行程序时，依次将环形分配表中的数据，也就是对应存储器单元的内容送到 P_1 口，使 $P_{1.0}$，$P_{1.1}$，

$P_{1,2}$依次送出脉冲信号,从而使电动机绕组轮流通电。

表8.3为环形分配表,其中K为存储单元基地址。由表8.3可知,要使电动机正转,只需依次输出表中各单元的内容即可。当输出状态已是表底状态时,则修改地址指针使下一次输出重新为表首状态。

表8.3　环形分配表

存储元件地址	单元内容	对应通电相
K + 0	01H(0001)	U
K + 1	03H(0011)	UV
K + 2	02H(0010)	V
K + 3	06H(0110)	VW
K + 4	04H(0100)	W
K + 5	05H(0101)	WU

如要使电动机反转,则只需反向依次输出各单元的内容。当输出状态到达表首状态时,则修改指针使下一次输出重新为表底状态。

3)设计延时子程序

主程序每调用一次环形分配子程序,就按顺序改变一次步进电动机通电状态,而后调用延时子程序以控制通断节拍,从而改变步进频率。

8.2.3　步进电动机的驱动电路

步进电动机的驱动电路实际上是一种脉冲放大电路,使脉冲具有一定的功率驱动能力。由于功率放大器的输出直接驱动电动机绕组,因此,功率放大器的性能对步进电动机的运行性能影响很大。对驱动电路要求的核心问题是如何提高步进电动机的快速性和平稳性。步进电动机常用的驱动电路主要有以下5种:

(1)单电压限流型驱动电路

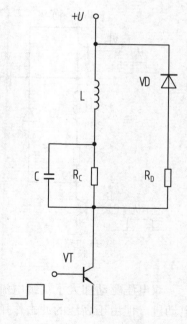

图8.11　单电压驱动电路

如图8.11所示为步进电动机一相的驱动电路,晶体管VT可认为是一个无触点开关,它的理想工作状态应使电流流过绕组的波形尽可能接近矩形波。但由于电感线圈中的电流不能突变,在接通电源后绕组中的电流按指数规律上升,其时间常数$\tau = L/r$(L为绕组电感,r为绕组电阻),须经3τ时间后才能达到稳态电流。由于步进电动机绕组本身的电阻很小(r约为零点几Ω),故时间常数τ很大,从而严重影响电动机的启动频率。为了减小时间常数τr,在励磁绕组中串接电阻R_C,这样时间常数$\tau = L/(r + R_C)$就大大减小,缩短了绕组中电流上升的过渡过程时间,从而提高了工作速度。

在电阻R_C两端并联电容C,是由于电容上的电压不能突变,在绕组由截止到导通的瞬间,电源电压全部降落在绕组上,使电流上升更快,因此,电容 C 又称为加速电容。

二极管 VD 在晶体管 VT 截止时起续流和保护作用,以防止晶体管截止瞬间绕组产生的反电势造成管子击穿,串联电阻 R_D,使电流下降更快,从而使绕组电流波形后沿变陡。

单电压驱动电路的特点是线路简单,成本低,低频时响应较好;缺点是效率低,尤其在高频工作的电机效率更低,外接电阻的功率消耗大。高频时带载能力迅速下降。单电压驱动由于性能较差,在实际中应用较少,只在小功率步进电动机且在简单应用中才用到。

(2)双电压驱动电路

双电压驱动电路习惯上称为高低压切换型电路,其最后一级如图8.12(a)所示。这种电路的特点是电动机绕组主电路中采用高压和低压两种电压供电,一般高压为低压的数倍。其基本思想是,不论电动机工作频率如何,在导通相的前沿用高电压供电来提高电流的前沿上升率,而在前沿过后用低压来维持绕组的电流。若加在 VT_1 和 VT_2 管基极的电压 U_{b1} 和 U_{b2}。如图8.12(b)所示,则在 $t_1 \sim t_2$ 时间内,VT_1 和 VT_2 均饱和导通,+80 V 的高电压源经 R 加到步进电动机绕组 L_1 上,使其电流迅速上升。当时间到达 t_2(采用定时方式)时,或电流迅速上升到某一数值(采用定流方式)时,U_{b2} 变为低电平,VT_2 管截止,电动机绕组上的电流由 +12 V 电源经 VT_1 管来维持;此时,电动机绕组电流下降到电动机额定电流。直到 t_3 时,U_{b1} 也为低电平,VT_1 管截止,电流下降至零。一般电压 U_{b1} 由脉冲分配器经几级电流放大获得;电压 U_{b2} 由单稳态定时或定流装置再经脉冲变压器获得。驱动电路中串联的电阻 R,一般按低压进行计算,因此阻值不大。

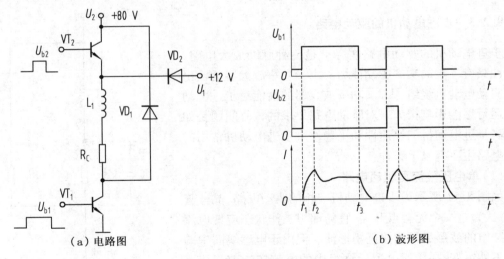

图8.12 双电压驱动电路

双电压驱动加大了绕组电流的注入量,以提高其功率,适用于大功率和高频工作的步进电动机。但由于高压的冲击作用在低频工作时也存在,使低频输入能量过大而造成低频振荡加剧。同时,高低压衔接处的电流波动呈凹形(见图8.12(b)),使步进电动机输出转矩下降。因此,双电压驱动电路的优点是,功耗小,启动力矩大,突跳频率和工作频率高,高频端输出力较大。缺点是低频振荡加剧,波形呈凹形输出转矩下降;大功率管的数量要多用1倍,增加了驱动电源。这种驱动方式常用于大功率步进电动机的驱动。

（3）斩波驱动电路

斩波电路的出现是为了弥补双电压电路波形呈现凹形的缺陷，改善输出转矩下降，使励磁绕组中的电流维持在额定值附近。其电路图和输出波形图如图 8.11 所示。

这种驱动电路结构虽然复杂一些，但由于没有外接电阻，使整个系统的功耗下降很多，相应提高了效率。同时由于驱动电压较高，故电流上升很快；当到达需要的数值时，由于取样电阻 R_C 反馈控制作用，绕组电流可恒定在确定的数值，而且不随电动机的转速而变化，从而保证在很大的频率范围内步进电动机都能输出恒定的转矩，大大改善了高频响应特性。这种驱动方式的另一优点是减少了电动机共振现象的产生。

斩波驱动又称斩波恒流驱动。它可分为自激式和他激式。如图 8.13 所示属自激式，因为其斩波频率是由绕组的电感，比较器的回差等诸多因素决定的，没有外来的固定频率。如果用其他方法形成固定的频率来斩波，称为他激式。

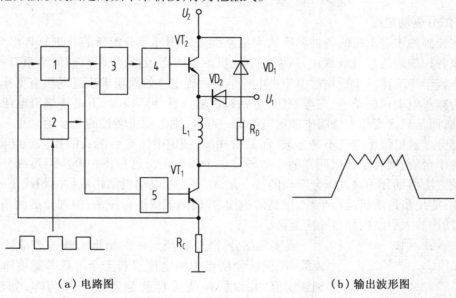

（a）电路图　　　　　（b）输出波形图

图 8.13　斩波驱动电路

1—整形电路；2—分配器；3—控制门；4—高压前置放大器；5—低压前置放大器

（4）升频升压驱动电路

从上述驱动方式可知，为了提高驱动系统的高频响应，都采用了提高电压、加快电流上升速率的措施。但会带来低频振动加剧的不良后果。从原理上讲，为了减小低频振动，应使低速时绕组电流上升的前沿较平缓，这样才能使转子在到达新的稳定平衡位置时不产生过冲；而在高速时则应使电流有较陡的前沿，以产生足够的绕组电流，才能提高步进电动机的负载能力。这就要求驱动电源能对绕组提供的电压与电动机运行频率建立直接联系，即低频时用较低电压供电，高频时用较高电压供电。升频升压驱动方式可较好地满足这一要求。升频升压驱动电路如图 8.14 所示，电压一般随频率线性地变化。这种驱动方式不仅线路比较复杂，而且在实际运行时针对不同参数的电动机，还要相应调整电压 U_1 与输入控制脉冲频率的特性。

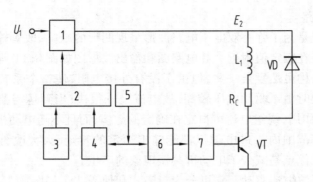

图 8.14　升频升压驱动电路

1—电压调整器；2—比较器；3—锯齿波发生器；

4—积分器；5—多谐振荡器；6—分配器；7—电压放大器

（5）细分驱动电路

上述提到的步进电机的各种功率放大电路都是采用环形分配器芯片进行环形分配，控制电动机各相绕组的导通或截止，从而使电动机产生步进运动，步距角的大小只有两种，即整步工作或半步工作。步距角已由步进电机结构所确定。如果要求步进电机有更小的步距角或者为减小电动机振动、噪声等原因，可在每次输入脉冲切换时，不是将绕组电流全部通入或切除，而是只改变相应绕组中额定电流的一部分，则电动机转过的每步运动也只有步距角的一部分。这里绕组电流不是方波，而是阶梯波，额定电流是台阶式的投入或切除，电流分成多少个台阶，则转子就以同样的个数转过一个步距角。这种将一个步距角细分成若干步的驱动方法称细分驱动。细分驱动的特点是，在不改动电动机结构参数的情况下，能使步距角减小；能使步进电机运行平稳，提高匀速性，并能减弱或消除振荡；但细分后的步距角精度不高，功率放大驱动电路也相应复杂。

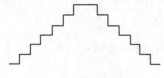

图 8.15　细分电流波形

要实现细分，需要将绕组中的矩形电流波改成阶梯形电流波，即设法使绕组中的电流以若干个等幅等宽度阶梯上升到额定值，并以同样的阶梯从额定值下降为零，如图 8.15 所示。

实现上述细分电流波形的方法有以下两种：

1）采用多路功率开关器件

如图 8.16（a）所示为给出五阶梯细分电路原理。它利用 5 只功率晶体管 VT_{d1}—VT_{d5} 作为开关器件，其基极开关电压 U_1—U_5 的波形如图 8.16（b）所示。U_1—U_5 的等幅宽度较小。

在绕组电流上升过程中，VT_{d1}—VT_{d5} 按顺序导通。每导通一个，绕组中电流便上升一个台阶，步进电机也跟着转动一小步。在 VT_{d1}—VT_{d5} 导通过程中，每导通一个，高压管都要跟着导通一次，使绕组电流能快速上升。

在绕组电流下降过程中，VT_{d1}—VT_{d5} 按顺序关断。为了使每关断一个晶体管电流都能快速下降一个台阶，在关断任一低压管前，可先将剩下的全部关断一段时间，使绕组通过泄放回路放电，然后再重新开通。

采用上述多路功率开关晶体管的优点是，功率晶体管工作在开关状态，功耗很低；其缺点是器件多、体积大。

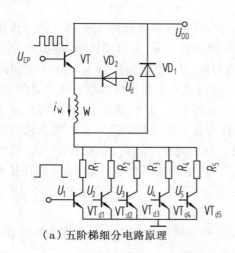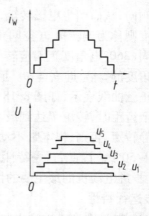

（a）五阶梯细分电路原理　　　　　　　　（b）电流和电压波形图

图 8.16　功率开关细分驱动电源

2）将各开关的控制脉冲信号进行叠加

用叠加后的阶梯信号控制接在绕组中的功率晶体管，并使功率晶体管工作在放大状态，如图 8.15 所示。由于在功率管基极 b 上加的是阶梯形变化的信号，因此通过绕组中的电流也是阶梯形变化，实现了细分。在这种细分电路中，功率晶体管工作在放大状态，功耗大，电源利用率低，但所用器件少。

目前，实现阶梯波供电的方法有两种，如图 8.17 所示。

图 8.17（a）为先放大后叠加，即将通过细分环形分配器所形成的各个等幅等宽的脉冲，分别进行放大，然后在电动机绕组中叠加起来形成阶梯波。

图 8.17（b）为先叠加后放大。这种方法用运算放大器来叠加，或采用公共负载的方法把方波合成阶梯波，然后对阶梯波进行放大再去驱动步进电机，其中的放大环节可采用线性放大或斩波放大等方式。

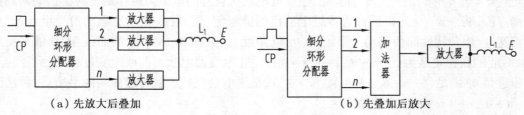

（a）先放大后叠加　　　　　　　　　　　（b）先叠加后放大

图 8.17　阶梯波合成原理图

8.3　步进电动机的运行特性及主要技术指标

8.3.1　步进电动机的运行特性

（1）矩角特性

矩角特性是反映步进电动机电磁转矩 T 随偏转角 θ 的关系。定子一相绕组通以直流电后，如果转子上没有负载转矩的作用，转子齿和通电相磁极上的小齿对齐，这个位置称为步进电动机的初始平衡位置。当转子有负载作用时，转子齿就要偏离初始位置，由于磁力线有力图缩短的倾向,从而产生电磁转矩,直到这个转矩与负载转矩相平衡。转子齿偏离初始平衡位置的角度则称为偏转角 θ(空间角)。若用电角度 θ_e 表示偏转角,则由于定子每相绕组通电循环一周(360°电角度),对应转子在空间转过一个齿距角($\tau = 360°/z$ 空间角度),故电角度是空间角度的 z 倍,即 $\theta_e = z\theta$。而 $T = f(\theta_e)$ 就是矩角特性曲线。可以证明,此曲线可近似地用一条正弦曲线表示,如图 8.18 所示。由图可知,θ_e 达到 $\pm\pi/2$ 时,即在定子齿与转子齿错过 1/4 个齿距时,转矩 T 达到最大值,称为最大静转矩 T_{smax}。步进电动机的负载转矩必须小于最大静转矩,否则,根本带不动负载。为了能稳定运行,负载转矩一般只能是最大静转矩的 30% ~ 50%。因此,这一特性反映了步进电动机带负载的能力,通常在技术数据中都有说明,它是步进电动机的最主要的性能指标之一。

(2)单步运行特性

加一个控制脉冲改变一次通电状态,步进电动机的这种工作状态称为单步运行。

1)稳定区

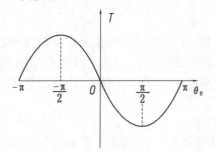

图 8.18　步进电动机的矩角特性　　　图 8.19　步进电动机稳定区

设初始时对应于步进电动机 U 相的矩角特性曲线如图 8.18 所示。在外力矩作用下,步进电动机转子偏离一角度 θ_e(θ_e 为用电角度表示的定子齿轴线与转子齿轴线之夹角),只要满足 $-\pi < \theta_e < +\pi$,当外力矩消失后,在步进电动机自身的电磁力矩作用下转子仍能回到原平衡点 O,将 $-\pi \sim +\pi$ 区间称为步进电动机的静稳定区。若改变步进电动机通电状态,如 V 相通电,矩角特性向前移动一个距角(θ_{be} 电角度)。如图 8.18 所示的曲线 V,新的平衡点 O_1,对应的新稳定区为($-\pi + \theta_{be}$) ~ ($\pi + \theta_{be}$)。在改变通电状态前或改变过程中,只要转子的步进角 θ_e 满足($-\pi + \theta_{be}$) $< \theta_e <$ ($\pi + \theta_{be}$),步进电动机转子就可趋向新的平衡点,称区间($-\pi + \theta_{be}$) ~ ($\pi + \theta_{be}$)为动稳定区。

2)单步换相特性

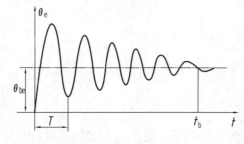

图 8.20　步进电动机单步运行转子衰减振荡

如图 8.19 所示,改变通电状态,由 U 相转为 V 相,矩角特性便从 U 相平衡点 O 跃到 V 相矩角特性的 a 点,转子在正电磁力矩作用下加速地向新平衡点 O_1 转动。到达 O_1 时,由于转子积累的动能使其冲过平衡点继续转动,这时转子受到与转角相反方向的电磁力矩的作用(负电磁力矩),试图将转子拉回到 O_1 点,转子开始减速为零。虽然转子冲过平衡点,但只要转角 θ_e。不超过动稳定区，即 $\theta_e<(\pi+\theta_{be})$，在负电磁力矩作用下仍可返回新平衡点 O_1。同理，当返回到 O_1 时，由于积累的动能使转子又反方向冲过 O_1 点，在正电磁力矩作用下又可返回新平衡点 O_1。如此往复以新平衡点为基准作减幅振荡，如图8.20所示。图中，T 为周期，t_b 为步距角 θ_{be} 对应的衰减时间。

（3）连续脉冲运行特性

1）极低频条件下运行

控制脉冲周期 T 大于转子单步运行振荡的衰减时间 t_b，当第二次改变通电状态前（即第二个脉冲到来前），第一次改变通电状态使转子的运行已经结束，故运行方式与单步运行方式相同，转子的运行特性具有典型的步进特性，如图8.21所示。在这种条件下，运行的步进电动机多数处于欠阻尼状态，不可避免地产生振荡，但其振幅不会超过步距角 θ_{be}，因此不会出现失步和越步现象。

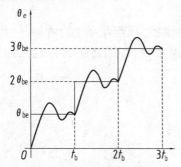

图8.21 极低频运行规律

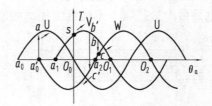

图8.22 低频启动与失步的条件

2）低频条件下运行

当控制脉冲的频率为 $1/t_b<f<4f_0$ 时，转子运行特点是前一个脉冲使转子产生的振荡还没衰减完，第二个脉冲已经到来，转子所处的位置与脉冲频率有关，该位置是第二个脉冲转子的起始位置。现以三相步进电动机为例，对这种运行方式加以讨论。

①如图8.22所示，设初始时电动机处于稳定平衡点 O_0。在控制脉冲作用下改变通电状态，V 相绕组通电，矩角特性从 U 跃变到 V，作用转子的电磁力矩为 O_0S，转子加速转动，电磁力矩也随之从 S 点沿箭头方向向 O_1 移动。若在下一次改变通电状态前（即第二个控制脉冲到来前）转子的转角较大，已到达 b 点，当第二次改变通电状态时矩角特性从 V 相的 b 点跃变到 W 相的 c 点，工作点处在动稳定区内，在正电磁力矩 a_2c 作用下，转子在前一拍具有的角速度前提下，转子的角位移在第二拍内比前一拍要大，因此更接近新平衡点，步进电动机便不失步地运转起来。

②当控制脉冲频率提高，在第二拍脉冲到来时转子角位移较小，移动到 b' 点。当第二次改变通电状态时矩角特性从 V 相的 b' 点跃变到 W 相的 c' 点，工作点处在动稳定区以外，转子在负电磁力矩作用下减速，若转子不能冲过 a_2 点进入动稳定区便回到前一个平衡点口 a_0'，在第三拍脉冲到来时，工作点跃到 U 相矩角特性曲线 a 点，在电磁力矩作用下又回到初始位置 O_0 点，这样便失了3步。失步严重时转子便在一个位置上振荡。从前面的分析可知，失步的原因是相对于转角脉冲频率太高所引起的。把使步进电动机能正常启动的最高频率称为极限启动频率。从图8.22可知，a_2 点越接近前一个平衡点 O_0，极限启动频率越

高。因此拍数越多,极限启动频率越高;最大静转矩越大,电磁力矩便大,转子加速度也大,在改变通电状态期间,角位移也大,即外负载力矩越大,同一个步进电动机的启动频率越低,反映了步进电动机的启动频率特性。转子转动惯量(包括负载在内)越小,在相同的电磁力矩作用下加速度越大,在改变通电状态期间角位移便越大,故极限启动频率高,反映了步进电动机的启动惯频特性。

3)脉冲频率 $f > 4f_0$ 条件下运行

当步进电动机处在高频状态下运行时,在前一个脉冲作用下,转子的振荡尚没到达第一个振荡的最大振幅,第二个脉冲已经过来而又一次改变通电状态。致使步进电动机的运行如同同步电动机连续、平稳地转动,如图 8.23 所示。步进电动机在小于极限启动频率下正常启动后,控制脉冲再缓慢地升高,电动机仍可正常运行(不失步、不越步)。因为缓慢升高脉冲频率,转子加速度很小,转动惯量的影响可以忽略。但此时,电动机随运行频率增高,负载能力变差,反映了步进电动机的运行频率特性。

随着脉冲频率的增高,电动机的各种阻尼(如轴承的摩擦,风阻尼等)的增加,使得转子跟不上矩角特性移动速度,转子位置与平衡点位置之差越来越大,最终超出稳定区而失步。这也是最大运行频率不能继续提高的原因之一。

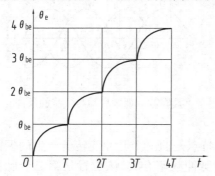

图 8.23　高频运行转子运动规律

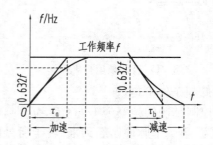

图 8.24　步进电动机加减速特性

4)加减速特性

描述了步进电动机由静止到工作频率或由工作频率到静止的加减速过程中,励磁绕组通电状态的变化频率 f 与时间 t 的关系。当要求步进电动机启动到大于启动频率的工作频率时,速度必须上升;当从最高工作频率 f_{max} 或高于启动频率的工作频率 f 停止时,速度必须下降;步进电动机的加减速特性如图 8.24 所示。步进电动机在启停和调速过程中,其加减速的时间常数 τ_a 和 τ_b 不能过小,否则会出现失步或越步,使用中应加以注意。

8.3.2　步进电动机的运行特性的影响因素

相比于伺服电动机,步进电动机具有许多优、缺点,过载能力低是其最主要的缺点。有许多因素会影响步进电动机的运行性能。轻者会影响步进电动机的运行速度,严重者将造成步进电动机失步,达不到位置控制的目的。

(1)脉冲信号频率对步进电动机运行的影响

当脉冲信号频率很低时,控制脉冲以矩形波输入,电流波形比较接近于理想的矩形波,如图 8.25(a)所示。如果脉冲信号频率增高,由于电动机绕组的电感有阻止电流变化的作用,因此电流发生畸变,变成如图8.25(b)所示的波形。在开始通电瞬间,由于电流不能突变,其值不能立即升起,故使转矩下降,启动转矩减小,有可能动不起来。在断电的瞬间,电流也不能迅速下降,而产生反转矩致使电动机不能正常工作。如果脉冲频率很高,则电流还来不及上升到稳定值 I 就开始下降,于是电流的幅值降低(由 I 降到 I'),变成如图8.25(c)所示的波形,因而产生的转矩减小致使带负载的能力下降。故频率过高会使步进电动机启动不了或运行时失步。

当控制脉冲的频率等于或接近步进电动机的振荡频率 f_0 的 $1/K$ 时($K=1,2,3,\cdots$),电动机就会出现强烈振动,甚至失步和无法工作。因此,步进电动机实际运行时应避开共振频率。通常采用增加阻尼的方法来削弱低频共振。

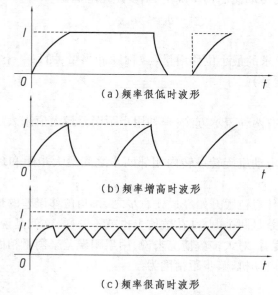

（a）频率很低时波形

（b）频率增高时波形

（c）频率很高时波形

图8.25 脉冲信号的畸变

（2）转子机械惯性对步进电动机运行的影响

从物理学可知,机械惯性对瞬时运动物体会发生作用,当步进电动机从静止到起步,由于转子部分的机械惯性的作用,转子一下子转不起来,因此,要落后于它应转过的角度。如果落后不太多,还会跟上来;如果落后太多,或者脉冲频率过高,电动机将会起动不起来。另外,即使电动机在运转,也不是每一步都迅速地停留在相应的位置,而是受机械惯性的作用,要经过几次振荡才停下来;如果这种情况严重,就可能引起失步。因此,步进电动机都采用阻尼方法,以消除(或减缓)步进电动机的振荡。随着转动惯量的增加,会引起机械阻尼作用的加强,摩擦力矩也会相应增大,转子就跟不上磁场变化的速度,最后将超出动稳定区而失步或产生振荡,从而限制连续运行的频率。

（3）步进运行和低频振荡

当控制脉冲的时间间隔大于步进电动机的过渡过程时,电动机呈步进运行状态,即输入脉冲频率较低,在第二步走之前第一步已经结束。步进电动机在运行中存在振荡,它有一个固定频率 f_1,若输入脉冲频率 $f=f_1$ 时就要产生共振,使步进电动机振荡不前。对同一电动机,在不同负载(如不同机床)情况下,其共振区是不同的,必要时可外加调节阻尼器,以保证工作正常进行。

8.3.3 步进电动机的主要技术指标及应用

（1）步进电动机的主要性能指标

1）步距角 θ_b

步距角是指每给一个电脉冲信号，电动机转子所应转过角度的理论值，可由式（8.2）计算。它是步进电动机的主要性能指标之一。不同的应用场合，对步距角大小的要求不同。它的大小直接影响步进电动机的启动和运行频率。因此，在选择步进电动机的步距角 θ_b 时，若通电方式和系统的传动比已初步确定，则步距角应满足

$$\theta_b \leqslant i\theta_{\min} \tag{8.6}$$

式中　i——传动比；

　　　$\theta_{\min}$——负载轴要求的最小位移增量（或称脉冲当量，即每一个脉冲所对应的负载轴的位移增量）。

2）精度

步进电动机的精度有两种表示方法：一种用步距误差最大值来表示；另一种用步距累积误差最大值来表示。

最大步距误差是指电动机旋转一转内相邻两步之间最大步距和理想步距角的差值，用理想步距的百分数表示。

最大累积误差是指任意位置开始经过任意步之后，角位移误差的最大值。

步距误差和累积误差是两个概念，在数值上也就不一样，这就是说精度的定义没有完全统一起来，从使用的角度看，对大多数情况来说，用累积误差来衡量精度比较方便。

对于所选用的步进电动机，其步距精度为

$$\Delta\theta = i(\Delta\theta_L) \tag{8.7}$$

式中　$\Delta\theta_L$——负载轴上所允许的角度误差。

3）转矩

①保持转矩（或定位转矩）。是指绕组不通电时电磁转矩的最大值或转角不超过一定值时的转矩值。通常反应式步进电动机的保持转矩为零，而若干类型的永磁式步进电动机具有一定的保持转矩。

②静转矩。是指不改变控制绕组通电状态，即转子不转情况下的电磁转矩。它是绕组内的电流及失调角（转子偏离空载时的初始稳定平衡位置的电角度）的函数。当绕组内的电流值不变时，静转矩与失调角的关系称为矩角特性。

负载转矩 T_L 与最大静转矩的关系为

$$T_L = (0.3 \sim 0.5)T_{smax} \tag{8.8}$$

为保证步进电动机在系统中正常工作，还必须满足：

$$T_{st} > T_{Lmax} \tag{8.9}$$

式中　T_{st}——步进电动机启动转矩；

　　　T_{Lmax}——步进电动机最大静负载转矩。

通常取

$$T_{st} = \frac{T_{Lmax}}{0.3 \sim 0.5} \tag{8.10}$$

以便有相当的力矩储备。

③动转矩。是指转子转动情况下的最大输出转矩值,它与运行的频率有关。

4)响应频率

在某一频率范围,步进电动机可任意运行而不丢失一步,则这一最大频率称为响应频率。通常用启动频率 f_{st} 来作为衡量的指标,它是能不丢步地启动的极限频率,有时也称为突跳频率或牵入频率。对于一定的步进电动机及驱动器,启动频率的值与负载的大小有关,负载的大小包含负载转矩和负载转动惯量两个方面的意义。在技术参数中,常给出空载启动频率 f_{0st} ,它随负载的增加而显著下降,选用时应注意这一点。

5)运行频率

运行频率是指频率连续上升时,电动机能不失步运行的极限频率。它的值也与负载的大小有关。在相同负载情况下,连续频率 f_c 的值远大于响应频率或启动频率 f_{0st} 。

6)启动矩频特性

在给定的驱动条件下,负载惯量一定时,启动频率与负载转矩之间的关系称为启动矩频特性。当电动机带着一定的负载转矩启动时,作用在电动机转子上的加速转矩为电磁转矩与负载转矩之差。负载转矩越大,加速转矩就越小,电动机就越不容易启动,其启动的脉冲频率就应该越低。

7)启动惯频特性

负载力矩一定时,启动频率与负载惯量之间的关系称为启动惯频特性或牵入惯频特性。转动惯量越大,转子速度的增加越慢,启动频率也应越低。

8)运行矩频特性

在负载惯量不变时,运行频率与负载转矩之间的关系称为运行矩频特性。

上述各项是步进电动机驱动系统的综合指标,是生产厂家产品出厂时应提供的。这些指标既反映出步进电动机性能的优劣,又是步进电动机驱动系统选用和静动态特性计算的重要依据。

(2)步进电动机的应用注意事项

①为使步进电动机正常运行(不失步,不越步)、正常启动并满足对转速的要求,必须保证步进电动机的输出转矩大于负载所需的转矩。因此应计算机械系统的负载转矩,使所选电动机的输出转矩有一定的余量,以保证可靠运行。被选电动机能与机械系统的负载惯量及所要求的启动频率相匹配并留有一定余量,还应使其最高工作频率能满足机械系统移动部件加速移动的要求。

②应使步进电动机的步距角 θ_b 与机械负载相匹配,以得到步进电动机所驱动部件需要的脉冲当量。

③驱动电源的优劣对步进电动机控制系统的运行影响极大,使用时要特别注意。需根据运行要求,尽量采用先进的驱动电源,以满足步进电动机的运行性能。

④若所带负载转动惯量较大,则应在低频下启动,然后再上升到工作频率;停车时也应从工作频率下降到适当频率再停车;在工作过程中,应尽量避免由于负载突变而引起的误差。

⑤若在工作中发生失步现象,首先应检查负载是否过大,电源电压是否正常,再检查驱动电源输出波形是否正常,在处理问题时不应随意变换元件。

8.4 步进电动机的开、闭环控制

由于步进电动机能直接接收数字量信号,故被广泛应用于数字控制系统中。步进电动机的工作过程一般由控制器控制按照设计者的要求完成一定的控制过程,使驱动电源按照要求的规律驱动电动机运行。较简单的控制电路利用一些数字逻辑单元组成,即采用硬件的方式。但要改变系统的控制功能,一般都要重新设计硬件电路,灵活性较差。以微型计算机为核心的计算机控制系统为步进电动机的控制开辟了新的途径,利用计算机的软件或软、硬件相结合的方法,大大增强了系统的功能,同时也提高了系统的灵活性和可靠性。

以步进电动机作为执行元件的控制系统,包括开环和闭环两种形式。

8.4.1 步进电动机的开环控制

步进电动机系统的主要特点是能实现精确位移、精确定位,且无积累误差。这是因为步进电动机的运动受输入脉冲控制,其位移量是断续的,总的位移量严格等于输入的指令脉冲数或其平均转速严格正比于输入指令脉冲的频率;若能准确控制输入指令脉冲的数量或频率,就能够完成精确的位置或速度控制,无须系统的反馈,形成所谓的开环控制系统。

步进电动机的开环控制系统,由控制器(包括变频信号源)、脉冲分配器、驱动电路及步进电动机 4 部分组成,如图 8.26 所示。使用微机对步进电动机进行控制有串行和并行两种方式。

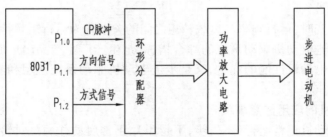

图 8.26 步进电动机开环控制原理框图

(1)**串行控制**

具有串行控制功能的单片机系统与步进电动机驱动电源之间具有较少的连线。这种系统中,驱动电源中必须含有环形分配器,其功能框图如图 8.26 所示。

(2)**并行控制**

用微机系统的数条端口线直接去控制步进电动机各相驱动电路的方法称为并行控制。在电动机驱动电源内,不包括环形分配器,而其功能必须由微机系统完成。由系统实现脉冲分配器的功能又有两种方法:第一种是纯软件方法,即完全用编程来实现相序的分配,直接输出各相导通或截止的控制信号,主要有寄存器移位法和查表法;第二种是软、硬件相结合的方法,有专门设计的编程器接口,计算机向接口输出简单形式的代码数据,而接口输出的是步进电动机各相导通或截止的控制信号。并行控制方案的功能框图如图 8.27 所示。

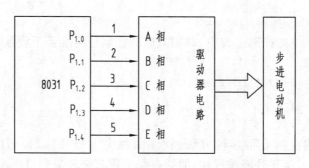

图 8.27 并行控制功能框图

(3) 步进电动机速度控制

控制步进电动机的运行速度,实际上就是控制系统发出脉冲的频率或者换相的周期。系统可用两种方法来确定脉冲的周期:一种是软件延时;另一种是用定时器。软件延时的方法是通过调用延时子程序的方法实现的,它占用 CPU 时间;定时器方法是通过设置定时时间常数的方法来实现的。

(4) 步进电动机的加减速控制

对于步进电动机的点一位控制系统,从起点至终点的运行速度都有一定要求。如果要求运行的速度小于系统极限启动频率,则系统可按要求的速度直接启动,运行至终点后可直接停发脉冲串而令其停止。系统在这样的运行方式下速度可认为是恒定的。但在一般的情况下,系统的极限启

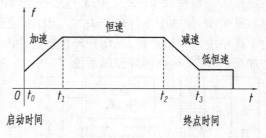

图 8.28 点一位控制的加减法过程

动频率是比较低的,而要求的运行速度往往很高。如果系统以要求的速度直接启动,因为该速度已超过极限启动频率而不能正常启动,可能发生丢步或根本不运行的情况。系统运行起来之后,如果到达终点时突然停发脉冲串,令其立即停止,则因为系统的惯性原因,会发生冲过终点的现象,使点一位控制发生偏差。因此,在点一位控制过程中,运行速度都需要有一个"加速→恒速→减速→低恒速→停止"的加减速过程,如图 8.28 所示。各种系统在工作过程中,都要求加减速过程时间尽量短,而恒速时间尽量长。特别是在要求快速响应的工作中,从起点至终点运行的时间要求最短,这就必须要求加速、减速的过程最短,而恒速时的速度最高。

升速规律一般可有两种选择:一是按照直线规律升速;二是按指数规律升速。按直线规律升速时加速度为恒定,因此要求步进电动机产生的转矩为恒值。从电动机本身的矩频特性来看,在转速不是很高的范围内,输出的转矩将有所下降,如按指数规律升速,加速度是逐渐下降的,接近电动机输出转矩随转速变化的规律。

用微机对步进电动机进行加减速控制,实际上就是改变输出脉冲的时间间隔。升速时使脉冲串逐渐加密,减速时使脉冲串逐渐稀疏。微机用定时器中断方式来控制电动机变速时,实际上就是不断改变定时器装载值的大小。一般用离散方法来逼近理想的升降速曲线。为了减少每步计算装载值的时间,系统设计时就把各离散点的速度所需的装载值固化在系统的 ROM 中,系统运行中用查表方法查出所需的装载值,从而大大减少占用 CPU 时间,提

高系统响应速度。

系统在执行升降速的控制过程中,对加减速的控制还需准备下列数据:

①加减速的斜率。

②升速过程的总步数。

③恒速运行总步数。

④减速运行的总步数。

对升降速过程的控制有很多种方法,软件编程也十分灵活,技巧很多。此外,利用模拟/数字集成电路也可实现升降速控制,但缺点是实现起来较复杂且不灵活。

8.4.2 步进电动机的闭环控制

开环控制的步进电动机驱动系统,其输入的脉冲不依赖于转子的位置,而是事先按一定的规律给定的。其缺点是电动机的输出转矩加速度在很大程度上取决于驱动电源和控制方式。对于不同的电动机或者同一种电动机而不同的负载,很难找到通用的加减速规律,控制系统是无法预测和监视的。在某些运行速度范围宽、负载大小变化频繁的场合,步进电动机很容易失步,使整个系统趋于失控。因此,使提高步进电动机的性能指标受到限制。另外,对于高精度的控制系统,采用开环控制往往满足不了精度的要求。因此,必须在控制回路中增加反馈环节,构成闭环控制系统。

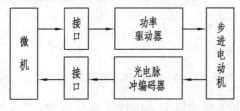

图 8.29 步进电动机闭环控制功能框图

闭环控制是直接或间接地检测转子的位置和速度,然后通过反馈和适当的处理,自动给出驱动的脉冲串。采用闭环控制,不仅可获得更加精确的位置控制和高得多、平稳得多的转速,而且可在步进电动机的许多其他领域内获得更大的通用性。它与开环系统相比,多了一个由位置传感器组成的反馈环节,如图 8.29 所示。

闭环控制系统的精度与步进电动机有关,但主要取决于位置传感器的精度。在数字位置随动系统中,为了提高系统的工作速度和稳定性,还有速度反馈内环。

根据不同的使用要求,步进电动机的闭环控制也有不同的方案,主要有核步法、延迟时间法、带位置传感器的闭环控制系统等。

8.5 步进电动机控制系统应用实例

步进电动机的应用十分广泛,如机械加工、绘图机、机器人、计算机的外部设备、自动记录仪表等。它主要用于工作难度大、要求速度快、精度高的场合,尤其是电力电子技术和微电子技术的发展为步进电动机的应用开辟了广阔的前景。下面列举两个实例来简要说明步进电动机的一些典型应用。

8.5.1 步进电动机在数控机床的应用

在经济型数控车床中,用步进电动机驱动的开环伺服系统,具有结构简单、容易调整的特点。步进电动机将进给脉冲转换为具有一定方向、大小和速度的机械角位移,带动工作台移动,如图 8.30 所示。

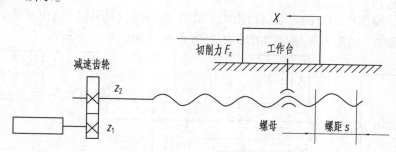

图 8.30　步进电动机伺服系统示意图

（1）步进电动机的选择

初步选择步进电动机,主要依据系统提出的性能指标,选择步进电动机的种类、步距角和运行频率。目前,我国最常用的步进电动机有反应式步进电动机（BC 或 BF 系列）和混合式步进电动机（BYG 系列）两种。在电动机体积相同的情况下,混合式步进电动机的转矩比反应式步进电动机大,同时混合式步进电动机的步距角可做得较小。在外形尺寸受到限制,又需要小步距角和大转矩的情况下,选择混合式。由于反应式步进电动机因转子无永久磁性,转子的机械惯量比混合式步进电动机的转子惯量小,可更快地加、减速,因此,在需要快速移动大距离时,应选择转动惯量小、运行频率高、价格较低的反应式步进电动机。步进电动机是根据车床上运行速度、负载转矩、负载转动惯量的大小及步距角等参数来选择的。

普通卧式车床 C620 的参数为:工作台质量 $W = 220$ kg,行程 $L = 750$ mm,快进速度 $v_{max} = 2\ 000$ mm/min,进给速度 $v = 15 \sim 100$ mm/min;滚珠丝杠为普通梯形螺纹:长 $L = 1\ 500$ mm,螺距 $s = 6$ mm,直径 $D = 40$ mm。

由于空载快进的速度比较高,定位精度要求不高,步距角可选大些,因此,初步选定价格便宜、转动惯量小、运行频率高的反应式步进电动机。依据上述分析,选择选型号为 110BF003 的反应式步进电动机。

（2）数控系统的硬件设计

MCS-51 系列的一片机以片内无程序存储器和片内有程序存储器形式,可分为 3 种基本产品,即 8051,8751,8031。

8051 的一片机以片内含有掩膜 ROM 型程序存储器,因为这种只读存储器中的程序要由单片机生产厂制作芯片时为用户固化于片内,所以只适用于批量极大,程序要永久性保留且不会修改的场合。

8751 片内含有 RPROM 型程序存储器,用户可将程序固化在 RPROM 中,需要修改时,可用紫外线光照擦除,然后又写入新的用户程序,但该芯片价格较高。

8031 片内没有程序存储器,外部扩展一片或多片含有用户程序的 RPROM 后,就相当于一片 8751 因而使用方便灵活,且价格低廉,目前是应用最广泛的机型。

综上所述,考虑到 MCS-51 的性能,选用该系列的 8031CPU 作为数控系统的中央处理机外接一片 6244EPROM 作为程序存储器,再选用两片 2732RAM 作为存放调试程序和运行程序的中间数据。

考虑到系统扩展为使编程地址统一采用译码法对扩展芯片进行子址选用 74LS138 译码

器完成此功能。

作为输入/输出（I/O）的扩展,选用两片 8255 作为系统的输入/输出扩展,分别接受键盘(系统控制面板)的输入和显示器的输出,其硬件框图如图 8.31 所示。

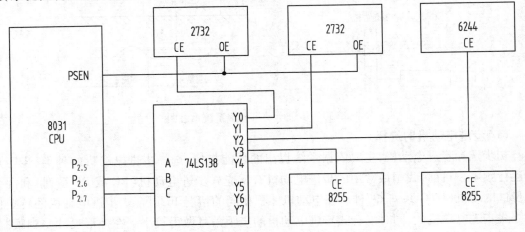

图 8.31　数控系统的硬件框图

(3)数控系统的软件设计

1)步进电机的转向控制

车床控制系统的控制对象是机床的移动部件(如工作台、刀架等),控制量为移动部件的位移(或角度)和速度,控制信号来自数控装置的进给脉冲控制作用就是驱动控制对象快速、准确,有效地跟随进给脉冲移动。数控车床进给系统各轴的进给速度由步进电动机的速度控制,进给方向由步进电动机的方向决定,采用 8255 输出口的 A 口、B 口来并行控制步进电机,如图 8.32 所示。

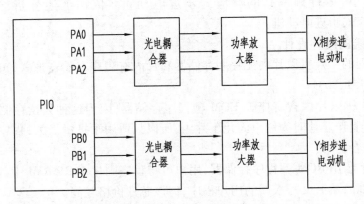

图 8.32　单片机控制步进电动机接口图

以软件代替环形脉冲分配器,实现对相序的直接控制,各相脉冲输出可由并行口直接控制,将控制字(步进电动机各相通断电顺序)从内存中读出,然后送到 8255 并行口中输出可实现正反转。用软件完成环形分配的优点是线路简单,成本低,可灵活地改变步进电动机的控制方案,如图 8.33 所示。

以三相六拍步进电动机为例,正转时的通电顺序为 A→AB→B→BC→C→CA→A;反转时的通电顺序为 A→AC→C→CB→B→BA→A。

表 8.4 是步进电动机三相六拍励磁时的开关顺序表。每次步进电动机运行时,都要调用该数据并输入电机运行的方向。

表 8.4　步进电动机环形分配器的输出状态

步进电动机	输出字	十六进制数	通电状态
X 向	00000001	01H	A
	00000011	03H	AB　正　　反
	00000010	02H	B　　↓　　↑
	00000110	06H	BC　转　　转
	00000100	04H	C
	00000101	05H	CA

2)步进电机的转速控制

控制进给脉冲的频率,改变 8255 输出端状态代码(输出字)之间的间隔时间,即可调整电机的转速。输出字更换得越快,步进电动机的转速越高。间隔时间的定时采用单片机内部定时器。

根据步进电动机的运行方式不同,控制程序设计采用查表法。将控制字存放在 ROM 中,通过查表来提取控制字:若以定时器 T0 方式 1 中断作为运行频率控制,当 8051 的石英晶振频率为 12 MHz,若步进电动机工作频率为 100 Hz 时,即 10 ms 中断一次,则可计算 T0 计数器初值 X 值为:$(2^{16} - X) \times 100 = 1 \times 10^6$,得 $X = 55536 = $ D8F0H。若以 R0 作为通电的节拍计数,以 00H 作为方向正反转标志位,为"1"时,正转,为"0"时,反转,则控制程序如下:

```
          ORG      0000H
          AJMP     BEGIN
          ORG      000BH
          LJMP     T0 INT
          ORG      1000H
BEGIN:    MOV SP,   #70H
          MOV TMOD, #01H
          MOV TH0,  #0D8H
```

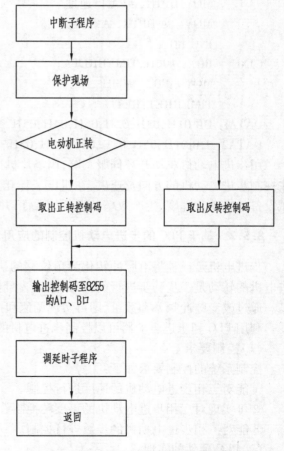

图 8.33　步进电机转向控制流程图

```
            MOV TL0,    #0F0H
            MOV R0,     #00H
                SETB    ET0
                SETB    EA
                SETB    TR0
                SJMP    $
TO INT: MOV TH0, #0D8H
            MOV TL0, #0F0B
            MOV A,      R0
            MOV DPTR, #DATAl
            JB 00H,     ZZ
            MOV DPTR, #DATA2
ZZ:     MOVC A,     @ A + DPTR
            MOV DPTR, #PA 口地址
            MOV  @ DPTR, A
            INC R0
CJNE    R0,   #06H, TIMERRET
            MOV  R0,    #00H
            TIMERRET: RETI
DATAl: DB 01H,03H,02H,06H,04H,05H
DATA2: DB 01H,05H,04H,06H,02H,03H
```

用步进电动机驱动开环伺服系统,用单片机扩展并行口来控制步进电动机,用软件的方法控制步进电动机的方向及速度,在机电一体化设计中应用广泛,可简化机械结构,提高机械设备的自动化程度、生产效率及设备的柔性,并提高产品质量。

8.5.2 基于 PLC 的步进电动机控制的应用

步进电机是一种将电脉冲转化为角位移的执行机构。一般电动机是连续旋转的,而步进电机的转动是一步一步进行的。每输入一个脉冲电信号,步进电机就转动一个固定的角度。通过改变脉冲频率和数量,即可实现调速和控制转动的角位移大小,具有较高的定位精度。利用 PLC 和步进驱动器可以控制步进电机的工作,实现步进电机的位置控制。

（1）控制要求

控制系统的控制要求如下：

①能对三相步进电动机的速度进行控制。

②可实现对三相步进电动机的正反转控制。

③能对三相步进电动机的步数进行控制。

（2）PLC 硬件的实现

1）PLC 的 I/O 分配表

选择 36BF02 反应式步进电机,其电压为 27 V,每相静态电流为 0.5 A,采用三相六拍通电方式,可用第 6 章介绍的 FX 系列 PLC 实现其转速控制、正反转控制和步数控制,必须选用晶体管输出的 PLC,可以选择 FX2N-16MT。其硬件接线图的 I/O 地址分配表如表 8.5 所示。

表 8.5 I/O 地址分配表

输	入	功能说明	输	出
S0	X000	启动	U 相	Y0
S1	X001	慢速	V 相	Y1
S2	X002	中速	W 相	Y2
S3	X003	快速		
S4	X004	正反转		
SB	X005	单步		
S6	X006	10 步		
S7	X007	100 步		
S8	X010	暂停		

2)PLC 控制步进电机的 I/O 接线图

PLC 控制步进电机的 I/O 接线图如图 8.34 所示。

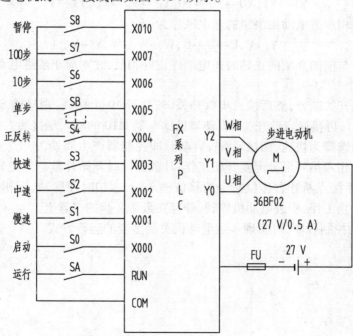

图 8.34 步进电动机的 I/O 接线图

（3）PLC **软件的实现**

将如图 8.35 所示的三相步进电动机传动控制梯形图程序转换为指令字程序写入 PLC 主机 RAM 中,调试并模拟动作运行成功后,即可接入步进电动机,合上 SA 带负载运行。

1)转速控制

接通快速开关 S3,再接通启动开关 S0。脉冲控制器产生周期为 0.2 s 的控制脉冲,使移位寄存器移位产生六拍时序脉冲。通过三相六拍环行分配器使 3 个输出继电器 Y0,Y1,Y2 按照单双六拍的通电方式接通,间隔时间为 0.2 s 其接通顺序在电动机正转时为

$$Y0 \rightarrow Y0,Y1 \rightarrow Y1 \rightarrow Y1,Y2 \rightarrow Y2 \rightarrow Y2,Y0 \rightarrow Y0$$

其相应于三相步进电动机绕组的通电顺序为

$$U \rightarrow U,V \rightarrow V \rightarrow V,W \rightarrow W \rightarrow W,U \rightarrow U$$

断开输入开关 S3,S0,接通中速开关 S2 后,再接通启动开关 S0。脉冲控制器产生周期为 0.5 s 的控制脉冲,输出继电器 Y0,Y1,Y2 接通顺序不变,但间隔时间增长为 0.5 s,步进电动机转速减慢。

断开输入开关 S2,S0,接通慢速开关 S1 后,再接通启动开关 S0。脉冲控制器产生周期为 1 s 的控制脉冲,输出继电器 Y0,Y1,Y2 接通顺序不变,但间隔时间增长为 1 s,步进电动机转速更慢。

2)反转控制

断开输入开关 S3,S0;接通正反转开关 S4 后,再次重复上述快速、中速、慢速的过程,此时 3 个输出继电器 Y0,Y1,Y2 的顺序为

$$Y1 \rightarrow Y1,Y0 \rightarrow Y0 \rightarrow Y0,Y2 \rightarrow Y2 \rightarrow Y2,Y1 \rightarrow Y1$$

其相应于三相步进电动机绕组的通电顺序为

$$V \rightarrow V,U \rightarrow U \rightarrow U,W \rightarrow W \rightarrow W,V \rightarrow V$$

该通电顺序与前面介绍的正转时通电顺序正好相反,它对应于步进电动机的反转运行。

3)步数控制

将全部输入开关断开,然后接通步数开关(若选择 10 步控制,则接通 S6;若选择 100 步控制,则接通 S7);再接通启动开关 S0,使辅助继电器 M10 的输入端接通。

设转速控制选择为快速,则接通 S3,启动脉冲控制器产生周期为 0.5 s 的控制脉冲;六拍时序脉冲及三相六拍环形分配器开始工作;计数器同时开始计数。当走完预定步数时,计数器动作,其动断接点断开右移位指令的移位输入端,六拍时序脉冲、三相六拍环形分配器及正反转驱动停止工作,步进电动机停转,锁存在最后一步的位置上。

改变 PLC 的控制程序,可实现步进电动机灵活多变的运行方式。

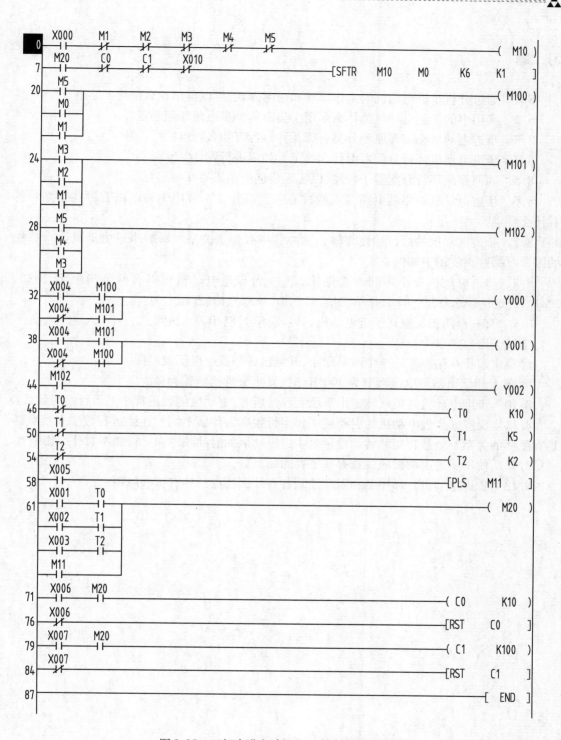

图 8.35 三相步进电动机 PLC 控制梯形图程序

习 题

8.1 通过分析步进电动机的工作原理和通电方式,可以得出什么结论?

8.2 实用中的步进电动机为什么采用小步距角? 步距角如何确定?

8.3 步进电动机按工作原理分类有哪几种? 各有什么特点?

8.4 步进电动机环行分配器由什么确定? 如何进行设计?

8.5 如何修改环行分配器子程序,以实现步进电动机的反向运行?

8.6 步进电动机对驱动电路要求的核心问题是什么? 常用驱动电路有哪些类型? 各有什么特点?

8.7 步进电动机的运行特性与输入脉冲频率有什么关系? 影响步进电动机运行特性的因素有哪些? 使用中如何克服?

8.8 步进电动机步距角的含义是什么? 一台步进电动机可以有两个步距角,例如,$3°/1.5°$,这是什么意思? 什么是单三拍、双三拍、单双六拍、五相十拍?

8.9 有一台四相反应式步进电动机,其步距角 $1.8°/0.9°$,试问:

①转子齿数为多少?

②写出四相八拍方式的一个通电顺序,并画出各相控制电压波形图。

③在 A 相绕组测得电流频率为 400 Hz 时,其每分钟的转数为多少?

8.10 步进电动机的负载转矩小于最大静转矩时,电动机能否正常步进运行? 为什么?

8.11 反应式步进电动机的启动频率和运行频率为什么不同? 连续运行频率和负载转矩有怎样的关系? 负载转矩和转动惯量对步进电动机的启动频率和运行频率有什么影响?

8.12 使用步进电动机应注意哪些主要问题?

8.13 步进电动机开环控制和闭环控制各有什么特点? 各有哪些应用?

附 录

附录 A　常用电气图形符号

　　本书采用的电气图形符号主要参考《工业机械电气图用图形符号》(JB/T 2739—2008)，超出部分查阅及采用 GB/T 4728 中的图形符号。

名　称		图形符号	名　称		图形符号
中文	英文		中文	英文	
连接导线	Connections	——	导线的双 T 连接	Double junction of conductor	
导线组（示出导线数）	Group of connections (number of connections indicated)		导线不连接	No connection of conductor	
直流	Direct current		直流电路	Direct current circuit	=110 V / 2×120 mm² A1
交流	Alternating current	～	三相电路	Three-phase circuit	3 N~50 Hz 400 V / 3×120 mm²+1×60 mm²
具有交流分量的整流电流	Rectified current with alternating component		电阻器	Resistor	
接地	Earth		可变电阻器	Resistor, adjustable	
抗干扰接地	Noiseless earth		压敏变阻器	Resistor, voltage dependent	
保护接地	Protective earthing		带滑动触点的电阻器	Resistor with movable contact	
连接点	Connection point	•	带滑动触点的电位器	Potentiometer with movable contact	
端子	Terminal	○	带固定抽头的电阻器	Resistor with fixed tapping	
导线 T 形连接	T-connection of conductor		加热元件	Heating element	

续表

名　称		图形符号	名　称		图形符号
中文	英文		中文	英文	
电容器	Capacitor		原电池或蓄电池	Battery of primary or secondary cell	
极性电容器	Capacitor, polarized		直流发电机	Direct current generator	
可调电容器	Capacitor, adjustable		直流电动机	Direct current motor	
线圈;绕组	Coil; Winding		交流电动机	Alternating current motor	
带磁芯的电感器	Inductor with magnetic core		直线电动机	Linear motor	
带固定抽头的电感器	Inductor with fixed tapping		步进电动机	Stepping motor	
双绕组变压器	Transformer with two windings		三相鼠笼式感应电动机	Induction motor, three-phrase, squirrel cage	
三绕组变压器	Transformer with three windings		三相绕组式转子感应电动机	Induction motor, three-phrase, with wound rotor	
自耦变压器	Auto-transformer		整流器	Rectifier	
电抗器	Reactor		桥式全波整流器	Rectifier in full wave (bridge) connection	
电流互感器	Current transformer		整流器/逆变器	Rectifier/Inverter	
星形-三角形连接的三相变压器	Three-phrase transformer, connection star-delta		动合(常开)触点;开关	Make contact; Switch	
三相自耦变压器(星形连接)	Auto-transformer, three-phrase, connection star		动断(常闭)触点	Break contact	
两电极压电晶体	Piezoelectric crystal with two electrode		先断后合的转换触点	Change-over break before make contact	

续表

名 称		图形符号	名 称		图形符号
中文	英文		中文	英文	
中间断开的双向触点	Change-over contact with off-position, both ways		自动复位的手动拉拔开关	Switch, manually operated, pulling, automatic return	
断路器	Circuit breaker		无自动复位的手动旋钮开关	Switch, manually operated, turning, stay-put	
隔离开关；隔离器	Disconnector; Isolator		带动合触点的位置开关	Position switch, make contact	
多级开关	Multiple-pole switch		带动断触点的位置开关	Position switch, break contact	
接触器；接触器的主动合触点	Contactor; Main make contact of contactor		组合位置开关	Position switch assembly	
接触器；接触器的主动断触点	Contactor; Main break contact of contactor		热继电器的动断触点	thermal relay, break contact	
延时闭合的动合触点	Make contact, delayed closing		速度继电器的动合触点	Speed relay, make contact	
延时断开的动合触点	Make contact, delayed opening		接近开关的动合触电	Proximity switch, make contact	
延时断开的动断触点	Break contact, delayed opening		接近开关的动断触电	Proximity switch, break contact	
延时闭合的动断触点	Break contact, delayed closing		接触器、继电器线圈	Relay coil	
手动操作开关	Switch, manually operated		缓慢释放的继电器线圈（失电延时）	Relay coil of slow-releasing relay	
自动复位的手动按钮开关	Switch, manually operated, push-button, automatic return		缓慢吸合的继电器线圈（得电延时）	Relay coil of slow-operating relay	

续表

名　称		图形符号	名　称		图形符号
中文	英文		中文	英文	
热继电器驱动器件	Operating device of a thermal relay		PNP 晶体管	PNP transistor	
过电流继电器	Overcurrent relay	2(I>) 5…10 A	NPN 晶体管	NPN transistor	
欠电压继电器	Undervoltage relay	U< 50…80 v 130%	插头	Plug	
熔断器	Fuse		插座	Socket	
信号灯/照明灯	Lamp/Lamp for lighting		滤波器	Filter	
半导体二极管	Semiconductor diode		限幅器	Amplitude Limiter	
稳压二极管	Breakdown diode		运算放大器	Operational amplifier	
三级晶闸管	Triode thyristor		"或"元件	OR element	
可关断三极闸流晶体管，N 栅(阳极侧受控)	Turn-off triode thyristor, N-gate (anode-side)		"与"元件	AND element	
发光二极管	Light emitting diode		非门	Negator	
光电二极管	Photodiode		与非门	AND with negated output	
光电晶体管	Phototransistor		或非门	OR with negated output	

附录 B 常用电气技术文字符号

本书采用的电气技术文字符号主要参考国家标准《电气技术中的文字符号制定通则》（GB 7159—87）和机械工业部标准《工业机械电气设备电气图、图解和表的绘制》（JB/T 2740—2008）。

名称 中文	名称 英文	文字符号	名称 中文	名称 英文	文字符号
直流	Direct current	DC	具有瞬时动作的限流保护器件	Current threshold protective device with instantaneous action	FA
交流	Alternating current	AC	具有延时动作的限流保护器件	Current threshold protective device with time-lag action	FR
放大器	Amplifier using discrete components	A	热继电器	Thermal relay	FR
调节器	Regulator	A	熔断器	Fuse	FU
电桥	Bridge	AB	限压保护器件	Voltage threshold protective device	FV
电流调节器	Current regulator	ACR	旋转发电机	Rotating generator	G
运算放大器	Operational amplifier	AD	振荡器	Oscillator	G
集成电路放大器	Integrated circuit regulator	AJ	异步发电机	Asynchronous generator	GA
磁放大器	Magnetic amplifier	AM	蓄电池	Battery	GB
速度调节器	Velocity regulator	ASR	励磁发电机	Excitation generator	GE
热电池	Thermo-cell	B	同步发电机	Synchronous generator	GS
光电池	Photoelectric cell	B	声响指示器	Acoustical indicator	HA
自整角机	Synchro	B	光指示器/指示灯	Optical indicator/Indicator lamp	HL
压力变换器	Pressure transducer	BP	中间继电器	Auxiliary relay	K
位置变换器	Position transducer	BQ	瞬时接触继电器	Instantaneous contactor relay	KA
旋转变换器（测速发电机）	Rotation transducer (tacho-generator)	BR	电流继电器	Current relay	KA
温度变换器	Temperature transducer	BT	交流继电器	Altering relay	KA
速度变换器	Velocity transducer	BV	接触器	Contactor	KM
电容器	Capacitor	C	过电流继电器	Over current relay	KOC
寄存器	Register	D	压力继电器	Pressure relay	KP
照明灯	Lamp for lighting	EL	速度继电器	Velocity relay	KS

续表

名　称		文字符号	名　称		文字符号
中文	英文		中文	英文	
延时有或无继电器（时间继电器）	Time-delay all-or-nothing relay	KT	离心开关	Centrifugal switch	QC
欠电流继电器	Under current relay	KUC	自动开关	Automatic switch	QF
欠电压继电器	Under voltage relay	KUV	电源开关	Power switch	QG
电压继电器	Voltage relay	KV	隔离开关	discrete switch	QS
感应线圈/电抗器（串联和并联）	Induction coil/Reactors (shunt and series)	L	电阻器、变阻器	Resistor/Rheostat	R
电动机	motor	M	电位器	Potentiometer	RP
同步电动机	Synchronous motor	MS	分流器	Shunt	RS
伺服电动机	Servomotor	MS	热敏电阻器	Resistor with inherent variability dependent on the temperature	RT
可作发电机或电动机用的电动机	Machine capable of use as a generator or motor	MG	压敏电阻器	Resistor with inherent variability dependent on the voltage	RV
力矩电动机	Torque motor	MT	控制电路开关	Control circuit switch	S
运算放大器	Operational amplifier	N	控制开关/选择开关	Control switch/Selector switch	SA
电流表	Ammeter	PA	按钮开关	Push-button	SB
电度表	Watt hour meter	PJ	微动开关	Micro-switch	SM
电压表	Voltmeter	PV	万能转换开关	Universal selector	SO
电力电路开关	Power circuit switch	Q	接近开关	Proximity switch	SQ
转换开关	Change-over switch	QB	行程开关	Position limit switch	ST(SQ)

名称		文字符号	名称		文字符号
中文	英文		中文	英文	
液体标高传感器	Liquid level sensor	SL	单结晶体管	Unijunction transistor	VU
压力传感器	Pressure sensor	SP	稳压管	Stabilivolt tube	VZ
位置传感器（包括接近传感器）	Position sensor（including proximity- sensor）	SQ	绕组	Winding	W
转数传感器	Rotation sensor	SR	控制绕组	Control winding	WC
温度传感器	Temperature sensor	ST	励磁绕组	Exciting winding	WF
变压器	Transformer	T	插头	Plug	XP
电流互感器	Current transformer	TA	插座	Socket	XS
控制电路电源用变压器	Transformer for control circuit supply	TC	端子板	Terminal board	XT
脉冲变压器	Pulse transformer	TP	电磁铁	Electromagnet	YA
电力变压器	Power transformer	TM	电磁制动器	Electromagnetically operated brake	YB
电压互感器	Voltage transformer	TV	电磁离合器	Electromagnetically operated clutch	YC
变频器、变流器、逆变器	Frequency changer/Converter/Inverter	U	电磁卡盘、电磁吸盘	Magnetic chuck	YH
二极管	Diode	V（VD）	电动阀	Motor operated valve	YM
控制电路用电源的整流器	Rectifier for control circuit supply	VC	电磁阀	Electromagnetically operate Valve	YV
晶体管	PNP transistor	VT	滤波器/限幅器	Filter/Amplitude Limiter	Z
晶闸管	Triode thyristor	VS（VT）			

附录 C 常用低压电器技术参数

附表 C.1 常用按钮技术参数

型号	额定电压/V	额定电流/A	结构形式	触头对数		钮数	用途
				常开	常闭		
LA2	500	5	元件	1	1	1	作为单独元件用 用于电动机启动、停止控制 用于电动机倒、顺、停控制 特殊用途
LA10-2K			开启式	2	2	2	
LA10-2H			保护式				
LA10-2A			开启式	3	3	3	
LA10-3H			保护式				
LA19-11D			带指示灯	1	1	1	
LA18-22Y			钥匙式	2	2	1	
LA18-44Y			钥匙式	4	4	1	

附表 C.2 各系列刀开关分段能力

型号	有无灭弧室	在下列电源电压下断开电流值/A			
		交流 $\cos\varphi = 0.7$		直流时间常数 $T = 0.01$ s	
		380 V	500 V	220 V	440 V
HD12,HD13,HD14 HS12,HS13	有	I_N	$0.5I_N$	I_N	$0.5I_N$
HD12,HD13,HD14 HS12,HS13	无	$0.3I_N$	—	$0.2I_N$	—
HD11 HS11	—	用于电路中无电流时开断电路			

注:I_N 为刀开关额定电流(A)。

附表 C.3 各系列刀开关电动稳定性和热稳定性电流值

额定电流/A	分断能力*/A		电动稳定性电流/kA(峰值)		1 s热稳定电流/kA	AC380 V 及断开60% 额定电流时的电寿命[①]/次
	AC380 V $\cos\varphi = 0.7$	DC220 V $T = 0.01$ s	中央手柄操作式	杠杆操作式		
100	100	100	15	20	6	1 000
200	200	200	20	30	10	1 000
400	400	400	30	40	20	1 000

续表

| 额定电流/A | 分断能力[*]/A | | 电动稳定性电流/kA(峰值) | | 1 s 热稳定电流/kA | AC380 V 及断开60% 额定电流时的电寿命[①]/次 |
	AC380V cos φ = 0.7	DC220 V T = 0.01 s	中央手柄操作式	杠杆操作式		
600	600	600	40	50	25	500
1 000	1 000	1 000	50	60	30	500
1 500	—	—	—	80	40	—

注：* 带灭弧罩时。

附表 C.4　各系列刀开关的分类及技术参数

系列型号	结构形式	转换方向	极数	额定电流等级/A	接线方式
HD11-□/□8	中央手柄式	单投	1,2,3	100,200,400	板前接线
HD11-□/□9	中央手柄式	单投	1,2,3	100,200,400,600,1 000	板后接线
HD11-□/□	中央手柄式	双投	1,2,3	100,200,400,600,1 000	板前接线
HD12-□/□1	侧方正面杠杆操作机构式（装有灭弧室）	单投	2,3	100,200,400,600,1 000	板前接线
HS12-□/□1	侧方正面杠杆操作机构式（装有灭弧室）	双投	2,3	100,200,400,600,1 000	板前接线
HD12-□/□0	侧方正面杠杆操作机构式（不装灭弧室）	单投	2,3	100,200,400,600,1 000,1 500	板前接线
HS12-□/□0	侧方正面杠杆操作机构式（不装灭弧室）	双投	2,3	100,200,400,600,1 000	板前接线
HD13-□/□1	中央正面杠杆操作机构式（装有灭弧室）	单投	2,3	100,200,400,600,1 000	板前接线
HS13-□/□1	中央正面杠杆操作机构式（装有灭弧室）	双投	2,3	100,200,400,600,1 000	板前接线
HD13-□/□0	中央正面杠杆操作机构式（不装灭弧室）	单投	2,3	100,200,400,600,1 000,1 500	板前接线
HS13-□/□0	中央正面杠杆操作机构式（不装灭弧室）	双投	2,3	100,200,400,600,1 000	板前接线
HD14-□/31	侧面操作手柄式（装有灭弧室）	单投	3	100,200,400,600	板前接线
HS14-□/31	侧面操作手柄式（不装灭弧室）	单投	3	100,200,400,600	板前接线

附表 C.5 HZ5 系列转换开关接线编号

接线编号	01	02	03	04	05	06	07	08	10
接线名称	二级开关接线	三极开关接线	四极开关接线	两种电压双极开关接线	感应电机逆转开关接线	两种电压三极开关接线	星-三角启动开关接线	双速电动机用开关接线	双速电动机用开关接线

附表 C.6 HZ5 开关定位特征

定位特征代号	手柄定位角度/(°)		
L		0	60
M	60	0	60

附表 C.7 HZ5 系列转换开关技术参数

型号	额定电压/V	额定电流/A	可控制电动机功率/kW	接通分断能力		
				电压/V	cos φ	电流/A
HZ5-10	交流 50 Hz 380 直流 220	10	1.7	380×110%	0.35±0.05	40
HZ5-20		20	4			80
HZ5-40		40	7.5			160
HZ5-60		60	10			240

附表 C.8 HZ10 系列转换开关技术参数

型号	额定电压/V	额定电流/A	极数	极限操作电流/A		可控制电动机最大容量和额定电流*		额定电压及额定电流下的通断次数			
				接通	分断	容量/kW	额定电流/A	交流 cos φ		直流时间常数/s	
								≥0.8	≥0.3	≤0.002 5	≤0.01
HZ10-10	直流 220 交流 380	6	1**	94	62	3	7	20 000	10 000	20 000	10 000
		10									
HZ10-25		25	2,3	155	108	5.5	12				
HZ10-60		60									
HZ10-100		100						10 000	5 000	10 000	5 000

注: * 均指三极组合开关。

　　** 单极接线时的分断电流值为表列数值的 50%。

附表 C.9 CJ20 系列交流接触器主要技术参数

型号	频率/Hz	辅助触头额定电流/A	吸引线圈电压/V	主触头额定电流/A	额定电压/V	可控制电动机最大功率/kW
CJ20-10				10	380/220	4/2.2
CJ20-16				16	380/220	7.5/4.5
CJ20-25				25	380/220	11/5.5
CJ20-40			交流 36, 127,220, 380	40	380/220	22/11
CJ20-63	50	5		63	380/220	30/18
CJ20-100				100	380/220	50/28
CJ20-160				160	380/220	85/48
CJ20-250				250	380/220	132/80
CJ20-400				400	380/220	220/115

附表 C.10 CJ12 系列交流接触器主要技术数据

型号	额定电流/A	极数	额定电压	辅助触头		线圈额定电压/V
				容量	对数	
CJ12-100	100					
CJ12-150	150			交流 1 000 V·A/380 直流 90 W/220	6 对常开与常闭点可任意组合	~36,127, 220, 380
CJ12-250	250	1,3,4,5	交流 380			
CJ12-400	400					
CJ12-600	600					

附表 C.11 JL18 系列电流继电器技术参数

型号	线圈额定值		结构特征
	工作电压/V	工作电流/A	
JL18-1.0	~380	1.0	触头工作电压
JL18-1.6	~220	1.6	~380
JL18-2.5		2.5	~220
JL18-4.0		4.0	
JL18-6.3		6.3	发热电源 10 A
JL18-10		10	可自动及手动复位
JL18-16		16	
JL18-25		25	
JL18-40		40	
JL18-63		63	

续表

型号	线圈额定值		结构特征
	工作电压/V	工作电流/A	
JL18-100		100	
JL18-160		160	
JL18-250		250	
JL18-400		400	
JL18-630		630	

附表 C.12　JZ7 系列中间继电器的主要技术数据

型号	触点数量及参数						操作频率 /(次·h⁻¹)	线圈消耗功率 /W	线圈电压 /V
	常开	常闭	电压/V	电流/A	断开电流/A	闭合电流/A			
JZ7-44	4	4	380		3	13			12,24,36,48,110,
JZ7-62	6	2	220	5	4	13	1 200	12	127,220,380,420,
JZ7-80	8	0	127		4	20			440,500

附表 C.13　JS7-A 系列空气阻尼式时间继电器技术数据

型号	瞬时动作触点数量		有延时的触点数量				触点额定电压/V	触点额定电流/A	线圈电压/V	延时范围/s	额定操作频率/(次·h⁻¹)
	常开	常闭	通电延时		断电延时						
			常开	常闭	常开	常闭					
JS7-1A	—	1	1	1	—	—					
JS7-2A	1	1	1	1	—	—	380	5	24,36,110,127,220,380	0.4~0.6 及 0.4~180	600
JS7-3A	—	—	—	—	1	1					
JS7-4A	1	1	—	—	1	1					

附表 C.14　电磁铁的主要技术参数

产品名称	型号	额定吸力/N	额定行程/mm	额定电压/V	线圈励磁电流/A	操作频率/(次·h⁻¹)	外形尺寸 长×宽×高/(mm×mm×mm)
牵引电磁铁	MQ1-1.5N	15	20	36		600	68.5×75×81.5
	MQ1-3N	30	25	36		600	83×88×94
	MQ1-5N	50	25	110		600	109×95.5×119

续表

产品名称	型号	额定吸力/N	额定行程/mm	额定电压/V	线圈励磁电流/A	操作频率/(次·h^{-1})	外形尺寸 长×宽×高/(mm×mm×mm)
直流电磁铁	ZDT-4	行程 16 >42 行程 0 >90	16	200	吸引时 1.0 保持时 0.072		87.5×69×72
电动牵引器	DQ-23	78.4	21	220	0.030		90×90×42
交流 牵引电磁铁	MQ2-0.7N/Z	7	10	110/220/ 380AC			45×50×62
	MQ2-1.5N MQ2-1.5Z	20	20	110/220/ 380AC			63×56×64 63×65×92
	MQ2-5N	50	25	110/220/ 380AC			80×72×82 80×72×116
	MQ2-7N	70	25	110/220/ 380AC			80×82×82 80×82×116
	MQ2-15N MQ2-20Z	100 200	50 30	220/ 380AC			126×111×151 126×151×1
电磁阀用 线圈	TF5			220AC 24DC		15~18	105×55×55
	DF-1			127/220AC 24/36DC		22	89×47×41
	DF1-2			127/220AC 24/36DC		25	89×47×41

附表 C.15　LX10-LC20 系列行程开关的主要技术参数表

型号	额定发热电流/A	额定工作电压/V	额定控制容量	触头对数	动作力/N	动作行程/mm	超行程/mm	结构形式
LX10-11 -12	10	AC380 DC220	AC1000VA DC200W		速度 150 m/min			单滚轮磁杆操动臂
LX10-21 -22					速度 100 m/min			双滚轮叉形杆操动臂

续表

型号	额定发热电流/A	额定工作电压/V	额定控制容量	触头对数	动作力/N	动作行程/mm	超行程/mm	结构形式
LX10 -31 -32				速度 25 m/min				重锤式荷重杠杆操动臂
LX10 -41 -42				速度 100 m/min				三叉形操动臂
LX10 -51 -52	10	AC380 DC220	AC1000VA DC200W	速度 50 m/min				带滚轮重锤式操动臂
LX10 -61 -62				速度 300 m/min				外壳两侧各有一个滚子操动臂
LX12-1	3	AC500 DC250	AC100VA	—	≤9.8	≤4	≥1	1 回路
LX12-2								2 回路
LX19K					≤10	1.5～3.5	≥0.5	元件,开启式
LX19-001					≤15	1.5～4	≥0.5	无滚轮,仅用传动杆能自动复位
LX19-111					≤20	≤30°	～20°	单轮,滚轮装在传动杆内侧,能自动复位
LX19-121					≤20	≤30°	～20°	单轮,滚轮装在传动杆内侧,不能自动复位
LX19-131	5	AC380 DC220	AC200VA DC50W	1 a 1 b	≤20	≤30°	～20°	单轮,滚轮装在传动杆凹槽内,不能自动复位
LX19-212					≤20	≤60°	～15°	双轮,滚轮装在 U 形传动杆外侧,不能自动复位
LX19-222					≤20	≤60°	～15°	双轮,滚轮装在 U 形传动杆外侧,不能自动复位
LX19-232					≤20	≤60°	～15°	双轮,滚轮装在 U 形凹槽内,或内外各一个,不能自动复位
LJ20-J	2.5	AC380 DC220	AC100VA DC30W	—	速比系列:1:5,1:10,1:25,1:100,1:200			用于控制电动机的启动、停止或换向,主要用于大型闸阀开度调节及限位

附表 C.16　RC1A 系列熔断器技术参数

型号	额定电压/V	额定电流/A	熔体额定电流/A	cos φ	极限分断能力/A
RC1A-5	交流 220,380	5	1,2,3,4,5	0.8	750
RC1A-10		10	2,4,6,10		
RC1A-15		15	6,10,15		
RC1A-30		30	15,20,25,30		1 000
RC1A-60		60	30,40,50,60	0.5	4 000
RC1A-100		100	60,80,100		
RC1A-200		200	100,120,150,200		5 000

附表 C.17　RC1A 系列熔断器常用熔体参数

额定电流/A	熔体		额定电流/A	熔体	
	直径/mm	材质		直径/mm	材质
1	0.32	软铅丝	30	0.80	铜丝
2	0.52		40	0.93	
3	0.71		50	1.06	
4	0.82		60	1.20	
5	0.98		80	1.56	
6	1.02		100	1.80	
10	1.51		厚度/mm		材质
15	1.98		120	0.2	紫铜片
20	0.61	铜丝	150	0.4	（专用,变截面冲片,
25	0.71		200	0.6	出厂配套供货）

附表 C.18　RL1 系列熔断器技术参数

型号	额定电压/V	额定电流/A	熔体额定电流/A	极限分段能力/A	
				交流 380 V（有效值）	直流 440 V
RL1-15	交流 380,直流 440	15	2,4,6,10,15	2 500	5 000
RL1-60		60	20,25,30,35,40,50,60		
RL1-100		100	60,80,100	50 000	10 000
RL1-200		200	100,125,150,200		

附表 C.19 JR16 系列热继电器的主要技术数据

型号	额定电压/V	发热元件规格			连接导线规格
		编号	额定电流/A	刻度电流调整范围/A	
JR16-20/3 JR16-20/3D	20	1	0.35	0.25 ~ 0.3 ~ 0.35	4 mm² 单股 塑料铜线
		2	0.5	0.32 ~ 0.4 ~ 0.5	
		3	0.72	0.45 ~ 0.6 ~ 0.72	
		4	1.1	0.68 ~ 0.9 ~ 1.1	
		5	1.6	1.0 ~ 1.3 ~ 1.6	
		6	2.4	1.5 ~ 2.0 ~ 2.4	
		7	3.5	2.2 ~ 2.8 ~ 3.5	
		8	5.0	3.2 ~ 4.0 ~ 5.0	
		9	7.2	4.5 ~ 6.0 ~ 7.2	
		10	11.0	6.8 ~ 9.0 ~ 11.0	
		11	16.0	10.0 ~ 13.0 ~ 16.0	
		12	22.0	14.0 ~ 18.0 ~ 22.0	
JR16-60/3 JR16-60/3D	60	13	22.0	14.0 ~ 18.0 ~ 22.0	16 mm² 多股 铜芯橡皮软线
		14	32.0	20.0 ~ 26.0 ~ 32.0	
		15	45.0	28.0 ~ 36.0 ~ 45.0	
		16	63.0	40.0 ~ 50.0 ~ 63.0	
JR16-150/3 JR16-150/3D	150	17	63.0	40.0 ~ 50.0 ~ 63.0	35 mm² 多股 铜芯橡皮软线
		18	85.0	53.0 ~ 70.0 ~ 85.0	
		19	120.0	75.0 ~ 100.0 ~ 120.0	
		20	160.0	100.0 ~ 130.0 ~ 160.0	

附表 C.20 DZX10 系列断路器的技术数据

型号	极数	脱扣器额定电流/A	附件	
			欠电压(或分励)脱扣器	辅助触点
DZX10-100/22	2	63,80,100	欠电压:AC220 V,AC380 V 分励:AC220 V,AC380 V,DC24 V,48 V,110 V,220 V	一开一闭 二开二闭
DZX10-100/23	2			
DZX10-100/32	3			
DZX10-100/33	3			

型号	极数	脱扣器额定电流/A	附　件		辅助触点
			欠电压（或分励）脱扣器		
DZX10-200/22	2	100,120,140,170,200			二开二闭四开四闭
DZX10-200/23	2		欠电压：AC220 V,AC380 V分励：AC220 V,AC380 V,DC24 V,48 V,110 V,220 V		
DZX10-200/32	3				
DZX10-200/33	3				
DZX10-630/22	2	200,250,300,350,400,500,630			
DZX10-630/23	2				
DZX10-630/32	3				
DZX10-630/33	3				

附表 C.21　DW15 系列断路器的技术数据

型号	额定电压/V	额定电流/A	额定短路接通分断能力/kA					外形尺寸/（mm×mm×mm）
			电压/V	接通最大值	分断有效值	$\cos \varphi$	短路时最大延时/s	
DW15-200	380	200	380	40	20	—	—	242×420×341386×420×316
DW15-400	380	400	380	52.5	25	—	—	
DW15-630	380	630	380	63	30	—	—	
DW15-1000	380	1 000	380	84	40	0.2	—	441×531×508
DW15-1600	380	1 600	380	84	40	0.2	—	
DW15-2500	380	2 500	380	132	60	0.2	0.4	687×571×631
DW15-4000	380	4 000	380	196	80	0.2	0.4	897×571×631

附录 D　FX 系列 PLC 的内部软继电器及编号

PLC 型号编程元件种类	FX0S	FX1S	FX0N	FX1N	FX2N（FX2NC）
输入继电器 X（按八进制编号）	X0—X17（不可扩展）	X0—X17（不可扩展）	X0—X43（可扩展）	X0—X43（可扩展）	X0—X77（可扩展）
输出继电器 Y（按八进制编号）	Y0—Y15（不可扩展）	Y0—Y15（不可扩展）	Y0—Y27（可扩展）	Y0—Y27（可扩展）	Y0—Y77（可扩展）

续表

编程元件种类 \ PLC 型号		FX0S	FX1S	FX0N	FX1N	FX2N（FX2NC）
辅助继电器 M	普通用	M0—M495	M0—M383	M0—M383	M0—M383	M0—M499
	保持用	M496—M511	M384—M511	M384—M511	M38—M1535	M500—M3071
	特殊用	M8000—M8255（具体见使用手册）				
状态寄存器 S	初始状态用	S0—S9	S0—S9	S0—S9	S0—S9	S0—S9
	返回原点用	—	—	—	—	S10—S19
	普通用	S10—S63	S10—S127	S10—S127	S10—S999	S20—S499
	保持用	—	S0—S127	S0—S127	S0—S999	S500—S899
	信号报警用	—	—	—	—	S900—S999
定时器 T	100 ms	T0—T49	T0—T62	T0—T62	T0—T199	T0—T199
	10 ms	T24—T49	T32—T62	T32—T62	T200—T245	T200—T245
	1 ms	—		T63	—	—
	1 ms 累积	—	T63	—	T246—T249	T246—T249
	100 ms 累积				T250—T255	T250—T255
计数器 C	16 位增计数（普通）	C0—C13	C0—C15	C0—C15	C0—C15	C0—C99
	16 位增计数（保持）	C14，C15	C16—C31	C16—C31	C16—C199	C100—C199
	32 位可逆计数（普通）				C200—C219	C200—C219
	32 位可逆计数（保持）	—	—	—	C200—C234	C220—C234
	高速计数器	C235—C255（具体见使用手册）				
数据寄存器 D	16 位普通用	D0—D29	D0—D127	D0—D127	D0—D127	D0—D199
	16 位保持用	D30，D31	D128—D255	D128—D255	D128—D7999	D200—D7999
	16 位特殊用	D8000—D8069	D8000—D8255	D8000—D8255	D8000—D8255	D8000—D8195
	16 位变址用	V Z	V0—V7 Z0—Z7	V Z	V0—V7 Z0—Z7	V0—V7 Z0—Z7

PLC 型号 编程元件种类		FX0S	FX1S	FX0N	FX1N	FX2N （FX2NC）
指针 N, P,L	嵌套用	N0—N7	N0—N7	N0—N7	N0—N7	N0—N7
	跳转用	P0—P63	P0—P63	P0—P63	P0—P127	P0—P127
	输入中断用	100*—130*	100*—150*	100*—130*	100*—150*	100*—150*
	定时器中断	—	—	—	—	16**—18**
	计数器中断	—	—	—	—	1010—1060
常数 K,H	16 位	K：−32768~32767		H:0000~FFFFH		
	32 位	K：−2147483648~2147483647		H:00000000~FFFFFFFF		

附录 E　三菱 FX 系列 PLC 功能指令一览表

分类	FNC No.	指令助记符	功能说明	对应不同型号的 PLC				
				FX0S	FX0N	FX1S	FX1N	FX2N FX2NC
程序流程	00	CJ	条件跳转	√	√	√	√	√
	01	CALL	子程序调用	×	×	√	√	√
	02	SRET	子程序返回	×	×	√	√	√
	03	IRET	中断返回	√	√	√	√	√
	04	EI	开中断	√	√	√	√	√
	05	DI	关中断	√	√	√	√	√
	06	FEND	主程序结束	√	√	√	√	√
	07	WDT	监视定时器刷新	√	√	√	√	√
	08	FOR	循环的起点与次数	√	√	√	√	√
	09	NEXT	循环的终点	√	√	√	√	√
传送与比较	10	CMP	比较	√	√	√	√	√
	11	ZCP	区间比较	√	√	√	√	√
	12	MOV	传送	√	√	√	√	√
	13	SMOV	位传送	×	×	×	×	√
	14	CML	取反传送	×	×	×	×	√
	15	BMOV	成批传送	×	√	√	√	√

续表

分类	FNC No.	指令助记符	功能说明	对应不同型号的 PLC				
				FX0S	FX0N	FX1S	FX1N	FX2N FX2NC
传送与比较	16	FMOV	多点传送	×	×	×	×	√
	17	XCH	交换	×	×	×	×	√
	18	BCD	二进制转换成 BCD 码	√	√	√	√	√
	19	BIN	BCD 码转换成二进制	√	√	√	√	√
算术与逻辑运算	20	ADD	二进制加法运算	√	√	√	√	√
	21	SUB	二进制减法运算	√	√	√	√	√
	22	MUL	二进制乘法运算	√	√	√	√	√
	23	DIV	二进制除法运算	√	√	√	√	√
	24	INC	二进制加 1 运算	√	√	√	√	√
	25	DEC	二进制减 1 运算	√	√	√	√	√
	26	WAND	字逻辑与	√	√	√	√	√
	27	WOR	字逻辑或	√	√	√	√	√
	28	WXOR	字逻辑异或	√	√	√	√	√
	29	NEG	求二进制补码	×	×	×	×	√
循环与移位	30	ROR	循环右移	×	×	×	×	√
	31	ROL	循环左移	×	×	×	×	√
	32	RCR	带进位右移	×	×	×	×	√
	33	RCL	带进位左移	×	×	×	×	√
	34	SFTR	位右移	√	√	√	√	√
	35	SFTL	位左移	√	√	√	√	√
	36	WSFR	字右移	×	×	×	×	√
	37	WSFL	字左移	×	×	×	×	√
	38	SFWR	FIFO（先入先出）写入	×	×	√	√	√
	39	SFRD	FIFO（先入先出）读出	×	×	√	√	√
数据处理	40	ZRST	区间复位	√	√	√	√	√
	41	DECO	解码	√	√	√	√	√
	42	ENCO	编码	√	√	√	√	√
	43	SUM	统计 ON 位数	×	×	×	×	√
	44	BON	查询位某状态	×	×	×	×	√

| 分类 | FNC No. | 指令助记符 | 功能说明 | 对应不同型号的 PLC | | | | |
				FX0S	FX0N	FX1S	FX1N	FX2N FX2NC
数据处理	45	MEAN	求平均值	×	×	×	×	√
	46	ANS	报警器置位	×	×	×	×	√
	47	ANR	报警器复位	×	×	×	×	√
	48	SQR	求平方根	×	×	×	×	√
	49	FLT	整数与浮点数转换	×	×	×	×	√
高速处理	50	REF	输入输出刷新	√	√	√	√	√
	51	REFF	输入滤波时间调整	×	×	×	×	√
	52	MTR	矩阵输入	×	×	√	√	√
	53	HSCS	比较置位（高速计数用）	×	√	√	√	√
	54	HSCR	比较复位（高速计数用）	×	√	√	√	√
	55	HSZ	区间比较（高速计数用）	×	×	×	×	√
	56	SPD	脉冲密度	×	×	√	√	√
	57	PLSY	指定频率脉冲输出	√	√	√	√	√
	58	PWM	脉宽调制输出	√	√	√	√	√
	59	PLSR	带加减速脉冲输出	×	×	√	√	√
方便指令	60	IST	状态初始化	×	×	√	√	√
	61	SER	数据查找	×	×	×	×	√
	62	ABSD	凸轮控制（绝对式）	×	×	×	√	√
	63	INCD	凸轮控制（增量式）	×	×	×	√	√
	64	TTMR	示教定时器	×	×	×	×	√
	65	STMR	特殊定时器	×	×	×	×	√
	66	ALT	交替输出	√	√	√	√	√
	67	RAMP	斜波信号	√	√	√	√	√
	68	ROTC	旋转工作台控制	×	×	×	×	√
	69	SORT	列表数据排序	×	×	×	×	√
外部 I/O 设备	70	TKY	10 键输入	×	×	×	×	√
	71	HKY	16 键输入	×	×	×	×	√
	72	DSW	BCD 数字开关输入	×	×	√	√	√
	73	SEGD	七段码译码	×	×	×	×	√

续表

分类	FNC No.	指令助记符	功能说明	对应不同型号的 PLC				
				FX0S	FX0N	FX1S	FX1N	FX2N FX2NC
外部 I/O 设备	74	SEGL	七段码分时显示	×	×	√	√	√
	75	ARWS	方向开关	×	×	×	×	√
	76	ASC	ASCI 码转换	×	×	×	×	√
	77	PR	ASCI 码打印输出	×	×	×	×	√
	78	FROM	BFM 读出	×	√	×	√	√
	79	TO	BFM 写入	×	√	×	√	√
外围设备	80	RS	串行数据传送	×	√	√	√	√
	81	PRUN	八进制位传送(#)	×	×	√	√	√
	82	ASCI	16 进制数转换成 ASCI 码	×	√	√	√	√
	83	HEX	ASCI 码转换成 16 进制数	×	√	√	√	√
	84	CCD	校验	×	√	√	√	√
	85	VRRD	电位器变量输入	×	×	√	√	√
	86	VRSC	电位器变量区间	×	×	√	√	√
	87	—	—					
	88	PID	PID 运算	×	×	√	√	√
	89	—	—					
浮点数运算	110	ECMP	二进制浮点数比较	×	×	×	×	√
	111	EZCP	二进制浮点数区间比较	×	×	×	×	√
	118	EBCD	二进制浮点数→十进制浮点数	×	×	×	×	√
	119	EBIN	十进制浮点数→二进制浮点数	×	×	×	×	√
	120	EADD	二进制浮点数加法	×	×	×	×	√
	121	EUSB	二进制浮点数减法	×	×	×	×	√
	122	EMUL	二进制浮点数乘法	×	×	×	×	√
	123	EDIV	二进制浮点数除法	×	×	×	×	√
	127	ESQR	二进制浮点数开平方	×	×	×	×	√
	129	INT	二进制浮点数→二进制整数	×	×	×	×	√
	130	SIN	二进制浮点数 sin 运算	×	×	×	×	√
	131	COS	二进制浮点数 cos 运算	×	×	×	×	√
	132	TAN	二进制浮点数 tan 运算	×	×	×	×	√

分类	FNC No.	指令助记符	功能说明	对应不同型号的PLC				
				FX0S	FX0N	FX1S	FX1N	FX2N FX2NC
	147	SWAP	高低字节交换	×	×	×	×	√
定位	155	ABS	ABS当前值读取	×	×	√	√	×
	156	ZRN	原点回归	×	×	√	√	×
	157	PLSY	可变速的脉冲输出	×	×	√	√	×
	158	DRVI	相对位置控制	×	×	√	√	×
	159	DRVA	绝对位置控制	×	×	√	√	×
时钟运算	160	TCMP	时钟数据比较	×	×	√	√	√
	161	TZCP	时钟数据区间比较	×	×	√	√	√
	162	TADD	时钟数据加法	×	×	√	√	√
	163	TSUB	时钟数据减法	×	×	√	√	√
	166	TRD	时钟数据读出	×	×	√	√	√
	167	TWR	时钟数据写入	×	×	√	√	√
	169	HOUR	计时仪	×	×	√	√	√
外围设备	170	GRY	二进制数→格雷码	×	×	×	×	√
	171	GBIN	格雷码→二进制数	×	×	×	×	√
	176	RD3A	模拟量模块(FX0N-3A)读出	×	√	×	√	×
	177	WR3A	模拟量模块(FX0N-3A)写入	×	√	×	√	×
触点比较	224	LD =	(S1)=(S2)时起始触点接通	×	×	√	√	√
	225	LD >	(S1)>(S2)时起始触点接通	×	×	√	√	√
	226	LD <	(S1)<(S2)时起始触点接通	×	×	√	√	√
	228	LD < >	(S1)<>(S2)时起始触点接通	×	×	√	√	√
	229	LD ≦	(S1)≦(S2)时起始触点接通	×	×	√	√	√
	230	LD ≧	(S1)≧(S2)时起始触点接通	×	×	√	√	√
	232	AND =	(S1)=(S2)时串联触点接通	×	×	√	√	√
	233	AND >	(S1)>(S2)时串联触点接通	×	×	√	√	√
	234	AND <	(S1)<(S2)时串联触点接通	×	×	√	√	√
	236	AND < >	(S1)<>(S2)时串联触点接通	×	×	√	√	√
	237	AND ≦	(S1)≦(S2)时串联触点接通	×	×	√	√	√
	238	AND ≧	(S1)≧(S2)时串联触点接通	×	×	√	√	√

续表

分类	FNC NO.	指令助记符	功能说明	对应不同型号的 PLC				
				FX0S	FX0N	FX1S	FX1N	FX2N FX2NC
触点比较	240	OR =	(S1) = (S2)时并联触点接通	×	×	√	√	√
	241	OR >	(S1) > (S2)时并联触点接通	×	×	√	√	√
	242	OR <	(S1) < (S2)时并联触点接通	×	×	√	√	√
	244	OR < >	(S1) < > (S2)时并联触点接通	×	×	√	√	√
	245	OR ≦	(S1) ≦ (S2)时并联触点接通	×	×	√	√	√
	246	OR ≧	(S1) ≧ (S2)时并联触点接通	×	×	√	√	√

参考文献

[1] 刘振兴,李新华,吴雨川.电机与拖动[M].武汉:华中科技大学出版社,2008.

[2] 邓星钟.机电传动控制[M].5 版.武汉:华中科技大学出版社,2007.

[3] 林瑞光,李新华,吴雨川.电机与拖动基础[M].杭州:浙江大学出版社,2011.

[4] 郑立平,张晶.电机与拖动技术:基础篇[M].大连:大连理工大学出版社,2008.

[5] 李发海,王岩.电机与拖动基础[M].3 版.北京:清华大学出版社,2005.

[6] 技工学校机械类通用教材编委会.电工工艺学[M].4 版.北京:机械工业出版社,2009.

[7] 郝用兴,苗满香.机电传动控制[M].武汉:华中科技大学出版社,2010.

[8] 张华龙.图解 PLC 与电气控制入门[M].北京:人民邮电出版社,2008.

[9] 王文斌,等.机械设计手册:机电一体化系统设计[M].北京:机械工业出版社,2007.

[10] 韩顺杰,吕树清.电气控制技术[M].北京:北京大学出版社,2006.

[11] 张海根.机电传动控制[M].北京:高等教育出版社,2001.

[12] 方承远.工厂电气控制技术[M].3 版.北京:机械工业出版社,2006.

[13] 沈柏明.工厂电气控制技术[M].北京:清华大学出版社,2005.

[14] 张桂香.电气控制与 PLC 应用[M].北京:化学工业出版社,2003.

[15] 袁任光,张伟武.电动机控制电路与选用 258 例[M].北京:机械工业出版社,2004.

[16] 杨国富.常用低压电器手册[M].北京:化学工业出版社,2008.

[17] 齐占庆.机床电气控制技术[M].4 版.北京:机械工业出版社,2008.

[18] 何金国.机械电气自动控制[M].重庆:重庆大学出版社,2002.

[19] 蔡文斐.机电传动控制及实训[M].武汉:华中科技大学出版社,2008.

[20] 李清新.伺服系统与机床电气控制[M].2 版.北京:机械工业出版社,1999.

[21] 张忠夫.机电传动与控制[M].北京:机械工业出版社,2001.

[22] 齐占庆.机床电气控制技术[M].4 版.北京:机械工业出版社,2008.

[23] 刘光起.PLC 技术及应用[M].北京:化学工业出版社,2008.

[24] 廖常初.可编程序控制器应用技术[M].重庆:重庆大学出版社,2002.

[25] 张国林.可编程控制技术[M].北京:高等教育出版社,2002.

[26] 李稳贤.可编程序控制器应用技术[M].北京:北京理工大学出版社,2008.

[27] 罗文.电器控制与 PLC 技术[M].西安:西安电子科技大学出版社,2008.

[28] 赵永成.机电传动控制[M].北京:中国计量出版社,2003.

[29] 陈白宁.机电传动控制基础[M].沈阳:东北大学出版社,2008.

[30] 马如宏.机电传动控制[M].西安:西安电子科技大学出版社,2008.

[31] 张建民.机电一体化系统设计[M].北京:高等教育出版社,2007.

[32] 汤以范.机电传动控制[M].北京:清华大学出版社,2010.